工程數學(第二版)

張元翔　編著

 全華圖書股份有限公司

國家圖書館出版品預行編目資料

工程數學 / 張元翔編著. -- 二版. -- 新北市：
  全華圖書, 2020.06
    面；   公分
  ISBN 978-986-503-436-8(平裝)
  1.工程數學
440.11   109008545

工程數學(第二版)

作者 / 張元翔

發行人 / 陳本源

執行編輯 / 鄭祐珊

封面設計 / 戴巧耘

出版者 / 全華圖書股份有限公司

郵政帳號 / 0100836-1 號

印刷者 / 宏懋打字印刷股份有限公司

圖書編號 / 0626801

二版二刷 / 2023 年 09 月

定價 / 新台幣 600 元

ISBN / 9789865034368

全華圖書 / www.chwa.com.tw

全華網路書店 Open Tech / www.opentech.com.tw

若您對書籍內容、排版印刷有任何問題，歡迎來信指導 book@chwa.com.tw

臺北總公司(北區營業處)
地址：23671 新北市土城區忠義路 21 號
電話：(02) 2262-5666
傳真：(02) 6637-3695、6637-3696

中區營業處
地址：40256 臺中市南區樹義一巷 26 號
電話：(04) 2261-8485
傳真：(04) 3600-9806

南區營業處
地址：80769 高雄市三民區應安街 12 號
電話：(07) 381-1377
傳真：(07) 862-5562

前言

致初踏入工程數學領域的您

　　現代大學生在修習**工程數學**(Engineering Mathematics)課程時，授課的教授通常會採用市面上經典的教科書。這些教科書都是動輒千頁的原文書，內容相當豐富。筆者認為教授的立意其實是好的，希望同學在工程數學課程中，可以深入學習，以建立良好的數學基礎。然而，豐富的原文書內容，相對也給同學帶來不少閱讀上的困難與壓力，會覺得工程數學過於「博大精深」，使得原本對數學就不感興趣的同學望之卻步，不願花功夫學習，相當可惜。

　　本書編寫的目的是根據工程數學入門課程，採用主題的介紹方式。編寫的對象是以**科學家**(Scientists)與**工程師**(Engineers)為主，因此可以作為相關領域大學生在學習工程數學時的入門教材。筆者是假設您在閱讀本書前，已經初步經歷大學新鮮人必修之**微積分**(Calculus)課程。若您在學完微積分後，仍然對學數學這件事抱持興趣，在此先恭喜您！若是您對數學頓時失去興趣，也請您千萬不要灰心，本書是特別為您而編寫，工程數學其實並沒有您想像那麼難搞！

　　本書此次改版，特別針對各章節的主題與內容重新審視，同時進行適當的編修與勘誤工作，目的是期望使得本書的內容更臻完善。基本上，討論的主題與內容，並未進行大幅的調整。

　　工程數學，顧名思義就是「工程上所使用的數學」，目前已成為理工、電資相關科系必修的數學課程，大致可以分成下列幾個課題：

- **常微分方程式**(Ordinary Differential Equations)
- **微分方程式系統**(System of Differential Equations)
- **線性代數**(Linear Algebra)
- **向量分析**(Vector Analysis)
- **傅立葉級數與轉換**(Fourier Series and Transforms)
- **偏微分方程式**(Partial Differential Equations)
- **複變分析**(Complex Analysis)

　　本書的內容主要涵蓋工程數學入門課程，包含：**常微分方程式、微分方程式系統、向量分析、傅立葉級數與轉換**等課題。**線性代數**其實是屬於工程數學的範疇，但是目前許多大學院校的課程安排中，大多已變成獨立的課程。**偏微分方程式**與**複變分析**等課題，通常是在學完上述課題後才進一步學習，屬於較為進階的工程數學課程，因此並未納入本書的討論範圍內。

　　筆者為電機／電子工程背景，近年任教於資訊工程系，深感現代大學生在工程數學課程中，無法有效的學習，常常連基礎的微積分概念都沒有建立好，自然也就阻礙了工程數學的學習進度。因此，根據微積分與工程數學的課程內容，在編寫本書時特別注意這兩門課程之間的連貫性，主要是希望您在學習工程數學時可以融會貫通，以達到事半功倍的學習效果。

　　本書在內容的鋪陳上，是從基本的**定義**(Definitions)與**定理**(Theorems)出發，並搭配**範例**(Examples)與簡潔易懂的推導過程，最後佐以科學或工程上的**數學模型化**(Mathematical Modeling)或應用；期望以理論與實際並重的方式，協助您培養良好的基礎概念，同時激發您對於數學的興趣，可以按部就班的學習。

　　雖然本書在內容的安排上力求精簡，避免冗長的文字敘述，但是在學習工程數學的旅程中，其實是沒有捷徑的。希望您在研讀本書時，仍然應該隨時準備好紙筆；除了實際演練提供的範例之外，更要勤做練習題，方能充分累積工程數學基礎知識與解題技巧，進一步掌握工程數學的精髓。

　　目前，市面上已經有許多電腦輔助軟體，例如：Matlab、Maple、Mathematica 等，或是 Python 程式設計(同時搭配軟體套件)，都相當適合用來協助學習工程數學。本書附錄特別補充「簡易 Matlab 教學」，針對工程數學相關課題提供範例與程式碼；目的是希望您在學習工程數學時，同時熟悉電腦輔助軟體的使用方法，可以更深入的理解與實際應用。

　　最後，預祝您懷著快樂的心情學習工程數學，充分體驗與享受其所帶來的真、善、美，可以在數學的領域中自由翱翔，未來更進一步應用於解決現代科學與工程上的實際問題。

致敬愛的工程數學教授

　　面臨次世代的同學們,工程數學課程的教學工作,可以說相當艱辛。在現代教育體制與考試文化的薰陶下,加上科技產物與資訊時代帶來的副作用,次世代的同學們對於學習數學這件事存在刻板印象,普遍缺乏熱情與興趣。坦白說,筆者在每次上課前,都須先給自己心理建設,要對同學有信心,相信願意學數學的同學仍是多數族群。同學上課時睡覺或滑手機?請您先深呼吸一下,務必保持冷靜!

　　近年來,隨著教育部對於大學畢業學分數的調整與限制,工程數學在專業課程中不可動搖的傳統地位,似乎也開始受到衝擊。為了因應時代變遷,同時維持同學的學習興趣,工程數學課程的安排與調整,始終是授課教授深感困擾的現實問題。本書在編寫時,特別考慮這個問題,以精要簡潔的方式安排主題式的教材,主要是期望您可以更容易調整教學內容,進一步減輕您的教學負擔。

　　在課程安排上,本書適合一學年的課程安排,課程進度建議如下:

上學期
課程簡介(課程大綱、評分標準、歷史上重要的科學家(數學家)等)
第一章　微積分綜覽
第二章　微分方程式介紹
第三章　一階微分方程式
第四章　一階微分方程式模型
第五章　高階微分方程式
第六章　高階微分方程式模型
第七章　拉普拉斯轉換
下學期
課程簡介(課程大綱、評分標準等)
第八章　微分方程式系統
第九章　微分方程式的級數解
第十章　向量與向量空間
第十一章　向量分析
第十二章　傅立葉級數與轉換

【註】上述之課程進度建議僅供參考,授課教授可根據專業領域進行增刪。課程期間,亦可穿插電腦輔助軟體教學。

若是一學期的課程安排，可將重點放在**微分方程式**，課程進度建議如下：

一學期
課程簡介(課程大綱、評分標準、歷史上重要的科學家(數學家)等)
第一章　微積分綜覽(概略複習 1.1 ~ 1.4)
第二章　微分方程式介紹
第三章　一階微分方程式
第四章　一階微分方程式模型(自選範例)
第五章　高階微分方程式
第六章　高階微分方程式模型(自選範例)
第七章　拉普拉斯轉換

【註】上述之課程進度建議僅供參考，授課教授可根據專業領域進行增刪。課程期間，亦可穿插電腦輔助軟體教學。

此外，若是一學期的課程安排，但考慮同時涉獵工程數學之精要，則課程進度建議如下：

一學期
課程簡介(課程大綱、評分標準、歷史上重要的科學家(數學家)等)
第一章　微積分綜覽(概略複習 1.1 ~ 1.4)
第二章　微分方程式介紹(僅介紹定義，不含定理)
第三章　一階微分方程式(3.2 ~ 3.4)
第五章　高階微分方程式(5.1、5.3 ~ 5.5)
第七章　拉普拉斯轉換(不含定理證明)
第九章　微分方程式的級數解(9.1)
第十章　向量與向量空間(10.1 ~ 10.7)
第十一章　向量分析(11.1 ~ 11.5)
第十二章　傅立葉級數與轉換(12.1、12.2、12.6)

【註】上述之課程進度建議僅供參考，授課教授可根據專業領域進行增刪。課程期間，亦可穿插電腦輔助軟體教學。

　　筆者是以比較輕鬆的態度看待工程數學，覺得學工程數學應該可以更活潑有趣。因此，自認在描述數學定義、定理或推導過程時，恐有不夠嚴謹之處。就內容而言，由於筆者屬於電機資訊領域，在描述工程數學主題與應用時，也不免有所偏頗，無法兼顧其他領域，敬請學者先進特別包涵。此外，本書經過多次校對，但人非聖賢，若有謬誤或疏漏之處，亦請學者先進不吝賜教與指正。

　　最後，預祝您的教學工作順利，萬事如意！

致謝

　　特別感謝參與本書校閱工作的教授與全華圖書編輯部同仁，使得本書在內容與編排上更加嚴謹且完善。

張元翔　謹識

中原大學資訊工程系

2020 年 4 月

目錄

第一章　微積分綜覽 1-1

    1.1　函數 1-3

    1.2　微分 1-15

    1.3　積分 1-23

    1.4　微積分相關定理 1-30

    1.5　多變數函數 1-34

    1.6　最佳化問題 1-36

第二章　微分方程式介紹 2-1

    2.1　基本概念 2-3

    2.2　常微分方程式的解 2-8

    2.3　積分曲線 2-10

    2.4　初始值問題 2-12

    2.5　邊界值問題 2-18

第三章　一階微分方程式 3-1

    3.1　方向場 3-3

    3.2　分離變數法 3-6

    3.3　線性微分方程式 3-10

    3.4　正合微分方程式 3-13

    3.5　非正合微分方程式 3-18

    3.6　齊次微分方程式 3-22

3.7 伯努利方程式 3-25

3.8 代換法 3-27

3.9 正交軌跡 3-29

第四章 一階微分方程式模型 4-1

4.1 人口動態學 4-3

4.2 放射性衰變 4-5

4.3 牛頓冷卻/加熱定律 4-6

4.4 混合問題 4-9

4.5 串聯電路 4-11

4.6 自由落體運動與空氣阻力 4-14

第五章 高階微分方程式 5-1

5.1 基本概念 5-3

5.2 降階法 5-9

5.3 常係數齊次線性方程式 5-12

5.4 非齊次線性方程式 5-19

5.5 末定係數法 5-20

5.6 參數變換法 5-27

5.7 柯西－歐拉方程式 5-30

第六章 高階微分方程式模型 6-1

6.1 彈簧質量系統 6-3

6.2 LRC 串聯電路 6-15

第七章　拉普拉斯轉換　　　　　　　　　　　　　　　7-1

　　7.1　拉普拉斯轉換 7-3

　　7.2　反拉普拉斯轉換 7-8

　　7.3　微積分與拉普拉斯轉換 7-10

　　7.4　使用拉普拉斯轉換解初始值問題 7-12

　　7.5　平移定理 7-15

　　7.6　摺積 7-24

　　7.7　週期性函數之轉換 7-27

　　7.8　Dirac Delta 函數 7-29

第八章　微分方程式系統　　　　　　　　　　　　　　8-1

　　8.1　基本概念 8-3

　　8.2　系統消去法 8-5

　　8.3　拉普拉斯轉換法 8-8

　　8.4　矩陣求解法 8-9

　　8.5　微分方程式系統之數學模型 8-27

第九章　微分方程式的級數解　　　　　　　　　　　　9-1

　　9.1　基本概念 9-3

　　9.2　初始值問題的級數解 9-11

　　9.3　使用遞迴式求級數解 9-13

　　9.4　Frobenius 法 9-17

　　9.5　特殊函數 9-31

第十章　向量與向量空間　　　　　　　　　　　　　　　10-1

10.1　二維向量 10-3

10.2　三維向量 10-9

10.3　點積 10-12

10.4　叉積 10-17

10.5　向量幾何 10-20

10.6　向量空間 10-24

10.7　線性相依/獨立與基底 10-26

10.8　Gram-Schmidt 正交化法 10-31

第十一章　向量分析　　　　　　　　　　　　　　　　　11-1

11.1　向量函數 11-3

11.2　向量函數與粒子運動 11-12

11.3　純量場與向量場 11-20

11.4　梯度與方向導函數 11-27

11.5　散度與旋度 11-31

11.6　線積分 11-34

11.7　保守向量場與路徑獨立 11-40

11.8　雙重積分 11-44

11.9　Green 定理 11-48

11.10　面積分 11-50

11.11　Stokes 定理 11-55

11.12　Gauss 散度定理 11-57

第十二章　傅立葉級數與轉換　　　　　　　　　　　12-1

　　12.1　基本概念 12-3

　　12.2　傅立葉級數 12-10

　　12.3　傅立葉餘弦與正弦級數 12-16

　　12.4　複數傅立葉級數 12-20

　　12.5　傅立葉積分 12-23

　　12.6　傅立葉轉換 12-26

　　12.7　離散傅立葉轉換 12-36

附　錄　　　　　　　　　　　　　　　　　　　　　附-1

　　附錄 I　歷史上重要的科學家(數學家) 附-2

　　附錄 II　積分表 附-5

　　附錄 III　基本單位與換算表 附-9

　　附錄 IV　拉普拉斯轉換 附-10

　　附錄 V　傅立葉轉換 附-11

　　附錄 VI　簡易 Matlab 教學 附-12

　　練習題參考解答 附-32

1 微積分綜覽

1.1　函數

1.2　微分

1.3　積分

1.4　微積分相關定理

1.5　多變數函數

1.6　最佳化問題

　　微積分(Calculus)被公認是**牛頓**(Issac Newton)與**萊布尼茲**(Gottfried Leibniz)於十七世紀時發明，至今已被廣泛應用於科學、工程、經濟等領域[1]。微積分其實是延續基礎的數學，例如：**代數**(Algebra)、**幾何學**(Geometry)等，目的在探討自然界中的各種變化現象，可以用來解決單純使用代數等基礎數學無法解決的問題，因此是現代大專生必須具備的數學知識。

　　本章的目的是在綜覽微積分，特別針對微積分的基本概念與內容進行概括性的介紹；主要是期望以重點提要的方式，同時省略許多枝節，可以協助您複習微積分，進而溫故而知新。建立紮實的微積分基礎，其實對於學好工程數學，甚至是未來研讀專業論文或是進行深入的科學研究，絕對是必備的基本條件。

　　本章討論的主題包含：

- **函數**
- **微分**
- **積分**
- **微積分相關定理**
- **多變數函數**
- **最佳化問題**

---

[1]　您不可不知的微積分故事－「**牛頓與萊布尼茲到底是誰發明微積分？**」其實牛頓與萊布尼茲都宣稱自己發明了微積分，當時在學術界曾引起相當大的爭論。萊布尼茲在 1684 年與 1686 年首先發表微積分的著作；相對而言，牛頓雖然曾在他的英國同事之間散發他的手稿，但是直到 1687 年與 1704 年才正式發表微積分的著作。無論您是支持牛頓或萊布尼茲，微積分的發明，激起了十八世紀歐洲學者爭相研究微積分的威力，使得數學與物理有了長足的進步，同時也締造了現代科學的重要基礎。

1.1 ▶ 函數

定義 1.1　函數

函數(Function)可以定義為：

$$y = f(x)$$

通常念成：「y 是 x 的函數」(y is the function of x)，其中 x 稱為**自變數**(Independent Variable)；y 稱為**應變數**(Dependent Variable)；函數 f 則是描述 x 與 y 之間的對應關係[2]。

　　相信您在學習代數時，已經知道 x 與 y 可以用來代表自然界的未知數或改變量，稱為**變數**(Variables)。函數的意義其實就是：**輸入**(Input)與**輸出**(Output)之間的對應關係，其中自變數 x 為輸入，應變數 y 為輸出。

　　舉例說明，若函數為 $y = f(x) = x^2$，表示應變數 y 的數值是隨著自變數 x 的數值改變而改變，且為平方的對應關係。若輸入 x 為 3，則函數值可以寫成：

$$y = f(3) = 3^2 = 9$$

表示輸出 y 為 9；若輸入 x 為 –3，則函數值可以寫成：

$$y = f(-3) = (-3)^2 = 9$$

表示輸出 y 為 9。因此，函數 f 主要是用來描述輸入與輸出的對應關係。觀念上，函數可以視為是一台機器或**黑箱**，能將輸入值轉換成對應的輸出值。

---

[2]　有些微積分或工程數學書籍是將 Independent Variable 與 Dependent Variable 翻譯成**獨立變數**與**相依變數**，本書則統一採用**自變數**與**應變數**的翻譯。

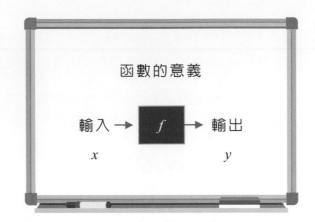

由於自變數的數值會自己改變,最具代表性的自變數是**時間**(Time),通常以 t 表示之;相對而言,應變數的數值則是隨著自變數的改變而改變,自然界的應變數,例如:運動距離、物體溫度、電路電流、股市行情等,其實不勝枚舉。因此,函數是相當重要的數學工具,可以用來描述許多自然界的現象。

舉例說明,現代科學之父**伽利略**(Galileo Galilei)是最早以數學公式來描述自然界的現象,即**自由落體運動**(Free Fall Motion),其公式如下:

$$S = \frac{1}{2}gt^2$$

相信您已觀察到,自由落體運動公式其實就是典型的函數 $S = f(t)$,其中 t 為時間,在此是自變數;S 為自由落體落下的垂直距離,在此則是應變數。此外,g 為重力加速度;以公制單位而言,重力加速度約為 9.8 米/秒² (m/sec²);以英制單位而言,重力加速度約為 32 英呎/秒² (ft/sec²)。

進一步說明,假設在不考慮空氣阻力的情況下,自由落體運動的時間為 t=0.2 秒,則可以根據公式計算如下:

$$S = \frac{1}{2}gt^2 = \frac{1}{2}(9.8)(0.2)^2 = 0.196 \,(\text{m})$$

因此 0.196m(或 19.6cm)即是自由落體在 0.2 秒落下的垂直距離[3]。

---

[3]　建議您可以玩一個小遊戲:準備一支 20~30 公分的尺,請朋友握住尺的一端,並在無預先倒數的情況下放開,您則在尺的另一端準備用手指夾住,可以根據落下的垂直距離估算您的反應時間,即 $t = \sqrt{2S/g}$。人類平均反應時間約為 0.2 秒,據說大陸知名的運動員,例如:田徑運動員劉翔、桌球教練劉國梁等人的反應時間更短。當然,本遊戲相當不適合在喝酒以後玩!

以下再舉一個例子，**虎克定律**(Hooke's Law)是物理學中描述彈簧的重要定律，其公式如下：

$$F = kx$$

虎克定律的公式也是典型的函數 $F = f(x)$，其中 x 為彈簧的長度變化量，在此是自變數；F 為彈簧的彈力，在此則是應變數。此外，k 稱為**彈簧係數**(Spring Constant)或**勁度**(Stiffness)；以公制單位而言，彈簧係數的單位為牛頓/米(N/m)；以英制單位而言，彈簧係數的單位為磅/英呎(lb/ft)。

進一步說明，自動鉛筆中使用的彈簧，其 k 值較小，所以不須太大的力量便可伸長或壓縮；反之，汽車避震系統中使用的彈簧，其 k 值較大，方能承受汽車的重量。因此，在工程應用上，視實際需要選擇適當的彈簧係數，自然就成為重要的設計考量[4]。

函數的種類相當多，本節特別介紹微積分與工程數學中常見的函數，包含：**多項式函數**(Polynomial Functions)、**有理式函數**(Rational Functions)、**指數函數**(Exponential Functions)、**對數函數**(Logarithm Functions)與**三角函數**(Trigonometric Functions)等。

1.1.1　多項式函數

定義 1.2　**多項式函數**

多項式函數(Polynomial Functions)可以定義為：

$$f(x) = a_n x^n + a_{n-1} x^{n-1} + \cdots + a_1 x + a_0$$

其中 x 為自變數；$a_0, a_1, ..., a_{n-1}, a_n$ 為任意實數，稱為**係數**(Coefficients)；n 為非負整數，稱為**次數**(Degree)。

---

[4]　試想若是自動鉛筆中彈簧的彈簧係數太大，每次寫字前就得運功，保證您練就絕世的大力金剛指；若是汽車避震系統中彈簧的彈簧係數太小，那麼只要汽車碰到馬路上的一個凹洞或凸起(本現象在台灣實屬正常)，保證您的愛車馬上支解！此外，您應該也看過飯店廚房的緩衝門，若是選的彈簧係數太大，那麼每次推門恐怕就需要很大的力氣；若是選的彈簧係數太小，則緩衝門在每次推門後，可能會來回振盪不停。因此，在工程應用上，視實際需要選擇適當的彈簧係數，需要工程師貼心的設計考量！

多項式函數是最基本的函數，大致可依其**次數**分別討論如下：

- 多項式函數的次數為 0 時，可以表示成 $y = c$，稱為**常數**(Constant)；
- 多項式函數的次數為 1 時，可以表示成 $y = ax + b$，稱為**線性函數**(Linear Functions)；一次多項式其實就是直線方程式 $y = mx + b$，其中 m 為斜率，b 為截距；
- 多項式函數的次數為 2 時，可以表示成 $y = ax^2 + bx + c$，稱為**二次函數** (Quadratic Functions)，圖形為拋物線；
- 多項式函數的次數為 3 時，稱為**三次函數**(Cubic Functions)；
- 次數更高的多項式函數，在此不進一步討論。

典型的多項式函數，包含：線性函數 $y = x$、二次函數 $y = x^2$ 及三次函數 $y = x^3$ 等，其函數圖如圖 1-1。

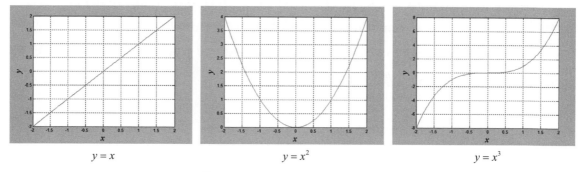

$y = x$　　　　　　$y = x^2$　　　　　　$y = x^3$

▲圖 **1-1**　典型的多項式函數圖

1.1.2　有理式函數

定義 1.3　**有理式函數**

有理式函數(Rational Function)可以定義為：

$$f(x) = \frac{p(x)}{q(x)}$$

其中 $p(x)$ 與 $q(x)$ 均為多項式，且 $q(x) \neq 0$。

　　有理式函數是兩個多項式函數 $p(x)$ 與 $q(x)$ 的**商**(Quotient)或**比例**(Ratio)。最典型的有理式函數為 $y = \dfrac{1}{x}$，即 $p(x) = 1$、$q(x) = x$，稱為**雙曲線函數**(Hyperbolic Function)，如圖 1-2。

　　另舉一個有理式函數如下：

$$y = f(x) = \frac{2x + 5}{(x^2 - 1)}$$

其圖形如圖 1-2。有理式函數的例子不勝枚舉，請注意有理式函數不一定在所有的實數 x 均有定義，例如：$y = \dfrac{1}{x}$ 在 $x=0$ 時無定義、$y = \dfrac{2x+5}{(x^2-1)}$ 在 $x=\pm1$ 時無定義等。

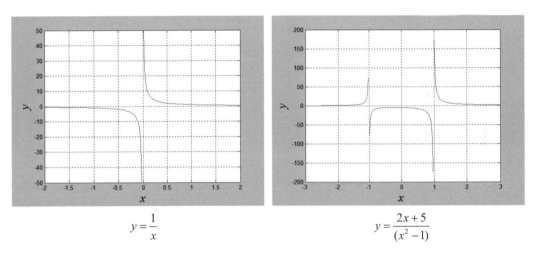

$$y = \frac{1}{x} \qquad\qquad y = \frac{2x+5}{(x^2-1)}$$

▲ **圖 1-2**　典型的有理式函數圖

1.1.3　指數函數

定義 1.4　**指數函數**

　　指數函數(Exponential Function)可以定義為：

$$f(x) = a^x$$

其中 a 為任意正實數($a \neq 1$)，稱為**基底**(Base)。

指數函數通常是用來描述等倍率成長或衰減的現象，因此在科學或工程上的應用相當常見。指數函數中，a 為任意正實數($a \neq 1$)。若 $a > 1$，可以選取 a 為 2、e、10 等常數值，則 2^x、e^x、10^x 等函數是典型的指數函數[5]；若 $0 < a < 1$，可以選取 a 為 1/2、$1/e$、1/10 等常數值，則 2^{-x}、e^{-x}、10^{-x} 等函數也是典型的指數函數。

典型的指數函數如圖 1-3，其中，$y = e^x$ 的曲線呈指數成長；$y = e^{-x}$ 的曲線呈指數衰減，可以觀察到兩曲線均通過(0,1)。指數函數所代表的變化現象，無論是成長或率減，普遍被認為是相當快速的。

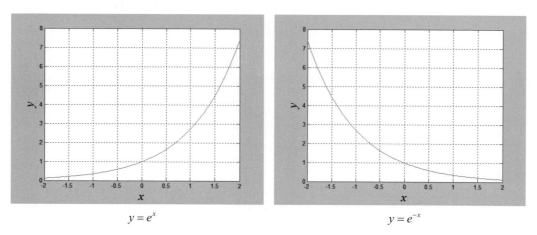

$$y = e^x \qquad\qquad\qquad y = e^{-x}$$

▲圖 1-3　典型的指數函數圖

---

[5]　您應該熟記數學中重要的常數值，例如：e 的值為 $e \approx 2.718...$；雖然不須像少年 Pi 這麼走火入魔，但相信您也記得 $\pi \approx 3.1415926538...$。此外，黃金比例 $\varphi \approx 1.618...$ 也是數學中常見的常數值。

假設 $a>0$、$b>0$ 且 x、y 為任意實數，則指數函數的基本公式如下：

.... **指數函數的公式** ....

- $a^x \cdot a^y = a^{x+y}$

- $\dfrac{a^x}{a^y} = a^{x-y}$

- $(a^x)^y = (a^y)^x = a^{xy}$

- $a^x \cdot b^x = (ab)^x$

- $\dfrac{a^x}{b^x} = \left(\dfrac{a}{b}\right)^x$

....

範例

化簡下列函數：(a) $\dfrac{e^{2x}+1}{e^x}$　(b) $e^x \cdot (e^x)^2$　(c) $e^x \cdot (5e^{-x})$

解 (a) $\dfrac{e^{2x}+1}{e^x} = \dfrac{e^{2x}}{e^x} + \dfrac{1}{e^x} = e^x + e^{-x}$

(b) $e^x \cdot (e^x)^2 = e^x \cdot e^{2x} = e^{3x}$

(c) $e^x \cdot (5e^{-x}) = 5e^0 = 5$ ∎

　　指數函數的應用相當廣泛。舉例說明，**摩爾定律**(Moore's Law)是 Intel 共同創辦人**摩爾**(Gordon E. Moore)藉著觀察電腦硬體的演進趨勢，於 1965 年的論文發表中，大膽預測積體電路中電晶體的數量會呈**指數**成長；歷經數十年的半導體發展，已證實摩爾定律的預測非常接近事實，因此摩爾定律也就成為半導體業在技術研發時設立目標的重要依據。

1.1.4　對數函數

定義 1.5　對數函數

對數函數(Logarithm Function)可以定義為：

$$f(x) = \log_a x$$

其中 $a>0$ 且 $a\neq1$，稱為**基底**(Base)。

對數函數可以根據其基底分成下列幾種：

- **常用對數**　　$\log x = \log_{10} x$
- **自然對數**　　$\ln x = \log_e x$
- **二元對數**　　$\lg x = \log_2 x$

常用對數(Common Logarithms)是以 10 為基底，在科學與工程應用的十進制計算中相當常見；**自然對數**(Natural Logarithms)是以 e 為基底，在數學領域中較為常見；**二元對數**(Binary Logarithms)是以 2 為基底，在資訊領域的二進制計算中較為常見。本書由於討論的主題是微積分與工程數學，因此經常使用自然對數 $\ln x$。

典型的自然對數函數 $y = \ln x$，如圖 1-4。注意 x 的值必須是正值($x>0$)，自然對數函數才有定義。因此，自然對數函數常會加上絕對值，即 $y = \ln|x|$。自然對數在 $x=0$ 時並無定義。

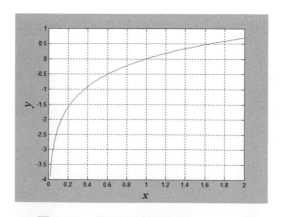

▲ 圖 **1-4**　典型的對數函數 $y = \ln x$ 圖

假設 $a>0$ 且 $x>0$，$y>0$，則對數函數的基本公式如下：

.... **對數函數的公式** ....

- $\log_a(xy) = \log_a x + \log_a y$

- $\log_a\left(\dfrac{x}{y}\right) = \log_a x - \log_a y$

- $\log_a x^y = y\log_a x$

- $a^{\log_a x} = x$

- $\log_a x = \dfrac{\ln x}{\ln a}$

....

就對數函數的基本公式而言，前三個公式相當常見。在此特別就 $a^{\log_a x} = x$ 說明，若某常數 a 的冪次方項是對數 $\log_a x$，則常數 a 與對數中的 x 可以**互換**，即：

$$a^{\log_a x} = x^{\log_a a}$$

且由於 $\log_a a = 1$，所以可得結果 $a^{\log_a x} = x$。

指數與對數其實具有密切的關係，亦即指數 $f(x) = e^x$ 的**反函數** (Inverse Function)是自然對數 $\ln x$；換言之，$y = e^x$ 也可以表示成 $x = \ln y$。

┌─範│例─────────────────────────────────────

化簡下列函數：(a) $\ln(xe^x)$　(b) $e^{\ln x}$　(c) $e^{\frac{1}{2}\ln(x^2+1)}$

└───────────────────────────────────────

解 (a) $\ln(xe^x) = \ln x + \ln e^x = \ln x + x\ln e = \ln x + x$

(b) $e^{\ln x} = x^{\ln e} = x$

(c) $e^{\frac{1}{2}\ln(x^2+1)} = e^{\ln(x^2+1)^{\frac{1}{2}}} = (x^2+1)^{\frac{1}{2}} = \sqrt{x^2+1}$

1.1.5　三角函數

　　三角函數(Trigonometric Functions)由於具有週期性，因此與許多自然界的現象息息相關，例如：鐘擺的擺動、彈簧的振盪、電路的波形、訊號的振盪、人類心臟或呼吸的律動、大海的潮汐等現象。

　　三角函數包含 $\sin x$、$\cos x$、$\tan x$、$\cot x$、$\sec x$、$\csc x$ 等函數，相信您在基礎的數學課程中已經接觸過。典型的三角函數 $y = \sin x$ 與 $y = \cos x$，如圖 1-5。三角函數為典型的**週期性函數**(PeriodicFunctions)，滿足下列條件：

$$f(x) = f(x + T)$$

其中 T 為**週期**(Period)，例如：$\sin x$ 與 $\cos x$ 的週期為 2π；$\tan x$ 與 $\cot x$ 的週期為 π；$\sec x$ 與 $\csc x$ 的週期為 2π 等。在學習工程數學之前，請您再複習幾個常見的三角函數值，如表 1-1。

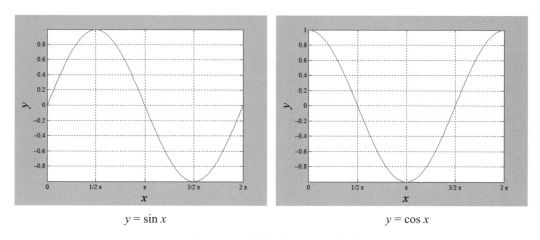

$y = \sin x$　　　　　　　　　$y = \cos x$

▲圖 **1-5**　典型的三角函數圖

▼表 **1-1**　常見的三角函數值

角度 弧度	0 0	30 $\pi/6$	45 $\pi/4$	60 $\pi/3$	90 $\pi/2$	135 $3\pi/4$	180 π
$\sin x$	0	$1/2$	$\sqrt{2}/2$	$\sqrt{3}/2$	1	$\sqrt{2}/2$	0
$\cos x$	1	$\sqrt{3}/2$	$\sqrt{2}/2$	$1/2$	0	$-\sqrt{2}/2$	-1
$\tan x$	0	$\sqrt{3}/3$	1	$\sqrt{3}$		-1	0

【註】角度的英文為 degree(s)，弧度的英文為 radian(s)；$\tan x = \dfrac{\sin x}{\cos x}$。

三角函數的基本公式如下(請參考圖 1-6 速記法)：

········ **三角函數的公式** ···

- **倒數(對角線)**

$$\sin x = \frac{1}{\csc x} \qquad \cos x = \frac{1}{\sec x} \qquad \tan x = \frac{1}{\cot x}$$

- **平方相加(倒三角形)**

$$\sin^2 x + \cos^2 x = 1$$
$$\tan^2 x + 1 = \sec^2 x$$
$$1 + \cot^2 x = \csc^2 x$$

- **和角**

$$\sin(A \pm B) = \sin A \cos B \pm \cos A \sin B$$
$$\cos(A \pm B) = \cos A \cos B \mp \sin A \sin B$$

- **倍角**

$$\sin(2x) = 2\sin x \cos x$$
$$\cos(2x) = \cos^2 x - \sin^2 x = 1 - 2\sin^2 x = 2\cos^2 x - 1$$

···

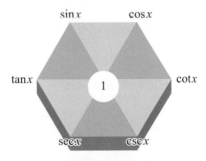

▲圖 **1-6**　三角函數基本公式速記法

範例

化簡 $\cos(x+\pi)$

解 利用三角函數**和角**公式：

$$\cos(A+B)=\cos A\cos B-\sin A\sin B$$

因此可得：

$$\cos(x+\pi)=\cos x\cos\pi-\sin x\sin\pi$$
$$=\cos x\cdot(-1)-\sin x\cdot(0)$$
$$=-\cos x$$

即：

$$\cos(x+\pi)=-\cos x$$

以下列舉**積化和差**與**和差化積**公式：

········ **積化和差與和差化積** ··

- **積化和差**

$$2\sin A\cos B=\sin(A+B)+\sin(A-B)$$
$$2\cos A\sin B=\sin(A+B)-\sin(A-B)$$
$$2\cos A\cos B=\cos(A+B)+\cos(A-B)$$
$$2\sin A\sin B=\cos(A-B)-\cos(A+B)$$

- **和差化積**

$$\sin A+\sin B=2\sin\frac{A+B}{2}\cos\frac{A-B}{2}$$
$$\sin A-\sin B=2\cos\frac{A+B}{2}\sin\frac{A-B}{2}$$
$$\cos A+\cos B=2\cos\frac{A+B}{2}\cos\frac{A-B}{2}$$
$$\cos A-\cos B=-2\sin\frac{A+B}{2}\sin\frac{A-B}{2}$$

在此複習三角函數的**反函數**(Inverse Function)。舉例而言，若三角函數為 $f(x) = \sin x$，則其反函數可表示為 $\sin^{-1} x$，念成：「arc sine x」。當 $-\dfrac{\pi}{2} \le x \le \dfrac{\pi}{2}$ 時，$y = \sin x$ 也可以表示成 $x = \sin^{-1} y$。

此外，**歐拉公式**(Euler Equation)是指數函數與三角函數相關的重要公式，可以表示如下：

$$e^{ix} = \cos x + i \sin x$$

其中 $i = \sqrt{-1}$。同理，

$$e^{-ix} = \cos x - i \sin x$$

因此，

$$\cos x = \frac{e^{ix} + e^{-ix}}{2}, \ \sin x = \frac{e^{ix} - e^{-ix}}{2i}$$

1.2 ▶ 微分

微積分中，函數的**微分**(Differentiation)是基本的數學運算，可以用來描述自然界中的變化現象。本節概略複習微分的基本定義與規則。

定義 1.6　**導函數與微分**

函數 $y = f(x)$ 的**導函數**(Derivative)可以定義為：

$$\frac{dy}{dx} = f'(x) = \lim_{h \to 0} \frac{f(x+h) - f(x)}{h}$$

通常念成：「y 對 x 的導函數」(The derivative of y with respect to x)。求導函數的過程即稱為**微分**(Differentiation)[6]。

---

[6]　函數在微分時都是以應變數 y 相對於自變數 x 的方式進行，因此微分時其實有特定對象(英文的 with respect to 有**相對於**的意思)。

函數 $y = f(x)$ 的導函數有幾種不同的表示法，主要包含下列兩種：

● **萊布尼茲表示法**(Leibniz Notation)

$$\frac{dy}{dx}, \frac{d^2y}{dx^2}, \frac{d^3y}{dx^3}, \frac{d^4y}{dx^4}, \dots, \frac{d^ny}{dx^n}$$

● **Prime 表示法**(Prime Notation)

$$y', y'', y''', y^{(4)}, \dots, y^{(n)}$$

分別表示應變數 y 對自變數 x 的一階、二階、三階、四階、…、n 階微分等。萊布尼茲表示法的優點是清楚定義應變數與自變數，缺點是在表示時略為繁瑣；Prime 表示法的優點是表示時較為簡潔，缺點是不能確認自變數是否是 x(也可能是時間 t 或其他自變數)。

請特別注意，**階數**(Order)與**次數**(Degree)的數學意義並不相同，例如：

$(y')^3$　　是指**一階**微分的**三次方**

$(y^{(4)})^2$　　是指**四階**微分的**平方**

就觀念而言，**微分**的意義其實就是：**變化率**(Rate of Changes)、**斜率**(Slope)或**速率**(Speed)。由於導函數定義中 $h \to 0$，即趨近於無限小，因此微分也有**瞬間**(Instantaneous)的涵義，即：瞬間變化率、切線斜率、瞬間速率等。

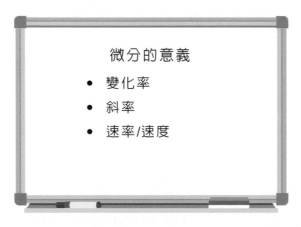

以函數 $y = x^2$ 為例，可以求得微分的結果如下：

$$\frac{dy}{dx} = \frac{d}{dx}\left(x^2\right) = 2x$$

當 $x = -1$、0、1 時，分別代入以上微分的結果可得：

$$\left.\frac{dy}{dx}\right|_{x=-1} = 2(-1) = -2 < 0$$

$$\left.\frac{dy}{dx}\right|_{x=0} = 2(0) = 0$$

$$\left.\frac{dy}{dx}\right|_{x=1} = 2(1) = 2 > 0$$

微分與切線斜率具有密切的關係，在此求得的值−2、0、2 分別為 $x=-1$、0、1 時的**切線斜率**，如圖 1-7。值得注意的是：切線斜率為負值時，y 的值是呈現下降的趨勢；切線斜率為 0 時，y 的值則是維持水平；切線斜率為正值時，y 的值則是呈現上升的趨勢。

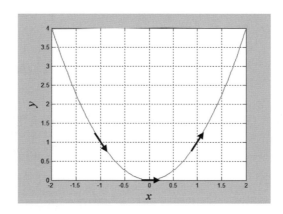

▲ **圖 1-7**　$y = x^2$ 函數圖；當 $x = -1$、0、1時，切線斜率分別為 −2、0、2

以**自由落體運動**為例，已知自由落體公式為：

$$S = \frac{1}{2}gt^2$$

若取一階微分可得：

$$\frac{dS}{dt} = \frac{d}{dt}\left(\frac{1}{2}gt^2\right) = gt$$

當 $t = 0.2$ 秒，代入上述公式可計算而得：

$$\left.\frac{dS}{dt}\right|_{t=0.2} = (9.8)\cdot(0.2) = 1.96\,(\text{m/sec})$$

因此，物體在落到 0.196m 時的**瞬間速率**(Instantaneous Speed)爲 1.96m/sec。若進一步求二階微分可得：

$$\frac{d^2S}{dt^2} = \frac{d}{dt}\left(\frac{dS}{dt}\right) = \frac{d}{dt}(gt) = g$$

二階微分可以說是速率的變化率，在自由落體運動中自然就是**重力加速度**(Gravitational Acceleration)。

1.2.1　函數的微分

以下介紹幾個常見函數的微分：

········ **常見函數的微分** ···

- **指數函數**

  若 u 爲 x 的函數且其微分存在，則 $\dfrac{d}{dx}e^u = e^u\dfrac{du}{dx}$

- **對數函數**

  若 u 爲 x 的函數且其微分存在，則 $\dfrac{d}{dx}\ln u = \dfrac{1}{u}\dfrac{du}{dx}$

- **三角函數**

  $$\frac{d}{dx}(\sin x) = \cos x \qquad\qquad \frac{d}{dx}(\cos x) = -\sin x$$

  $$\frac{d}{dx}(\tan x) = \sec^2 x \qquad\qquad \frac{d}{dx}(\cot x) = -\csc^2 x$$

  $$\frac{d}{dx}(\sec x) = \sec x \tan x \qquad\qquad \frac{d}{dx}(\csc x) = -\csc x \cot x$$

···

建議您可以使用以下口訣幫助熟記這些公式，例如：「指數 e^x 的微分還是指數 e^x」、「自然對數 $\ln x$ 的微分是倒數 $1/x$」、「$\sin x$ 的微分是 $\cos x$」、「$\cos x$ 的微分是 $-\sin x$」、「$\tan x$ 的微分是 $\sec^2 x$」等。

1.2.2 微分的基本規則

微分的基本規則可以歸納如下：

········ 微分的基本規則 ··

- **規則 1 常數**

  若 c 爲任意常數，則：

$$\frac{dc}{dx} = 0$$

- **規則 2 冪次方**

  若 n 爲正整數，則：

$$\frac{d}{dx} x^n = nx^{n-1}$$

- **規則 3 常數乘法**

  若 u 爲 x 的函數且其微分存在，c 爲任意常數，則：

$$\frac{d}{dx}(cu) = c\frac{du}{dx}$$

- **規則 4 和**

  若 u 及 v 均爲 x 的函數，且其微分存在，則：

$$\frac{d}{dx}(u+v) = \frac{du}{dx} + \frac{dv}{dx}$$

- **規則 5 積**

  若 u 及 v 均爲 x 的函數，且其微分存在，則：

$$\frac{d}{dx}(uv) = u\frac{dv}{dx} + v\frac{du}{dx}$$

- **規則 6 商**

  若 u 及 v 均爲 x 的函數，且其微分存在，則：

$$\frac{d}{dx}\left(\frac{u}{v}\right) = \frac{v\dfrac{du}{dx} - u\dfrac{dv}{dx}}{v^2}$$

在學習微積分與工程數學時，應熟記上述規則[7]。建議您也可以使用 Prime 表示法幫助記憶，例如：規則 5 也可以表示成：

$$(uv)' = u'v + uv'$$

是微積分與工程數學中常用的規則；此外，規則 6 也可以表示成：

$$\left(\frac{u}{v}\right)' = \frac{vu' - uv'}{v^2}$$

【範例】

求 $\dfrac{d}{dx}\left(x^2 + \sin x\right)$

解 根據 $\dfrac{d}{dx}(u+v) = \dfrac{du}{dx} + \dfrac{dv}{dx}$

$$\frac{d}{dx}\left(x^2 + \sin x\right) = \frac{d}{dx}\left(x^2\right) + \frac{d}{dx}(\sin x) = 2x + \cos x \qquad\blacksquare$$

【範例】

求 $\dfrac{d}{dx}\left(xe^x\right)$

解 根據 $(uv)' = u'v + uv'$

$$\frac{d}{dx}\left(xe^x\right) = \frac{d}{dx}(x)\cdot e^x + x\cdot\frac{d}{dx}\left(e^x\right) = e^x + xe^x \qquad\blacksquare$$

---

[7] 您可以試試，若隨意找個大專畢業生問他(或她)微積分學到甚麼？大概都會回答得很含糊，但筆者相信他(或她)多半會想到：「x^2 的微分是 $2x$」，即是**冪次方規則**(Power Rule)，大概是因為這個規則真的很**強大**(Powerful)。當然，筆者只是建議，不保證這是很好的搭訕主題！

範 例

求 $\dfrac{d}{dx}\left(e^x \cos x\right)$

解 根據 $(uv)' = u'v + uv'$

$$\frac{d}{dx}\left(e^x \cos x\right) = \frac{d}{dx}\left(e^x\right) \cdot \cos x + e^x \cdot \frac{d}{dx}(\cos x)$$

$$= e^x \cos x - e^x \sin x \qquad \blacksquare$$

範 例

求 $\dfrac{d}{dx}\left(x^2 \ln x\right)$

解 根據 $(uv)' = u'v + uv'$

$$\frac{d}{dx}\left(x^2 \ln x\right) = \frac{d}{dx}\left(x^2\right) \cdot \ln x + x^2 \cdot \frac{d}{dx}(\ln x)$$

$$= 2x \ln x + x^2 \cdot \frac{1}{x} = 2x \ln x + x \qquad \blacksquare$$

範 例

證明 $\dfrac{d}{dx}(\tan x) = \sec^2 x$

解 根據微分的商規則：

$$\left(\frac{u}{v}\right)' = \frac{vu' - uv'}{v^2}$$

$$\frac{d}{dx}(\tan x) = \frac{d}{dx}\left(\frac{\sin x}{\cos x}\right) = \frac{\cos x \cdot \dfrac{d}{dx}(\sin x) - \sin x \cdot \dfrac{d}{dx}(\cos x)}{\cos^2 x}$$

$$= \frac{\cos x \cdot \cos x - \sin x \cdot (-\sin x)}{\cos^2 x}$$

$$= \frac{\cos^2 x + \sin^2 x}{\cos^2 x}$$

$$= \frac{1}{\cos^2 x} = \sec^2 x \qquad 得證 \blacksquare$$

1.2.3　鏈鎖規則

鏈鎖規則(Chain Rule)是微分常見的規則，牽涉的函數為 $f(g(x))$，其中 f 與 g 均為函數，稱為**複合函數**(Composite Functions)[8]。

定理 1.1　鏈鎖規則(ChainRule)

根據萊布尼茲表示法，若 $y = f(u)$ 且 $u = g(x)$，則：

$$\frac{dy}{dx} = \frac{dy}{du} \cdot \frac{du}{dx}$$

範例

求 $\dfrac{d}{dx}\big(\sin(x^2 + x)\big)$

解　假設 $y = f(u) = \sin u$ 且 $u = g(x) = x^2 + x$，則：

$$\frac{dy}{dx} = \frac{dy}{du} \cdot \frac{du}{dx} = \frac{d}{du}(\sin u) \cdot \frac{d}{dx}(x^2 + x) = \cos u \cdot (2x+1)$$

最後代入 u 可得：

$$\frac{d}{dx}\big(\sin(x^2 + x)\big) = \cos(x^2 + x) \cdot (2x+1) \qquad\blacksquare$$

範例

求 $\dfrac{d}{dx}(\ln \cos x)$

解　假設 $y = f(u) = \ln u$ 且 $u = g(x) = \cos x$，則：

$$\frac{dy}{dx} = \frac{dy}{du} \cdot \frac{du}{dx} = \frac{d}{du}(\ln u) \cdot \frac{d}{dx}(\cos x) = \frac{1}{u} \cdot (-\sin x)$$

最後代入 u 可得：

$$\frac{d}{dx}(\ln \cos x) = \frac{1}{\cos x} \cdot (-\sin x) = -\tan x \qquad\blacksquare$$

---

[8]　鏈鎖規則是微積分教授最喜歡考同學的題目之一，筆者覺得鏈鎖規則就像「俄羅斯娃娃」，您一定要堅持到底陪教授玩一下，直到取出最後一個娃娃為止。

1.3 ▶ 積分

微積分中，函數的**積分**(Integration)為基本的數學運算，可以說是**微分**(Differentiation)的**反轉換**(Inverse)。本節概略複習積分的基本定義，並複習幾個重要的積分技巧。

定義 1.7　反導函數與積分

若函數 $F(x)$ 的導函數為 $f(x)$，表示如下：

$$F'(x) = f(x)$$

則函數 $F(x)$ 稱為函數 $f(x)$ 的**反導函數**(Antiderivative)。函數 $f(x)$ 的**積分**(Integral)可以定義為：

$$\int f(x)dx$$

通常念成：「函數 f 對 x 的積分」(The integral of f with respect to x)，$\int$ 為積分符號。求反導函數的過程即稱為**積分**(Integration)[9]。

進一步說明，若函數 $F(x)$ 對 x 微分的結果為 $f(x)$：

$$F'(x) = f(x)$$

則函數 $f(x)$ 對 x 的積分為：

$$\int f(x)dx = F(x) + c$$

其中 c 為任意常數。

---

[9]　與微分類似，積分也有特定對象，即是相對於自變數 x 積分。筆者其實不是完美主義者，但是與所有微積分教授有相同的堅持，在此也特別提醒您，積分時千萬不要忘記加上常數 c，因為其微分為 0。就觀念而言，積分的意義其實就是：**總和**(Sum)、**面積**(Area)或**體積**(Volume)。積分的符號 $\int$ 其實就是把 Sum 的 S 拉長而來。

舉例說明，函數 $F(x) = \sin x$ 對 x 微分的結果為：

$$F'(x) = \frac{d}{dx}(\sin x) = \cos x = f(x)$$

則函數 f 對 x 的積分可以表示為：

$$\int f(x)dx = \int \cos x \, dx = \sin x + c$$

積分主要分成下列兩種：

● **不定積分**(Indefinite Integrals)

不定積分是指函數 $f(x)$ 的反導函數，其表示法為：

$$\int f(x)dx$$

● **定積分**(Definite Integrals)

定積分是指在積分時具有特定的上下限 $[a,b]$，其表示法為：

$$\int_a^b f(x)dx$$

求積分最簡單的方法是查表法。除了查表法之外，在此特別複習幾個積分技巧，包含：**代換法**(Substitution)、**因式分解法**(Factorization)、**分部積分法**(Integration by Parts)、**列表積分法**(Tabular Integration)等。在學習工程數學時，還是經常用到這些積分技巧。

1.3.1　查表法

查表法，顧名思義便是參考**積分表**(Table of Integrals)，根據函數的型態決定積分的結果[10]。

範例

求 $\int x^2 dx$

解　查積分表 $\int x^2 dx = \frac{1}{3}x^3 + c$　∎

範例

求 $\int \sin x\, dx$

解　查積分表 $\int \sin x\, dx = -\cos x + c$　∎

範例

求 $\int \frac{1}{x}\, dx$

解　查積分表 $\int \frac{1}{x}\, dx = \ln|x| + c$　∎

範例

求 $\int \frac{1}{x+3}\, dx$

解　查積分表 $\int \frac{1}{x+3}\, dx = \ln|x+3| + c$　∎

---

[10]　**積分表**(Table of Integrals)請參考本書附錄。

1.3.2　代換法

　　代換法(Substitution)是將欲積分的函數中較為複雜的 x 函數(通常是多項式函數)代換成 u 函數，藉以化簡函數的型態，以便取其積分。

範例

求 $\displaystyle\int \frac{x}{\sqrt{x^2+1}}\,dx$

解 採用**代換法**：

設 $u = x^2+1$ 則 $\dfrac{du}{dx}=2x$ 或 $du = 2x\,dx$

原式可以代換成：

$$\frac{1}{2}\int \frac{1}{\sqrt{u}}\,du = \frac{1}{2}\int u^{-\frac{1}{2}}\,du = u^{\frac{1}{2}}+c$$

最後將 u 代回可得：

$$\int \frac{x}{\sqrt{x^2+1}}\,dx = \sqrt{x^2+1}+c$$ ∎

範例

求 $\displaystyle\int \frac{1}{\sqrt{2x-x^2}}\,dx$

解 首先整理分母可得：

$$2x-x^2 = 1-(x^2-2x+1)=1-(x-1)^2$$

採用**代換法**：

設 $u = x-1$ 則 $du = dx$

原式可以代換成(配合查表法)：

$$\int \frac{1}{\sqrt{1-u^2}}\,du = \sin^{-1}u + c$$

最後將 u 代回可得：

$$\int \frac{1}{\sqrt{2x-x^2}}\,du = \sin^{-1}(x-1)+c$$ ∎

1.3.3　因式分解法

　　因式分解法(Factorization)主要是求有理式函數的積分，其中分母可以使用因式分解，進一步拆解成幾項，以便取其積分。

┌─範│例├─────────────────────────────────┐

求 $\displaystyle\int \frac{1}{(x+1)(x+2)}\,dx$

└───────────────────────────────────────┘

解　採用**因式分解法**：

設 $\dfrac{1}{(x+1)(x+2)} = \dfrac{A}{x+1} + \dfrac{B}{x+2}$

$\Rightarrow$ 通分後 $A(x+2) + B(x+1) = 1$ 求解可得 $A=1, B=-1$

即 $\dfrac{1}{(x+1)(x+2)} = \dfrac{1}{x+1} - \dfrac{1}{x+2}$

因此可得：

$$\int \frac{1}{(x+1)(x+2)}\,dx = \int \frac{1}{x+1}\,dx - \int \frac{1}{x+2}\,dx$$

$$= \ln|x+1| - \ln|x+2| + c \qquad \blacksquare$$

┌─範│例├─────────────────────────────────┐

求 $\displaystyle\int \frac{x+2}{(x-1)^2}\,dx$

└───────────────────────────────────────┘

解　採用**因式分解法**：

假設 $\dfrac{x+2}{(x-1)^2} = \dfrac{A}{x-1} + \dfrac{B}{(x-1)^2}$

$\Rightarrow$ 通分後 $A(x-1) + B = x+2$ 求解可得 $A=1, B=3$

即 $\dfrac{x+2}{(x-1)^2} = \dfrac{1}{x-1} + \dfrac{3}{(x-1)^2}$

因此可得：

$$\int \frac{x+2}{(x-1)^2}\,dx = \int \frac{1}{x-1}\,dx + 3\int \frac{1}{(x-1)^2}\,dx$$

$$= \ln|x-1| - \frac{3}{x-1} + c \qquad \blacksquare$$

1.3.4　分部積分法

分部積分法(Integration by Parts)是使用微積分基本公式如下：

$$\int u\,dv = uv - \int v\,du$$

亦即欲積分的函數若可以分成兩部分，則可使用分部積分法。

範例

求 $\int \ln x\,dx$

解 使用**分部積分法**：

$$\int u\,dv = uv - \int v\,du$$

由於

$$\int \ln x\,dx = \int \ln x \cdot 1\,dx$$

因此可假設：

$$u = \ln x \implies du = \frac{1}{x}\,dx$$

$$dv = dx \implies v = \int dx = x \quad \text{在此暫時忽略常數}$$

代入**分部積分法**公式可得：

$$\int \ln x\,dx = x\ln x - \int x \cdot \frac{1}{x}\,dx = x\ln x - x + c \qquad ■$$

範例

求 $\int e^x \sin x\,dx$

解 使用**分部積分法**：

$$\int u\,dv = uv - \int v\,du$$

假設：

$$u = e^x \qquad\qquad \implies du = e^x\,dx$$

$$dv = \sin x\,dx \quad \implies v = \int \sin x\,dx = -\cos x \quad \text{在此暫時忽略常數}$$

因此可得：

$$\int e^x \sin x \, dx = -e^x \cos x + \int e^x \cos x dx \tag{1}$$

其中，$\int e^x \cos x dx$ 可以再次使用分部積分法，即假設：

$$u = e^x \qquad \Rightarrow du = e^x dx$$

$$dv = \cos x dx \quad \Rightarrow v = \int \cos x dx = \sin x \quad 在此暫時忽略常數$$

因此可得：

$$\int e^x \cos x \, dx = e^x \sin x - \int e^x \sin x dx \tag{2}$$

綜合(1)與(2)式，可得：

$$\int e^x \sin x \, dx = -e^x \cos x + e^x \sin x - \int e^x \sin x dx$$

因此結果為：

$$\int e^x \sin x \, dx = \frac{1}{2} e^x (\sin x - \cos x) + c \qquad\blacksquare$$

1.3.5　列表積分法

列表積分法(Tabular Integration)其實只是重複使用**分部積分法**的積分技巧，主要是以列表的方式求積分，但是必須其中一個函數可連續微分為 0。

範 例

求 $\int x^2 e^x dx$

解 採用**列表積分法**：

因此可得：

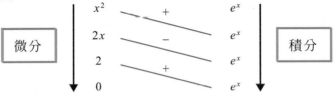

$$\int x^2 e^x dx = x^2 e^x - 2xe^x + 2e^x + c \qquad\blacksquare$$

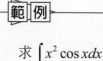

範例

求 $\int x^2 \cos x\, dx$

解 採用**列表積分法**：

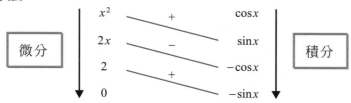

$$\begin{array}{ccc}
x^2 & + & \cos x \\
2x & - & \sin x \\
2 & + & -\cos x \\
0 & & -\sin x
\end{array}$$

微分　　　　　　　　　　積分

因此可得：

$$\int x^2 \cos x\, dx = x^2 \sin x + 2x \cos x - 2\sin x + c$$

1.4 ▶ 微積分相關定理

本節複習微積分相關定理，包含：**微積分基本定理**與**極限相關定理**。

1.4.1 微積分基本定理

萊布尼茲所提出的**微積分基本定理**(Fundamental Theorems of Calculus)，其實就是連接微分與積分之間的橋樑，因此是學習微積分時最重要的定理，主要分成兩部分，分別為微積分基本定理 Part I 與 Part II。

定理 1.2.1　微積分基本定理 Part I

若函數 f 於區間 $[a,b]$ 為連續，則函數：

$$F(x) = \int_a^x f(t)\,dt$$

於區間 $[a,b]$ 每一點的微分存在，且：

$$\frac{dF}{dx} = \frac{d}{dx}\int_a^x f(t)\,dt = f(x)$$

定理中，$F(x)$為函數在 a 至 x 的定積分，表示曲線下的面積。自變數 x 為積分上限，$\dfrac{dF}{dx}$ 表示面積的變化率，其結果即是直接將 x 代入函數的結果。

> ## 範例
>
> 求 $\dfrac{d}{dx}\displaystyle\int_0^x te^{-t}dt$

解 根據**微積分基本定理 Part I**[11]：

$$\frac{d}{dx}\int_0^x te^{-t}dt = xe^{-x}$$　■

定理 1.2.2　微積分基本定理 Part II

若函數 f 於區間$[a,b]$為連續且 F 為 f 的反導函數，則：

$$\int_a^b f(x)dx = F(b) - F(a)$$

定理 1.2.2 為**定積分**的基本公式。以函數 $y=x^2$為例，假設 x 的上下限為 $[0,1]$，則其定積分為：

$$\int_0^1 f(x)dx = \int_0^1 x^2 dx = \left[\frac{1}{3}x^3\right]_0^1 = \frac{1}{3}(1)^3 - \frac{1}{3}(0)^3 = \frac{1}{3}$$

定積分的結果是指當 $x=0\sim1$ 時，曲線下的面積(即灰色區域)為 1/3，如圖 1-8。

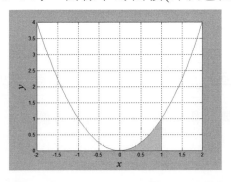

▲ **圖 1-8**　$y=x^2$ 函數圖；當 $x=0\sim1$時，曲線下的面積(即灰色區域)為 1/3

---

[11]　筆者認為大專生在學完微積分後，卻說不出甚麼是**微積分基本定理**的話，不能算是懂微積分，而且愧對微積分的鼻祖萊布尼茲！

範 例

求 (a) $\int_0^1 xe^x \, dx$　　(b) $\int_0^{\pi} \sin x \, dx$

解 根據微積分基本定理 **Part II**：

(a) $\int_0^1 xe^x \, dx = \left[xe^x - e^x \right]_0^1 = (1 \cdot e^1 - e^1) - (0 \cdot e^0 - e^0) = 1$

(b) $\int_0^{\pi} \sin x \, dx = \left[-\cos x \right]_0^{\pi} = -\cos(\pi) - (-\cos(0)) = 2$　　■

1.4.2　極限相關定理

回顧微積分中**極限**(Limits)的概念，首先複習幾個基本的極限如下：

········ 極限 ···

- $\lim_{x \to 0} c = c$

- $\lim_{x \to 0^+} \dfrac{1}{x} = \infty$

- $\lim_{x \to 0^-} \dfrac{1}{x} = -\infty$

- $\lim_{x \to \infty} \dfrac{1}{x} = 0$

- $\lim_{x \to 0} \dfrac{\sin x}{x} = 1$

- $\lim_{x \to \infty} e^{-x} = 0$

··

其中，$\dfrac{\sin x}{x}$ 稱為 **sinc 函數**，即 $\mathrm{sinc}(x) = \dfrac{\sin x}{x}$，如圖 1-9。由圖上可以觀察到：$\lim_{x \to 0} \dfrac{\sin x}{x} = 1$ [12]。此外，指數極限 $\lim_{x \to \infty} e^{-x} = 0$，請參考圖 1-3。

---

[12]　sinc 函數在工程應用中是常見的函數，尤其是在訊號處理或通訊等相關領域，微積分教授會告訴您，不能說 sinc(0) 的值等於 1，只能說趨近於 1。

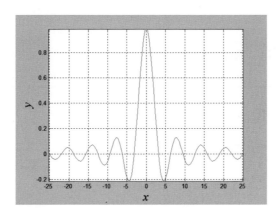

▲圖 1-9 $y = \text{sinc}(x)$ 函數圖

求極限最簡單的方法即是直接代入，例如：

$$\lim_{x \to 0}(x^2 + 5) = 0^2 + 5 = 5$$

$$\lim_{x \to 3}(x^2 + 2x + 1) = 3^2 + 2(3) + 1 = 16$$

但是有時直接代入時會產生不合理的現象，例如上述之 $\lim\limits_{x \to 0}\dfrac{\sin x}{x}$ 代入時形成：

$$\lim_{x \to 0}\frac{\sin x}{x} = \frac{0}{0}$$

此時就必須使用以下定理。

定理 1.3 L'Hôpital 定理[13]

若函數 $f(a) = g(a) = 0$，給定 f 與 g 均為可微分，且 $g'(x) \neq 0$，則：

$$\lim_{x \to a}\frac{f(x)}{g(x)} = \lim_{x \to a}\frac{f'(x)}{g'(x)}$$

---

[13] L'Hôpital 定理可以翻譯成**羅必達定理**，進一步解釋為：「上下微分，極限必達！」

範例

求極限：(a) $\displaystyle\lim_{x \to 0} \frac{\sin x}{x}$ (b) $\displaystyle\lim_{x \to 0} \frac{\cos x - 1}{x}$

解 使用 L'Hôpital 定理：

(a) $\displaystyle\lim_{x \to 0} \frac{\sin x}{x} = \lim_{x \to 0} \frac{(\sin x)'}{(x)'} = \frac{\cos(0)}{1} = 1$

(b) $\displaystyle\lim_{x \to 0} \frac{\cos x - 1}{x} = \lim_{x \to 0} \frac{(\cos x - 1)'}{(x)'} = \frac{-\sin 0}{1} = 0$　■

1.5 ▶ 多變數函數

　　多變數函數(Multivariable Functions)是指函數包含兩個(含)以上的自變數，在科學或工程應用中，其實比單一自變數的函數更為常見，其牽涉的微積分也更豐富多元。為了便於討論，本節僅介紹雙變數函數，即函數包含兩個自變數。

定義 1.8　**雙變數函數**

雙變數函數(Function of Two Variables)可以定義為：

$$z = f(x, y)$$

其中 x 與 y 為**自變數**(Independent Variables)，z 為**應變數**(Dependent Variable)。

　　以 $z = f(x, y) = 4 - x^2 - y^2$ 為例，其函數圖如圖 1-10。雙變數函數除了可以**立體圖**呈現外，也經常以**等高線圖**(Level Curves)的方式呈現。

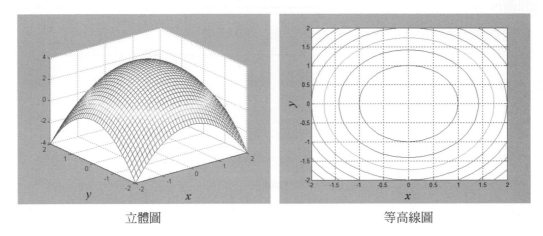

立體圖　　　　　　　　　　　　　　　　等高線圖

▲圖 1-10　雙變數函數 $z = f(x,y) = 4 - x^2 - y^2$ 圖

　　雙變數函數同時包含兩個自變數 x 與 y，但微分時須相對於特定的自變數，因此產生**偏微分**的概念。偏微分也可以視為是僅在 x 或 y 方向取微分。為了區隔起見，因此一般的微分又稱為**常微分**，在萊布尼茲表示法中是使用符號 d，偏微分則改用符號 ∂ [14]。

┌**範例**┐

　　給定函數 $f(x,y) = x^2 y$，求一階與二階偏微分。

解　一階偏微分：

$$\frac{\partial f}{\partial x} = 2xy \qquad \frac{\partial f}{\partial y} = x^2$$

二階偏微分：

$$\frac{\partial^2 f}{\partial x^2} = \frac{\partial}{\partial x}\left(\frac{\partial f}{\partial x}\right) = \frac{\partial}{\partial x}(2xy) = 2y$$

$$\frac{\partial^2 f}{\partial y^2} = \frac{\partial}{\partial y}\left(\frac{\partial f}{\partial y}\right) = \frac{\partial}{\partial y}(x^2) = 0$$

$$\frac{\partial^2 f}{\partial x \partial y} = \frac{\partial}{\partial x}\left(\frac{\partial f}{\partial y}\right) = \frac{\partial}{\partial x}(x^2) = 2x$$

$$\frac{\partial^2 f}{\partial y \partial x} = \frac{\partial}{\partial y}\left(\frac{\partial f}{\partial x}\right) = \frac{\partial}{\partial y}(2xy) = 2x \qquad 兩者結果相同$$　■

---

[14]　萊布尼茲表示法 d/dx 中的 d，在書寫時改寫成 ∂，可以注意到它的頭偏向一邊，所以是**偏微分**。

範例

給定函數 $f(x,y) = \sin x \cos y$，求一階與二階偏微分。

解 一階偏微分：

$$\frac{\partial f}{\partial x} = \cos x \cos y \qquad \frac{\partial f}{\partial y} = -\sin x \sin y$$

二階偏微分：

$$\frac{\partial^2 f}{\partial x^2} = \frac{\partial}{\partial x}\left(\frac{\partial f}{\partial x}\right) = \frac{\partial}{\partial x}(\cos x \cos y) = -\sin x \cos y$$

$$\frac{\partial^2 f}{\partial y^2} = \frac{\partial}{\partial y}\left(\frac{\partial f}{\partial y}\right) = \frac{\partial}{\partial y}(-\sin x \sin y) = -\sin x \cos y$$

$$\frac{\partial^2 f}{\partial x \partial y} = \frac{\partial}{\partial x}\left(\frac{\partial f}{\partial y}\right) = \frac{\partial}{\partial x}(-\sin x \sin y) = -\cos x \sin y$$

$$\frac{\partial^2 f}{\partial y \partial x} = \frac{\partial}{\partial y}\left(\frac{\partial f}{\partial x}\right) = \frac{\partial}{\partial y}(\cos x \cos y) = -\cos x \sin y \qquad \text{兩者結果相同} \qquad ■$$

1.6 ▶ 最佳化問題

　　最佳化問題(Optimization Problems)是科學或工程應用中常見的問題，通常有一個既定的目標，例如：最大利益、最大效能、最小誤差、最短時間等。若最佳化問題欲達到的目標，可以使用函數表示的話，則如何尋找函數的極值(可能是最小值或最大值)，便成為解決問題的關鍵。觀念上，微積分可以協助我們找到函數的極值，因此是解決最佳化問題時相當重要的數學工具。

1.6.1　函數的極值

　　首先介紹函數的**極值**(Extreme Values)，以圖 1-11 為例，若函數 $f(x)$ 在區間 $[a,b]$ 的函數值如圖所示，則可觀察到區間 $[a,b]$ 的最小值或最大值落在兩端，稱為區間的**全域最小值**(Global Minimum)或**全域最大值**(Global Maximum)。雖然在實際的最佳化問題中，目的是設法找到全域最小值或最大值；但有時**局部最小值**(Local Minimum)或**局部最大值**(Local Maximum)可能是相當接近最佳解的答案，因此也可能滿足我們的需求。

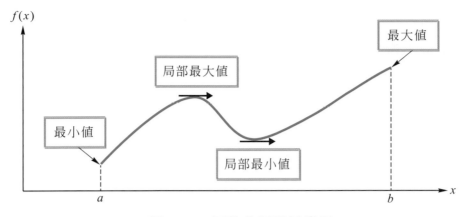

▲圖 1-11 函數的極值示意圖

　　由圖 1-11 可以進一步觀察，無論是局部最小值或局部最大值，共同的特性是其切線斜率爲 0(水平)。由於微分的意義就是切線斜率，因此即使我們無法對函數繪圖，微積分仍然可以協助我們找到局部最大值或局部最小值的位置。換言之，解決最佳化問題有一個相當重要的口訣，就是：**設微分爲 0**。

　　爲了進一步判斷所求得的局部極值是局部最小值或局部最大值，可以使用函數的二階微分。二階微分代表切線斜率的變化率，觀察局部最小值的位置，函數的曲線向上彎曲，切線斜率是由負變正，因此二階微分爲正值；反之，觀察局部最大值的位置，函數的曲線向下彎曲，切線斜率是由正變負，因此二階微分爲負值。

　　以下提供一個簡易有趣的方式幫助記憶[15]。二階微分爲正值(+)時爲**笑臉**，函數的曲線向上彎曲，判斷爲局部最小值；二階微分爲負值(−)時爲**哭臉**，函數的曲線向下彎曲，判斷爲局部最大值。

二階微分爲正值
局部最小值

二階微分爲負值
局部最大值

▲**圖 1-12**　二階微分與局部最小(大)值之關係圖

範例

求函數 $f(x) = x^2 - 4x + 5$ 的極值。

解　**口訣：設微分為 0**

$$\frac{df}{dx} = 0 \implies \frac{d}{dx}(x^2 - 4x + 5) = 0 \implies 2(x-2) = 0 \implies x = 2$$

進一步檢查：

$$\left. \frac{d^2 f}{dx^2} \right|_{x=2} = 2 > 0$$

因此，函數在 $x = 2$ 時，可得**局部最小值**：

$$f(2) = 2^2 - 4(2) + 5 = 1$$　　　　■

$f(x) = x^2 - 4x + 5$ 函數圖如下，本例爲拋物線，局部最小值即是全域最小值。

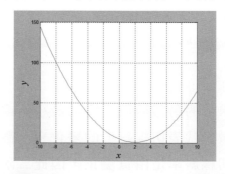

▲圖 **1-13**　$f(x) = x^2 - 4x + 5$ 函數圖

---

[15]　本方法參考自 How to Ace Calculus－The Streetwise Guide 一書，國內的翻譯書名爲「微積分之屠龍寶刀」。

範例

求函數 $f(x) = x^3 - 3x + 1$ 的極值。

解 口訣：設微分為 **0**

$$\frac{df}{dx} = 0 \implies \frac{d}{dx}\left(x^3 - 3x + 1\right) = 0 \implies 3(x^2 - 1) = 0 \implies x = \pm 1$$

進一步檢查：

$$\left.\frac{d^2 f}{dx^2}\right|_{x=-1} = \left. 6x \right|_{x=-1} = -6 < 0$$

$$\left.\frac{d^2 f}{dx^2}\right|_{x=1} = \left. 6x \right|_{x=1} = 6 > 0$$

函數在時 $x = -1$，可得局部最大值：

$$f(-1) = (-1)^3 - 3(-1) + 1 = 3$$

函數在 $x = 1$ 時，可得局部最小值：

$$f(1) = (1)^3 - 3(1) + 1 = -1$$

　　$f(x) = x^3 - 3x + 1$ 函數圖如下，本例僅可取得局部最小值或局部最大值。全域最小值與最大值分別為 $-\infty$ 與 $+\infty$。

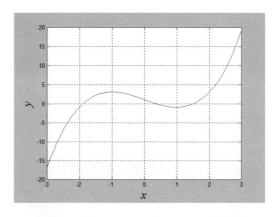

▲圖 **1-14**　$f(x) = x^3 - 3x + 1$ 函數圖

範例

如果有一位農夫手邊有 100 公尺長的圍欄,他想圍出一個長方形的豬圈,豬圈的其中一邊可以利用農舍現成的水泥牆面(如圖)。為了使豬圈的面積最大,則豬圈的長寬應該是多少?

解 假設豬圈的寬為 x、長為 y(公尺),則:

$$2x + y = 100$$

豬圈的面積為 xy,函數可以表示成:

$$A(x) = x \cdot (100 - 2x) = 100x - 2x^2$$

口訣:設微分為 0

$$\frac{dA}{dx} = 0 \ \Rightarrow \ \frac{d}{dx}\left(100x - 2x^2\right) = 0 \ \Rightarrow \ 100 - 4x = 0 \ \Rightarrow \ x = 25$$

$$\Rightarrow \ y = 100 - 2x = 100 - 2(25) = 50$$

進一步檢查:

$$\frac{d^2 A}{dx^2} = -4 < 0$$

因此,豬圈的寬為 25m,長為 50m,最大面積為 1250m^2 ■

範例

有一火箭從地表向上發射,假設忽略空氣阻力,則其運動公式為:

$$S(t) = v_0 t - \frac{1}{2} g t^2$$

其中,v_0 為初速,g 為重力加速度。若火箭發射的初速為 49m/sec,請問火箭到達最高點的高度與時間為何?

解 已知 $v_0 = 49\,\text{m/sec}$,$g = 9.8\text{m/sec}^2$ 代入公式可得:

$$S(t) = 49t - 4.9t^2$$

口訣:設微分為 0(也可解釋成最高點的**瞬間速率**為 0)

$$\frac{dS}{dt} = 0 \ \Rightarrow \ \frac{d}{dt}\left(49t - 4.9t^2\right) = 0$$

$$\Rightarrow \ 49 - 9.8t = 0 \ \Rightarrow \ t = 5$$

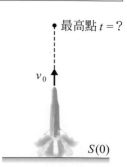

進一步檢查：

$$\frac{d^2S}{dt^2} = -9.8 < 0$$

最高點的高度為：

$$S(5) = 49(5) - 4.9(5)^2 = 122.5$$

因此，火箭在發射 5 秒後到達最高點 122.5m　　　　　　　　■

1.6.2　雙變數函數的極值

　　在科學或工程問題中，若欲最佳化的目標同時牽涉多個變數，則求多變數函數的極值便成為解決問題的關鍵。微積分可以協助我們尋找這些函數的極值，因此是解決科學或工程問題相當重要的數學工具，其應用相當廣泛。

　　為了便於討論，在此僅針對雙變數函數進一步說明其極值的求法。在前一小節中，我們已討論單一變數函數極值的求法；雙變數函數 $f(x,y)$ 同時牽涉變數 x 與 y，因此極值的求法略為複雜，但觀念上是相通的。

定理 1.4　**雙變數函數的局部極值**

設函數 $f(x,y)$ 定義於實數空間 $\mathbf{R}$ 且包含座標點 (a,b)。若函數 $f(x,y)$ 的偏微分存在且：

$$f_x(a,b) = 0, \; f_y(a,b) = 0$$

則函數 $f(x,y)$ 於 (a,b) 包含**局部極值**(Local Extreme Values)。

　　定理中，f_x 與 f_y 分別表示一階偏微分 $\dfrac{\partial f}{\partial x}$ 與 $\dfrac{\partial f}{\partial y}$。觀念上，雙變數函數牽涉兩個變數 x 與 y，若考慮函數局部極值的位置，則在 x 與 y 方向的切線斜率均為 0。因此前述口訣：**設微分為 0**，在此仍然適用。

　　由於雙變數函數 $f(x,y)$ 牽涉兩個變數 x 與 y，因此局部極值的情況略為複雜，可能包含**局部最大值**(Local Maximum)、**局部最小值**(Local Minimum)或**鞍點**(Saddle Point)。以下定理提供檢驗法，主要是使用二階偏微分作為判斷的依據。

定理 1.5　**雙變數函數局部極值檢驗法**

設函數 $f(x, y)$ 的二階偏微分存在且 $f_x(a,b) = 0$, $f_y(a,b) = 0$，則：

(1)若 $f_{xx} < 0$ 且 $f_{xx}f_{yy} - f_{xy}^2 > 0$，則 f 於 (a,b) 為**局部最大值**(Local Maximum)

(2)若 $f_{xx} > 0$ 且 $f_{xx}f_{yy} - f_{xy}^2 > 0$，則 f 於 (a,b) 為**局部最小值**(Local Minimum)

(3)若 $f_{xx}f_{yy} - f_{xy}^2 < 0$，則 f 於 (a,b) 為**鞍點**(Saddle Point)

(4)若 $f_{xx}f_{yy} - f_{xy}^2 = 0$，則本檢驗法之結論未定

定理中，f_{xx}、f_{yy} 與 f_{xy} 分別表示二階偏微分 $\dfrac{\partial^2 f}{\partial x^2}$、$\dfrac{\partial^2 f}{\partial y^2}$ 與 $\dfrac{\partial^2 f}{\partial x \partial y}$；表示式 $f_{xx}f_{yy} - f_{xy}^2$ 稱為函數 f 的**行列式**(Determinant)或 **Hessian**，也可表示成下列型態：

$$f_{xx}f_{yy} - f_{xy}^2 = \begin{vmatrix} f_{xx} & f_{xy} \\ f_{xy} & f_{yy} \end{vmatrix}$$

行列式為正值時，表示函數曲面彎曲的方向相同；若 $f_{xx} < 0$ 時，函數為局部最大值；若 $f_{xx} > 0$ 時，函數為局部最小值。相對而言，行列式為負值時，表示函數曲面彎曲的方向在某方向為向上彎曲，在另一個方向則為向下彎曲，形成馬鞍的形狀，因此稱為**鞍點**，典型的鞍點如圖 1-15。

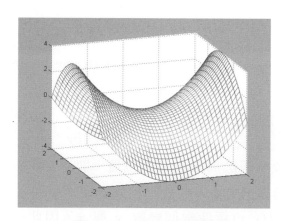

▲圖 1-15　典型的鞍點圖

範例

求函數 $f(x,y) = (x-2)^2 + (y-1)^2$ 的極值。

解 口訣：設微分為 0

$$\frac{\partial f}{\partial x} = 0 \Rightarrow \frac{\partial}{\partial x}\left((x-2)^2 + (y-1)^2\right) = 0 \Rightarrow 2(x-2) = 0 \Rightarrow x = 2$$

$$\frac{\partial f}{\partial y} = 0 \Rightarrow \frac{\partial}{\partial y}\left((x-2)^2 + (y-1)^2\right) = 0 \Rightarrow 2(y-1) = 0 \Rightarrow y = 1$$

進一步檢查：

$$f_{xx} = \frac{\partial^2 f}{\partial x^2} = \frac{\partial}{\partial x}(2(x-2)) = 2$$

$$f_{yy} = \frac{\partial^2 f}{\partial y^2} = \frac{\partial}{\partial y}(2(y-1)) = 2$$

$$f_{xy} = \frac{\partial^2 f}{\partial x \partial y} = \frac{\partial}{\partial x}(2(y-1)) = 0$$

$f_{xx} > 0$ 且 $f_{xx}f_{yy} - f_{xy}^2 = 4 > 0$

因此，函數在 $x = 2$、$y = 1$ 時，可得**局部最小值**：

$$f(2,1) = 0$$

$f(x,y) = (x-2)^2 + (y-1)^2$ 函數圖如下，可以觀察到等高線為圓形，圓心為 $(2,1)$。當 $(x,y)=(2,1)$ 時，可得局部最小值為 0。

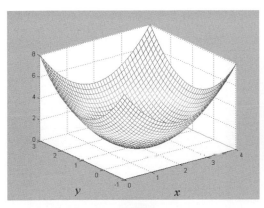

立體圖

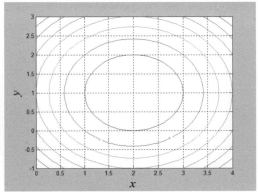

等高線圖

▲圖 1-16　$f(x,y) = (x-2)^2 + (y-1)^2$ 函數圖

範 例

求函數 $f(x, y) = xy - x^2 - y^2 + 2x - y$ 的極值。

解 口訣：設微分為 0

$$\frac{\partial f}{\partial x} = 0 \Rightarrow \frac{\partial}{\partial x}\left(xy - x^2 - y^2 + 2x - y\right) = 0 \Rightarrow 2x - y = 2$$

$$\frac{\partial f}{\partial y} = 0 \Rightarrow \frac{\partial}{\partial y}\left(xy - x^2 - y^2 + 2x - y\right) = 0 \Rightarrow x - 2y = 1$$

解聯立方程式可得 $x = 1$、$y = 0$

進一步檢查：

$$f_{xx} = \frac{\partial^2 f}{\partial x^2} = \frac{\partial}{\partial x}(y - 2x + 2) = -2$$

$$f_{yy} = \frac{\partial^2 f}{\partial y^2} = \frac{\partial}{\partial y}(x - 2y - 1) = -2$$

$$f_{xy} = \frac{\partial^2 f}{\partial x \partial y} = \frac{\partial}{\partial x}(x - 2y - 1) = 1$$

$f_{xx} < 0$ 且 $f_{xy}f_{yy} - f_{xy}^2 = 3 > 0$

因此，函數在 $x = 1$、$y = 0$ 時，可得**局部最大值**：

$$f(1, 0) = 1$$

$f(x, y) = xy - x^2 - y^2 + 2x - y$ 函數圖如下，可以觀察到等高線為橢圓形。當 $(x,y)=(1,0)$ 時，可得局部最大值為 1。

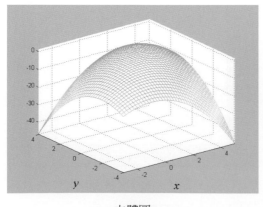

立體圖

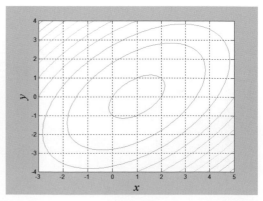

等高線圖

▲圖 **1-17** $f(x, y) = xy - x^2 - y^2 + 2x - y$ 函數圖

練習一

一、函數

1. 試定義**函數**並解釋其意義。

2. 試於自然界中，列舉典型的**自變數**與**應變數**。

3. 台北 101 大樓頂端的高度約為 500 公尺，若有物體從頂端掉落，假設物體初速為 0，且可以忽略空氣阻力，則物體多久時間會撞擊地面？

4. 現有兩彈簧 A 與 B，均固定於一個支架上，分別掛上 1kg 的砝碼後，測得兩彈簧伸長的長度變化量分別為 3cm 與 10cm，計算兩彈簧的**彈簧係數**(單位均為牛頓/米)。若將砝碼向下拉然後放掉，則砝碼會垂直振盪，試預測兩彈簧中何者的振盪頻率會比較高？

5. 判斷下列函數是屬於**多項式函數**、**有理式函數**、**指數函數**、**對數函數**或是**三角函數**？

    (a) $f(x) = 2x^2 + 3x + 1$　　　　　(b) $f(x) = e^x$

    (c) $f(x) = \cos x$　　　　　　　　(d) $f(x) = \ln x$

    (e) $f(x) = 1/x$　　　　　　　　　(f) $f(x) = \dfrac{x+1}{x^2 + 3x + 2}$

6. 求下列函數的**反函數**(Inverse Function) $f^{-1}(x)$：

    (a) $f(x) = 2x + 5$　　　　　　　(b) $f(x) = e^x - 1$

    (c) $f(x) = \dfrac{1}{2}\ln x$　　　　　　　(d) $f(x) = \sin(4x)$

    (e) $f(x) = 10x^{-1}$

7. 化簡下列函數：

    (a) $xe^{x - \ln x}$　　　　　　　　　(b) $\left(\sqrt{e}\right)^{\ln x}$

    (c) $10^{4\log_{10} x + 1}$　　　　　　　(d) $\ln|x+1| - \ln|x^2 - 1|$

    (e) $\sin x\,(1 + \cot^2 x)$　　　　　(f) $\tan x\,(\csc x + \cos x)$

    (g) $\sin(x + \pi)$

二、導函數

8. 試定義**導函數**(或**微分**)並解釋其意義。

9. 比較導函數(或微分)之**萊布尼茲表示法**與 **Prime 表示法**的優缺點。

10. 延續第 3 題之台北 101 大樓問題,請問物體撞擊地面時的瞬間速率爲何?[16]

11. 求下列函數在給定 x 位置的**切線斜率**:

    (a) $y = x^2 - x + 1$; $x = 1$ (b) $y = e^{-x}$; $x = 0$

    (c) $y = x \ln x$; $x = 1$ (d) $y = e^{-x} \sin x$; $x = 0$

12. 求下列**微分**:

    (a) $\dfrac{d}{dx}(x + \tan x)$ (b) $\dfrac{d}{dx}\left(x^2 e^{-x}\right)$

    (c) $\dfrac{d}{dx}\left(\ln(\sin x)\right)$ (d) $\dfrac{d}{dx}\left(\sin 5x - 1\right)^2$

    (e) $\dfrac{d}{dx}\left(e^x \sin x\right)$ (f) $\dfrac{d}{dx}\left(\sqrt{x^2 + 4}\right)$

13. 證明下列三角函數的微分公式:

    (a) $\dfrac{d}{dx}(\cot x) = -\csc^2 x$ (b) $\dfrac{d}{dx}(\sec x) = \sec x \tan x$

    (c) $\dfrac{d}{dx}(\csc x) = -\csc x \cot x$

    【提示】使用微分公式:$\left(\dfrac{u}{v}\right)' = \dfrac{vu' - uv'}{v^2}$

三、積分

14. 試定義**積分**並解釋其意義。

15. 求下列**積分**:

    (a) $\int x^3 \, dx$ (b) $\int \sin x \, dx$

    (c) $\int x^2 \sin x \, dx$ (d) $\int x^2 e^{-x} \, dx$

    (e) $\int \dfrac{1}{x^2 - x - 2} \, dx$ (f) $\int \dfrac{x}{\sqrt{x^2 + 4}} \, dx$

    (g) $\int e^{-x} \cos x \, dx$ (h) $\int \dfrac{1}{\cot^2 x} \, dx$

    (i) $\int \cos(x + \pi) \, dx$

---

[16] 試參考本書附錄之**基本單位與換算表**進一步換算成 km/hr,若是掉下來的是一輛車子,而您不幸此時被 K 到,是否比在高速公路被同樣的車子撞到還慘?(反正都會很慘!)

四、微積分相關定理

16. 試解釋萊布尼茲的**微積分基本定理**。

17. 求：(a) $\dfrac{d}{dx}\displaystyle\int_0^x t^2 e^t\, dt$ (b) $\dfrac{d}{dx}\displaystyle\int_0^x t\sin t\, dt$

　　【提示】使用微積分基本定理，請勿直接積分再微分

18. 求下列極限值：

(a) $\displaystyle\lim_{x\to 1}\frac{x^4+x+1}{x^2+1}$

(b) $\displaystyle\lim_{x\to 5}\frac{x-5}{x^2-25}$

(c) $\displaystyle\lim_{x\to 0}\frac{\cos x-1}{x}$

五、多變數函數

19. 給定函數 $f(x,y)=e^x\sin y$，求下列一階與二階偏微分：

(a) $\dfrac{\partial f}{\partial x}$ (b) $\dfrac{\partial f}{\partial y}$ (c) $\dfrac{\partial^2 f}{\partial x^2}$ (d) $\dfrac{\partial^2 f}{\partial y^2}$ (e) $\dfrac{\partial^2 f}{\partial x\partial y}$

20. 給定函數 $f(x,y)=xy+\cos x+y^2$，求下列一階與二階偏微分：

(a) $\dfrac{\partial f}{\partial x}$ (b) $\dfrac{\partial f}{\partial y}$ (c) $\dfrac{\partial^2 f}{\partial x^2}$ (d) $\dfrac{\partial^2 f}{\partial y^2}$ (e) $\dfrac{\partial^2 f}{\partial x\partial y}$

六、最佳化問題

21. 試解釋**最佳化問題**與微積分的關係。

22. 求函數 $f(x)=-x^2+6x+2$ 的極值，並判斷是局部最大值或局部最小值。

23. 求函數 $f(x)=\dfrac{1}{3}x^3-4x-1$ 的極值，並判斷是局部最大值或局部最小值。

24. 找到兩個數 x、y，使得它們的和是 100，而且乘積為最大值。

25. 假設圓錐體的半徑為 r，高為 h(如圖)，則圓錐體的體積為 $\dfrac{1}{3}\pi r^2 h$。已知 $r+h=120$cm，同時希望圓錐體的體積最大，則半徑 r 與高 h 應取多少？最大體積為何？

26. 若要興建一田徑運動場(如圖)，兩側各為半圓，半徑為 x，上下跑道長度為 y，且跑道總長度為 400m，同時希望圍得的總面積最大，請問 x 與 y 分別為多少？最大面積為何？

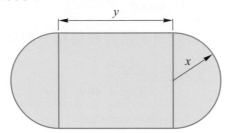

27. 王建民最快球速曾達到 99mph(約 159km/h)，若他能直接以這個球速把球垂直向上拋，且忽略空氣阻力，則球的最高點為何(以 m 為單位)？

28. 求函數 $f(x,y) = x^2 + y^2$ 的極值，並判斷是局部最大值、局部最小值或鞍點。

29. 求函數 $f(x,y) = xy - x^2 - y^2 - 2x - 2y + 4$ 的極值，並判斷是局部最大值、局部最小值或鞍點。

30. 找到三個數 x、y、z，使得它們的和是 120，而且乘積為最大值。

31. 給定一組資料點 $(x_i, y_i), i = 1 \ldots n$，**最小平方法**(Method of Least Squares)的目的是找一直線 $y = ax + b$，使得每一點至直線的垂直距離總和(稱為**平方誤差和** (Sum of Square Errors))可以達到最小值：

$$\varepsilon = \sum_{i=1}^{n} \left[y_i - ax_i - b \right]^2$$

假設給定一組資料點(2,1)、(3,2)、(4,3)、(5,2)，試利用最小平方法求得最佳之直線方程式。

【提示】分別設微分為 **0**，即 $\dfrac{\partial \varepsilon}{\partial a} = 0$ 與 $\dfrac{\partial \varepsilon}{\partial b} = 0$。

2

微分方程式介紹

2.1 基本概念

2.2 常微分方程式的解

2.3 積分曲線

2.4 初始值問題

2.5 邊界值問題

　　有了微積分的基礎概念後，工程數學入門第一課首先介紹甚麼是**微分方程式**(Differential Equations)，簡稱 **DE**。本章的目的便是介紹微分方程式的一些基本概念與相關術語，並介紹微分方程式所牽涉的兩個基本問題，稱為**初始值問題**(Initial-Value Problems, IVP)與**邊界值問題**(Boundary-Value Problems, BVP)。

　　顧名思義，微分方程式就是：「含有微分的方程式」，其實與函數具有相當密切的關係。以函數 $y = e^x$ 為例，對 x 微分後可得：

$$\frac{dy}{dx} = \frac{d}{dx}\left(e^x\right) = e^x = y$$

由於方程式 $\frac{dy}{dx} = y$ 含有微分，因此稱為**微分方程式**[1]；函數 $y = e^x$ 在代入後可以滿足此微分方程式，因此又稱為微分方程式的**解**(Solution)。在工程數學課程中，通常是在給定微分方程式的情況下，探討如何求微分方程式的解，以得到未知的函數。

　　本章討論的主題包含：

- **基本概念**
- **常微分方程式的解**
- **積分曲線**
- **初始值問題**
- **邊界值問題**

---

[1]　您可能會問：「那我學過微積分，有沒有方程式同時含微分與積分?」答案是當然有。僅含積分的方程式，稱為**積分方程式**(Integral Equations)；同時含有微分與積分的方程式，稱為**積微分方程式**(Integro-differential Equations)，本書在後面的章節才會介紹。

2.1 ▶ 基本概念

定義 2.1　微分方程式

微分方程式(Differential Equation)可以定義為：

「含有微分的方程式」

其中包含一或多個應變數相對於一或多個自變數的微分。

您在基礎代數中所學的方程式稱為**代數方程式**(Algebraic Equations)，例如：$x^2 - 1 = 0$、$x^2 - 3x + 2 = 0$ 等；方程式泛指 A=B 的型態，即數學式具有等號關係。因此，**微分方程式**(Differential Equations)必須含有微分，而且也具有等號關係，例如：$y' + y = 0$、$y'' + 4y' + 4y = e^x$ 等。根據定義 2.1，微分方程式所牽涉的自變數或應變數個數，均可能是一或多個[2]。

2.1.1 微分方程式分類

微分方程式的種類繁多，因此先就微分方程式進行適當分類。分類的目的除了便於討論之外，也可以用來區分微分方程式在求解時的難易度。微分方程式可以依**型態**(Type)、**階數**(Order)與**線性**(Linearity)等進行分類，以下依序說明之：

---

[2]　嚴謹的數學定義通常具有廣泛的涵義，但也須盡量說清楚。舉例而言，若是要定義甚麼是汽車，或許可以定義為：「含有四個輪子的車子」，但是大賣場的推車也有四個輪子，因此嚴謹的數學定義常須再說清楚些。若是要定義牛肉麵，或許可以定義為：「含有牛肉的麵」，因此牛肉泡麵也應該要含牛肉，至於有多少塊或夠不夠大塊，就又不一定了！

微分方程式分類

- **型態**：ODE/PDE
- **階數**：1、2、…、n
- **線性**：線性/非線性

● **型態(Type)**

若微分方程式含常微分，亦即微分方程式僅含單一的自變數、一或多個應變數，則微分方程式稱為**常微分方程式**(Ordinary Differential Equations)或簡稱**ODE**。舉例如下：

$$\frac{dy}{dx} + y = \sin x, \quad \frac{d^2y}{dx^2} + 4\frac{dy}{dx} + 4y = 0, \quad \frac{dx}{dt} + \frac{dy}{dt} = x + y$$

若微分方程式含偏微分，亦即微分方程式具有兩個(含)以上的自變數、一或多個應變數，則微分方程式稱為**偏微分方程式**(Partial Differential Equations)或簡稱 **PDE**。舉例如下：

$$\frac{\partial^2 u}{\partial x^2} + \frac{\partial^2 u}{\partial y^2} = 0, \quad \frac{\partial^2 u}{\partial x^2} = \frac{\partial^2 u}{\partial t^2} + 2\frac{\partial u}{\partial t}, \quad \frac{\partial u}{\partial y} = -\frac{\partial v}{\partial x}$$

● **階數(Order)**

微分方程式(ODE 或 PDE)的**階數**(Order)是根據方程式中導函數(微分)的階數最高者決定。舉例如下：

$$\frac{dy}{dx} + y = \sin x \qquad 階數為 1$$

$$\frac{d^2y}{dx^2} + 4\left(\frac{dy}{dx}\right)^3 + 4y = e^x \qquad 階數為 2$$

階數為 1 的微分方程式稱為**一階微分方程式**(First-Order Differential Equations)；階數為 2 的微分方程式稱為**二階微分方程式**(Second-Order

Differential Equations)；以此類推。本書將二階(含)以上之微分方程式通稱為**高階微分方程式**(Higher-Order Differential Equations)。

● **線性(Linearity)**

若 n 階微分方程式具有下列型態：

$$a_n(x)\frac{d^n y}{dx^n} + a_{n-1}(x)\frac{d^{n-1} y}{dx^{n-1}} + \cdots + a_1(x)\frac{dy}{dx} + a_0(x)y = g(x)$$

則微分方程式稱為**線性**(Linear)。可以觀察到線性微分方程式具有下列特性：

➢ 應變數 y 與其所有的微分均為一次方；

➢ 所有的係數均為自變數 x 的函數。

若不符合上述型態，則微分方程式稱為**非線性**(Nonlinear)。

列舉**線性**微分方程式如下：

$$\frac{dy}{dx} + y = \sin x$$

$$y'' + 10y' + 25y = e^x$$

$$x^3\frac{d^3 y}{dx^3} + x^2\frac{d^2 y}{dx^2} + x\frac{dy}{dx} + y = \ln x$$

接著列舉**非線性**微分方程式如下：

$$\frac{d^2 y}{dx^2} + y^2 = 0 \qquad\qquad y^2 \text{ 不是一次方}$$

$$\frac{dy}{dx} + \sin y = 0 \qquad\qquad \sin y \text{ 不是單純的 } y$$

$$(1-y)y' + y = \sin x \qquad\qquad (1-y)\text{不是 } x \text{ 的函數}$$

一般來說，若以微分方程式求解的難易度而言，偏微分方程式比常微分方程式困難；階數高的微分方程式比階數低的微分方程式困難；非線性微分方程式比線性微分方程式困難。

2.1.2 常微分方程式定義

常微分方程式可以表示成不同的形態，目的是希望在求解時，可以根據不同的形態，採取對應的方式進行。假設自變數為 x，應變數為 y，則 n 階常微分方程式定義如下：

定義 2.2 n 階常微分方程式

n 階常微分方程式(nth-order Differential Equation)可以定義為：

$$\frac{d^n y}{dx^n} = f(x, y, y', \ldots, y^{(n-1)})$$

稱為顯型(Explicit Form)；也可以表示成下列一般的型態：

$$F(x, y, y', \ldots, y^{(n)}) = 0$$

稱為隱型(Implicit Form)。

以一階常微分方程式為例，其顯型與隱型分別為：

$$\frac{dy}{dx} = f(x, y) \text{ 與 } F(x, y, y') = 0$$

以二階常微分方程式為例，其顯型與隱型分別為：

$$\frac{d^2 y}{dx^2} = f(x, y, y') \text{ 與 } F(x, y, y', y'') = 0$$

以下列舉常微分方程式的兩種表示法如下：

顯 型	隱 型
$y' = xy$	$y' - xy = 0$
$\dfrac{dy}{dx} = e^x y$	$\dfrac{dy}{dx} - e^x y = 0$
$\dfrac{dy}{dx} = \dfrac{y+1}{x}$	$x\dfrac{dy}{dx} - (y+1) = 0$
$y'' = \sin y$	$y'' - \sin y = 0$

若 n 階常微分方程式為**線性**，則具有下列型態：

$$a_n(x)\frac{d^n y}{dx^n} + a_{n-1}(x)\frac{d^{n-1} y}{dx^{n-1}} + \cdots + a_1(x)\frac{dy}{dx} + a_0(x)y = g(x)$$

將方程式兩邊同除 $a_n(x)$，可以表示成：

$$\frac{d^n y}{dx^n} + p_{n-1}(x)\frac{d^{n-1} y}{dx^{n-1}} + \cdots + p_1(x)\frac{dy}{dx} + p_0(x)y = f(x)$$

即首項係數為 1，稱為**標準型**(Standard Form)。

以一階線性常微分方程式為例，則**標準型**為：

$$\frac{dy}{dx} + p(x)y = f(x)$$

或表示成：

$$y' + p(x)y = f(x)$$

以二階線性常微分方程式為例，則**標準型**為：

$$\frac{d^2 y}{dx^2} + p(x)\frac{dy}{dx} + q(x)y = f(x)$$

或表示成：

$$y'' + p(x)y' + q(x)y = f(x)$$

以下列舉 n 階線性常微分方程式的兩種表示法如下：

線性常微分方程式	標準型
$x\dfrac{dy}{dx} + y = x^4$	$\dfrac{dy}{dx} + \dfrac{1}{x}y = x^3$
$4y'' + 4y' + 36y = \sin x$	$y'' + y' + 9y = \dfrac{1}{4}\sin x$
$x^2 y'' + 2xy' + y = x^2 e^x$	$y'' + \dfrac{2}{x}y' + \dfrac{1}{x^2}y = e^x$

2.2 ▶ 常微分方程式的解

定義 2.3　常微分方程式的解

若函數 $y = f(x)$ 至少包含連續 n 階微分，當代入 n 階常微分方程式時形成 **恆等式**(Identity)，則稱為微分方程式的**解**(Solution)。

範例

證明 $y = e^x - x - 1$ 為常微分方程式 $\dfrac{dy}{dx} - y = x$ 的解。

解 $\quad y = e^x - x - 1$

$$\frac{dy}{dx} = \frac{d}{dx}(e^x - x - 1) = e^x - 1$$

分別代入微分方程式：

左式 $\Rightarrow \dfrac{dy}{dx} - y = e^x - 1 - (e^x - x - 1) = e^x - 1 - e^x + x + 1 = x$

右式 $\Rightarrow x$

$$左式 = 右式$$

得證 ∎

範例

證明 $y = xe^x$ 為常微分方程式 $y'' - 2y' + y = 0$ 的解。

解 $\quad y = xe^x$

$$y' = (xe^x)' = e^x + xe^x$$

$$y'' = (e^x + xe^x)' = e^x + e^x + xe^x = 2e^x + xe^x$$

分別代入微分方程式：

左式 $\Rightarrow y'' - 2y' + y = 2e^x + xe^x - 2(e^x + xe^x) + xe^x$

$$= 2e^x + xe^x - 2e^x - 2xe^x + xe^x = 0$$

右式 $\Rightarrow 0$

$$左式 = 右式$$

得證 ∎

　　若常微分方程式的解是以函數 $y = f(x)$ 的型態表示，則稱為常微分方程式的**顯解**(Explicit Solutions)。因此，上述範例中之 $y = e^x - x - 1$ 與 $y = xe^x$ 均為顯解。

　　若常微分方程式的解是以關係式 $f(x, y) = 0$ 的型態表示，則稱為常微分方程式的**隱解**(Implicit Solutions)。隱解的證明牽涉**隱微分**(Implicit Differentiation)，即證明關係式在隱微分後可以化成對應的常微分方程式。

┌─範┃例┐

證明 $x^2 + y^2 = 16$ 為常微分方程式 $\dfrac{dy}{dx} = -\dfrac{x}{y}$ 的隱解。

解　根據關係式 $x^2 + y^2 = 16$

兩邊取微分可得：

$$\frac{d}{dx}\left(x^2 + y^2\right) = \frac{d}{dx}(16)$$

則：

$$2x + 2y\frac{dy}{dx} = 0 \qquad\qquad 注意函數\ y\ 的隱微分$$

可以重新整理成：

$$\frac{dy}{dx} = -\frac{x}{y}\ 即為給定的常微分方程式$$

因此， $x^2 + y^2 = 16$ 為常微分方程式 $\dfrac{dy}{dx} = -\dfrac{x}{y}$ 的隱解

得證■

　　事實上， $x^2 + y^2 = c$ (其中 c 可以是任意常數)均是常微分方程式 $\dfrac{dy}{dx} = -\dfrac{x}{y}$ 的隱解。

2.3 ▶ 積分曲線

定義 2.4　積分曲線

微分方程式的解，若是以圖形表示，稱為**積分曲線**(Integral Curves)。

以微分方程式 $\dfrac{dy}{dx}=\cos x$ 為例，其解為 $y=\sin x+c$，其中 c 為任意常數。若函數 $y=\sin x+c$ 以圖形表示，則稱為微分方程式的**積分曲線**，如圖 2-1，其中選取 $c=-3$、-2、$\ldots$、2、3 等值。由於微分方程式的解是以顯解的型態表示，且 c 可以是任意常數，因此積分曲線是由無限多條曲線組成。

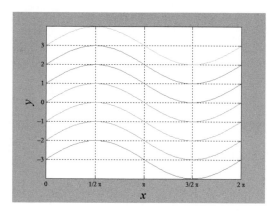

▲圖 2-1　$\dfrac{dy}{dx}=\cos x$ 積分曲線圖

以微分方程式 $\dfrac{dy}{dx}=-\dfrac{x}{y}$ 為例，其解為 $x^2+y^2=c$，其中 c 為任意常數。若關係式 $x^2+y^2=c$ 以圖形表示，則稱為微分方程式的**積分曲線**，如圖 2-2，其中選取 $c=1$、4、9、16、25 等值。由於微分方程式的解是以隱解的形態表示，因此積分曲線是由無限多條**等高線**組成。

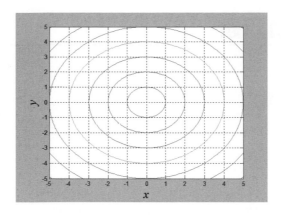

▲圖 2-2　$\dfrac{dy}{dx} = -\dfrac{x}{y}$ 的積分曲線圖

若微分方程式的解包含任意常數 c，稱為**通解**(General Solutions)；若解不含任意常數，稱為**特解**(Particular Solutions)。以上述微分方程式 $\dfrac{dy}{dx} = \cos x$ 為例，其解 $y = \sin x + c$ 包含任意常數 c，稱為**通解**；若常數 c 為特定值，例如：$y = \sin x$、$y = \sin x + 3$ 等函數，則稱為**特解**。同理，$x^2 + y^2 = c$ 為微分方程式 $\dfrac{dy}{dx} = -\dfrac{x}{y}$ 的**通解**；$x^2 + y^2 = 16$ 則為其**特解**。

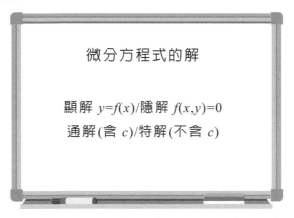

微分方程式的解

顯解 $y=f(x)$/隱解 $f(x,y)=0$
通解(含 c)/特解(不含 c)

繪製微分方程式的積分曲線時，可以使用電腦輔助軟體，例如：Matlab、Maple 或 Mathematica 等，都相當適合作為輔助的繪圖工具[3]。

---

[3]　本書附錄提供「簡易 Matlab 教學」，可以做為繪製積分曲線的參考。

2.4 ▶ 初始值問題

> **定義** 2.5　初始值問題
>
> 初始值問題(Initial-Value Problem)可以定義為：
>
> 求解：　　　　$\dfrac{d^n y}{dx^n} = f(x, y, y', \ldots, y^{(n-1)})$
>
> 初始條件：　　$y(x_0) = y_0, y'(x_0) = y_1, \ldots, y^{(n-1)}(x_0) = y_{n-1}$

　　在實際工程問題中，常須找到微分方程式的解，但同時又希望得到的解可以滿足事先設定的限制條件，這樣的問題稱為**初始值問題**(Initial-Value Problem)或簡稱 **IVP**。因此，初始值問題是根據給定的 n 階微分方程式求解，但同時受限於 n 個條件，稱為**初始條件**(Initial Conditions)。

　　一階初始值問題可以定義為：

求解：　　　　$\dfrac{dy}{dx} = f(x, y)$

初始條件：　　$y(x_0) = y_0$

　　二階初始值問題可以定義為：

求解：　　　　$\dfrac{d^2 y}{dx^2} = f(x, y, y')$

初始條件：　　$y(x_0) = y_0, y'(x_0) = y_1$

　　以一階初始值問題而言，目的是求一階微分方程式的解，同時希望積分曲線通過事先指定的座標點 (x_0, y_0)。以二階初始值問題而言，目的是求二階微分方程式的解，不僅希望積分曲線通過事先指定的座標點 (x_0, y_0)，而且希望積分曲線在 $x=x_0$ 時的切線斜率為 y_1。

範例

已知 $y = ce^x$ 為微分方程式 $y' = y$ 的解，解初始值問題 $y' = y,\ y(0) = 5$

解　根據初始條件 $y(0) = 5$ 代入：

$y(0) = ce^0 = 5 \Rightarrow c = 5$

因此， $y = 5e^x$ 為初始值問題的解(特解)

初始值問題的特解 $y = 5e^x$ 如圖 2-3， $y(0) = 5$ 表示積分曲線通過$(0, 5)$。

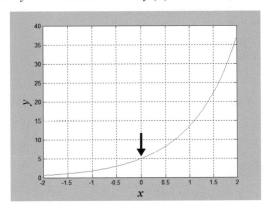

▲圖 2-3　　$y = 5e^x$ 積分曲線圖

範例

已知 $y = c_1 \cos x + c_2 \sin x$ 為微分方程式 $y'' + y = 0$ 的解，
解初始值問題 $y'' + y = 0,\ y(0) = 1,\ y'(0) = -2$

解　$y = c_1 \cos x + c_2 \sin x$ 微分可得：

$y' = -c_1 \sin x + c_2 \cos x$

根據初始條件代入：

$y(0) = c_1 \cos 0 + c_2 \sin 0 - 1 \Rightarrow c_1 = 1$

$y'(0) = -c_1 \sin 0 + c_2 \cos 0 = -2 \Rightarrow c_2 = -2$

因此， $y = \cos x - 2\sin x$ 為初始值問題的解(特解)

初始值問題的特解 $y = \cos x - 2\sin x$ 如圖 2-4，$y(0) = 1$ 表示積分曲線通過 $(0,1)$，$y'(0) = -2$ 表示切線斜率為 -2。

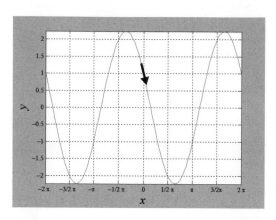

▲圖 2-4　$y = \cos x - 2\sin x$ 積分曲線圖

2.4.1　解的存在性與唯一性

在解初始值問題之前，我們可能會問兩個基本的問題：

● **存在性**(Existence) － 初始值問題是否至少存在一解？

● **唯一性**(Uniqueness) － 若初始值問題的解存在，則是否是唯一解？

在此介紹定理 2.1 與 2.2，可以協助我們回答這兩個問題。

定理 2.1　解的存在性與唯一性

設 R 是以 (x_0, y_0) 為中心的長方形區域，若 $f(x, y)$ 於區域 R 均為**連續**，則初始值問題：

$$\frac{dy}{dx} = f(x, y), \, y(x_0) = y_0$$

於區間 R 內至少存在一解。進一步而言，若 $\partial f / \partial y$ 於區間 R 亦為連續，則解為唯一解。

定理 2.1 主要是針對一階初始值問題，提供一個簡易的方式，可以用來判斷解的**存在性**與**唯一性**，如圖 2-5。本書僅概略介紹本定理，不作詳盡的證明[4]。

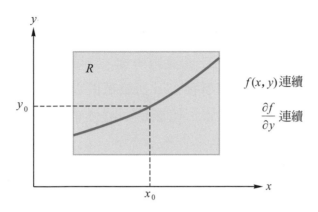

▲圖 2-5　一階初始值問題解的存在性與唯一性

範 例

試判斷初始值問題 $y' = y$, $y(0) = 5$ 的解是否**存在且唯一**

解　根據定理 **2.1**

由於 $f(x, y) = y$ 與 $\partial f / \partial y = 1$ 於整個 xy 平面均爲連續，因此很容易定義一個以 $(0, 5)$ 爲中心的區域 $\boldsymbol{R}$，例如：選取 $\boldsymbol{R}$ 爲任意的實數平面，其解**存在且唯一**。事實上初始值問題的解爲 $y = 5e^x$，定理 2.1 可以進一步保證其爲唯一解。

---

[4]　解的**存在性**與**唯一性**定理是屬於相當理論的數學證明問題。如果您的工程數學教授很認眞的證明它，那他可能與星艦迷航記的**史巴克**(Spock)一樣，是來自遙遠星球的外星人。當然，筆者認爲他應該很講究數學的眞理，住的星球其實也是有趣的，只是您沒去過，所以無法體會！

範例

試判斷初始值問題 $xy' = y-1,\ y(0)=3$ 的解是否**存在且唯一**

解 **根據定理 2.1**

微分方程式可以表示成 $y' = (y-1)/x$，而 $f(x,y) = (y-1)/x$ 於 $x=0$ 時不連續，因此區域 **R** 爲不包含 $x=0$ 的任意實數平面。但是初始條件 $y(0)=3$ 包含 $x=0$，因此不保證解**存在且唯一**。事實上，初始值問題的解 $y=1+cx$ 爲，其中 c 可以是任意常數，但是無法求得 c 值滿足 $y(0)=3$ 的初始條件，因此爲**無解**。

工程數學課程中，通常討論的微分方程式都會有解存在而且是唯一解。然而，在眞實世界中，並非所有的微分方程式均會有解存在。定理 2.1 可以協助我們判斷一階初始值問題的解是否存在且唯一，但並不能告訴我們如何進一步求解，其求解法將於第三章介紹。

以下針對一般性的 n 階初始值問題($n \geq 2$)，進一步討論其解的存在性與唯一性。n 階初始值問題(線性)可以定義爲：

求解：
$$a_n(x)\frac{d^n y}{dx^n} + a_{n-1}(x)\frac{d^{n-1} y}{dx^{n-1}} + \cdots + a_1(x)\frac{dy}{dx} + a_0(x)y = g(x)$$

初始條件： $y(x_0) = y_0, y'(x_0) = y_1, \ldots, y^{(n-1)}(x_0) = y_{n-1}$

定理 2.2　**解的存在性與唯一性**

設 $a_n(x), a_{n-1}(x), \ldots, a_1(x), a_0(x)$ 與 $g(x)$ 在區間 R 均爲連續且 $a_n(x) \neq 0$，若 $x = x_0$ 爲區間內的一點，則 n 階初始值問題在此區間內的解**存在**且爲**唯一解**。

定理 2.2 是針對 n 階初始值問題($n \geq 2$)，提供一個簡易的判斷方式，在此也不作詳盡的證明。其中，牽涉的微分方程式爲線性。

範例

試判斷初始值問題 $y'' + y = 0,\ y(0) = 1, y'(0) = -2$ 的解是否**存在且唯一**

解 根據定理 2.2

由於微分方程式具有常係數 1、0、1 與 $g(x)=0$ 於區間 $R：(-\infty,\infty)$ 均為連續，而 $x=0$ 為區間內的一點，滿足定理的所有條件，因此，二階初始值問題的解**存在且唯一**。事實上，初始值問題的解為 $y=\cos x-2\sin x$，定理 2.2 可以進一步保證其為唯一解。∎

定理 2.2 可以協助我們判斷 n 階初始值問題($n\geq2$)的解是否存在且唯一，但並不能告訴我們如何進一步求解，其求解法將於第五章介紹。

範例

試判斷初始值問題 $x^2 y'' - 2xy' + 2y = 2,\ y(0) = 1, y'(0)-1$的解是否**存在且唯一**。

解 根據定理 2.2

雖然函數 x^2、$-2x$、2 與 $g(x)=2$ 於區間 $R：(-\infty,\infty)$ 均為連續，但 $x=0$ 時，首項 $a_2(0) = 0$，而初始條件也定義於 $x=0$，因此不保證解**存在且唯一**。事實上，初始值問題的解為 $y=cx^2+x+1$，其中 c 可以是任意常數，因此本例有無限多解[5]。∎

---

[5]　您可以自行證明 $y = cx^2 + x +1$ 是否為二階初始值問題的解，除了滿足微分方程式 $x^2 y'' - 2xy' + 2y = 2$ 之外，同時也滿足初始條件 $y(0)=1, y'(0)=1$。

2.5 ▶ 邊界值問題

2.6 邊界值問題

邊界值問題(Boundary-Value Problem)可以定義如下：

求解： $\dfrac{d^2y}{dx^2} = f(x, y, y')$

邊界條件： $y(a) = y_0, y(b) = y_1$

解二階微分方程式時，除了上述初始值問題中的初始條件外，有時是希望受限於**邊界條件**(Boundary Conditions)，分別為 $x=a$ 與 $x=b$ 兩個邊界。換言之，我們希望積分曲線可以通過兩個座標點 (a, y_0) 與 (b, y_1)。這樣的問題稱為**邊界值問題**(Boundary-Value Problem)或簡稱 **BVP**[6]。

邊界值問題的邊界條件也可以是下列條件：

$$y'(a) = y_0, \ y(b) = y_1$$
$$y(a) = y_0, \ y'(b) = y_1$$
$$y'(a) = y_0, \ y'(b) = y_1$$

其中，y_0 與 y_1 為任意常數。

一般來說，邊界值問題的解可能是**多解**(Many Solutions)、**唯一解**(Unique Solution)或**無解**(No Solutions)。

---

[6] 以 AngryBirds 電腦遊戲為例，初始值問題比較像是彈弓是架在哪裡 $y(x_0) = y_0$，初速為何 $y'(x_0) = y_1$？相對而言，邊界值問題則比較像是 AngryBirds 是從哪裡發射 $y(a) = y_0$，且希望打中哪裡 $y(b) = y_1$ (例如豬的位置)。

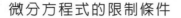

微分方程式的限制條件

初始值問題 IVP

邊界值問題 BVP

範例

已知 $y = c_1 \cos x + c_2 \sin x$ 為微分方程式 $y'' + y = 0$ 的解。

若邊界條件如下，解對應之**邊界值問題**：

(a) $y(0) = 1,\ y(\pi) = -1$　　(b) $y(0) = 1,\ y(\pi/2) = 1$

(c) $y(0) = 1,\ y(\pi) = 0$

解　$y = c_1 \cos x + c_2 \sin x$

(a) 根據邊界條件代入：

$$y(0) = c_1 \cos 0 + c_2 \sin 0 = 1 \Rightarrow c_1 = 1$$

$$y(\pi) = c_1 \cos \pi + c_2 \sin \pi = -1 \Rightarrow c_1 = 1$$

因此，$y = \cos x + c_2 \sin x$ 為邊界值問題的解

由於 c_2 可以是任意常數，因此為**多解**

(b) 根據邊界條件代入：

$$y(0) = c_1 \cos 0 + c_2 \sin 0 = 1 \Rightarrow c_1 = 1$$

$$y(\frac{\pi}{2}) = c_1 \cos \frac{\pi}{2} + c_2 \sin \frac{\pi}{2} = 1 \Rightarrow c_2 = 1$$

因此，$y = \cos x + \sin x$ 為**唯一解**

(c) 根據邊界條件代入：

$$y(0) = c_1 \cos 0 + c_2 \sin 0 = 1 \Rightarrow c_1 = 1$$

$$y(\pi) = c_1 \cos \pi + c_2 \sin \pi = 0 \Rightarrow -c_1 = 0$$

因此，邊界值問題**無解**

練習二

一、基本概念

1. 試定義**微分方程式**。

2. 試找到一階微分方程式，其解為下列函數：

   (a)　$y = e^{2x}$

   (b)　$y = e^x - 1$

   (c)　$y = 1/x$

   (d)　$y = x \ln x + x$

3. 就下列微分方程式進行分類(填表)：

微分方程式	自變數	應變數	ODE/PDE	階數	線性？
$\dfrac{dy}{dx} + xy = \sin x$					
$\dfrac{dy}{dx} = \cos(x+y)$					
$(x^2 + y^2)dx + (x^2 - xy)dy = 0$					
$y' + e^x y = xy^2$					
$(1-x)y'' - 4xy' + 5y = e^x$					
$x\dfrac{d^3 y}{dx^3} + \left(\dfrac{dy}{dx}\right)^4 + y = 0$					
$y^{(4)} + 2y'' + y = xe^x$					
$\dfrac{dP}{dt} = P(1-P)$					
$\dfrac{dx}{dt} + \dfrac{dy}{dt} = x + 2y$					
$\dfrac{\partial u}{\partial t} = k\dfrac{\partial^2 u}{\partial x^2}$					

二、常微分方程式的解

4. 給定下列常微分方程式與函數 $y = f(x)$，證明函數為常微分方程式的顯解：

(a) $x\dfrac{dy}{dx} + y = 0$; $y = \dfrac{1}{x}$

(b) $y' = 25 + y^2$; $y = 5\tan 5x$

(c) $\dfrac{dy}{dx} - 2xy = 2$; $y = 2e^{x^2}\displaystyle\int_0^x e^{-t^2}\,dt + ce^{x^2}$ 【提示】使用萊布尼茲的微積分基本定理

(d) $y'' - 3y' + 2y = 0$; $y = e^{2x}$

(e) $x^2 y'' - xy' + y = 0$; $y = x\ln x$

5. 給定下列常微分方程式與關係式，證明關係式為常微分方程式的隱解：

(a) $\dfrac{dy}{dx} = \dfrac{x^2}{y}$; $2x^3 - 3y^2 = 10$

(b) $\dfrac{dy}{dx} = \dfrac{2x-1}{2y-2}$; $x^2 - x + 2y - y^2 = 0$

(c) $(2xy + 2y^2)dx + (x^2 + 4xy)dy = 0$; $x^2 y + 2xy^2 = 0$

(d) $\dfrac{dy}{dx} = \dfrac{1}{e^y - x}$; $xe^y - \dfrac{1}{2}e^{2y} = 0$

三、積分曲線

6. 試解釋何謂積分曲線?通解與特解的積分曲線有何不同?

7. 已知 $y = 5 + ce^{-x}$ 為微分方程式 $y' + y = 5$ 的顯解，使用電腦輔助軟體繪製積分曲線圖(假設 x 的值介於 0~5 之間，您可以任選 c 值)。

8. 已知 $x^2 + xy = c$ 為微分方程式 $\dfrac{dy}{dx} = -\dfrac{2x+y}{x}$ 的隱解，使用電腦輔助軟體繪製積分曲線圖(假設 x 與 y 的值均介於 –2~2 之間，請至少繪製 20 條等高線)。

9. 已知 $e^x + \sin(xy) = c$ 為微分方程式 $(e^x + y\cos(xy))dx + x\cos(xy)dy = 0$ 的隱解，使用電腦輔助軟體繪製積分曲線圖(假設 x 與 y 的值均介於 –2~2 之間，請至少繪製 20 條等高線)。

10. 已知 $y = c_1\cos 2x + c_2\sin 2x$ 為微分方程式 $y'' + 4y = 0$ 的顯解，使用電腦輔助軟體繪製積分曲線圖(假設 x 的值介於 0~2π 之間，您可以任選 c_1 與 c_2 的值)。

四、初始值問題

11.　已知 $y = ce^{-x}$ 為微分方程式 $y' = -y$ 的解，解下列初始值問題：
$$y' = -y,\ y(0) = 1$$

12.　已知 $x^2 + y^2 = c$ 為微分方程式 $\dfrac{dy}{dx} = -\dfrac{x}{y}$ 的解，解下列初始值問題：
$$\frac{dy}{dx} = -\frac{x}{y},\ y(3) = 4$$

13.　已知 $y = c_1 e^{-x} + c_2 e^x$ 為微分方程式 $y'' - y = 0$ 的解，解下列初始值問題：
$$y'' - y = 0,\ y(0) = 3,\ y'(0) = 1$$

14.　已知 $y = c_1 e^x + c_2 e^{3x}$ 為微分方程式 $y'' - 4y' + 3y = 0$ 的解，解下列初始值問題：
$$y'' - 4y' + 3y = 0,\ y(0) = -1,\ y'(0) = 3$$

15.　已知 $y = e^x(c_1 \cos 2x + c_2 \sin 2x)$ 為微分方程式 $y'' - 2y' + 5y = 0$ 的解，解下列初始值問題：
$$y'' - 2y' + 5y = 0,\ y(0) = 1,\ y'(0) = 0$$

16.　已知 $y = c_1 x \cos(\ln x) + c_2 x \sin(\ln x)$ 為微分方程式 $x^2 y'' - xy' + 2y = 0$ 的解，解下列初始值問題：
$$x^2 y'' - xy' + 2y = 0,\ y(1) = 1,\ y'(1) = 0$$

17.　給定下列一階初始值問題，試決定區域 R，其解存在且唯一；此外，判斷初始值問題的解是否存在且唯一：

(a)　$y' = 2y,\ y(0) = 1$

(b)　$y' = \ln x,\ y(1) = 0$

(c)　$y' = \sqrt{y},\ y(0) = 0$

(d)　$y' = \sqrt{x - y},\ y(0) = 1$

(e)　$y' = x + y,\ y(0) = 1$

18.　給定下列二階初始值問題，試判斷其解是否存在且唯一：

(a)　$y'' + y = 0,\ y(0) = 1,\ y'(0) = 1$

(b)　$y'' + 3y' + 2y = x,\ y(0) = 1,\ y'(0) = 1$

(c)　$x^2 y'' + xy' + y = 0,\ y(0) = 1,\ y'(0) = 1$

(d)　$x^2 y'' + 3xy' + y = x,\ y(1) = 0,\ y'(1) = 0$

(e)　$(x - 1)y'' + y = 0,\ y(1) = 1,\ y'(1) = 0$

五、邊界值問題

19. 試解釋初始值問題(IVP)與邊界值問題(BVP)的差異。

20. 已知 $y = c_1 e^{5x} + c_2 x e^{5x}$ 為微分方程式 $y'' - 10y' + 25y = 0$ 的解，解下列邊界值問題，並判斷是多解、唯一解或是無解：
$$y'' - 10y' + 25y = 0, \; y(0) = 0, \; y(1) = 1$$

21. 已知 $y = c_1 \cos 2x + c_2 \sin 2x$ 為微分方程式 $y'' + 4y = 0$ 的解，解下列邊界值問題，並判斷是多解、唯一解或是無解：

    (a) $y'' + 4y = 0, \; y(0) = 1, \; y(\frac{\pi}{4}) = 1$

    (b) $y'' + 4y = 0, \; y(0) = 1, \; y(\pi) = 1$

    (c) $y'' + 4y = 0, \; y(0) = 1, \; y(2\pi) = 0$

22. 已知 $y = c_1 x^{-1} + c_2 x^3$ 為微分方程式 $x^2 y'' - xy' - 3y = 0$ 的解，解下列邊界值問題，並判斷是多解、唯一解或是無解：
$$x^2 y'' - xy' - 3y = 0, \; y(1) = 3, \; y(2) = 9$$

3 一階微分方程式

3.1   方向場

3.2   分離變數法

3.3   線性微分方程式

3.4   正合微分方程式

3.5   非正合微分方程式

3.6   齊次微分方程式

3.7   伯努利方程式

3.8   代換法

3.9   正交軌跡

一階微分方程式是最基本的微分方程式，由於牽涉的最高導函數(微分)僅為一階，因此可以表示成以下型態：

$$\frac{dy}{dx} = f(x, y)$$

或是表示成：

$$F(x, y, y') = 0$$

一階微分方程式並沒有一般性的求解法，通常必須根據微分方程式的型態使用對應的方法，方能求得微分方程式的解[1]。

本章首先介紹方向場，可以利用一階微分方程式的型態與繪圖的方法，取得積分曲線；接著，則進入本章的重心，亦即一階微分方程式的求解法，將陸續討論分離變數法等共七種方法。最後，則介紹正交軌跡。

本章討論的主題包含：

- **方向場**
- **分離變數法**
- **線性微分方程式**
- **正合微分方程式**
- **非正合微分方程式**
- **齊次微分方程式**
- **伯努利方程式**
- **代換法**
- **正交軌跡**

---

[1] 一階微分方程式求解，別期望可以「一招半式闖江湖」！因此，建議您在學完一種求解法後，就須馬上練功(做練習題)，方能見招拆招。射鵰英雄傳的郭靖，跟洪七公學完一招後馬上努力練功；郭靖雖然愚笨，他可是學全「降龍十八掌」。不過，您可以放心的是，我們不會學那麼多招，而且筆者也不指望您有位黃蓉可以煮「玉笛誰家聽落梅」、「好逑湯」與「二十四橋明月夜」等美食給本人吃！

3.1 ▶ 方向場

3.1　方向場

給定一階微分方程式：

$$\frac{dy}{dx} = f(x, y)$$

若有系統的在 xy 平面上，根據每個座標點依函數計算其切線斜率，並繪製切線線段，稱為**線性元素**(Lineal Elements)；這些**線性元素**的集合，即稱為**方向場**(Direction Field)或**斜率場**(Slope Field)。

　　根據微積分的**概念**，微分所代表的意義其實就是切線的**斜率**(Slope)，因此上述一階微分方程式可以解釋為：「切線斜率等於 x、y 的函數」。換言之，若微分方程式的積分曲線通過(x, y)座標，則該曲線在此座標的切線斜率，即是根據 x、y 座標值代入函數計算而得。

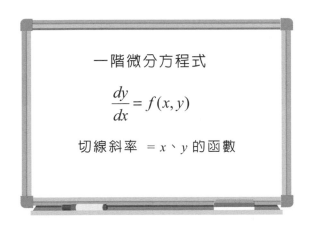

　　以一階微分方程式 $\frac{dy}{dx} = xy$ 為例，假設其積分曲線分別通過四個象限的座標點$(1, 1)$、$(-1, 1)$、$(-1, -1)$或$(1, -1)$，則其切線斜率可以計算如下：

第一象限：當 $(x, y) = (1, 1)$ 時　$\dfrac{dy}{dx} = (1)(1) = 1$

第二象限：當 $(x, y) = (-1, 1)$ 時　$\dfrac{dy}{dx} = (-1)(1) = -1$

第三象限：當 $(x, y) = (-1, -1)$ 時　$\dfrac{dy}{dx} = (-1)(-1) = 1$

第四象限：當 $(x, y) = (1, -1)$ 時　$\dfrac{dy}{dx} = (1)(-1) = -1$

　　斜率為 1 時，表示切線的角度為 $\tan^{-1}(1) = 45°$；斜率為 -1 時，則代表切線的角度為 $\tan^{-1}(-1) = -45°$，根據上述計算結果可得四條切線線段，稱為**線性元素** (Lineal Elements)，如圖 3-1。因此，只要有系統的在 xy 平面上的每個座標點，計算其斜率並繪製**線性元素**；這些**線性元素**的集合，便稱為微分方程式的**方向場**(Direction Field)或**斜率場**(Slope Field)。

　　若將圖 3-1 的 xy 平面範圍擴大，可得一階微分方程式 $\dfrac{dy}{dx} = xy$ 的方向場，如圖 3-2，其中 x、y 的範圍均介於 $-3 \sim 3$ 之間；沿著切線的方向繪製曲線，就可以得到微分方程式的積分曲線。

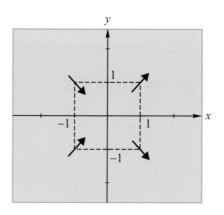

▲圖 3-1　一階微分方程式 $\dfrac{dy}{dx} = xy$，其積分曲線在四個座標點 $(1,1)$、$(-1,1)$、$(-1,-1)$ 與 $(1,-1)$ 的切線，其斜率可根據函數 $f(x, y) = xy$ 計算而得。

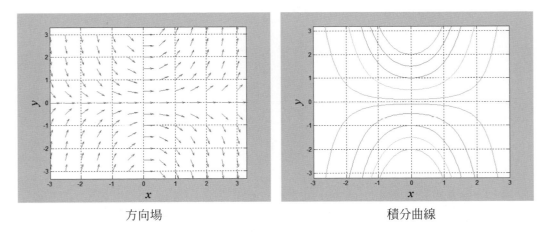

方向場   積分曲線

▲圖 **3-2** 一階微分方程式 $\dfrac{dy}{dx} = xy$ 的方向場與積分曲線

圖 3-3 列舉幾個典型的方向場範例。方向場雖然可以用人工的方式繪製而得，但是太費時費力；通常是使用電腦輔助軟體，如：Matlab、Maple 或 Mathematica 等，以產生一階微分方程式的方向場[2]。

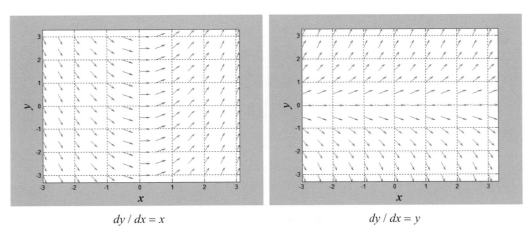

$dy / dx = x$ $dy / dx = y$

▲圖 **3-3** 典型的方向場範例

---

[2]   用人工的方式繪製方向場，大概是人生中只須做兩、三次即可的事情；筆者建議您學習使用電腦輔助軟體繪製方向場，請參考本書附錄之「簡易 Matlab 教學」。

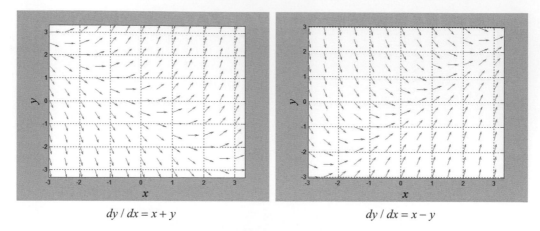

$$dy/dx = x+y \qquad\qquad dy/dx = x-y$$

▲圖 3-3　典型的方向場範例(續)

3.2 ▶ 分離變數法

定義 3.2　可分離微分方程式

若微分方程式具有下列型態：

$$\frac{dy}{dx} = g(x) \cdot h(y)$$

則微分方程式為**可分離**(Separable)，或是具有**可分離變數**(Separable Variables)。

【分離變數法】

➡ 分離變數　⇒　$\dfrac{1}{h(y)}dy = g(x)dx$

➡ 兩邊積分　⇒　$\displaystyle\int \frac{1}{h(y)}dy = \int g(x)dx$

➡ 結果　　　⇒　$H(y) = G(x) + c$

分離變數法是基本的微分方程式求解法[3]。首先分離變數，通常 y 函數放左邊，x 函數放右邊；接著分別對兩邊積分，因此左邊是對 y 積分，右邊則是對 x 積分；積分後的結果為 $H(y) + c_1 = G(x) + c_2$，但兩常數可以合併為單一常數 c。最後，結果應盡可能化成**顯解**的型態，即是以 $y = f(x)$ 表示。

分離變數法

$$\frac{dy}{dx} = g(x) \cdot h(y)$$

$$\int \frac{1}{h(y)} dy = \int g(x) dx$$

範例

解 $\dfrac{dy}{dx} = \dfrac{x}{y}$

解 $\dfrac{dy}{dx} = x \cdot \dfrac{1}{y}$ 可分離

➢ 分離變數 $\Rightarrow ydy = xdx$

➢ 兩邊積分 $\Rightarrow \int ydy = \int xdx$

➢ 結果 $\Rightarrow \dfrac{1}{2}y^2 = \dfrac{1}{2}x^2 + c_1$

$\Rightarrow y^2 = x^2 + 2c_1$ $2c_1$ 可視為常數 c

$\Rightarrow y = \pm\sqrt{x^2 + c}$ 顯解 ∎

---

[3] 或許是緣份的安排，你們在一次偶然的機會相遇 $g(x) \cdot h(y)$。雖然你們在一起，但是曾幾何時，你依然是你 $h(y)$，而她也依然是她 $g(x)$；你們倆就像小 S 的歌「愛不持久」，終究還是**可分離**。筆者在此是勸離不勸合，或許你們反而可以各自愜意的生活(兩邊各自積分)；你們也都會變得更加成熟 $H(y)$ 與 $G(x)$。當然，她是肯定會有新歡 c 的！

範例

$$解 \frac{dy}{dx} = (x+1) \cdot \sqrt{1-y^2}$$

解 $\frac{dy}{dx} = (x+1) \cdot \sqrt{1-y^2}$ 可分離

➤ 分離變數 $\Rightarrow \frac{1}{\sqrt{1-y^2}} dy = (x+1)dx$

➤ 兩邊積分 $\Rightarrow \int \frac{1}{\sqrt{1-y^2}} dy = \int (x+1)dx$

➤ 結果 $\Rightarrow \sin^{-1} y = \frac{1}{2}x^2 + x + c$

$\quad\quad\quad \Rightarrow y = \sin\left(\frac{1}{2}x^2 + x + c\right)$ 顯解 ∎

範例

解初始值問題 $\frac{dy}{dx} = -xy, \ y(0) = 1$

解 $\frac{dy}{dx} = -x \cdot y$ 可分離

➤ 分離變數 $\Rightarrow \frac{1}{y} dy = -xdx$

➤ 兩邊積分 $\Rightarrow \int \frac{1}{y} = -\int xdx$

➤ 結果 $\Rightarrow \ln|y| = -\frac{1}{2}x^2 + c$ 同取指數

$\quad\quad\quad \Rightarrow y = e^{-\frac{1}{2}x^2 + c}$ 顯解

初始條件代入：

$y(0) = e^c = 1 \ \Rightarrow \ c = 0$

因此，初始值問題的解為：

$$y = e^{-\frac{1}{2}x^2}$$ 特解 ∎

上述初始值問題的解，其圖形如下：

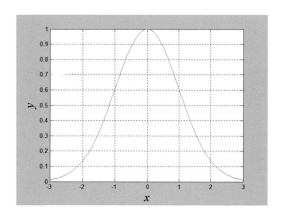

▲ 圖 3-4　函數 $y = e^{-\frac{1}{2}x^2}$ 圖形

　　圖 3-4 其實就是機率與統計學中常見的常態分佈圖。**常態分佈函數**(Normal Distribution Functions)是由**高斯**(Carl F. Gauss)所提出，因此又稱爲**高斯函數**(Gaussian Functions)[4]。

　　高斯函數的完整定義爲：

$$G(x) = \frac{1}{\sqrt{2\pi\sigma^2}} e^{-\frac{(x-\mu)^2}{2\sigma^2}}$$

其中，μ 稱爲**均值**(Mean)或**平均**(Average)；σ 稱爲**標準差**(Standard Deviation)；σ^2 稱爲**變異數**(Variance)。圖 3-4 其實是 $\mu = 0$ 且 $\sigma = 1$ 的常態分佈圖(未考慮 $1/\sqrt{2\pi\sigma^2}$)。

　　值得一提的是，$1/\sqrt{2\pi\sigma^2}$ 可以使得高斯函數的積分爲 1，即函數的總機率爲 1(100%)，即：

$$\int_{-\infty}^{\infty} G(x)dx = \int_{-\infty}^{\infty} \frac{1}{\sqrt{2\pi\sigma^2}} e^{-\frac{(x-\mu)^2}{2\sigma^2}} dx = \frac{1}{\sqrt{2\pi\sigma^2}} \int_{-\infty}^{\infty} e^{-\frac{(x-\mu)^2}{2\sigma^2}} dx = 1$$

---

[4]　雖然高斯函數通常不是工程數學的討論範圍，但您在機率與統計課程中應該會學到高斯函數，是相當重要的數學工具，因此在此特別提及。

典型的高斯函數如圖 3-5，其中均值為 $\mu = 0$，標準差 σ 分別為 1、2 或 3。因此，標準差愈大，表示常態分佈愈廣。此外，圖中三條曲線下的總面積(積分)均為 1(100%)。

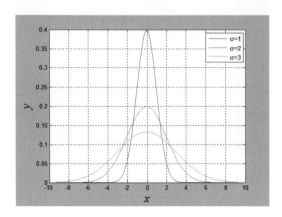

▲ 圖 3-5　高斯函數圖

3.3 ▶ 線性微分方程式

定義 3.3　線性微分方程式

若微分方程式具有下列型態：

$$\frac{dy}{dx} + p(x)y = f(x)$$

則微分方程式為**線性**(Linear)，又稱為線性微分方程式。

一階線性微分方程式可以表示成：

$$a_1(x)\frac{dy}{dx} + a_0(x)y = g(x)$$

若是左右兩邊同除 $a_1(x)$，使得首項係數為 1，則可化成定義 3.3 的型態，稱為一階線性微分方程式的**標準型**(Standard Form)。一階線性微分方程式在求解前，都必須先化成標準型。

【求解法】

→ 求積分因子 $\Rightarrow$ $e^{\int p(x)dx}$

→ 同乘積分因子 $\Rightarrow$ $e^{\int p(x)dx}\dfrac{dy}{dx} + e^{\int p(x)dx}p(x)y = e^{\int p(x)dx}\cdot f(x)$

→ 合併 $\Rightarrow$ $\dfrac{d}{dx}\left(e^{\int p(x)dx}\cdot y\right) = e^{\int p(x)dx}\cdot f(x)$

→ 兩邊積分 $\Rightarrow$ $e^{\int p(x)dx}y = \int e^{\int p(x)dx}\cdot f(x)\,dx$

→ 結果 $\Rightarrow$ $y = e^{-\int p(x)dx}\cdot \int e^{\int p(x)dx}\cdot f(x)\,dx$

積分因子(Integrating Factor)為一階線性微分方程式求解的關鍵,請您務必熟記。

進一步說明,合併時 $\dfrac{d}{dx}\left(e^{\int p(x)dx}\cdot y\right)$ 是使用微積分的規則:

$$\frac{d}{dx}(uv) = u\frac{dv}{dx} + v\frac{du}{dx}$$

其中是將 $e^{\int p(x)dx}$ 視為 u,y 視為 v。$\dfrac{du}{dx}$ 可以推導如下:

$$\frac{d}{dx}e^{\int p(x)dx} = e^{\int p(x)dx}\frac{d}{dx}\int p(x)dx = e^{\int p(x)dx}p(x)$$

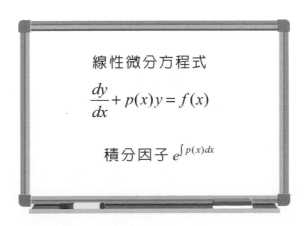

線性微分方程式

$$\frac{dy}{dx} + p(x)y = f(x)$$

積分因子 $e^{\int p(x)dx}$

範 例

解 $\dfrac{dy}{dx} + y = 5$

解 $\dfrac{dy}{dx} + y = 5$　　　標準型

➤ 求積分因子　　　$\Rightarrow$ $e^{\int p(x)dx} = e^{\int dx} = e^{x}$　　　可忽略常數 c

➤ 同乘積分因子　$\Rightarrow$ $e^{x}\dfrac{dy}{dx} + e^{x}y = 5e^{x}$

➤ 合併　　　　　$\Rightarrow$ $\dfrac{d}{dx}\left(e^{x}y\right) = 5e^{x}$

➤ 兩邊積分　　　$\Rightarrow$ $e^{x}y = 5\int e^{x}dx$

　　　　　　　　$\Rightarrow$ $e^{x}y = 5e^{x} + c$

➤ 結果　　　　　$\Rightarrow$ $y = 5 + ce^{-x}$　　　顯解　　　∎

範 例

解 $x\dfrac{dy}{dx} - y = x^{2}\sin x$

解 $\dfrac{dy}{dx} - \dfrac{1}{x}y = x\sin x$　　　標準型

➤ 求積分因子　　　$\Rightarrow$ $e^{\int p(x)dx} = e^{-\int \frac{1}{x}dx} = e^{-\ln|x|} = x^{-1}$　　　可忽略絕對值

➤ 同乘積分因子　$\Rightarrow$ $x^{-1}\dfrac{dy}{dx} - x^{-2}y = \sin x$

➤ 合併　　　　　$\Rightarrow$ $\dfrac{d}{dx}\left(x^{-1}y\right) = \sin x$

➤ 兩邊積分　　　$\Rightarrow$ $x^{-1}y = \int \sin x\, dx$

　　　　　　　　$\Rightarrow$ $x^{-1}y = -\cos x + c$

➤ 結果　　　　　$\Rightarrow$ $y = -x\cos x + cx$　　　顯解　　　∎

範例

解 $\dfrac{dy}{dx} + (\tan x)y = \cos x$

解 $\dfrac{dy}{dx} + (\tan x)y = \cos x$　　標準型

- 求積分因子　$\Rightarrow$　$e^{\int p(x)dx} = e^{\int \tan x\,dx} = e^{-\ln|\cos x|} = \sec x$　　可忽略絕對值

- 同乘積分因子　$\Rightarrow$　$\sec x\dfrac{dy}{dx} + (\sec x \tan x)y = 1$

- 合併　$\Rightarrow$　$\dfrac{d}{dx}(\sec x \cdot y) = 1$

- 兩邊積分　$\Rightarrow$　$\sec x \cdot y = x + c$

- 結果　$\Rightarrow$　$y = x\cos x + c\cos x$　　顯解

3.4 ▶ 正合微分方程式

定義 3.4　正合微分方程式

若微分方程式具有下列型態：
$$M(x,y)dx + N(x,y)dy = 0$$

且表示式 $M(x,y)dx + N(x,y)dy$ 為 **正合** (Exact)，則稱為 **正合微分方程式** (Exact Differential Equation)。

定理 3.1 正合準則

設 $M(x, y)$ 與 $M(x, y)$ 的一階偏微分存在，則 $M(x, y)dx + N(x, y)dy$ 為**正合**的充要條件為：

$$\frac{\partial M}{\partial y} = \frac{\partial N}{\partial x}$$

【求解法】

➡ 檢查正合 $\Rightarrow$ $\frac{\partial M}{\partial y} = \frac{\partial N}{\partial x}$

➡ 求函數 $f(x, y)$ 使得 $\Rightarrow$

$\frac{\partial f}{\partial x} = M(x, y)$ $\Rightarrow$ $f(x, y) = \int M(x, y)dx + g(y)$

$\frac{\partial f}{\partial y} = N(x, y)$ $\Rightarrow$ $f(x, y) = \int N(x, y)dy + h(x)$

➡ 通解 $\Rightarrow$ $f(x, y) = c$ [5]

正合微分方程式

$$M(x, y)dx + N(x, y)dy = 0$$

$$\frac{\partial M}{\partial y} = \frac{\partial N}{\partial x}$$

---

[5] 或許又是緣份的安排，你與她相逢在燈火闌珊處 $M(x, y)dx + N(x, y)dy$；你們是如此的情投意合 $\partial M / \partial y = \partial N / \partial x$ (若不相等只能叫做單戀)；在一個浪漫的夜晚，你們終於乾柴烈火，一發不可收拾，結果自然就生出寶貝 $f(x, y)$；這個寶貝真是像極了你 $\partial f / \partial x = M$，同時也像極了她 $\partial f / \partial y = N$。當然，若是生的寶貝不像你或是不像她，那就有點麻煩了！

　　積分求函數 $f(x, y)$ 時所衍生的 $g(y)$ 是因為其對 x 偏微分為 0；所衍生的 $h(x)$ 是因為其對 y 偏微分為 0。此外，$f(x, y)$ 在積分後通常會有共通項。

　　$M(x, y)dx + N(x, y)dy = 0$ 在檢查是否正合時，若不滿足正合準則，即：

$$\frac{\partial M}{\partial y} \neq \frac{\partial N}{\partial x}$$

則微分方程式稱為**非正合微分方程式**(Non-Exact Differential Equation)，將留待下一節討論之。

範 例

　　解 $(2x + 3y)\, dx + (3x + 6y^2)\, dy = 0$

解　$(2x + 3y)\, dx + (3x + 6y^2)\, dy = 0$

　　　　$M(x,\ y)$　　　　　$N(x,\ y)$

➤ 檢查正合　⇒

$$\frac{\partial M}{\partial y} = \frac{\partial}{\partial y}(2x + 3y) = 3$$

$$\frac{\partial N}{\partial x} = \frac{\partial}{\partial x}(3x + 6y^2) = 3$$

$$\frac{\partial M}{\partial y} = \frac{\partial N}{\partial x} \qquad 正合$$

➤ 求函數 $f(x,\ y)$ 使得　⇒

$$\frac{\partial f}{\partial x} = M(x, y) = 2x + 3y \quad \Rightarrow \quad f(x, y) = x^2 + 3xy + g(y)$$

$$\frac{\partial f}{\partial y} = N(x, y) = 3x + 6y^2 \quad \Rightarrow \quad f(x, y) = 3xy + 2y^3 + h(x)$$

$$\therefore f(x, y) = x^2 + 3xy + 2y^3$$

➤ 通解　⇒

$$f(x, y) = c \quad 或 \quad x^2 + 3xy + 2y^3 = c \qquad 隱解 \qquad ■$$

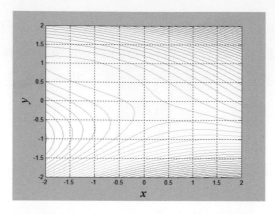

▲圖 **3-6** $x^2 + 3xy + 2y^3 = c$ 等高線圖

範例

解 $ye^x dx + (2y + e^x)dy = 0$

解 $ye^x dx + (2y + e^x)dy = 0$

$M(x, y) \quad N(x, y)$

➤ 檢查正合 ⇒

$$\frac{\partial M}{\partial y} = \frac{\partial}{\partial y}\left(ye^x\right) = e^x$$

$$\frac{\partial N}{\partial x} = \frac{\partial}{\partial x}\left(2y + e^x\right) = e^x$$

$$\frac{\partial M}{\partial y} = \frac{\partial N}{\partial x} \qquad 正合$$

➤ 求函數 $f(x, y)$使得 ⇒

$$\frac{\partial f}{\partial x} = M(x,y) = ye^x \quad \Rightarrow \quad f(x,y) = ye^x + g(y)$$

$$\frac{\partial f}{\partial y} = N(x,y) = 2y + e^x \quad \Rightarrow \quad f(x,y) = y^2 + ye^x + h(x)$$

$$\therefore f(x,y) = ye^x + y^2$$

➤ 通解 ⇒

$$f(x,y) = c \quad 或 \quad ye^x + y^2 = c \qquad 隱解$$ ∎

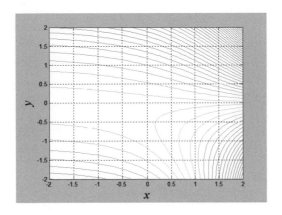

▲圖 **3-7** $ye^x + y^2 = c$ 等高線圖

範例

解 $(e^x \sin y + 3y)\, dx + (e^x \cos y + 3x)\, dy = 0$

解 $(e^x \sin y + 3y)\, dx + (e^x \cos y + 3x)\, dy = 0$

$\qquad\quad M(x,\, y) \qquad\qquad N(x,\, y)$

➤ 檢查正合 ⇒

$$\frac{\partial M}{\partial y} = \frac{\partial}{\partial y}\left(e^x \sin y + 3y\right) = e^x \cos y + 3$$

$$\frac{\partial N}{\partial x} = \frac{\partial}{\partial x}\left(e^x \cos y + 3x\right) = e^x \cos y + 3$$

$$\frac{\partial M}{\partial y} = \frac{\partial N}{\partial x} \qquad 正合$$

➤ 求函數 $f(x,\, y)$ 使得 ⇒

$$\frac{\partial f}{\partial x} = M(x, y) = e^x \sin y + 3y \quad \Rightarrow \quad f(x, y) = e^x \sin y + 3xy + g(y)$$

$$\frac{\partial f}{\partial y} = N(x, y) = e^x \cos y + 3x \quad \Rightarrow \quad f(x, y) = e^x \sin y + 3xy + h(x)$$

$$\therefore f(x, y) = e^x \sin y + 3xy$$

➤ 通解 ⇒

$$f(x, y) = c \quad 或 \quad e^x \sin y + 3xy = c \qquad 隱解 \qquad \blacksquare$$

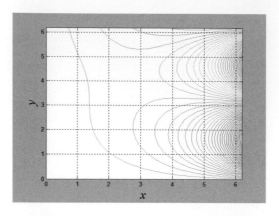

▲圖 3-8　$e^x \sin y + 3xy = c$ 等高線圖

3.5 ▶ 非正合微分方程式

定義 3.5　非正合微分方程式

若微分方程式具有下列型態：

$$M(x,y)dx + N(x,y)dy = 0$$

其中表示式 $M(x,y)dx + N(x,y)dy$ 為非正合(Non-Exact)，即 $\dfrac{\partial M}{\partial y} \neq \dfrac{\partial N}{\partial x}$

則稱為非正合微分方程式(Non-Exact Differential Equation)。

📚【求解法】

➥ 檢查正合　$\Rightarrow$　$\dfrac{\partial M}{\partial y} \neq \dfrac{\partial N}{\partial x}$

➥ 求積分因子 $u(x,y)$　$\Rightarrow$

若 $\dfrac{M_y - N_x}{N}$ 為 x 的函數　$\Rightarrow$　則積分因子 $u(x) = e^{\int \frac{M_y - N_x}{N}dx}$

若 $\dfrac{N_x - M_y}{M}$ 為 y 的函數　$\Rightarrow$　則積分因子 $u(y) = e^{\int \frac{N_x - M_y}{M}dy}$

其中 M_y 代表 $\dfrac{\partial M}{\partial y}$，$N_x$ 代表 $\dfrac{\partial N}{\partial x}$。

➥ 同乘積分因子　$\Rightarrow$

$$u(x, y)M(x, y)dx + u(x, y)N(x, y)dy = 0$$

爲正合，即

$$\frac{\partial(uM)}{\partial y} = \frac{\partial(uN)}{\partial x}$$

➔ 解題步驟同**正合微分方程式**

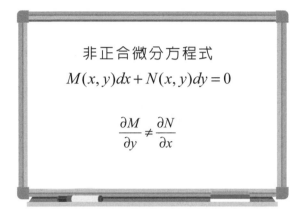

非正合微分方程式
$$M(x, y)dx + N(x, y)dy = 0$$

$$\frac{\partial M}{\partial y} \neq \frac{\partial N}{\partial x}$$

範例

解 $ydx + (2x - y^2)dy = 0$

解 $ydx + (2x - y^2)dy = 0$

$M(x, y)$　$N(x, y)$

➢ 檢查正合　⇒

$$\frac{\partial M}{\partial y} = \frac{\partial}{\partial y}(y) = 1$$

$$\frac{\partial N}{\partial x} = \frac{\partial}{\partial x}(2x - y^2) = 2$$

$$\frac{\partial M}{\partial y} \neq \frac{\partial N}{\partial x} \qquad 非正合$$

➢ 求積分因子 $u(x, y)$　⇒

$$\frac{M_y - N_x}{N} = \frac{1 - 2}{2x - y^2} = -\frac{1}{2x - y^2}$$

$$\frac{N_x - M_y}{M} = \frac{2 - 1}{y} = \frac{1}{y}$$

$$\therefore u(y) = e^{\int \frac{N_x - M_y}{M} dy} = e^{\int \frac{1}{y} dy} = e^{\ln|y|} = y \qquad \text{忽略絕對值}$$

➤ 同乘積分因子 ⇒

$$y^2 dx + (2xy - y^3)dy = 0$$

則

$$\frac{\partial(uM)}{\partial y} = \frac{\partial}{\partial y}(y^2) = 2y$$

$$\frac{\partial(uN)}{\partial x} = \frac{\partial}{\partial x}(2xy - y^3) = 2y$$

$$\frac{\partial(uM)}{\partial y} = \frac{\partial(uN)}{\partial x} \qquad \text{正合}$$

➤ 求函數 $f(x, y)$ 使得 ⇒

$$\frac{\partial f}{\partial x} = y^2 \quad \Rightarrow \quad f(x, y) = xy^2 + g(y)$$

$$\frac{\partial f}{\partial y} = 2xy - y^3 \quad \Rightarrow \quad f(x, y) = xy^2 - \frac{1}{4}y^4 + h(x)$$

$$\therefore f(x, y) = xy^2 - \frac{1}{4}y^4$$

➤ 通解 ⇒

$$f(x, y) = c \quad \text{或} \quad xy^2 - \frac{1}{4}y^4 = c \qquad \text{隱解}$$

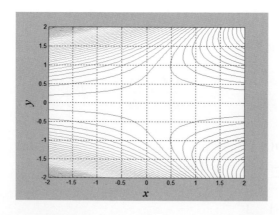

▲圖 3-9 $\quad xy^2 - \dfrac{1}{4}y^4 = c$ 等高線圖

範 例

解 $(3x\sin 2y - 2y)dx + (2x^2\cos 2y - x)dy = 0$

解 $(3x\sin 2y - 2y)dx + (2x^2\cos 2y - x)dy = 0$

　　　　$M(x, y)$　　　　　　$N(x, y)$

➢ 檢查正合　⇒

$$\frac{\partial M}{\partial y} = \frac{\partial}{\partial y}(3x\sin 2y - 2y) = 6x\cos 2y - 2$$

$$\frac{\partial N}{\partial x} = \frac{\partial}{\partial x}(2x^2\cos 2y - x) = 4x\cos 2y - 1$$

$$\frac{\partial M}{\partial y} \neq \frac{\partial N}{\partial x} \qquad \text{非正合}$$

➢ 求積分因子 $u(x,y)$　⇒

$$\frac{M_y - N_x}{N} = \frac{(6x\cos 2y - 2) - (4x\cos 2y - 1)}{2x^2\cos 2y - x} = \frac{2x\cos 2y - 1}{x\cdot(2x\cos 2y - 1)} = \frac{1}{x}$$

$$\therefore u(x) = e^{\int \frac{M_y - N_x}{N}dx} = e^{\int \frac{1}{x}dx} = e^{\ln|x|} = x \qquad \text{忽略絕對值}$$

➢ 同乘積分因子　⇒

$(3x^2\sin 2y - 2xy)dx + (2x^3\cos 2y - x^2)dy = 0$

則

$$\frac{\partial(uM)}{\partial y} = \frac{\partial}{\partial y}(3x^2\sin 2y - 2xy) = 6x^2\cos 2y - 2x$$

$$\frac{\partial(uN)}{\partial x} = \frac{\partial}{\partial x}(2x^3\cos 2y - x^2) = 6x^2\cos 2y - 2x$$

$$\frac{\partial(uM)}{\partial y} = \frac{\partial(uN)}{\partial x} \qquad \text{正合}$$

➢ 求函數 $f(x, y)$ 使得　⇒

$$\frac{\partial f}{\partial x} = 3x^2\sin 2y - 2xy \implies f(x,y) = x^3\sin 2y - x^2 y + g(y)$$

$$\frac{\partial f}{\partial y} = 2x^3\cos 2y - x^2 \implies f(x,y) = x^3\sin 2y - x^2 y + h(x)$$

$$\therefore f(x,y) = x^3\sin 2y - x^2 y$$

➢ 通解　⇒

$$f(x,y) = c \quad 或 \quad x^3\sin 2y - x^2 y = c \qquad \text{隱解}$$

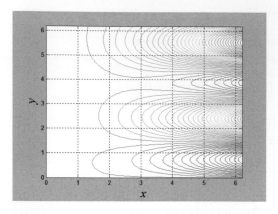

▲圖 3-10　$x^3 \sin 2y - x^2 y = c$ 等高線圖

3.6 ▶ 齊次微分方程式

定義 3.6　齊次微分方程式

若微分方程式具有下列型態：

$$\frac{dy}{dx} = f\left(\frac{y}{x}\right)$$

則稱為**齊次微分方程式**(Homogeneous Differential Equation)。

【求解法】

➡ 設 $u = \dfrac{y}{x}$ 　⇒　則 $y = ux$，其微分為：$\dfrac{dy}{dx} = \dfrac{du}{dx}x + u$

➡ 分別代入 　⇒　$\dfrac{du}{dx}x + u = f(u)$

➡ 整理可得 　⇒　$\dfrac{du}{dx} = \dfrac{1}{x}\big(f(u) - u\big)$　　可分離

　　　　　　　⇒　$\dfrac{1}{f(u) - u}du = \dfrac{1}{x}dx$

　　　　　　　⇒　$\displaystyle\int \dfrac{1}{f(u) - u}du = \int \dfrac{1}{x}dx$

➜ 代回 $u = \dfrac{y}{x}$

因此，齊次微分方程式求解時牽涉**分離變數法**[6]。

齊次微分方程式

$$\frac{dy}{dx} = f\left(\frac{y}{x}\right)$$

設 $u = \dfrac{y}{x}$

範 例

解 $\dfrac{dy}{dx} = \dfrac{x-y}{x+y}$

解　$\dfrac{dy}{dx} = \dfrac{x-y}{x+y}$　　$\Rightarrow$　$\dfrac{dy}{dx} = \dfrac{1-y/x}{1+y/x}$　　齊次微分方程式

➤　設 $u = \dfrac{y}{x}$　　$\Rightarrow$　則 $y = ux$，其微分為：$\dfrac{dy}{dx} = \dfrac{du}{dx}x + u$

➤　分別代入　$\Rightarrow$　$\dfrac{du}{dx}x + u = \dfrac{1-u}{1+u}$

　　　　　　　$\Rightarrow$　$\dfrac{du}{dx}x = -u + \dfrac{1-u}{1+u} = \dfrac{-(u^2 + 2u - 1)}{u+1}$

➤　整理可得　$\Rightarrow$　$\dfrac{u+1}{u^2 + 2u - 1}du = -\dfrac{1}{x}dx$　　　可分離

　　　　　　　$\Rightarrow$　$\displaystyle\int \dfrac{u+1}{u^2 + 2u - 1}du = -\int \dfrac{1}{x}dx$

　　　　　　　$\Rightarrow$　$\dfrac{1}{2}\ln\left|u^2 + 2u - 1\right| = -\ln|x| + c_1$　　　同取指數

---

[6]　Homo 是英文字根，有相同性質的意義，例如：Homosexual 為同性戀。數學家將 Homogeneous 翻譯成齊次，在此是指 x、y 的次數相同。

$$\Rightarrow \quad (u^2 + 2u - 1)^{\frac{1}{2}} = e^{c_1} \cdot x^{-1} \quad \text{或} \quad x^2(u^2 + 2u - 1) = c$$

> 代回 $u = \dfrac{y}{x}$ $\quad \Rightarrow \quad x^2((\dfrac{y}{x})^2 + 2(\dfrac{y}{x}) - 1) = c$ 或

$$y^2 + 2xy - x^2 = c \qquad \text{隱解} \qquad\blacksquare$$

範 例

解 $2xy\dfrac{dy}{dx} = y^2 - x^2$

解 $2xy\dfrac{dy}{dx} = y^2 - x^2 \quad \Rightarrow \quad \dfrac{dy}{dx} = \dfrac{1}{2}\left(\dfrac{y}{x}\right) - \dfrac{1}{2}\left(\dfrac{x}{y}\right)$ 齊次微分方程式

> 設 $u = \dfrac{y}{x}$ $\quad \Rightarrow \quad$ 則 $y = ux$，其微分為：$\dfrac{dy}{dx} = \dfrac{du}{dx}x + u$

> 分別代入 $\quad \Rightarrow \quad \dfrac{du}{dx}x + u = \dfrac{u}{2} - \dfrac{1}{2u}$

$$\Rightarrow \quad \dfrac{du}{dx}x = -\dfrac{u}{2} - \dfrac{1}{2u} = -\dfrac{(u^2 + 1)}{2u}$$

> 整理可得 $\quad \Rightarrow \quad \dfrac{du}{dx} = -\dfrac{1}{x}\left(\dfrac{u^2 + 1}{2u}\right)$ 可分離

$$\Rightarrow \quad \dfrac{2u}{u^2 + 1}du = -\dfrac{1}{x}dx$$

$$\Rightarrow \quad \int \dfrac{2u}{u^2 + 1}du = -\int \dfrac{1}{x}dx$$

$$\Rightarrow \quad \ln\left|u^2 + 1\right| = -\ln\left|x\right| + c_1 \qquad \text{同取指數}$$

$$\Rightarrow \quad u^2 + 1 = cx^{-1}$$

> 代回 $u = \dfrac{y}{x}$ $\quad \Rightarrow \quad \left(\dfrac{y}{x}\right)^2 + 1 = cx^{-1}$

$$\Rightarrow \quad x^2 + y^2 = cx \qquad \text{隱解} \qquad\blacksquare$$

3.7 ▶ 伯努利方程式

定義 3.7　伯努利方程式

若微分方程式具有下列型態：

$$\frac{dy}{dx} + p(x)y = f(x)\,y^{\alpha}$$

其中 $\alpha \neq 0, 1$，則稱爲**伯努利方程式**(Bernoulli's Equation)。

　　伯努利方程式是根據 Jacob Bernoulli 而命名。伯努利方程式與一階線性微分方程式的唯一差異是多了 y^{α}，其中 $\alpha \neq 0, 1$，因此伯努利方程式是屬於非線性微分方程式。

【求解法】

➤ 設 $u = y^{1-\alpha}$　$\Rightarrow$　可得 $y = u^{\frac{1}{1-\alpha}}$ 及其微分 $\frac{dy}{dx}$

➤ 代入伯努利方程式　$\Rightarrow$　可得線性微分方程式

➤ 解線性微分方程式(步驟同前)

➤ 通解　$\Rightarrow$　$y = u^{\frac{1}{1-\alpha}}$ 代回

伯努利方程式

$$\frac{dy}{dx} + p(x)y = f(x)y^{\alpha}$$

設　$u = y^{1-\alpha}$

範例

$$解 \ \frac{dy}{dx} + \frac{1}{x}y = xy^2$$

解 **伯努利方程式**

➤ 設 $u = y^{1-\alpha}$ $\Rightarrow$ $u = y^{1-\alpha} = y^{-1}$ $(\alpha = 2)$

可得 $y = u^{-1}$ 及其微分 $\frac{dy}{dx} = -u^{-2}\frac{du}{dx}$

➤ 代入伯努利方程式 $\Rightarrow$

$$\frac{dy}{dx} + \frac{1}{x}y = xy^2 \qquad \Rightarrow \quad -u^{-2}\frac{du}{dx} + \frac{1}{x}u^{-1} = xu^{-2}$$

同乘 $-u^2$ 可得：

$$\frac{du}{dx} - \frac{1}{x}u = -x \qquad 線性微分方程式$$

➤ 解線性微分方程式

　　➤ 積分因子 $\Rightarrow$ $e^{-\int \frac{1}{x}dx} = e^{-\ln|x|} = \frac{1}{x}$

　　➤ 同乘積分因子 $\Rightarrow$ $\frac{1}{x}\frac{du}{dx} - \frac{1}{x^2}u = -1$

　　➤ 合併 $\Rightarrow$ $\frac{d}{dx}\left[\frac{1}{x}u\right] = -1$

　　➤ 兩邊積分 $\Rightarrow$ $\frac{1}{x}u = -x + c$

　　　　　　　　$\Rightarrow$ $u = -x^2 + cx$

➤ 通解 $\Rightarrow$ $y = u^{-1}$ $\Rightarrow$ $y = \frac{1}{-x^2 + cx}$ 　顯解 ∎

3.8 ▶ 代換法

定義 3.8　**代換法**

若微分方程式具有下列型態：

$$\frac{dy}{dx} = f(Ax + By + C)$$

則可使用**代換法**(Substitution)求解。

【求解法】

➡ 設 $u = Ax + By + C$ ⇒　微分可得 $\dfrac{du}{dx} = A + B\dfrac{dy}{dx}$

➡ 代入原微分方程式

➡ 解題步驟同前(牽涉前述介紹的求解法)

代換法

$$\frac{dy}{dx} = f(Ax + By + C)$$

設　$u = Ax + By + C$

範例

解 $\dfrac{dy}{dx} = \tan^2(x + y + 1)$

解 使用**代換法**

➢　設 $u = x + y + 1$ ⇒

微分可得 $\dfrac{du}{dx} = 1 + \dfrac{dy}{dx}$ 或 $\dfrac{dy}{dx} = \dfrac{du}{dx} - 1$

➤ 代入原微分方程式 ⇒

$\dfrac{du}{dx} - 1 = \tan^2 u \quad \Rightarrow \quad \dfrac{du}{dx} = 1 + \tan^2 u = \sec^2 u$ 　　可分離

➤ 解題步驟同前

$\cos^2 u\,du = dx \quad \Rightarrow \quad \displaystyle\int \cos^2 u\,du = \int dx \quad \Rightarrow$

$\dfrac{u}{2} + \dfrac{1}{4}\sin 2u = x + c$

$\qquad\qquad \dfrac{1}{2}(x+y+1) + \dfrac{1}{4}\sin 2(x+y+1) = x + c$ 　　隱解 ∎

範例

解 $\dfrac{dy}{dx} = (x+y)^2 - 2$

解 使用**代換法**

➤ 設 $u = x + y \quad \Rightarrow$

微分可得 $\dfrac{du}{dx} = 1 + \dfrac{dy}{dx}$ 或 $\dfrac{dy}{dx} = \dfrac{du}{dx} - 1$

➤ 代入原微分方程式 ⇒

$\dfrac{du}{dx} - 1 = u^2 - 2 \quad \Rightarrow \quad \dfrac{du}{dx} = u^2 - 1$ 　　可分離

➤ 解題步驟同前

$\dfrac{1}{u^2 - 1}\,du = dx \quad \Rightarrow \quad \displaystyle\int \dfrac{1}{u^2 - 1}\,du = \int dx \quad \Rightarrow$

$\dfrac{1}{2}\ln|u-1| - \dfrac{1}{2}\ln|u+1| = x + c \quad \Rightarrow$

$\qquad\qquad \dfrac{1}{2}\ln|x+y-1| - \dfrac{1}{2}\ln|x+y+1| = x + c$ 　　隱解 ∎

分離變數法	$\dfrac{dy}{dx} = g(x) \cdot h(y)$
線性微分方程式	$\dfrac{dy}{dx} + p(x)y = f(x)$
正合微分方程式	$M(x, y)dx + N(x, y)dy = 0$
非正合微分方程式	$M(x, y)dx + N(x, y)dy = 0$
齊次微分方程式	$\dfrac{dy}{dx} = f\left(\dfrac{y}{x}\right)$
伯努利方程式	$\dfrac{dy}{dx} + p(x)y = f(x)y^{\alpha}$
代換法	$\dfrac{dy}{dx} = f(Ax + By + C)$

3.9 ▶ 正交軌跡

　　兩直線若是互相垂直，稱為**正交**(Orthogonal)。回顧幾何學，若某直線的斜率為 m，則與其垂直的直線斜率為 $-1/m$。以圖 3-11 為例，若直線的斜率為 2，則與其垂直的直線斜率為 $-1/2$；若直線的斜率為 $1/2$，則與其垂直的直線斜率為 -2。

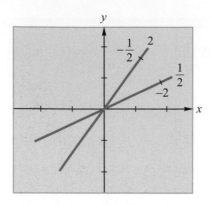

▲圖 3-11 正交(垂直)線示意圖

定義 3.9 正交軌跡

給定一組曲線族 $F(x,y)=c$，若另一組曲線族 $G(x,y)=c$ 均與其正交(垂直)，則稱爲**正交軌跡**(Orthogonal Trajectories)。

【求解法】

給定曲線族 $F(x,y)=c$

➡ 求對應之微分方程式 $\Rightarrow \dfrac{dy}{dx}=f(x,y)$

➡ 正交軌跡的微分方程式 $\Rightarrow \dfrac{dy}{dx}=-\dfrac{1}{f(x,y)}$

➡ 解微分方程式 $\Rightarrow G(x,y)=c$

即是**正交軌跡**

回顧微積分，由於微分的意義即是切線斜率，因此，可利用微分方程式求正交軌跡。地球的經緯線便是正交軌跡的實例，若地球的經線是給定的一組曲線，其正交軌跡則是緯線所構成的另一組曲線。在科學或工程應用中，正交軌跡是常見的應用，例如：電場、流體力學、熱傳導等。

範例

求曲線 $y = cx$ 的正交軌跡

解 ➤ 求對應之微分方程式　　　$\Rightarrow$ 　$y = cx$

$\Rightarrow$ 　$\dfrac{y}{x} = c$

$\Rightarrow$ 　$\dfrac{y'}{x} - \dfrac{y}{x^2} = 0$

$\Rightarrow$ 　$y' = \dfrac{y}{x}$

➤ 正交軌跡的微分方程式　$\Rightarrow$ 　$y' = -\dfrac{x}{y}$

➤ 解微分方程式　　　　　　$\Rightarrow$ 　$y' = -\dfrac{x}{y}$ 　　　可分離

$\Rightarrow$ 　$y\,dy = -x\,dx$

$\Rightarrow$ 　$\displaystyle\int y\,dy = -\int x\,dx$

$\Rightarrow$ 　$\dfrac{1}{2}y^2 = -\dfrac{1}{2}x^2 + c_1$

$\Rightarrow$ 　$x^2 + y^2 = c$ 即是**正交軌跡**　■

曲線 $y = cx$ 與其正交軌跡 $x^2 + y^2 = c$ 如下圖：

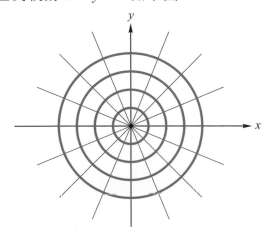

▲圖 **3-12**　曲線 $y = cx$ 與其正交軌跡 $x^2 + y^2 = c$

練習三

一、方向場

1.　給定一階微分方程式 $\dfrac{dy}{dx}=x+y$，試於下圖中 $(1,\ 1)$、$(-1,\ 1)$、$(-1,\ -1)$、$(1,\ -1)$ 等座標畫出切線線段。

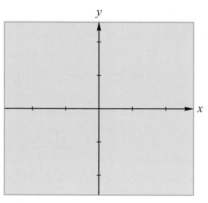

2.　給定一階微分方程式 $\dfrac{dy}{dx}=x$ 的方向場(如下圖)，試於圖中畫出通過下列初始條件的**積分曲線**：(a) $y(0)=0$；(b) $y(0)=-2$。

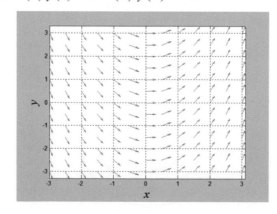

3.　給定方向場如下圖：

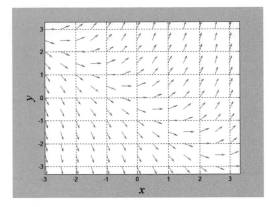

【選擇題】已知其爲下列微分方程式的方向場，則何者最可能？

(A) $dy/dx = x$　　　　(B) $dy/dx = y$　　(C) $dy/dx = x + y$

(D) $dy/dx = x - y$　　(E) $dy/dx = xy$

4.　使用電腦輔助軟體繪製下列**方向場**(請參考本書附錄)：

(a)　$\dfrac{dy}{dx} = x^2 - y^2$

(b)　$\dfrac{dy}{dx} = \sin x$

(c)　$\dfrac{dy}{dx} = \sin y$

(d)　$\dfrac{dy}{dx} = \sin x \cdot \cos y$

二、分離變數法

5.　判斷下列微分方程式是否爲**可分離**：

(a)　$\dfrac{dy}{dx} = \sin 2x$

(b)　$\dfrac{dy}{dx} = x + y$

(c)　$\dfrac{dy}{dx} = xy^2 - x$

(d)　$\dfrac{dy}{dx} = e^{x+y}$

(e)　$\dfrac{dy}{dx} = \cos(x + y)$

(f) $y\sqrt{1+x^2}\,dy = x\sqrt{1+y^2}\,dx$

(g) $\dfrac{dy}{dx} = \dfrac{xy+2x-y-2}{xy-3y+3x-9}$

6. 解 $\dfrac{dy}{dx} = x^2 + 2x$

7. 解 $\dfrac{dy}{dx} = y^2 - 1$

8. 解 $\dfrac{dy}{dx} = \dfrac{y}{x+1}$

9. 解 $\dfrac{dy}{dx} = e^{x+y}$

10. 解 $\dfrac{dy}{dx} = (1+x)(1+y^2)$

11. 解 $\tan x \dfrac{dy}{dx} - 2y = 4$

12. 解初始值問題 $\dfrac{dy}{dx} = 2xy^2,\ y(0) = 1$

13. 解初始值問題 $\dfrac{dy}{dx} = (x-1)y,\ y(1) = 1$

14. 解初始值問題 $\dfrac{dy}{dx} = x\sqrt{1-y^2},\ y(0) = 0$

15. 解初始值問題 $\dfrac{dy}{dx} = xy^2\cos x,\ y(0) = -1$

三、線性微分方程式

16. 解 $\dfrac{dy}{dx} - y = e^x$

17. 解 $\dfrac{dy}{dx} + 2y = x$

18. 解 $\dfrac{dy}{dx} + \dfrac{1}{x}y = \cos x$

19. 解 $\dfrac{dy}{dx} - \dfrac{3}{x}y = 2x^2$

20. 解 $\dfrac{dy}{dx} - (\cot x)y = \sin x$

21. 解初始值問題 $\dfrac{dy}{dx} + y = x,\ y(0) = 1$

22. 解初始值問題 $(x+1)\dfrac{dy}{dx} + y = 0,\ y(0) = 1$

23. 解初始值問題 $x\dfrac{dy}{dx} + y = e^x$, $y(1) = 0$

24. 解初始值問題 $\cos x \dfrac{dy}{dx} + (\sin x)y = 1$, $y(0) = 1$

四、正合微分方程式

25. 解 $2xy\,dx + (x^2 + 1)dy = 0$

26. 解 $(y^2 + 4y)dx + (2xy + 4x)dy = 0$

27. 解 $(2x + e^y)dx + xe^y dy = 0$

28. 解 $ye^{xy}dx + (xe^{xy} - 12y^2)dy = 0$

29. 解 $(x - y^3 + y^2\sin x)dx - (3xy^2 + 2y\cos x)dy = 0$

30. 解初始值問題 $2xy\,dx + (x^2 - 1)dy = 0$, $y(0) = -1$

31. 解初始值問題 $(\cos x \cdot \sin x - xy^2)dx + (y - x^2 y)dy = 0$, $y(0) = 2$

32. 解初始值問題 $(e^x\sin y - 2x)dx + (e^x\cos y + 1)dy = 0$, $y(1) = 0$

33. 解初始值問題 $(y\cos(xy) + 2x)dx + (x\cos(xy) + 2y)dy = 0$, $y(0) = 1$

五、非正合微分方程式

34. 解 $2y\,dx + x\,dy = 0$

35. 解 $dx + (x - e^y)dy = 0$

36. 解 $(3xy + y^2)dx + (x^2 + xy)dy = 0$

37. 解 $y\,dx + (2x - y^2)dy = 0$

38. 解 $e^x\sin y\,dx + (2e^x\cos y - y)dy = 0$

六、齊次微分方程式

39. 解 $\dfrac{dy}{dx} = 1 + \left(\dfrac{y}{x}\right)$

40. 解 $\dfrac{dy}{dx} = \dfrac{x^3 + y^3}{xy^2}$

41. 解 $x^2\dfrac{dy}{dx} = xy + y^2$

42. 解 $x\dfrac{dy}{dx} = y + \sqrt{x^2 + y^2}$

43. 解 $x\dfrac{dy}{dx} = y + x^2\tan\dfrac{y}{x}$

七、伯努利微分方程式

44. 解 $\dfrac{dy}{dx} + y = y^2$

45. 解 $x\dfrac{dy}{dx} + y = \dfrac{1}{y^2}$

46. 解 $\dfrac{dy}{dx} + \dfrac{1}{x}y = xy^{-1}$

47. 解 $\dfrac{dy}{dx} - \dfrac{2}{x}y = -\dfrac{1}{x}y^2$

48. 解 $x\dfrac{dy}{dx} + y = 3x^3y^3$

八、代換法

49. 解 $\dfrac{dy}{dx} = (x + y + 1)^2$

50. 解 $\dfrac{dy}{dx} = 1 + \sqrt{y - x + 3}$

51. 解 $\dfrac{dy}{dx} = \tan^2(x + y)$

52. 解 $\dfrac{dy}{dx} = y - x - 1 + \dfrac{1}{x - y + 2}$

九、正交軌跡

53. 求下列曲線的**正交軌跡**：

    (a)　$y = cx^2$

    (b)　$y = ce^{-x}$

    (c)　$y = c\sqrt{x}$

4

一階微分方程式模型

4.1   人口動態學

4.2   放射性衰變

4.3   牛頓冷卻/加熱定律

4.4   混合問題

4.5   串聯電路

4.6   自由落體運動與空氣阻力

　　科學家在觀察自然界的變化現象時，常須要建立**數學模型**(Mathematical Models)，藉以描述這些變化現象。例如：現代科學之父伽利略便是建立一個數學模型，以函數 $S = \dfrac{1}{2}gt^2$ 描述自由落體的運動現象。這樣的過程稱為**數學模型化**(Mathematical Modeling)或簡稱**模型化**(Modeling)。

　　數學模型化通常包含下列幾個主要步驟[1]：

(1)　提出基本的**假設**(Assumption)或**假說**(Hypothesis)；

(2)　根據這些基本假設或假說建立數學模型，即是列出微分方程式；

(3)　微分方程式求解並與已知事實比較，以驗證假設或假說是否成立；

(4)　必要時修正假設或假說，並重複上述步驟，藉以改善數學模型的精確度。

　　由於微分的意義其實就是**變化率**(Rate of Changes)，因此在建立數學模型時，可以用來描述自然界中的各種變化率。建立的數學模型，除了可以用來模擬真實世界的各種變化現象；理想的數學模型，更可以進一步預測未來可能發生的情形。

　　本章針對一階微分方程式介紹幾個數學模型，包含：

- **人口動態學**
- **放射性衰變**
- **牛頓冷卻/加熱定律**
- **混合問題**
- **串聯電路**
- **自由落體運動與空氣阻力**

---

[1]　數學模型化其實與科學研究的過程相似。一般來說，科學研究應包含：發現問題、提出假設(或假說)、設計研究方法及進行研究、根據研究結果驗證假設(或假說)是否成立、結論等步驟。此外，在第三章介紹一階微分方程式時，主要是以 x 作為自變數，本章則是以時間 t 作為自變數。

4.1 ▶ 人口動態學

人口動態學(Population Dynamics)是生命科學的分支，目的是在探討與預測某個國家的人口變化情形。英國經濟學家**馬爾薩斯**(Thomas Malthus)是最早使用數學模型進行人口成長的研究，其基本假設與數學列式如下：

- **基本假設** — 某國家的人口成長率是與該國家在時間 t 的總人口數成正比。
- **數學列式** — 設 $P(t)$ 為該國在時間 t 的總人口數，根據假設可得：

$$\frac{dP}{dt} \propto P \quad \text{或} \quad \frac{dP}{dt} = kP$$

方程式中的微分即代表人口成長率；$\propto$ 為成正比的數學符號；k 稱為比例常數($k > 0$ 代表成長)。

馬爾薩斯的人口成長模型準確預測美國在 1790～1860 的總人口數。由於這個數學模型並未考慮死亡或遷徙等因素，也未考慮生存空間、食物、資源消耗等問題，因此比較不符合現代社會人口成長的實際狀況[2]。然而，馬爾薩斯模型仍然適合用來模擬某些特定族群在短時間內的成長情形，例如：培養皿中的細菌等。

---

[2] 根據世界人口回顧網頁 http://worldpopulationreview.com 的統計，台灣目前的總人口數約為 2300 萬人，人口成長率從 2000 年約 0.81%逐年降為 2020 年約 0.18%(綜合考慮出生、死亡與遷徙等因素)。筆者相信台灣也會逐漸像日本目前的負人口成長率，邁向高齡少子化的社會。台灣年輕的家庭不事生產以報效國家，可見一斑！

範 例

某培養皿起初的細菌數量為 P_0，經過 1 個小時後，測得的細菌數量為 $5/4P_0$。假設細菌數量的成長率是與其在時間 t 的細菌數量成正比，試預估細菌數量成長為 3 倍所需的時間。

解 設 $P(t)$ 為培養皿在時間 t 的細菌數量，根據假設可得：

$$\frac{dP}{dt} = kP$$

微分方程式為**可分離**[3]：

➤ 分離變數 ⟹ $\dfrac{1}{P}dP = kdt$

➤ 兩邊積分 ⟹ $\displaystyle\int \frac{1}{P}dP = \int kdt$

➤ 結果 ⟹ $\ln|P| = kt + c_1$

⟹ $P = ce^{kt}$

根據題意：

$P(0) = P_0 \quad \Rightarrow \quad P(0) = ce^0 = P_0 \quad \Rightarrow \quad c = P_0$

$$\therefore P(t) = P_0 e^{kt}$$

$P(1) = 5/4 P_0 \quad \Rightarrow \quad P(1) = P_0 e^{k(1)} = 5/4 P_0 \quad \Rightarrow \quad k = \ln(5/4) \approx 0.2231$

$$\therefore P(t) = P_0 e^{0.2231t}$$

$P(t) = 3P_0 \quad \Rightarrow \quad P(t) = P_0 e^{0.2231t} = 3P_0$

$$t = \frac{\ln(3)}{0.2231} \approx 4.92\ h$$

因此，細菌數量成長為 3 倍所需的時間約為 4.92 小時 ∎

---

[3] 馬爾薩斯人口成長模型的微分方程式也可以視為是一階線性微分方程式，因此可以使用積分因子求解，求得的結果會相同！

4.2 ▶ 放射性衰變

科學家在自然界中觀察到某些物質具有放射性,例如:**鈽**(Plutonium)、**碳-14** (C-14)、**鐳**(Radium)等物質,會自然轉換成另一種物質,這個現象稱為**放射性衰變**(Radioactive Decay),其基本假設與數學列式如下:

● **基本假設**－放射性物質的衰變率是與該物質在時間 t 的剩餘量成正比。

● **數學列式**－設 $A(t)$ 為放射性物質在時間 t 的剩餘量,根據假設可得:

$$\frac{dA}{dt} \propto A \quad 或 \quad \frac{dA}{dt} = kA$$

方程式中的微分即代表衰變率;$\propto$ 為成正比的數學符號;k 稱為比例常數($k < 0$ 代表衰變或衰減)。數學列式的結果其實與前述人口動態學相同,因此,單一的微分方程式常可以用來作為不同現象的數學模型。

物理學中是以**半衰期**(Half-Life)來決定放射性物質的穩定性,也就是放射性物質半數轉換成另一種物質所需要的時間。一般來說,放射性物質的半衰期愈久,表示該物質愈穩定。

碳計齡(Carbon Dating)是諾貝爾化學獎得主 Willard Libby 於 1950 年間所發展的方法,主要是利用放射性物質 C-14 來估計化石的年代。碳計齡的理論是根據 C-14 與大氣中原本的碳大致維持一定的比例,因此,C-14 在活的有機體內的比例與大氣相同;一旦有機體死亡後,就無法透過呼吸或攝食繼續吸收 C-14,因此可以藉著化石中 C-14 存在的比例與大氣中 C-14 的定值比例,合理估計化石的年代。

碳計齡屬於放射性衰變現象,主要是基於 C-14 的半衰期約為 5600 年,已被用來估計許多歷史上重要物件的年代,如:**埃及文物**(Egyptian Artifacts)、**死海古卷**(Dead Sea Scrolls)、**都靈的裹屍布**(Shroud of Turin)、**冰人奧茨**(Otzi the Iceman)等。

範例

假設考古學家發現某化石，其 C-14 的含量為活體生物的 37%，試估計此化石的年代。

解 設 $A(t)$ 為放射性物質 C-14 在時間 t 的剩餘量，根據假設可得：

$$\frac{dA}{dt} = kA$$

假設起初 C-14 的剩餘量為 A_0，則：

$$A(t) = A_0 e^{kt}$$

已知 C-14 的半衰期為 5600 年，則：

$$A(5600) = \frac{1}{2} A_0 \quad \Rightarrow \quad A(5600) = A_0 e^{k(5600)} = \frac{1}{2} A_0$$

$$\therefore k = \frac{\ln(1/2)}{5600} \approx -0.00012378$$

可得：

$$A(t) = A_0 e^{-0.00012378\,t}$$

已知化石 C-14 的含量為活體生物的 37%，則：

$$A(t) = A_0 e^{-0.00012378\,t} = 0.37 A_0$$

$$\therefore t = \frac{\ln(0.37)}{-0.00012378} \approx 8,033$$

因此，化石的年代約為 8,033 年 ■

4.3 ▶ 牛頓冷卻/加熱定律

牛頓冷卻/加熱定律(Newton's Law of Cooling/Warming)可以用來評估或預測物體在冷卻或加熱時的溫度變化現象，其基本假設與數學列式如下：

● **基本假設**－物體的溫度變化率是與該物體本身溫度與周圍環境溫度的差值(溫差)成正比。

● **數學列式**－設 $T(t)$ 為物體在時間 t 的溫度，根據假設可得：

$$\frac{dT}{dt} \propto T - T_m \quad \text{或} \quad \frac{dT}{dt} = k(T - T_m)$$

方程式中的微分即代表溫度變化率；∝為成正比的數學符號；k稱為比例常數，無論是冷卻或加熱，k值均為負值($k < 0$)；T_m則代表環境溫度，在此假設為固定值。

　　按照您的生活常識，冰塊若是直接放在沸水中，當然會比放在室溫中要融化得快些。因此，溫度變化率主要是與溫差成正比。在此我們所討論的牛頓冷卻/加熱定律是比較簡易的數學模型，其中k值假設為常數。在真實的情況下，溫度變化率其實也與物體表面積成正比，例如：大冰塊會比小冰塊融化得快些，在此則不列入考慮。

┌範┐┌例┐

　　剛出爐的麵包溫度為150°C，5分鐘後再次測得的溫度為90°C，若環境溫度為20°C，請問麵包冷卻至30°C需要多久的時間？

解　設$T(t)$為麵包在時間t的溫度，根據牛頓冷卻定律可得：

$$\frac{dT}{dt} = k(T - T_m)$$

已知環境溫度為20°C，即$T_m = 20$代入可得：

$$\frac{dT}{dt} = k(T - 20)$$

微分方程式為**可分離**：

➤　分離變數　⇒　$\frac{1}{T-20}dT = k\,dt$

➤　兩邊積分　⇒　$\int \frac{1}{T-20}dT = \int k\,dt$

➤　結果　　　⇒　$\ln|T-20| = kt + c_1$

　　　　　　　⇒　$T(t) = 20 + ce^{kt}$

根據題意：

$T(0) = 150 \quad \Rightarrow \quad T(0) = 20 + ce^0 = 150 \quad \Rightarrow \quad c = 130$

$$\therefore T(t) = 20 + 130\,e^{kt}$$

$$T(5) = 90 \quad \Rightarrow \quad T(5) = 20 + 130\,e^{k(5)} = 90$$

$$\Rightarrow \quad k = \frac{\ln(70/130)}{5} \approx -0.1238$$

$$\therefore T(t) = 20 + 130\,e^{-0.1238\,t}$$

$$T(t) = 30 \quad \Rightarrow \quad T(t) = 20 + 130\,e^{-0.1238\,t} = 30$$

$$\therefore t = \frac{\ln(10/130)}{-0.1238} \approx 20.71$$

因此，麵包冷卻至 30°C 約需 20.71 分鐘 ∎

麵包的溫度變化如圖 4-1。當 $t \to \infty$ 時，可得：

$$\lim_{t \to \infty} T(t) = \lim_{t \to \infty}\left(20 + 130\,e^{-0.1238\,t}\right) = 20°C$$

稱為**穩態**(Steady－State)，本範例的穩態即是環境溫度。

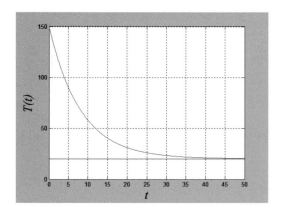

▲圖 4-1　麵包的溫度變化圖

在科學或工程應用中，通常希望所設計的**動態系統**(Dynamic Systems)在啟動後經過一段時間後可以趨近於穩定的狀態，稱為**穩態**(Steady State)；系統在未達到穩態前的狀態，稱為**暫態**(Transient State)，因此科學或工程上時常根據暫態的時間長短評估系統的穩定性[4]。

---

[4]　試想若是台北 101 大樓上在地震後仍持續振盪，無法趨近於穩定的狀態，則我勸您最好不要去逛世貿展或是看跨年煙火！事實上，台北 101 大樓上的阻尼球即是使系統可以達到穩態的重要功臣。

4.4 ▶ 混合問題

　　現有一個大型的容器如圖所示，其中裝有 300gal 的鹽水。假設另有鹽水以 3gal/min 的速率泵進容器，並持續攪拌混合；同時，容器內的鹽水是以 3gal/min 的速率泵出。由於泵進與泵出的速率相同，因此容器內的鹽水量會維持 300gal 不變，但其中的鹽含量則會隨著時間而改變[5]。

　　假設泵進的鹽水濃度為 2 lb/gal，則**混合問題**(Mixture Problem)可以定義為：若已知容器內剛開始時的鹽含量為 50 lb，試求容器內在時間 t 的鹽含量。

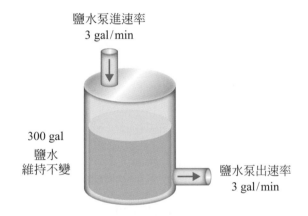

鹽水泵進速率
3 gal/min

300 gal
鹽水
維持不變

鹽水泵出速率
3 gal/min

▲圖 4-2　混合問題示意圖

- **基本假設** – 容器內鹽含量的變化率等於泵進鹽含量的速率減去泵出鹽含量的速率(單位為 lb/min)。

- **數學列式** – 設 $A(t)$ 為容器內在時間 t 的鹽含量，根據假設可得：

$$\frac{dA}{dt} = \underbrace{2\left(\frac{\text{lb}}{\text{gal}}\right)\cdot 3\left(\frac{\text{gal}}{\text{min}}\right)}_{\text{泵進}} - \underbrace{\frac{A}{300}\left(\frac{\text{lb}}{\text{gal}}\right)\cdot 3\left(\frac{\text{gal}}{\text{min}}\right)}_{\text{泵出}}$$

方程式中的微分代表容器內鹽含量的變化率，單位為 lb/min。此外，泵進的鹽水濃度是固定值，但是泵出的鹽水濃度則會隨著時間而改變。

---

[5] 在此是使用英制單位：**磅**(pound 或 lb)、**加侖**(gal)等；若您不熟悉英制單位，可以參考本書附錄之「基本單位與換算表」。此外，min 為**分鐘**(minute)的縮寫。

範例

解上述混合問題。

解 設 $A(t)$ 為容器內在時間 t 的鹽含量，根據假設可得：

$$\frac{dA}{dt} = 2\left(\frac{lb}{gal}\right) \cdot 3\left(\frac{gal}{min}\right) - \frac{A}{300}\left(\frac{lb}{gal}\right) \cdot 3\left(\frac{gal}{min}\right)$$

省略單位且已知容器內剛開始時的鹽含量為 50 lb，可得初始值問題：

$$\frac{dA}{dt} + \frac{1}{100}A = 6, \ A(0) = 50$$

微分方程式為**線性**：

> 積分因子 $\Rightarrow e^{\int p(t)dt} = e^{\int \frac{1}{100}dt} = e^{\frac{1}{100}t}$

> 同乘積分因子 $\Rightarrow e^{\frac{1}{100}t}\frac{dA}{dt} + \frac{1}{100}e^{\frac{1}{100}t}A = 6e^{\frac{1}{100}t}$

> 合併 $\Rightarrow \frac{d}{dt}\left(e^{\frac{1}{100}t}A\right) = 6e^{\frac{1}{100}t}$

> 兩邊積分 $\Rightarrow e^{\frac{1}{100}t}A = 600e^{\frac{1}{100}t} + c$

> 結果 $\Rightarrow A(t) = 600 + ce^{-\frac{1}{100}t}$

已知 $A(0) = 50 \quad \Rightarrow \quad A(0) = 600 + ce^0 = 50 \ \Rightarrow \ c = -550$

$$\therefore A(t) = 600 - 550e^{-\frac{1}{100}t}$$

容器內鹽含量的變化情形，如圖 4-3。當 $t \to \infty$ 時，鹽含量的**穩態**為：

$$\lim_{t \to \infty} A(t) = \lim_{t \to \infty}\left(600 - 550e^{-\frac{1}{100}t}\right) = 600 \ (lb)$$

與預期的 2(lb/gal)．300 (gal) = 600 (lb)相同。但是，由圖上可以觀察到，須歷經約 500 分鐘才達到穩態[6]。

---

[6] 老闆交代您現在的任務是觀察這個大型容器,當鹽含量達到 600lb 時向他報告發生的時間點(很多老闆其實不看過程,只看結果)。若是沒有學過工程數學,那麼就請您耐心在此等候吧！筆者可以去星巴克點杯咖啡,順便看場電影,等到時間快到時再回來。

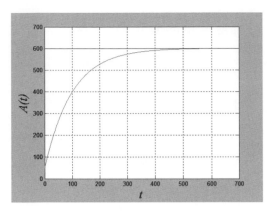

▲圖 4-3　容器內的鹽含量變化圖

4.5 ▶ 串聯電路

　　電機或電子工程師經常會使用微分方程式，藉以對電路進行數學模型化。電路的數學模型可以用來分析電路在不同情況下的運作行為，因此可以協助電路的設計與模擬。

　　在此先討論基本的電路元件，如下表所示：

▼表 4-1　電路基本元件之相關參數

名稱	符號	表示	單位	電壓降
電阻 Resistor	—∿∿∿—	R	歐姆(Ω)	$V = iR$ (歐姆定律)
電感 Inductor	—∿∿∿—	L	亨利(H)	$V = L\dfrac{di}{dt}$
電容 Capacitor	—‖—	C	法拉(F)	$V = \dfrac{q}{C}$ (q 為電量)

　　上表中 q 為電量，單位為**庫倫**(Coulomb)，電流與電量的關係為：

$$i = \frac{dq}{dt}$$

因此也可以解釋成：「電流是電量的變化率」。反之，電量則爲電流的積分：

$$q(t) = \int_0^t i(\tau)d\tau + q(0)$$

其中，$q(0)$爲電容的初始電量。

　　串聯電路(Series Circuit)在電路學中是最基本的電路，通常電壓是以 V 表示，單位爲伏特；電流則是以 i 表示，單位爲安培。考慮 LR 串聯電路如圖 4-4，目的是求電路中在時間 t 的**電流**。

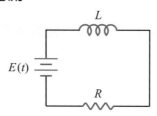

▲圖 **4-4** 　LR 串聯電路

則根據**克西荷夫電壓定律**(Kirchoff's Voltage Law)，即：封閉迴路中各元件的電壓降總和爲 0。因此，可得下列微分方程式：

$$L\frac{di}{dt} + Ri = E(t)$$

　　若考慮 RC 串聯電路如圖 4-5，目的是求電路中在時間 t 的**電量**：

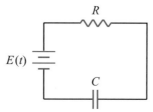

▲圖 **4-5** 　RC 串聯電路

則根據**克西荷夫電壓定律**(Kirchoff's Voltage Law)，可得下列微分方程式：

$$Ri + \frac{1}{C}q = E(t)$$

由於 $i = \dfrac{dq}{dt}$，因此可得：

$$R\frac{dq}{dt} + \frac{1}{C}q = E(t)$$

本節僅先討論 LR 與 RC 串聯電路，主要是由於這兩個串聯電路所牽涉的微分方程式均為一階微分方程式。須注意 LR 串聯電路的應變數為電流 $i(t)$；RC 串聯電路的應變數為電量 $q(t)$。

範例

考慮 LR 串聯電路，若電感為 $L = 2$ H，電阻為 $R = 50\ \Omega$，同時接上電池 12 V。若初始電流為 0，試求電路中的電流？

解 根據微分方程式：

$$L\frac{di}{dt} + Ri = E(t)$$

已知 $L = 2$ H、$R = 50\ \Omega$、$E = 12$ V 分別代入：

$$2\frac{di}{dt} + 50i = 12$$

由於初始電流為 0，因此 LR 串聯電路可以表示成初始值問題：

$$\frac{di}{dt} + 25i = 6,\ i(0) = 0$$

微分方程式為**線性**：

> 積分因子 $\Rightarrow e^{\int 25dt} = e^{25t}$

> 同乘積分因子 $\Rightarrow e^{25t}\frac{di}{dt} + 25\,e^{25t}i = 6\,e^{25t}$

> 合併 $\Rightarrow \frac{d}{dt}\left(e^{25t}\,i\right) = 6\,e^{25t}$

> 兩邊積分 $\Rightarrow e^{25t}\,i = \frac{6}{25}e^{25t} + c$

> 結果 $\Rightarrow i(t) = \frac{6}{25} + ce^{-25t}$

初始電流 $i(0) = 0 \Rightarrow i(0) = \frac{6}{25} + ce^0 = 0 \Rightarrow c = -\frac{6}{25}$

$$\therefore i(t) = \frac{6}{25} - \frac{6}{25}e^{-25t} \text{ 安培}$$

上述範例之電流變化圖如下圖。當 $t \rightarrow \infty$ 時，電路中的電流為：

$$\lim_{t \to \infty} i(t) = \lim_{t \to \infty} \left(\frac{6}{25} - \frac{6}{25} e^{-25t} \right) = \frac{6}{25} \, \text{安培}$$

稱為**穩態電流**(Steady-State Current)。可以發現當電路經過一段時間(本例約僅 0.2 秒)，在此也可以使用歐姆定律得到穩態電流，即 $i = E / R = 12 / 50 = 6 / 25$ 安培。

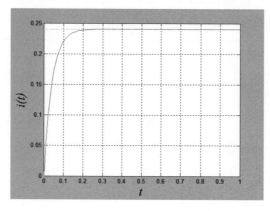

▲圖 4-6　　LR 串聯電路電流變化圖

4.6 ▶ 自由落體運動與空氣阻力

　　伽利略提出的自由落體運動公式，由於未考慮空氣阻力，並不符合真實的狀況。本節討論自由落體運動現象，特別考慮空氣阻力的影響，因此所建立的數學模型比較符合真實的狀況(例如：跳傘運動)，如圖 4-7。

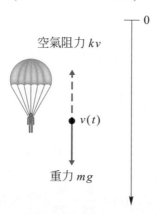

▲圖 4-7　考慮空氣阻力的自由落體運動

根據牛頓第二運動定律，則作用在自由落體上的**總力**(Net Force)可以表示成：

$$F = ma \quad 或 \quad F = m\frac{dv}{dt}$$

其中 m 為自由落體的質量、a 為加速度、v 為自由落體的速度。在此是假設自由落體是垂直方向落下，因此考慮向下為正值。

自由落體的運動過程中，作用於自由落體的總力包含向下的重力 mg 與向上的空氣阻力 kv。因此，考慮空氣阻力的自由落體運動可以表示成：

$$m\frac{dv}{dt} = mg - kv$$

一般而言，空氣阻力約與瞬間速度成正比；換言之，落下的瞬間速度愈快，則空氣阻力愈大。k 為比例常數，可以根據實驗值估算而得[7]；g 為重力加速度，約為 9.8 m/sec^2。

範例

考慮空氣阻力的自由落體運動，且自由落體的初速為 0，求自由落體在時間 t 的瞬間速度。

解　根據微分方程式：

$$m\frac{dv}{dt} = mg - kv$$

可表示為一階線性微分方程式的標準型：

$$\frac{dv}{dt} + \frac{k}{m}v = g$$

此外，自由落體的初速為 0，即 $v(0) = 0$。初始值問題的解為：

$$v(t) = \frac{mg}{k}(1 - e^{-(k/m)t})$$

即是自由落體在時間 t 的瞬間速度　　　　　　　　　　　　　　　■

---

[7]　為了便於討論，在此假設 k 為常數，因此是比較簡易的數學模型。在真實的情況下，空氣阻力其實也與**空氣密度**、自由落體的**截面積**等因素成正比。所以，跳傘時希望您的降落傘是可以張開的！

當 $t \to \infty$ 時，則自由落體的瞬間速度為：

$$\lim_{t \to \infty} v(t) = \lim_{t \to \infty} \left[\frac{mg}{k} (1 - e^{-(k/m)t}) \right] = \frac{mg}{k}$$

稱為**終極速度**(Terminal Velocity)。換言之，當重力與空氣阻力相等時 $mg = kv$，自由落體可達到終極速度。終極速度與自由落體的重力(或重量)成正比，且與空氣阻力的比例常數成反比，但與初速無關[8]。

---

[8]　西元 1994 年有一部好萊塢電影就叫做 Terminal Velocity，台灣翻譯為「魔天悍將」，描寫一位跳傘員與 KGB 幹探共同合作的故事。此外，目前「自由落體最長距離」的世界紀錄，是由菲利克斯－保加拿，從 39 公里的高空跳傘完成的壯舉；保加拿其實也曾完成台北 101 大樓的高空跳傘(當然是申請不通過，自己偷跳的！)最後，值得一提的是，胖子在跳傘時可以體驗的終極速度會比瘦子快，但一旦達到終極速度，則是維持一定的速度。

練習四

一、人口動態學

1. 試解釋何謂**馬爾薩斯人口成長模型**，並說明其基本假設與數學列式。

2. 假設某培養皿起初的細菌數量為 P_0，經過 3 個小時後，測得的細菌數量為 $2 P_0$。假設細菌數量的成長率是與其在時間 t 的細菌數量成正比，試預估細菌數量成長為 3 倍所需的時間？成長為 4 倍所需的時間？

3. 假設某培養皿中細菌數量的成長率是與其在時間 t 的細菌數量成正比。經過 1 個小時後，測得的細菌數量為 500；經過 3 個小時後，測得的細菌數量為 2000。試求培養皿中最初的細菌數量？

4. 假設某國家的人口成長率是與其在時間 t 的總人口數成正比，若該國家於 5 年後成長為原來的 1.2 倍，試預估該國家成長至原來的 1.5 倍所需的時間。

5. 馬爾薩斯的人口成長模型由於未考慮生存空間、食物、資源消耗等問題，總人口數會隨時間無限成長，因此較不符合實際狀況。比利時數學家與生物學家 P. F. Velhulst 提出另一個人口成長的模型，稱為**邏輯方程式**(Logistic Equation)。假設 $P(t)$ 為某國家的總人口數，其列式如下：

$$\frac{dP}{dt} = P(a - bP), \ P(0) = P_0$$

其中 $a > 0$，$b > 0$。隨著人口成長，過度擁擠的生存空間與資源需求的競爭問題，進而抑制人口的成長，因此這個數學模型更加切合實際。試針對**邏輯方程式**求解。

【提示】本問題屬**非線性**一階初始值問題，但可使用分離變數法求解。

二、放射性衰變

6. 試解釋何謂**放射性衰變**現象，並說明其基本假設與數學列式。

7. 假設考古學家發現某恐龍的化石，其 C-14 的含量為活體生物的 0.2%，試估計此化石的年代。

8. **拉斯科洞窟**(Lascaux Cave) 中的壁畫是位於法國相當著名石器時代的洞窟壁畫。假設洞窟中的木炭，其 C-14 含量與活的有機體比較後發現，85.5% 的 C-14 含量已衰變，試估計該洞窟壁畫的年代。

9. **都靈的裹屍布**(Shroud of Turin)所呈現的是一位被釘十字架的人體影像，被廣為相信就是耶穌的裹屍布。於西元 1988 年時，由梵蒂岡授權將裹屍布進行碳計齡分析；經過實驗室的分析後，發現 C-14 的含量約為活體的 92%，試估計裹屍布的年代。

三、牛頓冷卻/加熱定律

10. 試解釋何謂**牛頓冷卻/加熱定律**，並說明其基本假設與數學列式。

11. 假設現有一顆雞蛋，剛開始其溫度為 20°C，置入 100°C 的沸水煮，若已知在 5 秒時雞蛋的溫度升高到 25°C，試預估加熱至 90°C 需要多久的時間？[9]

12. 現有一溫度計，剛開始時是置於室溫 70°F 的環境。若將其移到室外溫度 10°F 的環境，經過半分鐘後溫度計測得溫度為 50°F，試估計一分鐘後溫度計測得溫度為何？

13. 假設有一個謀殺案現場發現了一具屍體，屍體是位於封閉的房間內，室內溫度維持 20°C。若在發現時，測得的屍體溫度為 25°C；經過一小時後，再次測得的屍體溫度為 23°C。若死者死前的正常體溫為 36°C，試估算發現屍體時，約是死者死後多久時間？

四、混合問題

14. 現有一個大型的容器如圖所示，其中裝有 100 gal 的鹽水。若鹽水以 2 gal/min 的速率泵進容器，泵進的鹽水濃度為 2 lb/gal，並持續攪拌混合；同時，容器內的鹽水是以 2 gal/min 的速率泵出。已知容器內剛開始時的鹽含量為 50 lb。

---

[9] 據說科學家牛頓曾經在煮雞蛋時，由於太專注思考科學問題，而誤把他的懷錶丟到沸水裡煮。因此，當您專注解本問題時，建議您不要同時煮雞蛋！

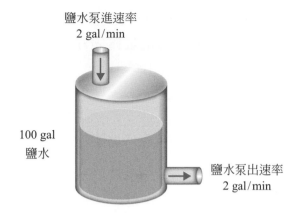

設 $A(t)$ 為容器內在時間 t 的鹽含量(lb)，試回答下列問題：

(a) 試列出初始值問題；
(b) 求初始值問題的解；
(c) 求鹽含量的穩態；
(d) 使用電腦輔助軟體繪製鹽含量變化圖。

五、串聯電路

15. 考慮 LR 串聯電路如圖，若電感為 $L = 1$H，電阻為 $R = 10$ Ω，同時接上電池 12 V。假設電路中在時間 t 的電流為 $i(t)$，且初始電流為 0，試回答下列問題：

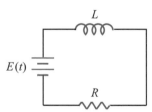

(a) 試列出初始值問題；
(b) 求電路中的電流 $i(t)$；
(c) 求電路的穩態電流；
(d) 使用電腦輔助軟體繪製電流 $i(t)$圖，其中 $t = 0 \sim 1$ 秒；
(e) 試根據以上結果簡述電路的運作情形。

16. 考慮 RC 串聯電路如圖，若電阻爲 $R = 10\ \Omega$，電容爲 $C = 0.01\ \text{F}$，同時接上電池 20 V。假設電路中在時間 t 的電量爲 $q(t)$，且初始電量爲 0，試回答下列問題：

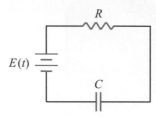

    (a)　試列出初始值問題；
    (b)　求電路中的電量 $q(t)$；
    (c)　求電路中的電流 $i(t)$；
    (d)　求電路的穩態電流；
    (e)　使用電腦輔助軟體繪製電量 $q(t)$ 與電流 $i(t)$ 圖，其中 $t = 0 \sim 1$ 秒；
    (f)　試根據以上結果簡述電路的運作情形。

六、自由落體運動與空氣阻力

17. 考慮空氣阻力的自由落體運動，假設 m 爲自由落體的質量、a 爲加速度、v 爲自由落體的速度，且空氣阻力是與自由落體的瞬間速度成正比，試列出微分方程式。

18. 試解釋何謂**終極速度**。

19. 若自由落體運動同時考慮空氣阻力，且空氣阻力是與自由落體的瞬間速度成正比，試回答下列問題：
    (a)　若自由落體的速度爲 v_0，解初始值問題；
    (b)　使用以上結果求終極速度。

5 高階微分方程式

5.1 基本概念

5.2 降階法

5.3 常係數齊次線性方程式

5.4 非齊次線性方程式

5.5 未定係數法

5.6 參數變換法

5.7 柯西－歐拉方程式

高階微分方程式(Higher-Order Differential Equations)是指微分方程式牽涉二階(含)或階數更高的微分($n \geq 2$)。高階(n 階)微分方程式在實際科學與工程問題中相當常見，可以表示成下列型態：

$$\frac{d^n y}{dx^n} = f(x, y, ..., y^{(n-1)})$$

或是表示成：

$$F(x, y, y'..., y^{(n)}) = 0$$

本章主要是針對**線性**的高階微分方程式介紹基本概念，接著分成**齊次方程式**(Homogeneous Equations)與**非齊次方程式**(Nonhomogeneous Equations)兩大類，分別討論其求解的方法；最後，則是介紹**柯西－歐拉方程式**(Cauchy-Euler Equations)，也是屬於線性的微分方程式。非線性的高階微分方程式並無系統化的求解法，因此不納入本書的討論範圍內。

本章討論的主題包含：

- **基本概念**
- **降階法**
- **常係數齊次線性方程式**
- **非齊次線性方程式**
- **未定係數法**
- **參數變換法**
- **柯西－歐拉方程式**

5.1 ▶ 基本概念

回顧第二章微分方程式介紹，若 n 階微分方程式具有下列型態：

$$a_n(x)\frac{d^n y}{dx^n} + a_{n-1}(x)\frac{d^{n-1} y}{dx^{n-1}} + \cdots + a_1(x)\frac{dy}{dx} + a_0(x)y = g(x)$$

則微分方程式稱爲**線性**(Linear)。本章主要討論高階微分方程式，是指微分方程式牽涉二階(含)或階數更高($n \geq 2$)的微分方程式。

n 階微分方程式可以分成兩大類：

- **齊次微分方程式**(Homogeneous Differential Equations)

  若 n 階微分方程式的 $g(x)= 0$，則稱爲**齊次微分方程式**[1]，例如：

  $$y'' + 2y' + y = 0$$

  $$\frac{d^2 y}{dx^2} + 4\frac{dy}{dx} + 4y = 0$$

  $$x^2 y'' + 2xy' + y = 0$$

- **非齊次微分方程式**(Nonhomogeneous Differential Equations)

  若 n 階微分方程式的 $g(x) \neq 0$，則稱爲**非齊次微分方程式**，例如：

  $$y'' + 4y = \sin x$$

  $$y''' + 3y'' + 3y' + y = e^x$$

  $$x^2 \frac{d^2 y}{dx^2} + 4x\frac{dy}{dx} + 4y = \ln x$$

---

[1] 一階的齊次微分方程式是定義爲 $y' = f(y/x)$，其形態與高階齊次微分方程式並不相同，請勿混淆。

5.1.1　線性相依/獨立

定義 5.1　線性相依/獨立

給定函數 $f_1(x), f_2(x), ..., f_n(x)$，若存在常數 $c_1, c_2, ..., c_n$ 不是皆為 0，

使得：

$$c_1 f_1(x) + c_2 f_2(x) + \cdots + c_n f_n(x) = 0$$

則函數 $f_1(x), f_2(x), ..., f_n(x)$ 稱為**線性相依**(Linearly Dependent)。否則，稱為**線性獨立**(Linearly Independent)。

定義 5.1 可以用來判斷一組函數 $f_1(x), f_2(x), ..., f_n(x)$ 是否為線性相依或獨立，可以注意到定義中 $c_1 f_1(x) + c_2 f_2(x) + \cdots + c_n f_n(x)$ 即是這些函數的**線性組合**(Linear Combination)。

線性相依
存在常數不是皆為 0，使
得線性組合為 0

邏輯學中，「**若 p 則 q**」的意義與「**若 ～q 則 ～p**」等價。因此，定義 5.1 也可以定義成：

定義 定義 5.1 的等價定義

若函數 $f_1(x), f_2(x), ..., f_n(x)$ 為**線性獨立**(Linearly Independent)，則使得：

$$c_1 f_1(x) + c_2 f_2(x) + \cdots + c_n f_n(x) = 0$$

的唯一解為 $c_1 = c_2 = \cdots = 0$(即必須皆為 0)。

範例

判斷函數 $x, x^2, 4x + 5x^2$ 為線性相依或線性獨立？

解 根據定義：

存在 $c_1 = 4$, $c_2 = 5$, $c_3 = -1$ 不是皆為 0，使得：

$$c_1 f_1(x) + c_2 f_2(x) + c_3 f_3(x) = 4 \cdot x + 5 \cdot x^2 - (4x + 5x^2) = 0$$

$$\therefore 函數 \ x, x^2, 4x + 5x^2 \ 為 \textbf{線性相依} \qquad \blacksquare$$

注意 c_1, c_2, c_3 也可以是其他等比例值，例如：$c_1 = 8$, $c_2 = 10$, $c_3 = -2$，只要不是皆為 0，且使得函數的線性組合為 0，仍可滿足線性相依的定義。

範例

判斷函數 $5, \sin^2 x, \cos^2 x$ 為線性相依或線性獨立？

解 三角函數公式 $\sin^2 x + \cos^2 x = 1 \implies 1 - \sin^2 x - \cos^2 x = 0$

根據定義：

存在 $c_1 = 1/5$, $c_2 = -1$, $c_3 = -1$ 不是皆為 0，使得：

$$c_1 f_1(x) + c_2 f_2(x) + c_3 f_3(x) = \frac{1}{5} \cdot (5) - 1 \cdot (\sin^2 x) - 1 \cdot (\cos^2 x) = 0$$

$$\therefore 函數 \ 5, \sin^2 x, \cos^2 x \ 為 \textbf{線性相依} \qquad \blacksquare$$

定義 5.2　Wronskian 行列式

給定函數 $f_1(x), f_2(x), ..., f_n(x)$，且每個函數均擁有至少 $n - 1$ 階微分，則行列式：

$$W(f_1, ..., f_n) = \begin{vmatrix} f_1 & f_2 & \cdots & f_n \\ f_1' & f_2' & \cdots & f_n' \\ \vdots & \vdots & & \vdots \\ f_1^{(n-1)} & f_2^{(n-1)} & \cdots & f_n^{(n-1)} \end{vmatrix}$$

稱為函數的 **Wronskian** 行列式。

定理 5.1　線性獨立準則

函數 $f_1(x), f_2(x), ..., f_n(x)$ 為**線性獨立**若且唯若(if and only if)：

$$W(f_1, ..., f_n) = \begin{vmatrix} f_1 & f_2 & \cdots & f_n \\ f_1' & f_2' & \cdots & f_n' \\ \vdots & \vdots & & \vdots \\ f_1^{(n-1)} & f_2^{(n-1)} & \cdots & f_n^{(n-1)} \end{vmatrix} \neq 0$$

由於定理 5.1 為充要條件(若且唯若)，在邏輯學中，「p **若且唯若** q」的意義與「$\sim p$ **若且唯若** $\sim q$」等價。因此上述定理也可以表示如下：

定理　線性相依準則

函數 $f_1(x), f_2(x), ..., f_n(x)$ 為**線性相依**若且唯若：

$$W(f_1, ..., f_n) = \begin{vmatrix} f_1 & f_2 & \cdots & f_n \\ f_1' & f_2' & \cdots & f_n' \\ \vdots & \vdots & & \vdots \\ f_1^{(n-1)} & f_2^{(n-1)} & \cdots & f_n^{(n-1)} \end{vmatrix} = 0$$

因此，判斷函數是否為線性獨立或線性相依，使用 Wronskian 行列式是相當直接的方法。

> **範例**
>
> 判斷函數 e^x, e^{-x} 為**線性相依**或**線性獨立**？

解 根據定理：

求 Wronskian 行列式 ⇒

$$W(e^x, e^{-x}) = \begin{vmatrix} e^x & e^{-x} \\ e^x & -e^{-x} \end{vmatrix} = -2 \neq 0$$

∴ 函數 e^x, e^{-x} 為**線性獨立**。 ■

> **範例**
>
> 判斷函數 $1, \cos(2x), \sin(2x)$ 為**線性相依**或**線性獨立**？

解 根據定理：

求 Wronskian 行列式 ⇒

$$W(1, \cos(2x), \sin(2x)) = \begin{vmatrix} 1 & \cos(2x) & \sin(2x) \\ 0 & -2\sin(2x) & 2\cos(2x) \\ 0 & -4\cos(2x) & -4\sin(2x) \end{vmatrix}$$

$$= 8\sin^2(2x) + 8\cos^2(2x) = 8 \neq 0$$

∴ 函數 $1, \cos(2x), \sin(2x)$ 為**線性獨立**。 ■

5.1.2 齊次線性微分方程式的解

考慮 n 階齊次線性微分方程式如下：

$$a_n(x)\frac{d^n y}{dx^n} + a_{n-1}(x)\frac{d^{n-1} y}{dx^{n-1}} + \cdots + a_1(x)\frac{dy}{dx} + a_0(x)y = 0 \tag{1}$$

定義 5.3 **線性獨立解**

若函數 $y_1, y_2, \ldots, y_n$ 均為 n 階齊次線性微分方程式(1)的解，且為**線性獨立**，則稱為**基本解集**(Fundamental Set of Solutions)或**基底**(Basis)。

定理 5.2 重疊原理(Superposition Principle)

若函數 $y_1, y_2, \ldots, y_n$ 爲 n 階齊次線性微分方程式(1)的解，則其線性組合：

$$y = c_1 y_1 + c_2 y_2 + \cdots + c_n y_n$$

亦是該微分方程式的解。

定理 5.3 通解(General Solution)

若函數 $y_1, y_2, \ldots, y_n$ 爲 n 階齊次線性微分方程式(1)的**基本解集**或**基底**，則其線性組合：

$$y = c_1 y_1 + c_2 y_2 + \cdots + c_n y_n$$

稱爲微分方程式的**通解**(General Solution)。

範例

已知 $y_1 = \cos x, y_2 = \sin x$ 均爲微分方程式 $y'' + y = 0$ 的解：
(a)檢驗 y_1, y_2 是否爲線性獨立？
(b)求微分方程式的通解。

解 (a)求 Wronskian 行列式 $\Rightarrow$

$$W(\cos x, \sin x) = \begin{vmatrix} \cos x & \sin x \\ -\sin x & \cos x \end{vmatrix} = \cos^2 x + \sin^2 x = 1 \neq 0$$

$\therefore y_1, y_2$ 爲**線性獨立**，因此構成**基底**。

(b)線性組合 $\Rightarrow$

$$y = c_1 y_1 + c_2 y_2 \text{ 或 } y = c_1 \cos x + c_2 \sin x$$

即是微分方程式的**通解**。 ∎

範例

已知 $y_1 = e^x$, $y_2 = e^{2x}$, $y_3 = e^{3x}$ 均為微分方程式

$y''' - 6y'' + 11y' - 6y = 0$ 的解：

(a)檢驗 y_1, y_2, y_3 是否為線性獨立？

(b)求微分方程式的通解。

解　(a)求 Wronskian 行列式　⇒

$$W(e^x, e^{2x}, e^{3x}) = \begin{vmatrix} e^x & e^{2x} & e^{3x} \\ e^x & 2e^{2x} & 3e^{3x} \\ e^x & 4e^{2x} & 9e^{3x} \end{vmatrix} = 2e^{6x} \neq 0$$

∴ y_1, y_2, y_3 為**線性獨立**，因此構成**基底**。

(b)線性組合　⇒

$$y = c_1 y_1 + c_2 y_2 + c_3 y_3 \quad 或 \quad y = c_1 e^x + c_2 e^{2x} + c_3 e^{3x}$$

即是微分方程式的**通解**。　■

5.2 ▶ 降階法

考慮二階齊次線性微分方程式如下：

$$a_2(x)\frac{d^2 y}{dx^2} + a_1(x)\frac{dy}{dx} + a_0(x)y = 0$$

首先將微分方程式化成**標準型**(即首項係數為 1)：

$$y'' + p(x)y' + q(x)y = 0$$

若微分方程式的其中一解 y_1 可以事先取得，則第二個解 y_2 可以假設為：

$$y_2(x) = u(x)y_1(x)$$

並代入微分方程式進一步推導而得，這個方法稱為**降階法**(Reduction of Order)。

定理 5.4　降階法(Reduction of Order)

給定二階微分方程式：

$$y'' + p(x)y' + q(x)y = 0$$

已知其中一解 y_1，則另一解為：

$$y_2 = y_1 \int \frac{1}{y_1^2} e^{-\int p(x)dx} dx$$

在此推導降階法，已知其中一解 y_1，假設另一解為 $y_2(x) = u(x)y_1(x)$，則其一階與二階微分為：

$$y_2' = u'y_1 + uy_1'$$

$$y_2'' = u''y_1 + u'y_1' + u'y_1' + uy_1'' = u''y_1 + 2u'y_1' + uy_1''$$

代入微分方程式可得：

$$u''y_1 + 2u'y_1' + uy_1'' + p[u'y_1 + uy_1'] + q[uy_1] = 0 \quad \Rightarrow$$

$$u[y_1'' + py_1' + qy_1] + y_1u'' + (2y_1' + py_1)u' = 0$$

$$零$$

因此可化簡為：

$$y_1u'' + (2y_1' + py_1)u' = 0$$

假設 $w = u'$ 可得：

$$y_1w' + (2y_1' + py_1)w = 0$$

可整理成一階微分方程式(**可分離**)：

$$\frac{1}{w}dw = -\frac{2y_1'}{y_1}dx - pdx$$

兩邊積分可得：

$$\ln|w| = -2\ln|y_1| - \int pdx$$

同取指數為：

$$w = \frac{1}{y_1^2} e^{-\int pdx}$$

根據以上假設 $u' = w$ 再次積分為：

$$u = \int \frac{1}{y_1^2} e^{-\int pdx} dx$$

由於 $y_2(x) = u(x)y_1(x)$，則：

$$y_2 = y_1 \int \frac{1}{y_1^2} e^{-\int pdx} dx \, ^2$$

求得的兩個解 y_1, y_2 為線性獨立解，構成基底。

降階法

$$y'' + p(x)y' + q(x)y = 0$$

已知其中一解 y_1，則第二個解為：

$$y_2 = y_1 \int \frac{1}{y_1^2} e^{-\int pdx} dx$$

2　降階法的公式型態較複雜，您的工程數學教授可能會提醒您要熟記。若您目前處於「生命誠可貴，愛情價更高，若為**成績**故，兩者皆可拋」的境界，則筆者勸您考試前還是熟記一下。除非您的數學功力已經爐火純青，可以根據上述原則重新推導而得，那自然另當別論！

範例

已知 $y_1 = e^x$ 爲微分方程式 $y'' - y = 0$ 的解，試利用**降階法**求另一解 y_2。

解 微分方程式 $y'' - y = 0$ 爲標準型，$p(x) = 0$

根據降階法公式：

$$y_2 = y_1 \int \frac{1}{y_1^2} e^{-\int p\,dx} dx$$

已知 $y_1 = e^x$ 代入可得：

$$y_2 = e^x \int \frac{1}{\left(e^x\right)^2} e^{-\int 0\,dx} dx = e^x \int e^{-2x} dx = e^x \left(-\frac{1}{2} e^{-2x} + c\right) = -\frac{1}{2} e^{-x} + c e^x$$

可忽略係數 $-1/2$ 並設 $c = 0$，即可得另一解爲：

$$y_2(x) = e^{-x}$$

∎

本範例也可以假設 $y_2(x) = u(x) y_1(x)$ 代入微分方程式求得，其推導過程較爲複雜，且牽涉一階微分方程式求解，但與上述推導過程相似。此外，求得的兩個解 y_1, y_2 爲線性獨立解，構成基底。

5.3 ▶ 常係數齊次線性方程式

n 階齊次線性微分方程式可以表示如下：

$$a_n(x) \frac{d^n y}{dx^n} + a_{n-1}(x) \frac{d^{n-1} y}{dx^{n-1}} + \cdots + a_1(x) \frac{dy}{dx} + a_0(x) y = 0$$

若所有的係數函數均爲常係數，則可表示成：

$$a_n \frac{d^n y}{dx^n} + a_{n-1} \frac{d^{n-1} y}{dx^{n-1}} + \cdots + a_1 \frac{dy}{dx} + a_0 y = 0$$

其中 $a_n, a_{n-1}, \ldots, a_0$ 均爲常數(可以是任意實數)，則微分方程式稱爲**常係數齊次線性方程式**(Homogeneous Linear Equations with Constant Coefficients)。

本節將分別針對二階與 n 階($n \geq 3$)的常係數齊次線性方程式討論之。

5.3.1　二階常係數齊次線性方程式

定義 5.4　二階常係數齊次線性方程式

二階常係數齊次線性方程式$(n = 2)$可定義為：

$$a\frac{d^2y}{dx^2} + b\frac{dy}{dx} + cy = 0$$

或使用 Prime 表示法：

$$ay'' + by' + cy = 0$$

其中 a, b, c 均為常數(實數)。

【求解法】

→ 輔助方程式　⇒　$am^2 + bm + c = 0$

⇒　$m_{1,2} = \dfrac{-b \pm \sqrt{b^2 - 4ac}}{2a}$

→ 通解　　　　⇒　根據以下列表[3]：

情況	根的型態	通解
Case I	相異實數根 $m_1 \neq m_2$	$y = c_1 e^{m_1 x} + c_2 e^{m_2 x}$
Case II	重根 $m_1 = m_2$	$y = c_1 e^{m_1 x} + c_2 x e^{m_1 x}$
Case III	共軛複數根 $m_{1,2} = \alpha \pm i\beta$	$y = e^{\alpha x}\left(c_1 \cos\beta x + c_2 \sin\beta x\right)$

---

[3]　若與降階法公式比較，則本表相對更為重要，通常是工程數學的必考題，因此請您務必熟記!在讀完本節後，建議您提早嘗試解練習題，相信自然就可以熟記。

上述求解法的詳細推導過程如下說明：

假設 $y = e^{mx}$，則其一階與二階微分爲 $y' = me^{mx}$, $y'' = m^2 e^{mx}$，分別代入微分方程式可得：

$$am^2 e^{mx} + bme^{mx} + ce^{mx} = 0$$

或

$$(am^2 + bm + c) \cdot e^{mx} = 0$$

由於 $e^{mx} \neq 0$，因此：

$$am^2 + bm + c = 0$$

稱爲**特性方程式**(Characteristic Equation)或**輔助方程式**(Auxiliary Equation)。

輔助方程式可以使用下列基本公式求**根**：

$$m_{1,2} = \frac{-b \pm \sqrt{b^2 - 4ac}}{2a}$$

因此，微分方程式 $ay'' + by' + cy = 0$ 的通解可以根據根的型態分成三種情況，以下分別討論之：

- **Case I　相異實數根**

  若 $b^2 - 4ac > 0$，則輔助方程式有兩個相異實數根 $m_1 \neq m_2$。由於 $y_1 = e^{m_1 x}$ 與 $y_2 = e^{m_2 x}$ 爲線性獨立，因此構成基底。微分方程式的通解爲其線性組合：

  $$y = c_1 e^{m_1 x} + c_2 e^{m_2 x}$$

- **Case II　重根**

  若 $b^2 - 4ac = 0$，則輔助方程式有重根 $m_1 = m_2 = -b/2a$。在此僅得一解爲 $y_1 = e^{m_1 x}$，因此使用降階法求另一解：

  $$y_2 = y_1 \int \frac{1}{y_1^2} e^{-\int p dx} dx$$

  則：

$$y_2 = e^{m_1 x} \int \frac{1}{(e^{m_1 x})^2} \, e^{-\int (b/a) dx} \, dx = e^{m_1 x} \int \frac{e^{2m_1 x}}{e^{2m_1 x}} \, dx = e^{m_1 x} \int dx = x e^{m_1 x}$$

微分方程式的通解為：

$$y = c_1 e^{m_1 x} + c_2 x e^{m_1 x}$$

- **Case III　共軛複數根**

  若 $b^2 - 4ac < 0$，則輔助方程式有的根為共軛複數根 $m_{1,2} = \alpha \pm i\beta$ ，其中 $i = \sqrt{-1}$ 。微分方程式的通解為：

  $$y = C_1 e^{(\alpha + i\beta)x} + C_2 e^{(\alpha - i\beta)x}$$

  其中 C_1 與 C_2 為任意常數。由於複數函數較不易處理，根據歐拉公式：

  $$e^{i\theta} = \cos\theta + i\sin\theta$$

  可得：

  $$e^{i\beta x} = \cos\beta x + i\sin\beta x \quad 與 \quad e^{-i\beta x} = \cos\beta x - i\sin\beta x$$

  將兩式相加或相減可得：

  $$e^{i\beta x} + e^{-i\beta x} = 2\cos\beta x \quad 與 \quad e^{i\beta x} - e^{-i\beta x} = 2i\sin\beta x$$

  根據通解分別取 $C_1 = 1$、$C_2 = 1$ 或 $C_1 = 1$、$C_2 = -1$ 則：

  $$y_1 = e^{(\alpha + i\beta)x} + e^{(\alpha - i\beta)x} = e^{\alpha x}(\cos\beta x + i\sin\beta x) + e^{\alpha x}(\cos\beta x - i\sin\beta x) = 2e^{\alpha x}\cos\beta x$$

  $$y_2 = e^{(\alpha + i\beta)x} - e^{(\alpha - i\beta)x} = e^{\alpha x}(\cos\beta x + i\sin\beta x) - e^{\alpha x}(\cos\beta x - i\sin\beta x) = 2ie^{\alpha x}\sin\beta x$$

  可以推論 $e^{\alpha x}\cos\beta x$ 與 $e^{\alpha x}\sin\beta x$ 構成基底，因此通解為：

  $$y = e^{\alpha x}\left(c_1 \cos\beta x + c_2 \sin\beta x\right)$$

範例

解 $y'' - 3y' - 4y = 0$

解　➤　輔助方程式　$\Rightarrow$　$m^2 - 3m - 4 = 0$

　　　　　　　　　　　$\Rightarrow$　$m_{1,2} = -1, 4\,(\text{Case I})$

　　➤　通解　　　　　$\Rightarrow$　$y = c_1 e^{-x} + c_2 e^{4x}$　　■

範例

解 $y'' - 4y' + 4y = 0$

解　➤　輔助方程式　$\Rightarrow$　$m^2 - 4m + 4 = 0$

　　　　　　　　　　$\Rightarrow$　$m_{1,2} = 2, 2 \,(\text{Case II})$

　　➤　通解　　　　$\Rightarrow$　$y = c_1 e^{2x} + c_2 x e^{2x}$　　　　■

範例

解 $y'' - 2y' + 10y = 0$

解　➤　輔助方程式　$\Rightarrow$　$m^2 - 2m + 10 = 0$

　　　　　　　　　　$\Rightarrow$　$m_{1,2} = 1 \pm 3i \,(\text{Case III}\quad \alpha = 1, \beta = 3)$

　　➤　通解　　　　$\Rightarrow$　$y = e^x (c_1 \cos 3x + c_2 \sin 3x)$　　　　■

範例

解初始值問題 $y'' + 2y' + 10y = 0,\, y(0) = 0,\, y'(0) = 1$

解　➤　輔助方程式　$\Rightarrow$　$m^2 + 2m + 10 = 0$

　　　　　　　　　　$\Rightarrow$　$m_{1,2} = \dfrac{-2 \pm \sqrt{2^2 - 4(1)(10)}}{2} = -1 \pm 3i$

　　　　　　　　　　(Case III　$\alpha = -1, \beta = 3$)

　　➤　通解　　　　$\Rightarrow$　$y = e^{-x}(c_1 \cos 3x + c_2 \sin 3x)$

初始條件：

$y(0) = 0 \quad \Rightarrow \quad y(0) = e^0(c_1 \cos 0 + c_2 \sin 0) = 0 \quad \Rightarrow \quad c_1 = 0$

$y'(0) = 1 \quad \Rightarrow \quad$ 先求微分：

$$y'(x) = -e^{-x}(c_1 \cos 3x + c_2 \sin 3x) + e^{-x}(-3c_1 \sin 3x + 3c_2 \cos 3x)$$

代入可得：

$$y'(0) = -e^0(c_1 \cos 0 + c_2 \sin 0) + e^0(-3c_1 \sin 0 + 3c_2 \cos 0) = 1 \quad \Rightarrow \quad c_2 = \frac{1}{3}$$

因此，初始值問題的解為 $y = \dfrac{1}{3} e^{-x} \sin 3x$ (如下圖)　　　　■

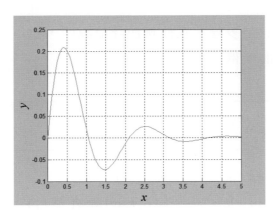

▲圖 5-1　$y = \dfrac{1}{3} e^{-x} \sin 3x$ 圖

5.3.2　n 階常係數齊次線性方程式

一般來說，n 階常係數齊次線性方程式($n \geq 3$)，比二階常係數齊次線性方程式略為複雜，但是解題原則相當類似。

定義 5.5　n 階常係數齊次線性方程式

n 階常係數齊次線性方程式可定義為：

$$a_n \frac{d^n y}{dx^n} + a_{n-1} \frac{d^{n-1} y}{dx^{n-1}} + \cdots + a_1 \frac{dy}{dx} + a_0 y = 0$$

或使用 Prime 表示法：

$$a_n y^{(n)} + a_{n-1} y^{(n-1)} + \cdots + a_1 y' + a_0 = 0$$

其中 $a_n, a_{n-1}, \ldots, a_0$ 均為常數(實數)。

【求解法】

➡ 輔助方程式　$\Rightarrow$　$a_n m^n + a_{n-1} m^{n-1} + \cdots + a_1 m + a_0 = 0$

　　　　　　　$\Rightarrow$　求根(n 個根)

➡ 通解　　　　$\Rightarrow$　根據列表之 Case I、II、III 進行組合。

　　由於組合的情況有很多種，在此無法詳盡說明，以下直接列舉幾個 n 階常係數齊次線性方程式的範例。

範例

解 $y''' + y'' - 5y' + 3y = 0$

解　➤　輔助方程式　$\Rightarrow$　$m^3 + m^2 - 5m + 3 = 0$

　　　　　　　　　　$\Rightarrow$　$m_{1,2,3} = -3, 1, 1$ (Case I & II 組合)

　　➤　通解　　　　$\Rightarrow$　$y = c_1 e^{-3x} + c_2 e^x + c_3 x e^x$ ∎

　　注意上述範例中，三階微分方程式牽涉三個常數 c_1、c_2、c_3。次數較高的多項式求根可以嘗試使用**長除法**，例如：

$$
\begin{array}{r}
1 + 2 - 3 \\
1-1 \enclose{longdiv}{1 + 1 - 5 + 3} \\
\underline{1 - 1} \qquad\qquad\quad \\
2 - 5 \qquad\quad \\
\underline{2 - 2} \qquad\quad \\
-3 + 3 \\
\underline{-3 + 3} \\
0
\end{array}
$$

範例

解 $y''' - 2y'' + y' - 2y = 0$

解　➤　輔助方程式　$\Rightarrow$　$m^3 - 2m^2 + m - 2 = 0$

　　　　　　　　　　$\Rightarrow$　$m^2(m-2) + m - 2 = 0$

　　　　　　　　　　$\Rightarrow$　$(m-2)(m^2+1) = 0$

　　　　　　　　　　$\Rightarrow$　$m_{1,2,3} = 2, \pm i$ (Case I & III 組合)

　　➤　通解　　　　$\Rightarrow$　$y = c_1 e^{2x} + c_2 \cos x + c_3 \sin x$ ∎

範例

解 $y^{(4)} + 2y'' + y = 0$

解 ➤ 輔助方程式 $\Rightarrow m^4 + 2m^2 + 1 = 0$

$\qquad\qquad\qquad \Rightarrow (m^2 + 1)^2 = 0$

$\qquad\qquad\qquad \Rightarrow m_{1,2,3,4} = \pm i, \pm i$ (Case II & III 組合)

➤ 通解 $\qquad \Rightarrow y = c_1 \cos x + c_2 \sin x + c_3 x \cos x + c_4 x \sin x$ ∎

5.4 ▶ 非齊次線性方程式

n 階非齊次線性微分方程式可以表示如下:

$$a_n(x)\frac{d^n y}{dx^n} + a_{n-1}(x)\frac{d^{n-1} y}{dx^{n-1}} + \cdots + a_1(x)\frac{dy}{dx} + a_0(x)y = g(x) \tag{2}$$

定理 5.5 **非齊次線性微分方程式的通解**

若函數 $y_1, y_2, ..., y_n$ 為 n 階齊次線性微分方程式(1)的**基本解集**或**基底**,則其線性組合稱為**齊次解**(Homogeneous Solution):

$$y_h = c_1 y_1 + c_2 y_2 + \cdots + c_n y_n$$

設 y_p 為 n 階非齊次線性微分方程式(2)的任意特解,則**通解**(General Solution)為:

$$y = y_h + y_p$$

考慮二階常係數非齊次線性微分方程式如下:

$$a\frac{d^2 y}{dx^2} + b\frac{dy}{dx} + cy = g(x)$$

或

$$ay'' + by + cy = g(x)$$

其中，a、b、c 為任意實數。

🔲 【求解法】

➤ 求**齊次解** y_h ⟹ 齊次方程式 $ay'' + by + cy = 0$

⟹ 求得的解即是齊次解 $y_h = c_1 y_1 + c_2 y_2$

➤ 求**特解** y_p ⟹ 分成兩種方法為：

(1)**未定係數法**(Undetermined Coefficients)

(2)**參數變換法**(Variation of Parameters)

➤ 求**通解** ⟹ $y = y_h + y_p$

5.5 ▶ 未定係數法

n 階非齊次線性微分方程式可表示如下：

$$a_n(x)\frac{d^n y}{dx^n} + a_{n-1}(x)\frac{d^{n-1} y}{dx^{n-1}} + \cdots + a_1(x)\frac{dy}{dx} + a_0(x)y = g(x)$$

為了求微分方程式的特解 y_p，最直接的方法稱為**未定係數法**(Undetermined Coefficients)。顧名思義，未定係數法即是將特解 y_p 代入非齊次微分方程式求未定係數。其中，特解 y_p 的型態是根據微分方程式中 $g(x)$ 的型態決定，如下表所示。

▼ 表 5-1　未定係數法

$g(x)$ 型態	特解 y_p 的型態
x^n	$A_n x^n + A_{n-1} x^{n-1} + \cdots + A_1 x + A_0$
$\cos kx$ or $\sin kx$	$A \cos kx + B \sin kx$
e^{ax}	$A e^{ax}$
$x^n e^{ax}$	$(A_n x^n + A_{n-1} x^{n-1} + \cdots + A_1 x + A_0) e^{ax}$
$e^{ax} \cos kx$ or $e^{ax} \sin kx$	$A e^{ax} \cos kx + B e^{ax} \sin kx$
$x^n \cos kx$ or $x^n \sin kx$	$(A_n x^n + \cdots + A_0) \cos kx + (B_n x^n + \cdots + B_0) \sin kx$
$x^n e^{ax} \cos kx$ or $x^n e^{ax} \sin kx$	$(A_n x^n + \cdots + A_0) e^{ax} \cos kx + (B_n x^n + \cdots + B_0) e^{ax} \sin kx$

【註】$A_n, A_{n-1}, ..., A_0$、$B_n, B_{n-1}, ..., B_0$ 為常係數。若 $g(x)$ 的型態不在表列中，則無法使用未定係數法。

如上表，假設特解 y_p 的型態時，須注意下列幾個規則：

- 多項式的最高次數相同，且須補足缺項；
- 三角函數無論是 cos、sin 函數均須同時補齊 cos 及 sin 函數；
- 指數的冪次方係數須相同；
- $A_n, A_{n-1},..., A_0$、$B_n, B_{n-1},..., B_0$ 為常係數，可直接使用大寫字母 $A,B,C,\cdots$ 表示。大寫字母 D 在工程數學中另有其他用途，因此暫時保留不用(D 稱為**微分算子**，將於之後的章節介紹)。

表 5.2 為未定係數法範例，在非齊次微分方程式求解時，可根據 $g(x)$ 的型態假設特解 y_p，目的是求 $A,B,C,\cdots$ 等未定係數。

▼表 5-2　未定係數法範例

$g(x)$型態	特解 y_p 的型態
1(任意常數)	A
$x+1$	$Ax+B$
x^2+3x+1	Ax^2+Bx+C
x^3-1	Ax^3+Bx^2+Cx+E
$\cos 4x$	$A\cos 4x+B\sin 4x$
$\sin 4x$	$A\cos 4x+B\sin 4x$
e^{3x}	Ae^{3x}
$(x+1)e^{3x}$	$(Ax+B)e^{3x}$
x^2e^{3x}	$(Ax^2+Bx+C)e^{3x}$
$e^{3x}\cos 4x$	$Ae^{3x}\cos 4x+Be^{3x}\sin 4x$
$x^2\cos 4x$	$(Ax^2+Bx+C)\cos 4x+(Ex^2+Fx+G)\sin 4x$
$xe^{3x}\cos 4x$	$(Ax+B)e^{3x}\cos 4x+(Cx+E)e^{3x}\sin 4x$

┌ 範 例 ┐

解 $y'' - 3y' + 2y = 2x^2 + 1$

解 ➤ 求**齊次解** y_h ⟹ 輔助方程式 $m^2 - 3m + 2 = 0$

⟹ $m_{1,2} = 1, 2$ (Case I)

⟹ $y_h = c_1 e^x + c_2 e^{2x}$

➤ 求**特解** y_p ⟹ 設 $y_p = Ax^2 + Bx + C$

⟹ 微分可得 $y_p' = 2Ax + B$ 與 $y_p'' = 2A$

⟹ 分別代入 $y'' - 3y' + 2y = 2x^2 + 1$

⟹ $2A - 3(2Ax + B) + 2(Ax^2 + Bx + C) = 2x^2 + 1$

⟹ $2Ax^2 + (-6A + 2B)x + (2A - 3B + 2C) = 2x^2 + 1$

⟹ $\therefore A = 1 \, \cdot \, B = 3 \, \cdot \, C = 4$ 比較係數

⟹ $y_p = x^2 + 3x + 4$

➤ 求**通解** ⟹ $y = y_h + y_p$ 或

$y = c_1 e^x + c_2 e^{2x} + x^2 + 3x + 4$ ∎

┌ 範 例 ┐

解 $y'' + 4y = e^{2x}$

解 ➤ 求**齊次解** y_h ⟹ 輔助方程式 $m^2 + 4 = 0$

⟹ $m_{1,2} = \pm 2i$ (Case III, $\alpha = 0, \beta = 2$)

⟹ $y_h = c_1 \cos 2x + c_2 \sin 2x$

➤ 求**特解** y_p ⟹ 設 $y_p = Ae^{2x}$

⟹ 微分可得 $y_p' = 2Ae^{2x}$ 與 $y_p'' = 4Ae^{2x}$

⟹ 分別代入 $y'' + 4y = e^{2x}$

⟹ $4Ae^{2x} + 4Ae^{2x} = e^{2x}$

⟹ $\therefore A = \dfrac{1}{8}$

⟹ $y_p = \dfrac{1}{8} e^{2x}$

➤ 求**通解** ⟹ $y = y_h + y_p$ 或

$y = c_1 \cos 2x + c_2 \sin 2x + \dfrac{1}{8} e^{2x}$ ∎

┌ 範│例 ┐

解 $y'' - 4y' + 4y = \sin 2x$

解 ➤ 求**齊次解** y_h ⟹ 輔助方程式 $m^2 - 4m + 4 = 0$

⟹ $m_{1,2} = 2, 2\,(\text{Case II})$

⟹ $y_h = c_1 e^{2x} + c_2 x e^{2x}$

➤ 求**特解** y_p ⟹ 設 $y_p = A\cos 2x + B\sin 2x$

⟹ $y_p' = -2A\sin 2x + 2B\cos 2x$

⟹ $y_p'' = -4A\cos 2x - 4B\sin 2x$

⟹ 分別代入 $y'' - 4y' + 4y = \sin 2x$

⟹ $(-4A\cos 2x - 4B\sin 2x) - 4(-2A\sin 2x + 2B\cos 2x)$
$+4(A\cos 2x + B\sin 2x) = \sin 2x$

⟹ $\therefore A = \dfrac{1}{8}, B = 0$

⟹ $y_p = \dfrac{1}{8}\cos 2x$

➤ 求**通解** ⟹ $y = y_h + y_p$ 或

$y = c_1 e^{2x} + c_2 x e^{2x} + \dfrac{1}{8}\cos 2x$　∎

┌ 範│例 ┐

解 $y'' - 3y' + 2y = e^x$

解 ➤ 求**齊次解** y_h ⟹ 輔助方程式 $m^2 - 3m + 2 = 0$

⟹ $m_{1,2} = 1, 2\,(\text{Case I})$

⟹ $y_h = c_1 e^x + c_2 e^{2x}$

➤ 求**特解** y_p ⟹ 設 $y_p = Ae^x$

⟹ 微分可得 $y_p' = y_p'' = Ae^x$

⟹ 分別代入 $y'' - 3y' + 2y = e^x$

⟹ $0 = e^x$　　不合

⟹ **改設** $y_p = Axe^x$

⟹ $y_p' = Ae^x + Axe^x$ 與 $y_p'' = 2Ae^x + Axe^x$

⟹ 分別代入 $y'' - 3y' + 2y = e^x$

$$\Rightarrow \quad 2Ae^x + Axe^x - 3(Ae^x + Axe^x) + 2Axe^x = e^x$$

$$\Rightarrow \quad -Ae^x = e^x \quad \Rightarrow \quad \therefore A = -1$$

$$\Rightarrow \quad y_p = -xe^x$$

➢ 求**通解**　$\Rightarrow \quad y = y_h + y_p$ 或

$$y = c_1 e^x + c_2 e^{2x} - xe^x \qquad \blacksquare$$

　　因此，使用未定係數法求特解時，須先檢查是否與齊次解的型態重複，以避免假設不合的情況。

範例

解 $y'' - 2y' + y = e^x$

解 ➢ 求**齊次解** y_h　$\Rightarrow \quad$ 輔助方程式 $m^2 - 2m + 1 = 0$

$$\Rightarrow \quad m_{1,2} = 1, 1 \,(\text{Case II})$$

$$\Rightarrow \quad y_h = c_1 e^x + c_2 xe^x$$

➢ 求**特解** y_p　$\Rightarrow \quad$ 設 $y_p = Ae^x$　　不合

$$\Rightarrow \quad \textbf{改設 } y_p = Axe^x \qquad \text{不合}$$

$$\Rightarrow \quad \textbf{改設 } y_p = Ax^2 e^x$$

$$\Rightarrow \quad y_p' = 2Axe^x + Ax^2 e^x \text{ 與 } y_p'' = 2Ae^x + 4Axe^x + Ax^2 e^x$$

$$\Rightarrow \quad \text{分別代入 } y'' - 2y' + y = e^x$$

$$\Rightarrow \quad 2Ae^x + 4Axe^x + Ax^2 e^x - 2(2Axe^x + Ax^2 e^x) + Ax^2 e^x = e^x$$

$$\Rightarrow \quad 2Ae^x = e^x \quad \Rightarrow \quad \therefore A = \frac{1}{2}$$

$$\Rightarrow \quad y_p = \frac{1}{2} x^2 e^x$$

➢ 求**通解**　$\Rightarrow \quad y = y_h + y_p$ 或

$$y = c_1 e^x + c_2 xe^x + \frac{1}{2} x^2 e^x \qquad \blacksquare$$

　　在此討論較為複雜的情況。函數 $g(x)$ 在使用未定係數法求特解時，若是具有兩種(含)以上的型態時，則須使用**非齊次方程式的重疊原理**(Superposition Principle of Nonhomogeneous Equations)。

定理 5.6　非齊次方程式的重疊原理

n 階非齊次線性微分方程式為：

$$a_n(x)\frac{d^n y}{dx^n} + a_{n-1}(x)\frac{d^{n-1}y}{dx^{n-1}} + \cdots + a_1(x)\frac{dy}{dx} + a_0(x)y = g(x)$$

若函數 $g(x)$ 具有 k 種型態：

$$g(x) = g_1(x) + g_2(x) + \cdots + g_k(x)$$

設 y_{p_i} 為下列對應之非齊次線性 n 階微分方程式的任意特解：

$$a_n(x)\frac{d^n y}{dx^n} + a_{n-1}(x)\frac{d^{n-1}y}{dx^{n-1}} + \cdots + a_1(x)\frac{dy}{dx} + a_0(x)y = g_i(x)$$

其中 $i = 1, \ldots, k$；則原微分方程式的特解為：

$$y_p = y_{p_1} + y_{p_2} + \cdots + y_{p_k}$$

以下以範例說明之。

範 例

解 $y'' + y = 2x + 5 + e^x$

解 ➤ 求**齊次解** y_h ⇒ 輔助方程式 $m^2 + 1 = 0$

⇒ $m_{1,2} = \pm i$ (Case III，$\alpha = 0, \beta = 1$)

⇒ $y_h = c_1 \cos x + c_2 \sin x$

➤ 求**特解** y_p ⇒ 分成兩部分：

考慮 $g_1(x) = 2x + 5$

$\Rightarrow$ 設 $y_{p_1} = Ax + B$ 則 $y'_{p_1} = A$ 與 $y''_{p_1} = 0$

$\Rightarrow$ 代入 $y'' + y = 2x + 5$

$\Rightarrow$ $Ax + B = 2x + 5$ $\Rightarrow$ $A = 2, B = 5$

$\therefore y_{p_1} = 2x + 5$

考慮 $g_2(x) = e^x$

$\Rightarrow$ 設 $y_{p_2} = Ce^x$ 則 $y'_{p_2} = Ce^x$ 與 $y''_{p_2} = Ce^x$

$\Rightarrow$ 代入 $y'' + y = e^x$

$\Rightarrow$ $2Ce^x = e^x$ $\Rightarrow$ $C = 1/2$

$\therefore y_{p_2} = \dfrac{1}{2}e^x$

$\Rightarrow$ 因此 $y_p = y_{p_1} + y_{p_2} = 2x + 5 + \dfrac{1}{2}e^x$

> 求**通解** $\Rightarrow$ $y = y_h + y_p$ 或

$$y = c_1 \cos x + c_2 \sin x + 2x + 5 + \frac{1}{2}e^x$$ ∎

範例

解 $y'' + y = \sin x + e^{-x}$

解 > 求**齊次解** y_h $\Rightarrow$ 輔助方程式 $m^2 + 1 = 0$

$\Rightarrow$ $m_{1,2} = \pm i$ (Case III)

$\Rightarrow$ $y_h = c_1 \cos x + c_2 \sin x$

➤ 求**特解** y_p　　⇒　分成兩部分：

考慮 $g_1(x) = \sin x$

⇒　設 $y_{p_1} = A\cos x + B\sin x$　　不合

⇒　**改設** $y_{p_1} = Ax\cos x + Bx\sin x$

⇒　$y'_{p_1} = A\cos x - Ax\sin x + B\sin x + Bx\cos x$

⇒　$y''_{p_1} = -2A\sin x - Ax\cos x + 2B\cos x - Bx\sin x$

⇒　代入 $y'' + y = \sin x$

⇒　$-2A\sin x - Ax\cos x + 2B\cos x - Bx\sin x +$
　　$Ax\cos x + Bx\sin x = \sin x$

⇒　$-2A = 1, 2B = 0$　⇒　$A = -1/2, B = 0$

∴ $y_{p_1} = -\dfrac{1}{2}x\cos x$

考慮 $g_2(x) = e^{-x}$

⇒　設 $y_{p_2} = Ce^{-x}$ 則 $y'_{p_2} = -Ce^{-x}$ 與 $y''_{p_2} = Ce^{-x}$

⇒　代入 $y'' + y = e^{-x}$

⇒　$2Ce^{-x} = e^{-x}$　⇒　$C = 1/2$

∴ $y_{p_2} = \dfrac{1}{2}e^{-x}$

⇒　因此 $y_p = y_{p_1} + y_{p_2} = -\dfrac{1}{2}x\cos x + \dfrac{1}{2}e^{-x}$

➤ 求**通解**　　⇒　$y = y_h + y_p$ 或

$$y = c_1\cos x + c_2\sin x - \dfrac{1}{2}x\cos x + \dfrac{1}{2}e^{-x}$$

5.6 ▶ 參數變換法

　　參數變換法(Variation of Parameters)的目的也是在求非齊次線性微分方程式的特解 y_p。在此僅討論二階微分方程式，可以表示為：

$$a_2(x)\frac{d^2y}{dx^2} + a_1(x)\frac{dy}{dx} + a_0(x)y = g(x)$$

或

$$a_2(x)y'' + a_1(x)y' + a_0(x)y = g(x)$$

【參數變換法】

→ 化成**標準型** ⇒ $y'' + p(x)y + q(x)y = f(x)$

→ 求**齊次解** y_h ⇒ $y_h = c_1y_1 + c_2y_2$ ，其中 y_1、y_2 構成基底

→ 求**特解** y_p ⇒ 設 $y_p = u_1(x)y_1(x) + u_2(x)y_2(x)$

其中

$$W = \begin{vmatrix} y_1 & y_2 \\ y_1' & y_2' \end{vmatrix}, \quad W_1 = \begin{vmatrix} 0 & y_2 \\ f(x) & y_2' \end{vmatrix}, \quad W_2 = \begin{vmatrix} y_1 & 0 \\ y_1' & f(x) \end{vmatrix}$$

$$u_1' = \frac{W_1}{W} = -\frac{y_2 f(x)}{W}, \quad u_2' = \frac{W_2}{W} = \frac{y_1 f(x)}{W}$$

分別求積分

→ 求**通解** ⇒ $y = y_h + y_p$

一般來說，若函數 $g(x)$ 不在未定係數法的表列中，則無法使用未定係數法求特解[4]；此時，只能使用參數變換法求特解。必須注意的是，在套用參數變換法求特解前，須先將微分方程式化成**標準型**；換言之，在求 u_1 及 u_2 兩個函數時，必須使用 $f(x)$，而不是 $g(x)$。

以下證明**參數變換法**，假設特解的型態為：

$$y_p = u_1(x)y_1(x) + u_2(x)y_2(x)$$

其中 y_1、y_2 形成基底。首先求其微分，即：

$$y_p' = u_1'y_1 + u_1y_1' + u_2'y_2 + u_2y_2'$$

---

[4] 若函數 $g(x)$ 在未定係數法的表列中，參數變換法其實也可以用來求非齊次微分方程式的特解。但是，筆者仍建議您「殺雞不須用到牛刀」！

在此假設：

$$u_1' y_1 + u_2' y_2 = 0 \qquad (1)$$

所以，可簡化成：

$$y_p' = u_1 y_1' + u_2 y_2'$$

再微分一次可得：

$$y_p'' = u_1' y_1' + u_1 y_1'' + u_2' y_2' + u_2 y_2''$$

分別代入微分方程式如下：

$$y'' + py' + qy = u_1' y_1' + u_1 y_1'' + u_2' y_2' + u_2 y_2'' + p[u_1 y_1' + u_2 y_2'] + q[u_1 y_1 + u_2 y_2]$$

$$= u_1[y_1'' + py_1' + qy_1] + u_2[y_2'' + py_2' + qy_2] + u_1' y_1' + u_2' y_2' = f(x)$$

$$\qquad\qquad 零 \qquad\qquad\qquad 零$$

其中，y_1、y_2 均為齊次微分方程式的解，使得上述括號內為零，因此可得：

$$u_1' y_1' + u_2' y_2' = f(x) \qquad (2)$$

根據(1)及(2)可求得聯立方程式：

$$\begin{cases} u_1' y_1 + u_2' y_2 = 0 \\ u_1' y_1' + u_2' y_2' = f(x) \end{cases} \quad 或表示為 \quad \begin{cases} y_1 u_1' + y_2 u_2' = 0 \\ y_1' u_1' + y_2' u_2' = f(x) \end{cases}$$

解聯立方程式即可得：

$$u_1' = \frac{W_1}{W} = -\frac{y_2 f(x)}{W}, \quad u_2' = \frac{W_2}{W} = \frac{y_1 f(x)}{W}$$

其中

$$W = \begin{vmatrix} y_1 & y_2 \\ y_1' & y_2' \end{vmatrix}, \quad W_1 = \begin{vmatrix} 0 & y_2 \\ f(x) & y_2' \end{vmatrix}, \quad W_2 = \begin{vmatrix} y_1 & 0 \\ y_1' & f(x) \end{vmatrix}$$

範例

解 $y'' + y = \sec x$

解

▶ 化成**標準型** $\Rightarrow$ $y'' + y = \sec x$

▶ 求**齊次解** y_h $\Rightarrow$ 輔助方程式 $m^2 + 1 = 0$

$\Rightarrow$ $m_{1,2} = \pm i$ (Case III, $\alpha = 0$、$\beta = 1$)

$\Rightarrow$ $y_h = c_1 \cos x + c_2 \sin x$

▶ 求**特解** y_p $\Rightarrow$ 設 $y_p = u_1 y_1 + u_2 y_2 = u_1 \cos x + u_2 \sin x$

其中

$$W = \begin{vmatrix} y_1 & y_2 \\ y_1' & y_2' \end{vmatrix} = \begin{vmatrix} \cos x & \sin x \\ -\sin x & \cos x \end{vmatrix} = \cos^2 x + \sin^2 x = 1$$

$$W_1 = \begin{vmatrix} 0 & y_2 \\ f(x) & y_2' \end{vmatrix} = \begin{vmatrix} 0 & \sin x \\ \sec x & \cos x \end{vmatrix} = -\tan x$$

$$W_2 = \begin{vmatrix} y_1 & 0 \\ y_1' & f(x) \end{vmatrix} = \begin{vmatrix} \cos x & 0 \\ -\sin x & \sec x \end{vmatrix} = 1$$

$$u_1' = \frac{W_1}{W} = -\tan x \quad \Rightarrow \quad u_1 = -\int \tan x \, dx = \ln|\cos x|$$

$$u_2' = \frac{W_2}{W} = 1 \qquad \Rightarrow \quad u_2 = \int dx = x$$

積分均可忽略常數

$$\therefore y_p = \ln|\cos x| \cdot \cos x + x \sin x$$

▶ 求**通解** $\Rightarrow$ $y = y_h + y_p$ 或

$$y = c_1 \cos x + c_2 \sin x + \ln|\cos x| \cdot \cos x + x \sin x$$

5.7 ▶ 柯西－歐拉方程式

定義 5.6　柯西－歐拉方程式

若線性微分方程式具有下列型態：

$$a_n x^n \frac{d^{(n)} y}{dx^n} + a_{n-1} x^{n-1} \frac{d^{(n-1)} y}{dx^{n-1}} + \dots + a_1 x \frac{dy}{dx} + a_0 y = g(x)$$

其中係數 $a_n, a_{n-1}, \dots, a_0$ 為常數，稱為**柯西－歐拉方程式** (Cauchy-Euler Equation)。

相同　　　　　相同

$$a_n x^n \frac{d^{(n)} y}{dx^n} + a_{n-1} x^{n-1} \frac{d^{(n-1)} y}{dx^{n-1}} + \ldots + a_1 x \frac{dy}{dx} + a_0 y = g(x)$$

定義 5.7　**二階齊次柯西－歐拉方程式**

二階齊次柯西　歐拉方程式可以定義如下：

$$ax^2 \frac{d^2 y}{dx^2} + bx \frac{dy}{dx} + cy = 0$$

或

$$ax^2 y'' + bxy' + cy = 0$$

其中 a, b, c 為常數

【求解法】

➜ 假設 $y = x^m$　　　　$\Rightarrow$　$y' = mx^{m-1}$，$y'' = m(m-1)x^{m-2}$

➜ 代入微分方程式　$\Rightarrow$　$ax^2 m(m-1)x^{m-2} + bxmx^{m-1} + cx^m = 0$

　　　　　　　　　　$\Rightarrow$　$\left(am(m-1) + bm + c \right) \cdot x^m = 0$

　　　　　　　　　　$\Rightarrow$　$am(m-1) + bm + c = 0$ 或 $am^2 + (b-a)m + c = 0$

　　　　　　　　　　　　稱為**輔助方程式**

➜ 通解　　　　　　　$\Rightarrow$　根據以下列表：

情況	根的型態	通解
Case I	相異實數根 $m_1 \neq m_2$	$y = c_1 x^{m_1} + c_2 x^{m_2}$
Case II	重根 $m_1 - m_2$	$y = c_1 x^{m_1} + c_2 x^{m_1} \ln x$
Case III	共軛複數根 $m_{1,2} = \alpha \pm i\beta$	$y = x^{\alpha}[c_1 \cos(\beta \ln x) + c_2 \sin(\beta \ln x)]$

在解柯西－歐拉方程式時，其詳細推導過程如下：

➢ 首先假設 $y = x^m \Rightarrow y' = mx^{m-1},\ y'' = m(m-1)x^{m-2}$

➢ 代入微分方程式 $\Rightarrow ax^2 m(m-1)x^{m-2} + bx m x^{m-1} + cx^m = 0$

$$\Rightarrow \left(am(m-1) + bm + c\right) \cdot x^m = 0$$

$\Rightarrow$ 因此

$$am(m-1) + bm + c = 0 \quad 或$$

$$am^2 + (b-a)m + c = 0$$

稱為**輔助方程式**

因此，根據輔助方程式根的型態，又可以分成下列三種情況：

● **Case I 相異實數根**

若輔助方程式有兩個相異實數根 $m_1 \neq m_2$。由於 $y_1 = x^{m_1}$ 與 $y_2 = x^{m_2}$ 為線性獨立，因此構成基底。微分方程式的通解為：

$$y = c_1 x^{m_1} + c_2 x^{m_2}$$

● **Case II 重根**

若輔助方程式的根為重根 $m_1 = m_2 = \dfrac{-(b-a)}{2a}$。在此僅得一解為 $y_1 = x^{m_1}$，

因此使用降階法求第二個解。首先將柯西–歐拉方程式化成標準型，即：

$$\frac{dy}{dx} + \frac{b}{ax}\frac{dy}{dx} + \frac{c}{ax^2}y = 0$$

則 $\quad p(x) = \dfrac{b}{ax},\ \displaystyle\int p(x)dx = \int \frac{b}{ax}dx = \left(\frac{b}{a}\right)\ln x \quad$ 代入

$$\begin{aligned}
y_2 &= x^{m_1} \int \frac{e^{-(b/a)\ln x}}{x^{2m_1}}dx \\
&= x^{m_1} \int x^{-(b/a)} \cdot x^{-2m_1}dx \\
&= x^{m_1} \int x^{-(b/a)} \cdot x^{(b-a)/a}dx \\
&= x^{m_1} \int x^{-1}dx = x^{m_1}\ln x
\end{aligned}$$

微分方程式的通解為：

$$y = c_1 x^{m_1} + c_2 x^{m_1}\ln x$$

● **Case III　共軛複數根**

若輔助方程式的根為共軛複數根 $m_{1,2}=\alpha\pm i\beta$，其中 $i=\sqrt{-1}$。微分方程式的通解為：

$$y=C_1x^{\alpha+i\beta}+C_2x^{\alpha-i\beta}$$

在此我們也是希望可以將解寫成實函數。由於：

$$x^{i\beta}=\left(e^{\ln x}\right)^{i\beta}=e^{i\beta\ln x}$$

根據歐拉方程式可以寫成：

$$x^{i\beta\ln x}=\cos(\beta\ln x)+i\sin(\beta\ln x)\quad 與\quad x^{-i\beta\ln x}=\cos(\beta\ln x)-i\sin(\beta\ln x)$$

將兩式相加或相減可得：

$$x^{i\beta\ln x}+x^{-i\beta\ln x}=2\cos(\beta\ln x)\quad 與\quad x^{i\beta\ln x}-x^{-i\beta\ln x}=2i\sin(\beta\ln x)$$

由於 $y=C_1x^{\alpha+i\beta}+C_2x^{\alpha-i\beta}$ 於任意常數皆是其解，因此設 $C_1=C_2=1$、$C_1=1,C_2=-1$ 使得：

$$y_1=x^{\alpha}(x^{i\beta\ln x}+x^{-i\beta\ln x})=2x^{\alpha}\cos(\beta\ln x)$$

$$y_2=x^{\alpha}(x^{i\beta\ln x}-x^{-i\beta\ln x})=2ix^{\alpha}\sin(\beta\ln x)$$

均為微分方程式的解。透過 Wronskian 行列式可發現 $x^{\alpha}\cos(\beta\ln x)$ 與 $x^{\alpha}\sin(\beta\ln x)$ 為線性獨立，構成基底。因此，通解為：

$$y=x^{\alpha}\left[c_1\cos(\beta\ln x)+c_2\sin(\beta\ln x)\right]$$

範例

解下列柯西－歐拉方程式：
(a) $x^2y''-xy'-3y=0$　　　(b) $x^2y''+3xy'+y=0$

解　(a) $x^2y''-xy'-3y=0$

➤ 假設 $y=x^m$　　　$\Rightarrow$　$y'=mx^{m-1},\ y''=m(m-1)x^{m-2}$

➤ 代入微分方程式　$\Rightarrow$　$x^2m(m-1)x^{m-2}-xmx^{m-1}-3x^m=0$

$\Rightarrow$　$(m(m-1)-m-3)\cdot x^m=0$

$\Rightarrow$　$m^2-2m-3=0$

$\Rightarrow$　$m_{1,2}=-1,3\,(\text{Case I})$

➤ 通解　　　　　$\Rightarrow$　$y=c_1x^{-1}+c_2x^3$

(b) $x^2 y'' + 3xy' + y = 0$

➤ 假設 $y = x^m$ $\Rightarrow$ $y' = mx^{m-1},\ y'' = m(m-1)x^{m-2}$

➤ 代入微分方程式 $\Rightarrow$ $x^2 m(m-1)x^{m-2} + 3xmx^{m-1} + x^m = 0$

$\Rightarrow$ $(m(m-1) + 3m + 1) \cdot x^m = 0$

$\Rightarrow$ $m^2 + 2m + 1 = 0$

$\Rightarrow$ $m_{1,2} = -1, -1 \,(\text{Case II})$

➤ 通解 $\Rightarrow$ $y = c_1 x^{-1} + c_2 x^{-1} \ln x$ ■

範例

解初始值問題 $x^2 y'' + 3xy' + 10y = 0,\ y(1) = 1,\ y'(1) = 5$

解 ➤ 假設 $y = x^m$ $\Rightarrow$ $y' = mx^{m-1},\ y'' = m(m-1)x^{m-2}$

➤ 代入微分方程式 $\Rightarrow$ $x^2 m(m-1)x^{m-2} + 3xmx^{m-1} + 10x^m = 0$

$\Rightarrow$ $(m(m-1) + 3m + 10) \cdot x^m = 0$

$\Rightarrow$ $m^2 + 2m + 10 = 0$

$\Rightarrow$ $m_{1,2} = -1 \pm 3i \,(\text{Case III}\quad \alpha = -1, \beta = 3)$

➤ 通解 $\Rightarrow$ $y = x^{-1}\left[c_1 \cos(3\ln x) + c_2 \sin(3\ln x)\right]$

初始條件

$y(1) = 1$ $\Rightarrow$ $y(1) = c_1 \cos 0 + c_2 \sin 0 = 1 \Rightarrow c_1 = 1$

$y'(1) = 1$ $\Rightarrow$ 先求

$$y'(x) = -x^{-2}\left[c_1 \cos(3\ln x) + c_2 \sin(3\ln x)\right] + x^{-1}\left[-c_1 \sin(3\ln x)\cdot\left(\frac{3}{x}\right) + c_2 \cos(3\ln x)\cdot\left(\frac{3}{x}\right)\right]$$

注意 Chain-Rule

代入

$$y'(1) = -c_1 \cos 0 + c_2 \sin 0 - 3c_1 \sin 0 + 3c_2 \cos 0 = 5$$

$\Rightarrow$ $c_2 = 2$

因此，初始值問題的解為：

$$y = x^{-1}\left[\cos(3\ln x) + 2\sin(3\ln x)\right]\qquad 特解$$ ■

定義 5.8　二階非齊次柯西－歐拉方程式

二階非齊次柯西－歐拉方程式可以定義如下：

$$ax^2 \frac{d^2 y}{dx^2} + bx \frac{dy}{dx} + cy = g(x)$$

或

$$ax^2 y'' + bxy' + cy = g(x)$$

其中 a, b, c 為常數。

【求解法】

→ 求**齊次解** y_h　⟹　齊次方程式 $ax^2 y'' + bxy' + cy = 0$

　　　　　　　　⟹　求得的解即是齊次解 $y_h = c_1 y_1 + c_2 y_2$

→ 求**特解** y_p　⟹　使用**參數變換法**

→ 求**通解**　　⟹　$y = y_h + y_p$

範例

解 $x^2 y'' - 2xy' + 2y = x^3 e^x$

解　➤　求**齊次解** y_h　⟹　齊次方程式 $x^2 y'' - 2xy' + 2y = 0$

　　　　　　⟹　假設 $y = x^m$　⟹　$y' = mx^{m-1}, y'' = m(m-1)x^{m-2}$

　　　　　　⟹　代入微分方程式

　　　　　　$x^2 m(m-1)x^{m-2} - 2xmx^{m-1} + 2x^m = 0$

　　　　　　$\big(m(m-1) - 2m + 2\big) \cdot x^m = 0$

　　　　　　$m^2 - 3m + 2 = 0$

　　　　　　$m_{1,2} = 1, 2 \quad \text{Case I}$

　　　　　　⟹　$y_h = c_1 x + c_2 x^2$

　　➤　求**特解** y_p　⟹　使用參數變換法

　　　　　　⟹　首先將微分方程式表示成**標準型**：

　　　　　　$y'' - \frac{2}{x} y' + \frac{2}{x^2} y = xe^x$

$\Rightarrow$ 設 $y_p = u_1 y_1 + u_2 y_2 = u_1 x + u_2 x^2$

其中

$$W = \begin{vmatrix} y_1 & y_2 \\ y_1' & y_2' \end{vmatrix} = \begin{vmatrix} x & x^2 \\ 1 & 2x \end{vmatrix} = x^2$$

$$W_1 = \begin{vmatrix} 0 & y_2 \\ f(x) & y_2' \end{vmatrix} = \begin{vmatrix} 0 & x^2 \\ xe^x & 2x \end{vmatrix} = -x^3 e^x$$

$$W_2 = \begin{vmatrix} y_1 & 0 \\ y_1' & f(x) \end{vmatrix} = \begin{vmatrix} x & 0 \\ 1 & xe^x \end{vmatrix} = x^2 e^x$$

$$u_1' = \frac{W_1}{W} = -xe^x \quad \Rightarrow \quad u_1 = -xe^x + e^x$$

$$u_2' = \frac{W_2}{W} = e^x \Rightarrow \quad u_2 = e^x$$

積分均可忽略常數

$$\begin{aligned} y_p &= (-xe^x + e^x) \cdot x + e^x \cdot x^2 \\ &= -x^2 e^x + xe^x + x^2 e^x \\ &= xe^x \end{aligned}$$

➢ 求通解 $\quad \Rightarrow \quad y = y_h + y_p \quad$ 或

$$y = c_1 x + c_2 x^2 + xe^x$$

∎

練習五

一、基本概念

1. 判斷下列高階微分方程式是否為**齊次方程式**？

   (a)　$y'' + 5y' + 4y = 0$

   (b)　$x^2 y'' + 4xy' + 4y = 0$

   (c)　$\dfrac{d^2 y}{dx^2} + 2\dfrac{dy}{dx} + y = e^x$

   (d)　$\dfrac{d^2 y}{dx^2} + 4\dfrac{dy}{dx} + 4y = x\sin x$

   (e)　$y''' + 4y'' + 4y' + y = 0$

2. 給定下列之函數，判斷其為**線性相依**或**線性獨立**？若為線性相依，則決定對應之常數值。

   (a)　$f_1(x) = 10, f_2(x) = x, f_3(x) = 4x + 5$

   (b)　$f_1(x) = 1, f_2(x) = x, f_3(x) = x^2$

   (c)　$f_1(x) = 1, f_2(x) = \cos 2x, f_3(x) = \cos^2 x$

   (d)　$f_1(x) = 5, f_2(x) = \cos^2 x, f_3(x) = \sin^2 x$

   (e)　$f_1(x) = \sin x, f_2(x) = \cos x, f_3(x) = 1$

   (f)　$f_1(x) = \tan^2 x, f_2(x) = \cot^2 x, f_3(x) = \sec^2 x, f_4(x) = \csc^2 x$

   (g)　$f_1(x) = 1, f_2(x) = x, f_3(x) = 2x + 3, f_4(x) = x^2$

3. 給定下列函數，求 Wronskian 行列式，並判斷是否構成**基底**？

   (a)　$y_1(x) = x, y_2(x) = 4x$

   (b)　$y_1(x) = e^x, y_2(x) = e^{2x}$

   (c)　$y_1(x) = e^x, y_2(x) = xe^x$

   (d)　$y_1(x) = \cos x, y_2(x) = \sin x$

   (e)　$y_1(x) = x, y_2(x) = x\ln x$

   (f)　$y_1(x) = e^x \cos x, y_2(x) = e^x \sin x$

二、降階法

4. 給定二階微分方程式 $y'' + P(x)y' + Q(x)y = 0$，已知其中一解為 y_1，證明另一解為：

$$y_2 = y_1 \int \frac{1}{y_1^2} e^{-\int P dx} dx$$

5. 給定微分方程式如下，若已知其中一解 y_1，試使用降階法求另一解 y_2：
   (a) $y'' - y' = 0;\ y_1 = 1$
   (b) $y'' - 4y = 0;\ y_1 = e^{2x}$
   (c) $y'' - 2y' + y = 0;\ y_1 = e^x$
   (d) $y'' + y = 0;\ y_1 = \cos x$
   (e) $x^2 y'' - xy' + y = 0;\ y_1 = x$

三、常係數齊次線性方程式

6. 解下列微分方程式：
   (a) $y'' + y' - 2y = 0$
   (b) $y'' + y' = 0$
   (c) $y'' - 2y' + y = 0$
   (d) $y'' + 16y = 0$
   (e) $y'' + 2y' + 17y = 0$
   (f) $y'' - 4y' + 5y = 0$

7. 解下列初始值問題：
   (a) $y'' - 3y' + 2y = 0,\ y(0) = 1,\ y'(0) = 3$
   (b) $y'' - 4y' = 0,\ y(0) = 2,\ y'(0) = 4$
   (c) $y'' + 4y' + 4y = 0,\ y(0) = 1,\ y'(0) = 2$
   (d) $y'' + 4y = 0,\ y(0) = 1,\ y'(0) = 2$
   (e) $y'' - 2y' + 10y = 0,\ y(0) = 1,\ y'(0) = 0$

8. 解下列微分方程式：
   (a) $y''' - 3y'' + 3y' - y = 0$
   (b) $y''' - 3y'' + 4y = 0$
   (c) $y''' - 3y'' + 4y' - 12y = 0$
   (d) $y''' - y'' + 15y' + 17y = 0$

四、未定係數法

9. 解下列微分方程式：

    (a)　$y'' - y = x - 1$

    (b)　$y'' - 4y' + 4y = 20x$

    (c)　$y'' - 2y' + 5y = e^x$

    (d)　$y'' - y' = \sin 2x$

    (e)　$y'' - y = 2e^{-x}$

    (f)　$y'' - 3y' + 2y = e^{2x}$

    (g)　$y'' + y = 2xe^x$

    (h)　$y'' + 9y = x\cos x$

10. 解下列微分方程式：

    (a)　$y'' - y = 1 + e^x$

    (b)　$y'' - y' = 1 + e^x$

    (c)　$y'' - 2y' + y = x + e^x$

    (d)　$y'' - 3y' + 2y = x + e^x$

    (e)　$y'' + y = e^x + \sin x$

四、參數變換法

11. 解下列微分方程式：

    (a)　$y'' + y = \tan x$

    (b)　$y'' + y = \sec x \tan x$

    (c)　$4y'' + 36y = \csc 3x$

    (d)　$y'' + 3y' + 2y = \dfrac{1}{1 + e^x}$

12. 給定微分方程式 $y'' + y = e^x$：

    (a)　使用未定係數法求解；

    (b)　使用參數變換法求解；

    (c)　比較您的結果(a)與(b)。

五、柯西－歐拉方程式

13. 解下列**柯西－歐拉方程式**：

(a) $x^2 y'' - 2xy' = 0$

(b) $x^2 y'' - 5xy' + 5y = 0$

(c) $x^2 y'' - 3xy' + 4y = 0$

(d) $x^2 y'' - xy' + 2y = 0$

(e) $x^2 y'' + 3xy' + 17y = 0$

14. 解下列初始值問題：

(a) $x^2 y'' - 3xy' = 0,\ y(1) = 2,\ y'(1) = 4$

(b) $x^2 y'' - 2xy' + 2y = 0,\ y(1) = 2,\ y'(1) = 5$

(c) $x^2 y'' - xy' + y = 0,\ y(1) = 2,\ y'(1) = 3$

(d) $x^2 y'' + xy' + y = 0,\ y(1) = 1,\ y'(1) = 1$

(e) $x^2 y'' - xy' + 2y = 0,\ y(1) = 1,\ y'(1) = 0$

15. 解下列柯西－歐拉方程式：

(a) $xy'' + 2y' = x$

(b) $xy'' - y' = \ln x$

(c) $x^2 y'' - 2xy' + 2y = x^2$

6 高階微分方程式模型

6.1　彈簧質量系統

6.2　*LRC* 串聯電路

　　在介紹高階微分方程式的基本概念及求解法後，本章介紹高階微分方程式的數學模型。高階微分方程式在科學或工程中也有許多應用，在此僅討論兩個基本的數學模型，牽涉的微分方程式均為線性。

　　本章討論的主題包含：

- **彈簧質量系統**
- ***LRC*串聯電路**

6.1 ▶ 彈簧質量系統

　　彈簧質量系統(Spring-Mass System)如圖 6-1 所示，首先將彈簧安裝於固定的支撐上，彈簧剛開始時未伸展，在掛上物體(或質量)後，由於物體重量與彈簧的拉力互相抵銷，因此形成靜態的**平衡點**(Equilibrium Point)，平衡點的位置在此設爲原點 $y = 0$。若將物體向下拉或是向上推到某位置後釋放，則物體會以平衡點爲中心開始運動。

　　爲了便於討論，假設運動時僅限垂直方向的運動，且不考慮彈簧本身的質量。此外，我們選擇以**向下的方向爲正**，因此向下的力視爲正值，向上的力則視爲負值。探討彈簧質量系統的運動現象，主要是希望在系統產生運動時，可以知道物體在時間 t 的位置，表示成 $y(t)$。

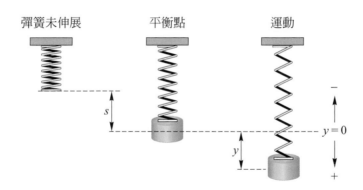

▲ 圖 6-1　彈簧質量系統

6.1.1　自由無阻尼運動

　　首先假設彈簧質量系統是處於真空狀態，且沒有任何外力的介入，稱為**自由無阻尼運動**(Free Undamped Motion)。由於無任何阻尼(例如：空氣阻力等)，物體會以平衡點為中心形成週期性的垂直運動，因此又稱為**自由振盪**(Free Oscillations)。

　　根據牛頓第二運動定律 $F = ma$，其中 m 為質量，a 為加速度。回顧微積分，二階微分的意義就是加速度，因此作用於物體(質量)上的**總力**(Net Force)可以表示成：

$$F = ma = m\frac{d^2 y}{dt^2}$$

以下根據圖 6-1 的兩種情形分別討論之：

● 　**平衡點**－由於作用在物體的重力與彈簧的彈力互相抵銷，因此可以表示成：

$$mg = ks$$

　　其中，mg 為向下的重力(或重量)；根據虎克定律，彈簧的拉力與彈簧的長度變化量成正比，因此 ks 為彈簧向上的拉力，其中 k 為彈簧係數。

● 　**運動**－物體在運動時，作用於物體的**總力**，包含向下為正的重力與向上為負的彈簧拉力，因此可以表示成：

$$m\frac{d^2 y}{dt^2} = mg - k(s + y)$$

　　可進一步化簡為：

$$m\frac{d^2 y}{dt^2} = -ky$$

　　因此，**自由無阻尼運動**可以表示成下列微分方程式：

$$m\frac{d^2 y}{dt^2} + ky = 0 \quad \text{或} \quad \frac{d^2 y}{dt^2} + \frac{k}{m} y = 0$$

假設 $\omega^2 = k / m$，則微分方程式又可以表示成：

$$\frac{d^2y}{dt^2} + \omega^2 y = 0$$

求解後可得：

$$y(t) = c_1 \cos \omega\, t + c_2 \sin \omega\, t$$

稱為**運動方程式** (Motion Equation)，其中 ω 稱為系統的**自然頻率** (Natural Frequency)。自由無阻尼運動是以平衡點為中心形成週期性的垂直振盪，相關參數包含：

> **週期** (Period)　：$T = 2\pi / \omega$ (sec)
>
> **頻率** (Frequency)：$f = \omega / 2\pi$ (cycles/sec 或 Hz)
>
> **振幅** (Amplitude)：$A = \sqrt{c_1^2 + c_2^2}$ (m 或 ft)

範例

現有一彈簧質量系統，某物體的質量 10 kg，掛在彈簧上使其伸長 61.25 cm 形成平衡。假設系統是處於真空狀態，且無任何外力介入，若將物體從平衡點再向下拉 50 cm 後釋放且初速為 0，試決定系統的**運動方程式**。此外，運動的**週期**、**頻率**與**振幅**分別為何？

解　**自由無阻尼運動**

平衡點　$\Rightarrow$　$mg = ks$

$\Rightarrow$　$10 \cdot (9.8) = k \cdot (0.6125)$　$\Rightarrow$　$k = 160\,(\text{N/m})$

運動　$\Rightarrow$　$m\dfrac{d^2y}{dt^2} = -ky$　或　$\dfrac{d^2y}{dt^2} + \dfrac{k}{m}y = 0$

$\Rightarrow$　$m = 10$、$k = 160$　代入

$\Rightarrow$　$\dfrac{d^2y}{dt^2} + 16y = 0$　$(\omega = 4)$

$\Rightarrow$　求解可得：

$$y(t) = c_1 \cos 4t + c_2 \sin 4t$$

初始條件 $\Rightarrow$

$y(0) = 0.5$　$\Rightarrow$　$y(0) = c_1 \cos 0 + c_2 \sin 0 = 0.5$　$\Rightarrow$　$c_1 = 0.5$

$y'(0) = 0$　$\Rightarrow$　$y'(0) = -4c_1 \sin 0 + 4c_2 \cos 0 = 0$　$\Rightarrow$　$c_2 = 0$

因此，**運動方程式**為：$y(t) = 0.5\cos 4t$

週期(Period)　：$T = 2\pi / \omega = \pi / 2\,(\text{sec})$

頻率(Frequency)：$f = 2 / \pi\,(\text{cycles/sec 或 Hz})$

振幅(Amplitude)：$A = \sqrt{(0.5)^2 + 0^2} = 0.5\,(\text{m})$ ■

彈簧質量系統的求解過程中，無論是採用公制單位或英制單位，在計算時都須特別注意使用**基本單位**。彈簧質量系統的自由無阻尼運動如圖 6-2，系統是以向下為正，但圖中則是以向上為正，因此方向其實上下顛倒。

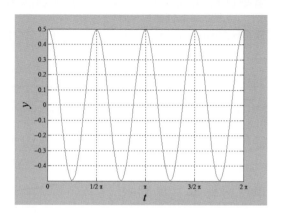

▲圖 6-2　彈簧質量系統之自由無阻尼運動

6.1.2　自由阻尼運動

在前一節探討的自由無阻尼運動，由於未考慮阻力，因此比較不符合真實狀況。為了使系統更接近真實現象，在此探討阻力在彈簧質量系統所造成的影響。如圖 6-3 所示，假設我們將彈簧質量系統置入水中(也可以是空氣或其他介質)，則介質就會在物體運動時產生阻力，在此並無外力的介入，稱為**自由阻尼運動**(Free Damped Motion)。

由於阻力是與運動方向相反，通常是與瞬間速率成正比；因此，阻力可以表示成：

$$-c\frac{dy}{dt}$$

其中 c 稱為**阻尼常數**(Damping Constant)，其值為正值，負號則表示阻力與運動方向相反。

▲圖 6-3　質量彈簧系統的自由阻尼運動

因此，微分方程式在加入阻力後如下：

$$m\frac{d^2 y}{dt^2} = -ky - c\frac{dy}{dt}$$

或是：

$$m\frac{d^2 y}{dt^2} + c\frac{dy}{dt} + ky = 0$$

可表示成標準型為：

$$\frac{d^2 y}{dt^2} + \frac{c}{m}\frac{dy}{dt} + \frac{k}{m}y = 0$$

在此假設 $2\lambda = c/m, \omega^2 = k/m$，則原式可表示成：

$$\frac{d^2 y}{dt^2} + 2\lambda\frac{dy}{dt} + \omega^2 y = 0$$

求解可得輔助方程式的根為：

$$m_{1,2} = -\lambda \pm \sqrt{\lambda^2 - \omega^2}$$

因此，可以分成以下三種情形討論：

- Case I　$\lambda^2 - \omega^2 > 0$

系統在此情形下稱爲**過阻尼**(Overdamped)，運動方程式爲：

$$y(t) = e^{-\lambda t}(c_1 e^{\sqrt{\lambda^2 - \omega^2}\, t} + c_2 e^{-\sqrt{\lambda^2 - \omega^2}\, t})$$

- **Case II**　$\lambda^2 - \omega^2 = 0$

  系統在此情形下稱爲**臨界阻尼**(Critically Damped)，運動方程式爲：

$$y(t) = e^{-\lambda t}(c_1 + c_2 t)$$

- **Case III**　$\lambda^2 - \omega^2 < 0$

  系統在此情形下稱爲**欠阻尼**(Underdamped)，運動方程式爲：

$$y(t) = e^{-\lambda t}(c_1 \cos\sqrt{\omega^2 - \lambda^2}\, t + c_2 \sin\sqrt{\omega^2 - \lambda^2}\, t)$$

範例

現有一彈簧質量系統，某物體質量爲 0.5 kg，掛在彈簧上使其伸長 4.9 m 形成平衡。假設系統的阻力是瞬間速率的 1.5 倍，若將物體從平衡點再向下拉 50 cm 後釋放且初速爲 0，試決定**運動方程式**。

解　**自由阻尼運動**

平衡點　$\Rightarrow$　$mg = ks$　$\Rightarrow$　$(0.5)(9.8) = k \cdot (4.9)$　$\Rightarrow$　$k = 1\,(\text{N/m})$

運動　　$\Rightarrow$　$m\dfrac{d^2 y}{dt^2} + c\dfrac{dy}{dt} + ky = 0$

　　　　$\Rightarrow$　$m = 0.5$、$c = 1.5$、$k = 1$　代入

　　　　$\Rightarrow$　$0.5\dfrac{d^2 y}{dt^2} + 1.5\dfrac{dy}{dt} + y = 0$　或

　　　　$\Rightarrow$　$\dfrac{d^2 y}{dt^2} + 3\dfrac{dy}{dt} + 2y = 0$

　　　　$\Rightarrow$　求解可得

　　　　　　$y(t) = c_1 e^{-t} + c_2 e^{-2t}$

　　　　　　因此爲**過阻尼運動**

初始條件

$y(0) = 0.5$　$\Rightarrow$　$y(0) = c_1 + c_2 = 0.5$

$y'(0) = 0$　$\Rightarrow$　$y'(0) = -c_1 - 2c_2 = 0$　　　　　可得 $c_1 = 1, c_2 = -0.5$

因此，運動方程式為：$y(t) = e^{-t} - 0.5e^{-2t}$　（如下圖）

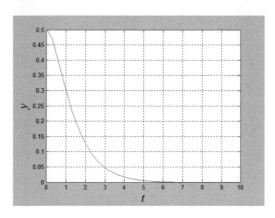

▲ **圖 6-4**　彈簧質量系統之自由阻尼運動(過阻尼)。

範例

現有一彈簧質量系統，某物體質量為 0.5 kg，掛在彈簧上使其伸長 2.45 m 形成平衡。假設系統的阻力是瞬間速率的 2 倍，若將物體從平衡點釋放，初速向上為 3 m/sec，試決定**運動方程式**。

解　**自由阻尼運動**

平衡點　$\Rightarrow$　$mg = ks$　$\Rightarrow$　$(0.5)(9.8) = k \cdot (2.45)$　$\Rightarrow$　$k = 2\,(\text{N/m})$

運動　　$\Rightarrow$　$m\dfrac{d^2 y}{dt^2} + c\dfrac{dy}{dt} + ky = 0$

　　　　$\Rightarrow$　$m = 0.5$、$c = 2$、$k = 2$　代入

　　　　$\Rightarrow$　$0.5\dfrac{d^2 y}{dt^2} + 2\dfrac{dy}{dt} + 2y = 0$　或

　　　　$\Rightarrow$　$\dfrac{d^2 y}{dt^2} + 4\dfrac{dy}{dt} + 4y = 0$

　　　　$\Rightarrow$　求解可得

　　　　　　$y(t) = c_1 e^{-2t} + c_2 t e^{-2t}$

　　　　　　因此為**臨界阻尼運動**

初始條件

$y(0) = 0$　$\Rightarrow$　$y(0) = c_1 e^0 + c_2(0)e^0 = 0$　$\Rightarrow$　$c_1 = 0$

$y'(0) = -3$　$\Rightarrow$　$y'(0) = -2c_1 e^0 + c_2 e^0 - 2c_2(0)e^0 = -3$　$\Rightarrow$　$c_2 = -3$

因此，運動方程式為：$y(t) = -3t e^{-2t}$　（如下圖）

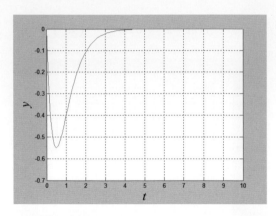

▲圖 6-5 彈簧質量系統之自由阻尼運動(臨界阻尼)。

範例

現有一彈簧質量系統,某物體質量為 1 kg,掛在彈簧上使其伸長 98 cm 形成平衡。假設系統的阻力是瞬間速率的 2 倍,若將物體從平衡點再向下拉 60 cm 後釋放且初速為 0,試決定**運動方程式**。

解 **自由阻尼運動**

平衡點 $\Rightarrow$ $mg = ks$ $\Rightarrow$ $(1)(9.8) = k \cdot (0.98)$ $\Rightarrow$ $k = 10 \,(\text{N/m})$

運動 $\Rightarrow$ $m\dfrac{d^2 y}{dt^2} + c\dfrac{dy}{dt} + ky = 0$

$\Rightarrow$ $m = 1$、$c = 2$、$k = 10$ 代入

$\Rightarrow$ $\dfrac{d^2 y}{dt^2} + 2\dfrac{dy}{dt} + 10y = 0$

$\Rightarrow$ 求解可得

$\Rightarrow$ $y(t) = e^{-t}(c_1 \cos 3t + c_2 \sin 3t)$

因此為**欠阻尼運動**

初始條件

$y(0) = 0.6$ $\Rightarrow$ $y(0) = e^0(c_1 \cos 0 + c_2 \sin 0) = 0.6$ $\Rightarrow$ $c_1 = 0.6$

$y'(0) = 0$ $\Rightarrow$ $y'(0) = -e^0(c_1 \cos 0 + c_2 \sin 0) +$

$\qquad e^0(-3c_1 \sin 0 + 3c_2 \cos 0) = 0$

$\Rightarrow$ $c_2 = 0.2$

因此,運動方程式為: $y(t) = e^{-t}(0.6 \cos 3t + 0.2 \sin 3t)$ ∎

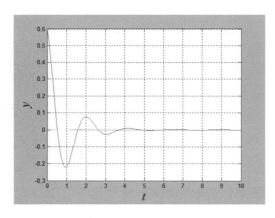

▲圖 6-6　彈簧質量系統之自由阻尼運動(欠阻尼)。

6.1.3　受力運動

本節考慮在彈簧質量系統加入**外力**(Driving Force)的影響，如圖 6-7[1]。舉例而言，彈簧質量系統的支撐是架在一個上下振動的平台。系統在外力的介入時，稱為**驅動運動**(Driven Motion)或**受力運動**(Forced Motion)。首先假設外力的方向是與運動的方向相同，因此，微分方程式可以表示成：

$$m\frac{d^2y}{dt^2} = -ky - c\frac{dy}{dt} + f(t)$$

或：

$$m\frac{d^2y}{dt^2} + c\frac{dy}{dt} + ky = f(t)$$

也可以表示成**標準型**：

$$\frac{d^2y}{dt^2} + \frac{c}{m}\frac{dy}{dt} + \frac{k}{m}y = F(t)$$

---

[1]　請特別注意，**阻力**與**外力**並不相同。雖然系統運動時受到**阻力**，仍然可以說是**自由**的。只有當系統在有**外力**介入的情況下，才不再**自由**。

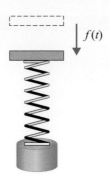

▲圖 6-7 彈簧質量系統具有外力的運動。

範例

現有一彈簧質量系統，其對應之初始值問題為：

$$\frac{d^2 y}{dt^2} + \omega^2 y = F_0 \cos \gamma\, t,\ y(0) = 0,\ y'(0) = 0$$

試求**運動方程式**。

解　**受力運動**

➤ 求齊次解 y_h ⇒ 齊次方程式 $\dfrac{d^2 y}{dt^2} + \omega^2 y = 0$

⇒ 輔助方程式 $m^2 + \omega^2 = 0$

⇒ $m_{1,2} = \pm \omega i\,(\text{CaseIII}\quad \alpha = 0,\ \beta = \omega)$

⇒ $y_h = c_1 \cos \omega\, t + c_2 \sin \omega\, t$

➤ 求特解 y_p ⇒ 設 $y_p = A \cos \gamma\, t + B \sin \gamma\, t$

⇒ $y'_p = -A\gamma \sin \gamma\, t + B\gamma \cos \gamma\, t$

⇒ $y''_p = -A\gamma^2 \cos \gamma\, t - B\gamma^2 \sin \gamma\, t$

⇒ 分別代入 $\dfrac{d^2 y}{dt^2} + \omega^2 y = F_0 \cos \gamma\, t$

⇒ $\therefore A = \dfrac{F_0}{\omega^2 - \gamma^2},\ B = 0$

⇒ $y_p = \dfrac{F_0}{\omega^2 - \gamma^2} \cos \gamma\, t$

➤ 求通解 ⇒ $y = y_h + y_p$ 或

$$y = c_1 \cos \omega\, t + c_2 \sin \omega\, t + \frac{F_0}{\omega^2 - \gamma^2} \cos \gamma\, t$$

➤　初始條件

$$y(0) = 0 \implies y = c_1 \cos 0 + c_2 \sin 0 + \frac{F_0}{\omega^2 - \gamma^2} \cos 0 = 0$$

$$\implies c_1 = -\frac{F_0}{\omega^2 - \gamma^2}$$

$$y'(0) = 0 \implies y' = -c_1 \omega \sin \omega t + c_2 \omega \cos \omega t - \frac{\gamma F_0}{\omega^2 - \gamma^2} \sin \gamma t$$

$$\implies y'(0) = -c_1 \omega \sin 0 + c_2 \omega \cos 0 + \frac{\gamma F_0}{\omega^2 - \gamma^2} \sin 0 = 0$$

$$\implies c_2 = 0$$

因此，**運動方程式**為：

$$y = \frac{-F_0}{\omega^2 - \gamma^2} \cos \omega t + \frac{F_0}{\omega^2 - \gamma^2} \cos \gamma t$$

或

$$y = \frac{F_0}{\omega^2 - \gamma^2} \left(\cos \gamma t - \cos \omega t \right) \qquad \omega \neq \gamma$$ ■

　　若 $\omega \neq \gamma$，則典型的函數圖如圖 6-8。由於系統缺乏阻尼的影響，且系統的自然頻率與外力的頻率不相同，形成具有規則性的振盪運動，稱為**節拍**(Beats)現象。

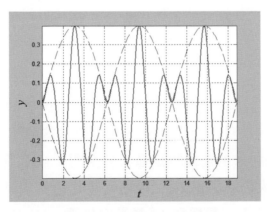

▲圖 6-8　典型的節拍現象

　　上述運動方程式於 $\omega = \gamma$ 時無定義，在此我們特別討論 $\gamma \to \omega$ 的情況，使用 L'Hôpital **定理**如下推導：

$$\lim_{\gamma \to \omega} \frac{F_0}{\omega^2 - \gamma^2} (\cos\gamma\, t - \cos\omega\, t) = F_0 \lim_{\gamma \to \omega} \frac{\cos\gamma\, t - \cos\omega\, t}{\omega^2 - \gamma^2}$$

$$= F_0 \lim_{\gamma \to \omega} \frac{\dfrac{d}{d\gamma}(\cos\gamma\, t + \cos\omega\, t)}{\dfrac{d}{d\gamma}(\omega^2 - \gamma^2)} = F_0 \lim_{\gamma \to \omega} \frac{-t\sin\gamma\, t}{-2\gamma} = \frac{F_0}{2\omega} t \sin\omega\, t$$

　　上述求得函數如圖 6-9，隨著時間 $t \to \infty$，可以發現振盪的振幅也愈來愈大，這樣的現象稱為**共振**或**共鳴**(Resonance)。因此，在缺乏阻尼的情況下，且系統的自然頻率與外力的振盪頻率相當接近時，則會發生共振現象。上述微分方程式並未考慮阻力，因此可以質疑共振現象是否真的會在真實世界發生，但是振幅逐漸變大使得系統遭到破壞仍是相當可能的。

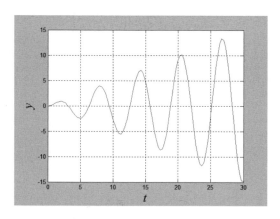

▲圖 6-9　典型的共振現象

　　工程數學課程在討論**共振**現象時，常會提到**塔科馬海峽大橋**(Tacoma Narrows Bridge)[2]事件。塔科馬海峽大橋位在美國華盛頓州，於西元 1940 年 7 月 1 日通車，全長約 1810 米，在當時是僅次於金門大橋與喬治華盛頓大橋的第三大吊橋。塔科馬海峽大橋的工程始於 1938 年，建造初期就受到大風的影響有垂直運動的現象，被建築工人戲稱為：「舞動的格蒂」(Galloping Gertie)。該吊橋

[2]　建議您可以上 YouTube 查閱**塔科馬海峽大橋**(Tacoma Narrows Bridge)的視訊，11 月 7 日當天吊橋崩潰時，有一位教授恰好開車路過該大橋，但是因為橋面振盪太厲害急忙下車逃命，不幸的是他來不及拯救也在車上的狗，這隻狗最後跟著車子葬身河底！過了十年後，新的海峽大橋於原址重新建造完成，據說開車經過，有時隱約會聽到淒厲的狗叫聲⋯

啟用四個月後，便由於每小時 40 英哩的大風影響，使得橋面產生劇烈的振盪，最後終於在同年 11 月 7 日崩潰。

學者在討論塔科馬海峽大橋的問題時，歸咎的主要原因就是共振現象，亦即吊橋本身振盪的自然頻率與河面上陣風的頻率太相似，因此使得振幅愈來愈大，最後由於振幅太大終於使得橋的主體結構受到破壞而崩潰。當然，科學家與工程師在經過這樣的事件吸取經驗，在建築吊橋時就會考慮共振的可能性，以避免同樣的情況再度發生。

6.2 ▶ *LRC* 串聯電路

第四章一階微分方程式的數學模型中，我們已初步介紹電路的基本元件與串聯電路。在此探討高階微分方程式的數學模型，*LRC* 串聯電路便是典型的模型，如圖所示。

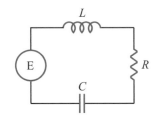

▲圖 6-10　*LRC* 串聯電路

根據**克西荷夫電壓定律**(Kirchoff's Voltage Law, KVL)，可得下列微分方程式：

$$L\frac{di}{dt} + Ri + \frac{1}{C}q = E(t)$$

其中 q 為電量。而電流 $i = dq/dt$，因此上式可以進一步表示成：

$$L\frac{d^2q}{dt^2} + R\frac{dq}{dt} + \frac{1}{C}q = E(t)$$

根據輔助方程式求解：

$$Lm^2 + Rm + \frac{1}{C} = 0$$

則：

$$m_{1,2} = \frac{-R \pm \sqrt{R^2 - 4L/C}}{2L}$$

因此也可以分成三種情形討論：

- **Case I** $R^2 - 4L/C > 0$ 電路稱為**過阻尼**(Overdamped)

- **Case II** $R^2 - 4L/C = 0$ 電路稱為**臨界阻尼**(Critically Damped)

- **Case III** $R^2 - 4L/C < 0$ 電路稱為**欠阻尼**(Underdamped)

範例

給定 LRC 串聯電路，其中電感 $L = 1$ H、電阻 $R = 10\ \Omega$、電容 $C = 0.04$ F、$E(t) = 0$V。假設串聯電路的初始電量為 10 庫倫且電流為 0，試求電路上的電量 $q(t)$ 與電流 $i(t)$。

解   LRC 串聯電路之微分方程式為：

$$L\frac{d^2q}{dt^2} + R\frac{dq}{dt} + \frac{1}{C}q = E(t)$$

已知 $L = 1$ H、$R = 10\ \Omega$、$C = 0.04$ F、$E(t) = 0$ V 與初始狀態可得下列初始值問題：

$$\frac{d^2q}{dt^2} + 10\frac{dq}{dt} + 25q = 0, \quad q(0) = 10, \quad q'(0) = 0$$

➤ 輔助方程式 $\Rightarrow$ $m^2 + 10m + 25 = 0$

                 $\Rightarrow$ $m_{1,2} = -5, -5$ (Case II)

➤ 通解 $\Rightarrow$ $q(t) = c_1 e^{-5t} + c_2 t e^{-5t}$

電路為臨界阻尼

初始條件

$q(0) = 10$ $\Rightarrow$ $q(0) = c_1 e^0 + c_2(0)e^0 = 10$ $\Rightarrow$ $c_1 = 10$

$q'(0) = 0$ $\Rightarrow$ 先求微分

$$q'(x) = -5c_1 e^{-5t} + c_2 e^{-5t} - 5c_2 t e^{-5t}$$

代入可得

$$q'(0) = -5c_1e^0 + c_2e^0 - 5c_2(0)e^0 = 0 \quad \Rightarrow \quad c_2 = 50$$

因此，電路上的電量為：

$$q(t) = 10e^{-5t} + 50te^{-5t} \,(庫倫)$$

進一步求電路上的電流如下：

$$i(t) = \frac{dq}{dt} = -250te^{-5t} \,(安培) \qquad\qquad ■$$

上述範例之電量 $q(t)$ 與電流 $i(t)$ 如下圖：

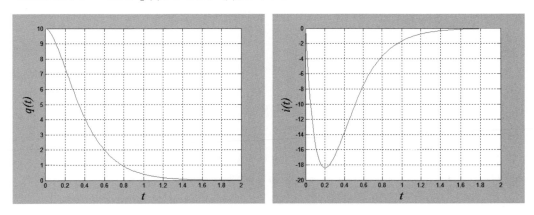

▲圖 6-11　LRC 串聯電路之電量與電流圖

由於外接電壓為 0 且初始電量為 10 庫倫，因此由圖上可以觀察到，LRC 電路為電容放電的過程，約在 2 秒內即可充分放電，達到電路的穩態電量，即：

$$\lim_{t \to \infty} q(t) = 0 \,(庫倫)$$

就 LRC 電路的電流而言，可以發現在電容放電過程中，會暫時產生逆向的電流(負值)，隨著電容充分放電，電流則趨近於穩態電流，即：

$$\lim_{t \to \infty} i(t) = 0 \,(安培)$$

本範例是屬於 $R^2 - 4L/C = 0$ 之臨界阻尼情形；在實際 LRC 電路中，隨著電感、電阻、電容值的不同，其放電過程自然也不同。若外加電壓，則形成非齊次微分方程式，求解方法可參考第五章，在此不再贅述。

練習六

一、彈簧質量系統

1. 現有一彈簧質量系統,某物體質量 1 kg,掛在彈簧上使其伸長 2.45 m 形成平衡。假設系統是處於真空狀態,且無任何外力介入,若將物體從平衡點再向下拉 50 cm 後釋放且初速為 0,試回答下列問題:
    (a) 物體的重量為何?
    (b) 彈簧係數為何?
    (c) 列出彈簧質量系統之數學模型,即對應之初始值問題;
    (d) 決定運動方程式;
    (e) 運動的**週期**、**頻率**與**振幅**分別為何?
    (f) 決定 $t = \pi / 2$ 時物體的位置。

2. 現有一彈簧質量系統,物體質量為 0.5 kg,彈簧係數為 8 N/m。假設系統是處於真空狀態,且無任何外力介入,若將物體從平衡點釋放且初速為向上 8 m/sec,試決定運動方程式。

3. 現有一彈簧質量系統,物體質量為 5 kg,掛在彈簧上使其伸長 15.31 cm 形成平衡。假設系統是處於真空狀態,且無任何外力介入,若將物體從平衡點下方 20 cm 釋放且初速為向下 4 m/sec,試決定運動方程式。運動的**週期**、**頻率**與**振幅**分別為何?

4. 現有一彈簧質量系統,某物體質量為 1 kg,掛在彈簧上使其伸長 1.96 m 形成平衡。假設系統的阻力是瞬間速率的 2 倍,若將物體從平衡點再向下拉 1 m 後釋放且初速為 0,試回答下列問題:
    (a) 列出彈簧質量系統之數學模型,即對應之初始值問題;
    (b) 判斷是過阻尼、臨界阻尼或欠阻尼運動;
    (c) 決定運動方程式。

5. 解釋何謂**共振**現象,並說明在甚麼樣的情況下會發生共振現象。

二、*LRC* 串聯電路

6.　給定 *LRC* 串聯電路如圖，其中電感 $L = 1$ H、電阻 $R = 10$ Ω、電容 $C = 0.008$ F、$E(t) = 0$ V。假設串聯電路的初始電量為 20 庫倫且初始電流為 0，試回答下列問題：

(a)　判斷電路為過阻尼、臨界阻尼或欠阻尼；

(b)　求電路上的電量 $q(t)$；

(c)　求電路上的電流 $i(t)$；

(d)　求穩態電量與電流；

(e)　使用電腦輔助軟體繪製電量 $q(t)$ 與電流 $i(t)$ 圖，其中 $t = 0 \sim 2$ 秒；

(f)　試根據以上結果簡述電路的運作情形。

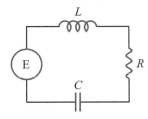

7.　給定 *LRC* 串聯電路如圖，其中電感 $L = 1$ H、電阻 $R = 10$ Ω、電容 $C = 0.04$ F、$E(t) = 20$ V。假設串聯電路的初始電量與電流均為 0，試回答下列問題：

(a)　判斷電路為過阻尼、臨界阻尼或欠阻尼；

(b)　求電路上的電量 $q(t)$；

(c)　求電路上的電流 $i(t)$；

(d)　求穩態電量與電流；

(e)　使用電腦輔助軟體繪製電量 $q(t)$ 與電流 $i(t)$ 圖，其中 $t = 0 \sim 2$ 秒；

(f)　試根據以上結果簡述電路的運作情形。

7 拉普拉斯轉換

7.1　拉普拉斯轉換

7.2　反拉普拉斯轉換

7.3　微積分與拉普拉斯轉換

7.4　使用拉普拉斯轉換解初始值問題

7.5　平移定理

7.6　摺積

7.7　週期性函數之轉換

7.8　Dirac Delta 函數

　　積分轉換(Integral Transforms)，顧名思義就是在轉換過程中牽涉積分，是相當重要的數學工具。積分轉換的目的是將函數從原來的**域**(Domain)，經過轉換到另一個域，使得原來的問題在另一個域中變得比較容易處理或求解；求解後則再透過反轉換(或逆轉換)回到原來的域。因此，積分轉換常被應用於解決許多科學或工程問題。

　　本章介紹**拉普拉斯轉換**(Laplace Transforms)，是以數學家 Pierre-Simon Laplace 命名，即是典型的積分轉換之一，可以用來解決較為特殊的微分方程式[1]。舉例說明，在探討電路問題時，其外接的電源在實際工程問題中，通常並非連續函數，而是呈**分段**(Piecewise)連續的輸入訊號，此時所構成的微分方程式，在求解時就可以使用拉普拉斯轉換。

　　本章討論的主題包含：

- 拉普拉斯轉換
- 反拉普拉斯轉換
- 微積分與拉普拉斯轉換
- 使用拉普拉斯轉換解初始值問題
- 平移定理
- 摺積
- 週期性函數之轉換
- **Dirac Delta 函數**

---

[1] 除了拉普拉斯轉換之外，其實還有許多其他的**積分轉換**，例如：**傅立葉轉換**(Fourier Transforms)等。積分轉換是相當重要的數學工具，通常必須符合**可逆性**(Reversible)。Peter Parker 若不先轉換成蜘蛛人，Bruce Wayne 若不先轉換成蝙蝠俠，大概就不太能打擊罪犯！以前有一部科幻片「蒼蠅人」(The Fly)，主角發明了一個傳送艙，可將物體轉換後傳送到遠端進行重組；可惜在轉換的過程，主角與一隻蒼蠅同時轉換且重新組合，由於轉換不可逆，最後終於釀成主角的悲劇！

7.1 ▶ 拉普拉斯轉換

定義 7.1　拉普拉斯轉換

假設函數 f 是定義於 $t \geq 0$，若積分：

$$\mathcal{L}\{f(t)\}(s) = \int_0^\infty e^{-st} f(t) dt$$

收斂，則稱此為函數 f 的**拉普拉斯轉換**(Laplace Transform)。

　　函數 $f(t)$ 是時間 t 的函數，因此是落在**時間域**(time-domain)或 **t-域**(t-domain)；經過拉普拉斯轉換後，則變成是 s 的函數 $F(s)$，因此是落在 **s-域**(s-domain)。在討論拉普拉斯轉換時，通常是以英文字母小寫代表轉換前的 t 函數，大寫代表轉換後的 s 函數，其表示法舉例如下：

$$\mathcal{L}\{f(t)\} = F(s),\ \mathcal{L}\{g(t)\} = G(s),\ \mathcal{L}\{y(t)\} = Y(s)$$

其中，符號 $\mathcal{L}$ 表示拉普拉斯轉換。

　　反拉普拉斯轉換(Inverse Laplace Transform)則是將 s 函數還原成 t 函數，其表示法舉例如下：

$$\mathcal{L}^{-1}\{F(s)\} = f(t),\ \mathcal{L}^{-1}\{G(s)\} = g(t),\ \mathcal{L}^{-1}\{Y(s)\} = y(t)$$

其中，符號 $\mathcal{L}^{-1}$ 表示反拉普拉斯轉換。

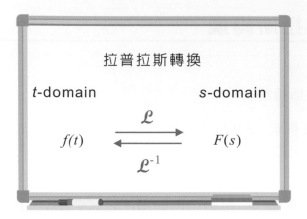

範例

　求 $\mathcal{L}\{1\}$

解　**根據定義：**

$$\mathcal{L}\{1\} = \int_0^\infty e^{-st}\,dt = \left[-\frac{1}{s}e^{-st}\right]_0^\infty = \lim_{T \to \infty}\left[-\frac{1}{s}e^{-sT} + \frac{1}{s}e^0\right] = \frac{1}{s}$$

$$\therefore \quad \mathcal{L}\{1\} = \frac{1}{s}$$

上述範例中，積分的上限為∞，稱為**瑕積分**(Improper Integrals)。根據嚴謹的微積分定義，須按下列規則計算：

$$\mathcal{L}\{f(t)\} = \int_0^\infty e^{-st} f(t)\,dt = \lim_{T \to \infty}\int_0^T e^{-st} f(t)\,dt$$

此外，請注意指數的極限為：

$$\lim_{T \to \infty} e^{-T} = 0$$

範例

求 $\mathcal{L}\{t\}$

解　根據定義：

$$\mathcal{L}\{t\} = \int_0^\infty e^{-st}t\,dt = \left[-\frac{1}{s}te^{-st} - \frac{1}{s^2}e^{-st}\right]_0^\infty$$

$$= \lim_{T \to \infty}\left[-\frac{1}{s}Te^{-sT} - \frac{1}{s^2}e^{-sT} + \frac{1}{s}(0)e^{-s(0)} + \frac{1}{s^2}e^{-s(0)}\right]$$

$$= \frac{1}{s^2}$$

$$\therefore \quad \mathcal{L}\{t\} = \frac{1}{s^2} \qquad \blacksquare$$

範例

求 $\mathcal{L}\{e^{at}\}$，其中 a 為任意實數

解　根據定義：

$$\mathcal{L}\{e^{at}\} = \int_0^\infty e^{-st}e^{at}dt = \int_0^\infty e^{-(s-a)t}dt = \left[-\frac{1}{s-a}e^{-(s-a)t}\right]_0^\infty$$

$$= \lim_{T \to \infty}\left[-\frac{1}{s-a}e^{-(s-a)T} + \frac{1}{s-a}e^{-(s-a)(0)}\right]$$

$$= \frac{1}{s-a}$$

$$\therefore \quad \mathcal{L}\{e^{at}\} = \frac{1}{s-a} \qquad \blacksquare$$

範例

求 $\mathcal{L}\{\sin kt\}$，其中 k 為任意實數

解 根據定義：

$$\mathcal{L}\{\sin kt\} = \int_0^\infty e^{-st}\sin kt\, dt = \left[\frac{1}{s^2+k^2}e^{-st}(-s\sin kt - k\cos kt)\right]_0^\infty$$

$$= \lim_{T\to\infty}\left[\frac{1}{s^2+k^2}e^{-sT}(-s\sin kT - k\cos kT)\right] -$$

$$\lim_{T\to\infty}\left[\frac{1}{s^2+k^2}e^0(-s\sin 0 - k\cos 0)\right]$$

$$= \frac{k}{s^2+k^2}$$

$$\therefore\quad \mathcal{L}\{\sin kt\} = \frac{k}{s^2+k^2}$$ ∎

在此，我們是使用下列積分(查**積分表**)：

$$\int e^{bx}\sin ax\, dx = \frac{1}{b^2+a^2}e^{bx}(b\sin ax - a\cos ax) + c$$

以下列舉常見函數的**拉普拉斯轉換表**(Table of Laplace Transforms)，在求函數的拉普拉斯轉換時，若型態與列表相同，則可直接查表而得。

▼ 表 7-1　拉普拉斯轉換表

$f(t)$	$F(s)$	$f(t)$	$F(s)$
1	$\dfrac{1}{s}$	$\sinh kt$	$\dfrac{k}{s^2-k^2}$
t	$\dfrac{1}{s^2}$	$\cosh kt$	$\dfrac{s}{s^2-k^2}$
t^n	$\dfrac{n!}{s^{n+1}}$	$t\sin kt$	$\dfrac{2ks}{(s^2+k^2)^2}$
e^{at}	$\dfrac{1}{s-a}$	$t\cos kt$	$\dfrac{s^2-k^2}{(s^2+k^2)^2}$
te^{at}	$\dfrac{1}{(s-a)^2}$	$e^{at}\sin kt$	$\dfrac{k}{(s-a)^2+k^2}$
$t^n e^{at}$	$\dfrac{n!}{(s-a)^{n+1}}$	$e^{at}\cos kt$	$\dfrac{s-a}{(s-a)^2+k^2}$
$\sin kt$	$\dfrac{k}{s^2+k^2}$	$\delta(t)$	1
$\cos kt$	$\dfrac{s}{s^2+k^2}$	$\delta(t-t_0)$	e^{-st_0}

┌ 範 例 ┐

給定函數 $f(t) = \begin{cases} 0 & 0 \le t < 5 \\ t & 5 \le t < \infty \end{cases}$，試求 $\mathcal{L}\{f(t)\}$

解　根據定義：

$$\mathcal{L}\{f(t)\} = \int_0^\infty e^{-st} f(t) dt$$

$$= \int_0^5 e^{-st}(0) dt + \int_5^\infty e^{-st}(t) dt$$

$$= \int_5^\infty t e^{-st} dt$$

$$= \left[-\frac{1}{s} t e^{-st} - \frac{1}{s^2} e^{-st} \right]_5^\infty$$

$$= \frac{5}{s} e^{-5s} + \frac{1}{s^2} e^{-5s}$$

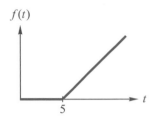

∎

定理 7.1　線性運算

拉普拉斯轉換為**線性運算**，即給定任意函數 $f(t)$ 與 $g(t)$，且 a、b 為任意常數，則：

$$\mathcal{L}\{af(t) + bg(t)\} = a\mathcal{L}\{f(t)\} + b\mathcal{L}\{g(t)\}$$

　　因此，「任意函數先做線性組合，再取其拉普拉斯轉換」，其結果與「先對個別的函數取拉普拉斯轉換，再做線性組合」相同。

┌ 範 例 ┐

求 $\mathcal{L}\{1 + 2t + 3t^2\}$

解　根據定理：

$$\mathcal{L}\{1 + 2t + 3t^2\} = \mathcal{L}\{1\} + 2\mathcal{L}\{t\} + 3\mathcal{L}\{t^2\} = \frac{1}{s} + \frac{2}{s^2} + \frac{6}{s^3}$$

∎

> **範例**
>
> 求 $\mathcal{L}\{e^{2t}+4\cos 3t\}$

解 根據定理：

$$\mathcal{L}\{e^{2t}+4\cos 3t\} = \mathcal{L}\{e^{2t}\} + 4\mathcal{L}\{\cos 3t\} = \frac{1}{s-2} + \frac{4s}{s^2+9} \quad\blacksquare$$

> **範例**
>
> 求 $\mathcal{L}\{3t^2e^t + t\sin 2t\}$

解 根據定理：

$$\mathcal{L}\{3t^2e^t + t\sin 2t\} = 3\mathcal{L}\{t^2e^t\} + \mathcal{L}\{t\sin 2t\} = \frac{6}{(s-1)^3} + \frac{4s}{(s^2+4)^2} \quad\blacksquare$$

7.2 ▶ 反拉普拉斯轉換

若函數 $f(t)$ 的拉普拉斯轉換是函數 $F(s)$，則函數 $F(s)$ 的**反拉普拉斯轉換**(Inverse Laplace Transform)為函數 $f(t)$，表示如下：

$$\mathcal{L}^{-1}\{F(s)\} = f(t)$$

與拉普拉斯轉換相同，反拉普拉斯轉換也是**線性運算**。若給定任意函數 $F(s)$ 與 $G(s)$，且 a、b 為任意常數，則：

$$\mathcal{L}^{-1}\{aF(s)+bG(s)\} = a\mathcal{L}^{-1}\{F(s)\} + b\mathcal{L}^{-1}\{G(s)\}$$

以下列舉反拉普拉斯轉換的範例。

> **範例**
>
> 求 $\mathcal{L}^{-1}\{\dfrac{5}{s-1}\}$

解 查拉普拉斯轉換表：

$$\mathcal{L}^{-1}\{\frac{5}{s-1}\} = 5\mathcal{L}^{-1}\{\frac{1}{s-1}\} = 5e^t \quad\blacksquare$$

範例

求 $\mathcal{L}^{-1}\{\dfrac{1}{s^2+4}\}$

解 查拉普拉斯轉換表:

$$\mathcal{L}^{-1}\{\frac{1}{s^2+4}\} = \frac{1}{2}\mathcal{L}^{-1}\{\frac{2}{s^2+2^2}\} = \frac{1}{2}\sin 2t$$ ∎

範例

求 $\mathcal{L}^{-1}\{\dfrac{s+1}{s^2+9}\}$

解 $\mathcal{L}^{-1}\{\dfrac{s+1}{s^2+9}\} = \mathcal{L}^{-1}\{\dfrac{s}{s^2+3^2}\} + \dfrac{1}{3}\mathcal{L}^{-1}\{\dfrac{3}{s^2+3^2}\} = \cos 3t + \dfrac{1}{3}\sin 3t$ ∎

範例

求 $\mathcal{L}^{-1}\{\dfrac{1}{(s-1)(s-2)(s+4)}\}$

解 首先因式分解:

$$\frac{1}{(s-1)(s-2)(s+4)} = \frac{A}{s-1} + \frac{B}{s-2} + \frac{C}{s+4}$$

通分可得:

$$1 = A(s-2)(s+4) + B(s-1)(s+4) + C(s-1)(s-2)$$

可以使用下列方法求係數[2]:

$$s = 1 \implies 1 = A(-1)(5) \implies A = -\frac{1}{5}$$

$$s = 2 \implies 1 = B(1)(6) \implies B = \frac{1}{6}$$

$$s = -4 \implies 1 = C(-5)(-6) \implies C = \frac{1}{30}$$

因此,

---

[2] 雖然係數也可將通分後的式子展開後,比較係數並解聯立方程式而得,但其步驟較為繁複,在此建議您使用本方法。

$$\mathcal{L}^{-1}\{\frac{1}{(s-1)(s-2)(s+4)}\}$$

$$=-\frac{1}{5}\mathcal{L}^{-1}\{\frac{1}{s-1}\}+\frac{1}{6}\mathcal{L}^{-1}\{\frac{1}{s-2}\}+\frac{1}{30}\mathcal{L}^{-1}\{\frac{1}{s+4}\}$$

$$=-\frac{1}{5}e^{t}+\frac{1}{6}e^{2t}+\frac{1}{30}e^{-4t}$$

■

7.3 ▶ 微積分與拉普拉斯轉換

定理 7.2　微分的拉普拉斯轉換

函數 $f(t)$ 的一階與二階微分的拉普拉斯轉換為：

$$\mathcal{L}\{f'(t)\} = sF(s) - f(0)$$

與

$$\mathcal{L}\{f''(t)\} = s^2F(s) - sf(0) - f'(0)$$

證明　$\mathcal{L}\{f'(t)\} = \int_0^\infty e^{-st}f'(t)dt = \left[e^{-st}f(t)\right]_0^\infty + s\int_0^\infty e^{-st}f(t)dt = sF(s) - f(0)$

在此使用微積分基本公式：

$$\int u dv = uv - \int v du$$

其中，

$$u = e^{-st} \Rightarrow du = -se^{-st}dt$$

$$dv = f'(t)dt \Rightarrow v = f(t)$$

同理可證明：

$$\mathcal{L}\{f''(t)\} = \int_0^\infty e^{-st}f''(t)dt = \left[e^{-st}f'(t)\right]_0^\infty + s\int_0^\infty e^{-st}f'(t)dt$$

$$= -f'(0) + s\left[sF(s) - f(0)\right] = s^2F(s) - sf(0) - f'(0)$$

得證 ■

定理 7.3　微分的拉普拉斯轉換

設函數 $f, f', f'', ..., f^{(n)}$ 均為連續函數 $(t \geq 0)$，則：

$$\mathcal{L}\{f^{(n)}(t)\} = s^n F(s) - s^{n-1} f(0) - s^{n-2} f'(0) - \cdots - f^{(n-1)}(0)$$

定理 7.3 為定理 7.2 的通則。

定理 7.4　積分的拉普拉斯轉換

若函數 f 的積分存在，則其拉普拉斯轉換為：

$$\mathcal{L}\{\int_0^t f(\tau)d\tau\} = \frac{1}{s}F(s)$$

其中，$f(t)$ 的拉普拉斯轉換為 $F(s)$。

證明　$\mathcal{L}\{\int_0^t f(\tau)d\tau\} = \int_0^\infty e^{-st}\left[\int_0^t f(\tau)d\tau\right]dt = \int_0^\infty \left[\int_0^t f(\tau)d\tau\right]e^{-st}dt$

$$= \left[\int_0^t f(\tau)d\tau \cdot (-\frac{1}{s}e^{-st})\right]_0^\infty - \int_0^\infty \left[-\frac{1}{s}e^{-st}\right] \cdot f(t)dt$$

$$= 0 + \frac{1}{s}\int_0^\infty e^{-st}f(t)dt = \frac{1}{s}F(s)$$

在此使用微積分基本公式：

$$\int u\,dv = uv - \int v\,du$$

其中，

$$u = \int_0^t f(\tau)d\tau \Rightarrow du = f(t)dt$$

$$dv = e^{-st}dt \Rightarrow v = -\frac{1}{s}e^{-st}$$

得證∎

定理 7.5 轉換的微分

若 $F(s) = \mathcal{L}\{f(t)\}$，則：

$$\mathcal{L}\{t^n f(t)\} = (-1)^n \frac{d^n}{ds^n} F(s)$$

其中 $n = 1, 2, 3, \ldots$。

證明 根據拉普拉斯轉換定義取微分：

$$\frac{d}{ds} F(s) = \frac{d}{ds} \int_0^\infty e^{-st} f(t) dt = \int_0^\infty \frac{\partial}{\partial s} \left[e^{-st} f(t) \right] dt$$

$$= -\int_0^\infty e^{-st} t f(t) dt = -\mathcal{L}\{t f(t)\}$$

因此：

$$\mathcal{L}\{t f(t)\} = -\frac{d}{ds} F(s)$$

同理：

$$\mathcal{L}\{t^2 f(t)\} = \mathcal{L}\{t \cdot t f(t)\} = -\frac{d}{ds} \left(-\frac{d}{ds} F(s) \right) = \frac{d^2}{ds^2} F(s)$$

以此類推即可得：

$$\mathcal{L}\{t^n f(t)\} = (-1)^n \frac{d^n}{ds^n} F(s)$$

得證 ■

7.4 ▶ 使用拉普拉斯轉換解初始值問題

拉普拉斯轉換可以用來解初始值問題，主要過程如圖 7-1，包含：

● 取拉普拉斯轉換

● 代數方程式求解 $Y(s)$

- 取反拉普拉斯轉換
- 得解 $y(t)$

　　本節介紹幾個初始值問題的範例，可以使用之前介紹的方法求解。在此特別使用拉普拉斯轉換求解，解題過程略為簡潔，且可以得到相同的解[3]。

▲圖 7-1　使用拉普拉斯轉換之初始值問題求解過程

範例

使用**拉普拉斯轉換**解下列初始值問題：

$$\frac{dy}{dt} + y = \sin t, \ y(0) = 0$$

解　**拉普拉斯轉換**：

$$\mathcal{L}\{\frac{dy}{dt} + y\} = \mathcal{L}\{\sin t\}$$

$$\mathcal{L}\{\frac{dy}{dt}\} + \mathcal{L}\{y\} = \mathcal{L}\{\sin t\}$$

$$sY(s) - y(0) + Y(s) = \mathcal{L}\{\sin t\} \quad 其中 \ y(0) = 0 \text{、} \mathcal{L}\{\sin t\} \text{代入}$$

代數方程式求解 $Y(s)$：

$$(s+1)Y(s) = \frac{1}{s^2+1} \quad 或 \quad Y(s) = \frac{1}{(s+1)(s^2+1)}$$

反拉普拉斯轉換：

---

[3]　若初始值問題的微分方程式符合之前章節介紹的型態，例如：線性微分方程式等，則建議您直接使用前述方法求解。當然，若您已熟悉拉普拉斯轉換，且給定初始條件，也可使用本方法求解。

$$\mathcal{L}^{-1}\{Y(s)\} = \mathcal{L}^{-1}\{\frac{1}{(s+1)(s^2+1)}\}$$

$$\frac{1}{(s+1)(s^2+1)} = \frac{A}{s+1} + \frac{Bs+C}{s^2+1}$$

$$\Rightarrow \quad 1 = A(s^2+1) + (Bs+C)(s+1)$$

$$\Rightarrow \quad A = \frac{1}{2}, B = -\frac{1}{2}, C = \frac{1}{2}$$

$$\therefore \quad \mathcal{L}^{-1}\{Y(s)\} = \mathcal{L}^{-1}\{\frac{1}{(s+1)(s^2+1)}\}$$

$$= \frac{1}{2}\mathcal{L}^{-1}\{\frac{1}{s+1}\} - \frac{1}{2}\mathcal{L}^{-1}\{\frac{s}{s^2+1}\} + \frac{1}{2}\mathcal{L}^{-1}\{\frac{1}{s^2+1}\}$$

$$= \frac{1}{2}e^{-t} - \frac{1}{2}\cos t + \frac{1}{2}\sin t$$

得解：

$$y(t) = \frac{1}{2}e^{-t} - \frac{1}{2}\cos t + \frac{1}{2}\sin t$$ ■

範 例

使用**拉普拉斯轉換**解下列初始值問題：

$$y'' + y = 2e^t, \quad y(0) = 2, y'(0) = 2$$

解 拉普拉斯轉換：

$$\mathcal{L}\{y'' + y\} = \mathcal{L}\{2e^t\}$$

$$\mathcal{L}\{y''\} + \mathcal{L}\{y\} = 2\mathcal{L}\{e^t\}$$

$$s^2Y(s) - sy(0) - y'(0) + Y(s) = 2\mathcal{L}\{e^t\} \quad y(0) = 2, y'(0) = 2 \quad 分別代入$$

代數方程式求解 $Y(s)$：

$$(s^2+1)Y(s) = 2s + 2 + \frac{2}{s-1} = \frac{2s^2}{s-1}$$

$$Y(s) = \frac{2s^2}{(s-1)(s^2+1)}$$

反拉普拉斯轉換：

$$\mathcal{L}^{-1}\{Y(s)\} = \mathcal{L}^{-1}\{\frac{2s^2}{(s-1)(s^2+1)}\}$$

$$\frac{2s^2}{(s-1)(s^2+1)} = \frac{A}{s-1} + \frac{Bs+C}{s^2+1} \Rightarrow 2s^2 = A(s^2+1) + (Bs+C)(s-1)$$

$\Rightarrow\quad A=1,\ B=1,\ C=1$

$\therefore\quad \mathcal{L}^{-1}\{Y(s)\}=\mathcal{L}^{-1}\{\dfrac{2s^2}{(s-1)(s^2+1)}\}$

$\qquad\qquad\qquad =\mathcal{L}^{-1}\{\dfrac{1}{s-1}\}+\mathcal{L}^{-1}\{\dfrac{s}{s^2+1}\}+\mathcal{L}^{-1}\{\dfrac{1}{s^2+1}\}$

$\qquad\qquad\qquad =e^{t}+\cos t+\sin t$

得解：

$$y(t)=e^{t}+\cos t+\sin t$$

7.5 ▶ 平移定理

拉普拉斯轉換包含兩個平移定理：

(1)**第一平移定理**(First Translation Theorem)－主要是對 s 軸平移

(2)**第二平移定理**(Second Translation Theorem)－主要是對 t 軸平移

以下分別說明之。

7.5.1　第一平移定理

定理 7.6　第一平移定理

若函數 $f(t)$ 的拉普拉斯轉換為 $F(s)$，則：

$$\mathcal{L}\{e^{at}f(t)\}=F(s-a)$$

證明　$\mathcal{L}\{e^{at}f(t)\}=\displaystyle\int_0^\infty e^{-st}\cdot e^{at}f(t)dt=\int_0^\infty e^{-(s-a)t}f(t)dt=F(s-a)$

得證■

因此，$F(s-a)$ 代表對 s-軸平移 a。第一平移定理的反轉換公式如下：

$$\mathcal{L}^{-1}\{F(s-a)\}=e^{at}f(t)$$

範例

求 $\mathcal{L}\{e^{2t}\sin 3t\}$

解　利用**第一平移定理**：

設 $f(t)=\sin 3t$　則 $F(s)=\mathcal{L}\{\sin 3t\}=\dfrac{3}{s^2+9}$

根據定理：

$$\mathcal{L}\{e^{2t}\sin 3t\}=F(s-2)=\frac{3}{(s-2)^2+9}$$

本範例也可以直接查表而得，其結果相同。　■

範例

求 $\mathcal{L}\{e^{-t}\cosh 2t\}$

解　利用**第一平移定理**：

設 $f(t)=\cosh 2t$　則 $F(s)=\mathcal{L}\{\cosh 2t\}=\dfrac{s}{s^2-4}$

根據定理：

$$\mathcal{L}\{e^{-t}\cosh 2t\}=F(s+1)=\frac{s+1}{(s+1)^2-4}$$　■

範例

求 $\mathcal{L}^{-1}\{\dfrac{s}{s^2+4s+13}\}$

解　利用**第一平移定理**：

$$\mathcal{L}^{-1}\{\frac{s}{s^2+4s+13}\}=\mathcal{L}^{-1}\{\frac{s+2}{(s+2)^2+9}\}-2\cdot\frac{1}{3}\cdot\mathcal{L}^{-1}\{\frac{3}{(s+2)^2+9}\}$$

$$=e^{-2t}\cos 3t-\frac{2}{3}e^{-2t}\sin 3t$$　■

7.5.2 第二平移定理

在科學或工程問題中,常會牽涉「開關」。例如:電路中的電壓源通常會接上開關,可以使得電路在某段時間內是關閉(通常是以 0 表示);而在另一段時間內則是開啟(通常是以 1 表示)。因此,在建立數學模型之前,就須先定義這樣的函數。

> **定義 7.2 單位步階函數**
>
> **單位步階函數**(Unit Step Function)可以定義為:
>
> $$\mathcal{U}(t) = \begin{cases} 0 & for\ t < 0 \\ 1 & for\ t \ge 0 \end{cases}$$

單位步階函數(Unit Step Function),又稱為 **Heaviside 函數**(Heaviside Function),如圖 7-2(a);若對 t-軸平移 a,則其圖形如圖 7-2(b),可以表示為:

$$\mathcal{U}(t-a) = \begin{cases} 0 & for\ t < a \\ 1 & for\ t \ge a \end{cases}$$

即是在 $t = a$ 之前為關閉的狀態(0),$t = a$ 之後則為開啟的狀態(1)。

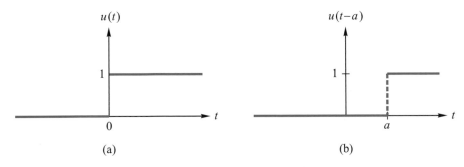

▲圖 7-2 (a)單位步階函數圖;(b)經過平移的單位步階函數圖。

我們也可以使用單位步階函數進一步定義**脈衝**(Pulse)。若 $a < b$,則可表示為:

$$\mathcal{U}(t-a) - \mathcal{U}(t-b) = \begin{cases} 0 & \text{for } t < a \\ 1 & \text{for } a \le t < b \\ 0 & \text{for } t \ge b \end{cases}$$

其圖形如圖 7-3。

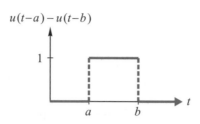

▲ 圖 **7-3** 脈衝函數圖。

範例

繪製：(a) $f(t) = (t-1)\,\mathcal{U}(t-1)$　　(b) $f(t) = \sin(t-\pi)\,\mathcal{U}(t-\pi)$

解

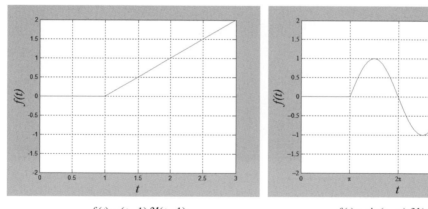

$f(t) = (t-1)\,\mathcal{U}(t-1)$　　　　　$f(t) = \sin(t-\pi)\,\mathcal{U}(t-\pi)$

以 $f(t) = \sin(t-\pi)\,\mathcal{U}(t-\pi)$ 為例說明，可以觀察到 sin 函數是先平移 π，再與 $\mathcal{U}(t-\pi)$ 相乘，亦即在 $t = \pi$ 之前為關閉，在 $t = \pi$ 之後開啟。因此，須注意 $f(t) = \sin(t-\pi)\,\mathcal{U}(t-\pi)$ 與 $f(t) = \sin t\,\mathcal{U}(t-\pi)$ 是不相同的，如圖 7-4。

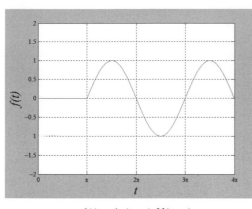
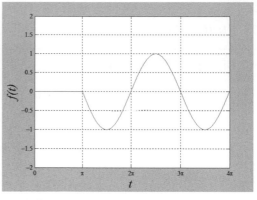

$$f(t) = \sin(t-\pi)\,\mathcal{U}(t-\pi)$$

$$f(t) = \sin(t)\,\mathcal{U}(t-\pi)$$

▲ 圖 **7-4**　$f(t) = \sin t\,\mathcal{U}(t-\pi)$ 與 $f(t) = \sin t\,\mathcal{U}(t-\pi)$ 比較圖

定理 7.7　第二平移定理

若函數 $f(t)$ 的拉普拉斯轉換為 $F(s)$，且 $a > 0$，則：

$$\mathcal{L}\{f(t-a)\,\mathcal{U}(t-a)\} = e^{-as}F(s)$$

證明　$\mathcal{L}\{f(t-a)\,\mathcal{U}(t-a)\} = \displaystyle\int_0^\infty e^{-st}f(t-a)\,\mathcal{U}(t-a)dt$

$$= \int_0^a e^{-st}f(t-a)\,(0)dt + \int_a^\infty e^{-st}f(t-a)\,dt = \int_a^\infty e^{-st}f(t-a)\,dt$$

假設 $u = t - a,\ du = dt$　則原式在代換後為：

$$\int_0^\infty e^{-s(u+a)}f(u)\,du = e^{-as}\int_0^\infty e^{-su}f(u)\,du = e^{-as}F(s)$$

$$\therefore\quad \mathcal{L}\{f(t-a)\,\mathcal{U}(t-a)\} = e^{-as}F(s)$$

得證 ■

因此，第二平移定理是對 t-軸平移 a 而得，其反轉換公式為：

$$\mathcal{L}^{-1}\{e^{-as}F(s)\} = f(t-a)\,\mathcal{U}(t-a)$$

範例

求 $\mathcal{L}\{t\,\mathcal{U}(t-1)\}$

解 利用**第二平移定理**：

$$\mathcal{L}\{f(t-a)\,\mathcal{U}(t-a)\} = e^{-as}F(s)$$

設 $a = 1$ 代入

$$\mathcal{L}\{f(t-1)\,\mathcal{U}(t-1)\} = e^{-s}F(s)$$

首先整理：

$$\mathcal{L}\{t\,\mathcal{U}(t-1)\} = \mathcal{L}\{(t-1)\,\mathcal{U}(t-1)\} + \mathcal{L}\{\mathcal{U}(t-1)\}$$

其中

$$\mathcal{L}\{(t-1)\,\mathcal{U}(t-1)\} \quad 可得 \quad f(t) = t \Rightarrow F(s) = \frac{1}{s^2}$$

$$\mathcal{L}\{\mathcal{U}(t-1)\} \qquad 可得 \quad g(t) = 1 \Rightarrow G(s) = \frac{1}{s}$$

因此，

$$\mathcal{L}\{t\,\mathcal{U}(t-1)\} = e^{-s}\frac{1}{s^2} + e^{-s}\frac{1}{s} = e^{-s}\left(\frac{1}{s^2} + \frac{1}{s}\right) \qquad \blacksquare$$

範例

求 $\mathcal{L}\{\cos(t-\pi)\,\mathcal{U}(t-\pi)\}$

解 利用**第二平移定理**：

$$\mathcal{L}\{f(t-a)\,\mathcal{U}(t-a)\} = e^{-as}F(s)$$

設 $a = \pi$ 代入

$$\mathcal{L}\{f(t-\pi)\,\mathcal{U}(t-\pi)\} = e^{-\pi s}F(s)$$

可得 $f(t) = \cos t \Rightarrow F(s) = \dfrac{s}{s^2+1}$

因此，

$$\mathcal{L}\{\cos(t-\pi)\,\mathcal{U}(t-\pi)\} = e^{-\pi s}\frac{s}{s^2+1} \qquad \blacksquare$$

範例

求 $\mathcal{L}^{-1}\{\dfrac{1}{s-1}e^{-2s}\}$

解　利用**第二平移定理**的反轉換公式：

$$\mathcal{L}^{-1}\{e^{-as}F(s)\} = f(t-a)\,\mathcal{U}(t-a)$$

則：

$$a = 2,\ F(s) = \dfrac{1}{s-1} \Rightarrow f(t) = e^t$$

因此，

$$\mathcal{L}^{-1}\{\dfrac{1}{s-1}e^{-2s}\} = f(t-2)\mathcal{U}(t-2) = e^{t-2}\mathcal{U}(t-2)　■$$

範例

求 $\mathcal{L}^{-1}\{\dfrac{s}{s^2+4}e^{-\pi s}\}$

解　利用**第二平移定理**的反轉換公式：

$$\mathcal{L}^{-1}\{e^{-as}F(s)\} = f(t-a)\,\mathcal{U}(t-a)$$

則：

$$a = \pi,\ F(s) = \dfrac{s}{s^2+4} \Rightarrow f(t) = \cos 2t$$

因此，

$$\mathcal{L}^{-1}\{\dfrac{s}{s^2+4}e^{-\pi s}\} = f(t-\pi)\,\mathcal{U}(t-\pi) = \cos 2(t-\pi)\,\mathcal{U}(t-\pi)　■$$

　　第二平移定理中，函數必須是 $f(t-a)$ 的型態，例如：上述範例 $\mathcal{L}\{t\,\mathcal{U}(t-1)\}$ 須事先整理成 $f(t-1)$ 的型態，方能求其拉普拉斯轉換。但是，這樣的整理過程有時非常費時且不容易看出，因此在此提供第二平移定理的變化型，其實比較切合實際。

定理 **定理 7.7 的變化型**

第二平移定理(變化型)：

$$\mathcal{L}\{g(t)\,\mathcal{U}(t-a)\} = e^{-as}\mathcal{L}\{g(t+a)\}$$

證明 拉普拉斯轉換：

$$\mathcal{L}\{g(t)\,\mathcal{U}(t-a)\} = \int_0^\infty e^{-st}g(t)\,\mathcal{U}(t-a)dt = \int_a^\infty e^{-st}g(t)\,dt$$

假設 $u = t - a,\ du = dt$ 則：

$$\int_a^\infty e^{-st}g(t)\,dt = \int_0^\infty e^{-s(u+a)}g(u+a)du = e^{-as}\int_0^\infty e^{-su}g(u+a)du$$

$$= e^{-as}\mathcal{L}\{g(t+a)\}$$

得證 ■

範例

求 $\mathcal{L}\{t\,\mathcal{U}(t-1)\}$

解 使用**第二平移定理**之變化型：

$$\mathcal{L}\{g(t)\,\mathcal{U}(t-a)\} = e^{-as}\mathcal{L}\{g(t+a)\}$$

因此

$$\mathcal{L}\{t\,\mathcal{U}(t-1)\} = e^{-s}\mathcal{L}\{g(t+1)\} = e^{-s}\mathcal{L}\{t+1\} = e^{-s}\left(\frac{1}{s^2}+\frac{1}{s}\right)$$ ■

可以發現本結果與前述範例推導的結果相同，但過程較爲簡潔。

範例

求 $\mathcal{L}\{\cos t\,\mathcal{U}(t-\pi)\}$

解 使用**第二平移定理**之變化型：
$$\mathcal{L}\{g(t)\,\mathcal{U}(t-a)\} = e^{-as}\mathcal{L}\{g(t+a)\}$$

因此
$$\mathcal{L}\{\cos t\,\mathcal{U}(t-\pi)\} = e^{-\pi s}\mathcal{L}\{g(t+\pi)\} = e^{-\pi s}\mathcal{L}\{\cos(t+\pi)\}$$

其中

$$\cos(t + \pi) = \cos t \cos \pi - \sin t \sin \pi = -\cos t$$

可得

$$\mathcal{L}\{\cos t\, \mathcal{U}(t - \pi)\} = -e^{-\pi s}\mathcal{L}\{\cos t\} = -\frac{s}{s^2+1}e^{-\pi s} \qquad \blacksquare$$

範例

解初始值問題 $y'' + y = \mathcal{U}(t - \pi),\ y(0) = 1,\ y'(0) = 0$

解 拉普拉斯轉換：

$$\mathcal{L}\{y''\} + \mathcal{L}\{y\} = \mathcal{L}\{\mathcal{U}(t - \pi)\}$$

代數方程式求解 $Y(s)$：

$$s^2 Y(s) - sy(0) - y'(0) + Y(s) = \frac{1}{s}e^{-\pi s}$$

$$(s^2 + 1)Y(s) = s + \frac{1}{s}e^{-\pi s}$$

$$Y(s) = \frac{s}{s^2+1} + \frac{1}{s(s^2+1)}e^{-\pi s}$$

反拉普拉斯轉換：

$$y(t) = \mathcal{L}^{-1}\{Y(s)\} = \mathcal{L}^{-1}\{\frac{s}{s^2+1} + \frac{1}{s(s^2+1)}e^{-\pi s}\}$$

$$= \mathcal{L}^{-1}\{\frac{s}{s^2+1}\} + \mathcal{L}^{-1}\{\frac{1}{s}e^{-\pi s}\} - \mathcal{L}^{-1}\{\frac{s}{s^2+1}e^{-\pi s}\}$$

$$= \cos t + \mathcal{U}(t - \pi) - \cos(t - \pi)\, \mathcal{U}(t - \pi) \qquad \blacksquare$$

函數圖如下：

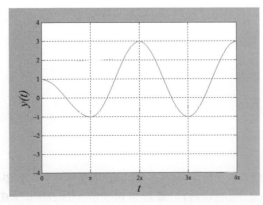

▲ 圖 7-5 $\quad y(t) = \cos t + \mathcal{U}(t - \pi) - \cos(t - \pi)\mathcal{U}(t - \pi)$ 函數圖

7.6 ▶ 摺積

定義 7.3 摺積

假設函數 $f(t)$ 與 $g(t)$ 是定義於 $t \geq 0$，則 f 與 g 的**摺積**(Convolution)可以定義為：

$$(f * g)(t) = \int_0^t f(\tau)g(t-\tau)d\tau$$

摺積的積分式也可以寫成：

$$(f * g)(t) = \int_0^t f(\tau)g(t-\tau)d\tau = \int_0^t f(t-\tau)g(\tau)d\tau$$

亦即：

$$f * g = g * f$$

因此，摺積符合交換律[4]。

雖然拉普拉斯轉換符合線性運算原則，即：

$$\mathcal{L}\{af(t) + bg(t)\} = a\mathcal{L}\{f(t)\} + b\mathcal{L}\{g(t)\}$$

但是，拉普拉斯轉換並不符合乘法原則，即：

$$\mathcal{L}\{f(t) \cdot g(t)\} \neq \mathcal{L}\{f(t)\} \cdot \mathcal{L}\{g(t)\}$$

---

[4]　**摺積**(Convolution)也常翻譯成**卷積**或**迴旋積**，在積分轉換中是相當重要的數學工具，目前已被廣泛應用於**訊號處理**(Signal Processing)、**通訊系統**(Communication System)、**人工智慧**(Artificial Intelligence)等課題。通常 $f(t)$ 代表原始輸入訊號，$g(t)$ 則稱為**濾波器**(Filter)；摺積 $f * g$ 即是訊號濾波後的輸出結果。

定理 7.8　摺積定理

假設函數 $f(t)$ 與 $g(t)$ 是定義於 $t \geq 0$，則：

$$\mathcal{L}\{f * g\} = \mathcal{L}\{f(t)\} \cdot \mathcal{L}\{g(t)\} = F(s) \cdot G(s)$$

稱為**摺積定理**(Convolution Theorem)。

證明　根據摺積的定義：

$$(f * g)(t) = \int_0^t f(\tau)g(t - \tau)d\tau$$

取拉普拉斯轉換：

$$\mathcal{L}\{f * g\} = \int_0^\infty \left[\int_0^t f(\tau)g(t - \tau)d\tau \right] e^{-st}dt$$

根據假設，$f(t)$ 與 $g(t)$ 是定義於 $t \geq 0$，因此積分範圍為 $t \geq \tau \geq 0$，可得：

$$\mathcal{L}\{f * g\} = \int_0^\infty f(\tau) \left[\int_\tau^\infty g(t - \tau)\, e^{-st}dt \right] d\tau$$

假設 $\hat{\tau} = t - \tau$，$d\hat{\tau} = dt$，則：

$$\mathcal{L}\{f * g\} = \int_0^\infty f(\tau) \left[\int_0^\infty g(\hat{\tau})\, e^{-s(\hat{\tau}+\tau)}d\hat{\tau} \right] d\tau$$

$$= \int_0^\infty f(\tau)\, e^{-s\tau}d\tau \cdot \int_0^\infty g(\hat{\tau})\, e^{-s\hat{\tau}}d\hat{\tau}$$

$$= F(s) \cdot G(s)$$

得證 ∎

範例

求 $\mathcal{L}\{\int_0^t \sin\tau \cdot e^{t-\tau}d\tau\}$

解　根據**摺積**定義：

$$(f * g)(t) = \int_0^t f(\tau)g(t - \tau)d\tau$$

比較後可得：

$$f(t) = \sin t \Rightarrow F(s) = \frac{1}{s^2+1}$$

$$g(t) = e^t \Rightarrow G(s) = \frac{1}{s-1}$$

利用**摺積定理**：

$$\mathcal{L}\{f*g\} = \mathcal{L}\{f(t)\} \cdot \mathcal{L}\{g(t)\} = F(s) \cdot G(s)$$

因此，

$$\mathcal{L}\{\int_0^t \sin \tau \cdot e^{t-\tau} d\tau\} = \frac{1}{s^2+1} \cdot \frac{1}{s-1} = \frac{1}{(s-1)(s^2+1)} \quad\blacksquare$$

在此請注意不要在直接求積分後，才取其拉普拉斯轉換。

定義 7.4　Volterra 積分方程式

Volterra 積分方程式(Volterra Integral Equation)可以定義為：

$$f(t) = g(t) + \int_0^t f(\tau)h(t-\tau)d\tau$$

Volterra 積分方程式須使用上述之摺積定義與定理求解，方程式中則是函數 f 與 h 的摺積[5]。

範例

給定 Volterra 積分方程式如下，求 $f(t)$：

$$f(t) = t^2 + 1 - \int_0^t f(\tau) \cdot e^{t-\tau} d\tau$$

---

[5]　我們已介紹許多**微分方程式**與其求解法，**積分方程式**在此則是首次出現。當然，方程式也可以同時包含微分與積分，稱為**積微分方程式**(Integro-Differential Equations)。積分方程式或積微分方程式的求解則須使用拉普拉斯轉換。

解 根據**摺積**定義可得 $h(t-\tau)=e^{t-\tau}$ 因此 $h(t)=e^t$

兩邊取拉普拉斯轉換：

$$\mathcal{L}\{f(t)\} = \mathcal{L}\{t^2\} + \mathcal{L}\{1\} - \mathcal{L}\{\int_0^t f(\tau) \cdot e^{t-\tau} d\tau\}$$

查表與使用**摺積定理**可得：

$$F(s) = \frac{2}{s^3} + \frac{1}{s} - F(s) \cdot \frac{1}{s-1}$$

整理可得：

$$\frac{s}{s-1} F(s) = \frac{2}{s^3} + \frac{1}{s} = \frac{2+s^2}{s^3}$$

$$F(s) = \frac{s^3 - s^2 + 2s - 2}{s^4} = \frac{1}{s} - \frac{1}{s^2} + \frac{2}{s^3} - \frac{2}{s^4}$$

反拉普拉斯轉換：

$$f(t) = \mathcal{L}^{-1}\{F(s)\} = \mathcal{L}^{-1}\{\frac{1}{s}\} - \mathcal{L}^{-1}\{\frac{1}{s^2}\} + \mathcal{L}^{-1}\{\frac{2}{s^3}\} - 2 \cdot (\frac{1}{3!}) \cdot \mathcal{L}^{-1}\{\frac{3!}{s^4}\}$$

$$\therefore \quad f(t) = 1 - t + t^2 - \frac{1}{3}t^3 \qquad \blacksquare$$

7.7 ▶ 週期性函數之轉換

定理 7.9 週期性函數之轉換

若函數 $f(t)$ 定義於 $t \geq 0$，且爲週期性函數，週期爲 T，則：

$$\mathcal{L}\{f(t)\} = \frac{1}{1-e^{-sT}} \int_0^T e^{-st} f(t)dt$$

證明 首先根據拉普拉斯轉換定義：

$$\mathcal{L}\{f(t)\} = \int_0^\infty e^{-st} f(t)dt$$

由於函數 $f(t)$ 爲週期性函數，因此可分段積分：

$$\mathcal{L}\{f(t)\} = \int_0^T e^{-st} f(t) dt + \int_T^\infty e^{-st} f(t) dt$$

設 $t = u + T$ 可得 $dt = du$，因此以上之第二個積分形成：

$$\int_T^\infty e^{-st} f(t) dt = \int_0^\infty e^{-s(u+T)} f(u+T) du$$

$$= e^{-sT} \int_0^\infty e^{-su} f(u) du = e^{-sT} \mathcal{L}\{f(t)\}$$

其中 $f(t)$ 為週期性函數，且週期為 T。因此，

$$\mathcal{L}\{f(t)\} = \int_0^T e^{-st} f(t) dt + e^{-sT} \mathcal{L}\{f(t)\}$$

可進一步整理而得：

$$\mathcal{L}\{f(t)\} = \frac{1}{1 - e^{-sT}} \int_0^T e^{-st} f(t) dt$$

得證∎

範例

若 $E(t)$ 為週期 $T = 2$ 的方波(如圖)，試求其拉普拉斯轉換。

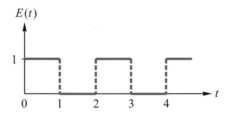

解　根據上述定理 $(T = 2)$：

$$\mathcal{L}\{E(t)\} = \frac{1}{1 - e^{-2s}} \int_0^2 e^{-st} f(t) dt$$

$$= \frac{1}{1 - e^{-2s}} \left[\int_0^1 e^{-st} \cdot (1) \, dt + \int_1^2 e^{-st} \cdot (0) \, dt \right]$$

$$= \frac{1}{1 - e^{-2s}} \left[-\frac{1}{s} e^{-st} \right]_0^1 = \frac{1}{1 - e^{-2s}} \left[-\frac{1}{s} e^{-s} + \frac{1}{s} \right]$$

$$= \frac{1}{1 - e^{-2s}} \left[\frac{1 - e^{-s}}{s} \right] = \frac{1}{s(1 + e^{-s})}$$

其中　$1 - e^{-2s} = (1 + e^{-s})(1 - e^{-s})$。 ∎

7.8 ▶ Dirac Delta 函數

在科學或工程問題中，有時我們會碰到**瞬間脈衝**(Impulse)的概念。也就是說，外力在一段很短的時間內被加到系統。例如：電路中常發生的瞬間電壓現象，又稱為 Spikes。為了模型化這樣的概念，首先定義**單位脈衝函數**(Unit Pulse Function)如下：

$$\delta_\varepsilon(t) = \frac{1}{\varepsilon}\big[\,\mathcal{U}(t) - \mathcal{U}(t-\varepsilon)\,\big]$$

如圖 7-6 表示，其大小為 $1/\varepsilon$，時間則為 ε，形成面積為 1 的單位脈衝函數。若是使得時間 ε 趨近無限小，則會使得大小 $1/\varepsilon$ 趨近無限大。

Dirac Delta 函數(Dirac Delta Function)是定義為：

$$\delta(t) = \lim_{\varepsilon \to 0}\delta_\varepsilon(t)$$

Dirac Delta 函數即是用來模型化瞬間脈衝，簡稱為 Delta 函數。Dirac Delta 函數的拉普拉斯轉換為 1，即：

$$\mathcal{L}\{\delta(t)\} = 1$$

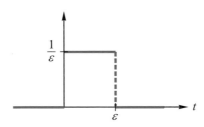

▲圖 7-6 單位脈衝函數圖。

若是將 Dirac Delta 函數對時間軸平移 t_0，即是 $\delta(t-t_0)$。

定理 7.10 Dirac Delta 函數轉換

若 $t_0 \geq 0$，則 **Dirac Delta** 函數的拉普拉斯轉換為：

$$\mathcal{L}\{\delta(t-t_0)\} = e^{-st_0}$$

證明 平移後的單位脈衝函數可以表示成：

$$\delta_\varepsilon(t-t_0) = \frac{1}{\varepsilon}\left[\mathcal{U}(t-t_0) - \mathcal{U}(t-t_0-\varepsilon)\right]$$

則其拉普拉斯轉換為：

$$\mathcal{L}\{\delta_\varepsilon(t-t_0)\} = \frac{1}{\varepsilon}\left[\mathcal{L}\{\mathcal{U}(t-t_0)\} - \mathcal{L}\{\mathcal{U}(t-t_0-\varepsilon)\}\right]$$

$$= \frac{1}{\varepsilon}\left[\frac{1}{s}e^{-t_0 s} - \frac{1}{s}e^{-(t_0+\varepsilon)s}\right]$$

$$= \frac{e^{-t_0 s}(1-e^{-\varepsilon s})}{\varepsilon s}$$

取其極限為：

$$\mathcal{L}\{\delta(t-t_0)\} = \lim_{\varepsilon\to 0}\frac{e^{-t_0 s}(1-e^{-\varepsilon s})}{\varepsilon s} = e^{-st_0}$$

得證■

範例

解初始值問題 $y'' + y = 5\delta(t-2\pi),\ y(0)=1,\ y'(0)=0$

解 拉普拉斯轉換：

$$\mathcal{L}\{y''\} + \mathcal{L}\{y\} = 5\mathcal{L}\{\delta(t-2\pi)\}$$

代數方程式求解 $Y(s)$：

$$s^2 Y(s) - sy(0) - y'(0) + Y(s) = 5e^{-2\pi s}$$

$$(s^2+1)Y(s) = s + 5e^{-2\pi s}$$

$$Y(s) = \frac{s}{s^2+1} + \frac{5}{s^2+1}e^{-2\pi s}$$

反拉普拉斯轉換：

$$y(t) = \mathcal{L}^{-1}\{Y(s)\} = \mathcal{L}^{-1}\{\frac{s}{s^2+1}\} + 5\mathcal{L}^{-1}\{\frac{1}{s^2+1}e^{-2\pi s}\}$$

$$= \cos t + 5\sin(t-2\pi)\mathcal{U}(t-2\pi)$$

　　本問題(函數圖如下)其實與彈簧質量系統之自由無阻尼運動類似，但在時間 $t = 2\pi$ 時，系統受到瞬間外力的介入，使得其振幅變大，同時維持自由振盪的運動現象[6]。

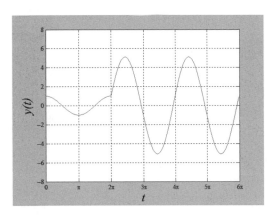

▲圖 **7-7**　　$y(t) = \cos t + 5\sin(t - 2\pi)\mathcal{U}(t - 2\pi)$ 函數圖

---

[6]　若您幫女友盪鞦韆，可以在振盪的最高點推一把，這樣的外力其實比較像是**瞬間脈衝**(因為外力並非在運動過程中持續加諸於系統)；可惜由於空氣阻力的緣故，還是會降到穩態，此時穩態可能就沒那麼有趣，因此您只好委屈些，要再推個好幾次！

練習七

一、拉普拉斯轉換

1. 求下列拉普拉斯轉換：

   (a) $\mathcal{L}\{e^{2t}\}$ (b) $\mathcal{L}\{t^3\}$

   (c) $\mathcal{L}\{te^{-t}\}$ (d) $\mathcal{L}\{\sin 2t\}$

   (e) $\mathcal{L}\{\cos 2t\}$ (f) $\mathcal{L}\{t\cos t\}$

   (g) $\mathcal{L}\{e^{-t}\sin 3t\}$

2. 求下列函數之拉普拉斯轉換 $\mathcal{L}\{f(t)\}$：

   (a) $f(t)=\begin{cases}1 & 0\le t<1 \\ 0 & t\ge 1\end{cases}$ (b) $f(t)=\begin{cases}0 & 0\le t<1 \\ 2 & t\ge 1\end{cases}$

   (c) $f(t)=\begin{cases}0 & 0\le t<1 \\ t & t\ge 1\end{cases}$ (d) $f(t)=\begin{cases}\sin t & 0\le t<\pi \\ 0 & t\ge \pi\end{cases}$

3. 求下列拉普拉斯轉換：

   (a) $\mathcal{L}\{1+2t\}$ (b) $\mathcal{L}\{(1-t)^2\}$

   (c) $\mathcal{L}\{3e^{-t}+\sin 3t\}$ (d) $\mathcal{L}\{\cos t+\sin t\}$

   (e) $\mathcal{L}\{te^t+t\sin 4t\}$

二、反拉普拉斯轉換

4. 求下列反拉普拉斯轉換：

   (a) $\mathcal{L}^{-1}\{\dfrac{2}{s+2}\}$ (b) $\mathcal{L}^{-1}\{\dfrac{1}{s^4}\}$

   (c) $\mathcal{L}^{-1}\{\dfrac{3s}{s^2+1}\}$ (d) $\mathcal{L}^{-1}\{\dfrac{2}{s^2+2}\}$

   (e) $\mathcal{L}^{-1}\{\dfrac{s}{(s^2+4)^2}\}$

5. 求下列反拉普拉斯轉換：

   (a) $\mathcal{L}^{-1}\{\dfrac{s^2+s+1}{s^3}\}$ (b) $\mathcal{L}^{-1}\{\dfrac{s+1}{s^2+4}\}$

   (c) $\mathcal{L}^{-1}\{\dfrac{1}{(s-1)(s-2)}\}$ (d) $\mathcal{L}^{-1}\{\dfrac{1}{s^2+3s+2}\}$

   (e) $\mathcal{L}^{-1}\{\dfrac{s+1}{(s-1)^2}\}$ (f) $\mathcal{L}^{-1}\{\dfrac{1}{(s+1)(s+2)(s-3)}\}$

   (g) $\mathcal{L}^{-1}\{\dfrac{1}{(s-1)(s^2+1)}\}$

三、微積分與拉普拉斯轉換

6. 證明微分的拉普拉斯轉換定理：
$$\mathcal{L}\{f'(t)\} = sF(s) - f(0)$$

7. 求下列積分的拉普拉斯轉換：

(a) $\mathcal{L}\{\int_0^t e^\tau d\tau\}$ 　　　　　(b) $\mathcal{L}\{\int_0^t \sin 2\tau \, d\tau\}$

(c) $\mathcal{L}\{\int_0^t \tau e^{-2\tau} \, d\tau\}$ 　　　　(d) $\mathcal{L}\{\int_0^t \tau \cos \tau \, d\tau\}$

(e) $\mathcal{L}\{\int_0^t e^\tau \sin \tau \, d\tau\}$

(提示：本題應使用定理，不宜直接積分)

四、使用拉普拉斯轉換解初始值問題

8. 試使用拉普拉斯轉換解下列初始值問題：

(a) $\dfrac{dy}{dt} + 2y = e^t$, $y(0) = 1$

(b) $\dfrac{dy}{dt} + y = 5\cos 2t$, $y(0) = 0$

(c) $y'' + y = 0$, $y(0) = 1$, $y'(0) = 1$

(d) $y'' - 3y' + 2y = 1 + t$, $y(0) = 1$, $y'(0) = 0$

五、平移定理

9. 求下列拉普拉斯轉換(或反拉普拉斯轉換)：

(a) $\mathcal{L}\{e^{2t} t^4\}$ 　　　　　(b) $\mathcal{L}\{e^t \sin 2t\}$

(c) $\mathcal{L}\{e^{-t} \sinh t\}$ 　　　　(d) $\mathcal{L}^{-1}\{\dfrac{1}{(s-1)^4}\}$

(e) $\mathcal{L}^{-1}\{\dfrac{s}{s^2 + 2s + 10}\}$ 　　(f) $\mathcal{L}^{-1}\{\dfrac{1}{s^2 + 6s + 13}\}$

10. 給定下列函數 $f(t), t \geq 0$，試使用**單位步階函數**(Unit Step Function) $\mathcal{U}(t)$ 表示之：

(a) $f(t) = \begin{cases} 0 & 0 \leq t < 1 \\ 5 & t \geq 1 \end{cases}$ 　　(b) $f(t) = \begin{cases} 2 & 0 \leq t < 1 \\ 0 & t \geq 1 \end{cases}$

(c) $f(t) = \begin{cases} \sin t & 0 \leq t < \pi \\ 0 & t \geq \pi \end{cases}$ 　　(d) $f(t) = \begin{cases} 0 & 0 \leq t < 2 \\ t & 2 \leq t < 5 \\ 0 & t > 5 \end{cases}$

11. 繪製下列函數圖(試在不使用任何電腦輔助軟體的情況下)：
    (a) $t\,\mathcal{U}(t-1),\ t\in[0,5]$
    (b) $5\mathcal{U}(t-1)-5\mathcal{U}(t-3),\ t\in[0,5]$
    (c) $5\mathcal{U}(t)-3\mathcal{U}(t-2),\ t\in[0,5]$
    (d) $\sin t\,[\mathcal{U}(t)-\mathcal{U}(t-\pi)],\ t\in[0,2\pi]$
    (e) $\cos(t-\pi)\mathcal{U}(t-\pi)$

12. 求下列拉普拉斯轉換：
    (a) $\mathcal{L}\{(t-1)\,\mathcal{U}(t-1)\}$
    (b) $\mathcal{L}\{e^{2-t}\,\mathcal{U}(t-2)\}$
    (c) $\mathcal{L}\{\sin(t-\pi)\,\mathcal{U}(t-\pi)\}$
    (d) $\mathcal{L}\{t^2\,\mathcal{U}(t-1)\}$
    (e) $\mathcal{L}\{\sin 2t\,\mathcal{U}(t-\pi)\}$

13. 求下列反拉普拉斯轉換：
    (a) $\mathcal{L}^{-1}\{\dfrac{1}{s-1}e^{-2s}\}$ 　　(b) $\mathcal{L}^{-1}\{\dfrac{1}{s^2}e^{-4s}\}$
    (c) $\mathcal{L}^{-1}\{\dfrac{1}{(s-2)^2}e^{-s}\}$ 　　(d) $\mathcal{L}^{-1}\{\dfrac{s}{s^2+4}e^{-\pi s}\}$
    (e) $\mathcal{L}^{-1}\{\dfrac{1}{s^2+4}e^{-2\pi s}\}$

14. 解下列初始值問題：
    (a) $\dfrac{dy}{dt}+y=\mathcal{U}(t-1),\ y(0)=0$
    (b) $\dfrac{dy}{dt}+y=\mathcal{U}(t-1),\ y(0)=1$
    (c) $y''+4y=4\mathcal{U}(t-\pi),\ y(0)=0,\ y'(0)=0$

六、摺積

15. 求下列拉普拉斯轉換：
    (a) $\mathcal{L}\{1*t\}$ 　　(b) $\mathcal{L}\{t^2*\sin 2t\}$
    (c) $\mathcal{L}\{e^{-t}*t\cos t\}$ 　　(d) $\mathcal{L}\{\int_0^t \tau\,e^{-(t-\tau)}d\tau\}$
    (e) $\mathcal{L}\{\int_0^t e^{-\tau}\cos(t-\tau)d\tau\}$ 　　(f) $\mathcal{L}\{\int_0^t (t-\tau)\sin 2\tau\,d\tau\}$

16. 解下列 Volterra 積分方程式：
    (a) $f(t)+\int_0^t (t-\tau)f(\tau)d\tau=t$ 　　(b) $f(t)=1+\int_0^t \sin(t-\tau)f(\tau)d\tau$
    (c) $f(t)=2t+\int_0^t \tau\,f(t-\tau)d\tau$ 　　(d) $f(t)+\int_0^t f(\tau)d\tau=2\cos t$

七、週期性函數之轉換

17. 求下列週期性函數之拉普拉斯轉換：

(a)

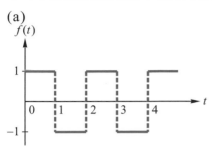

(b)

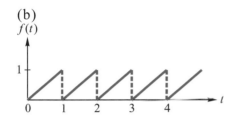

(c)

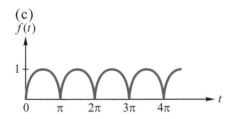

(d)

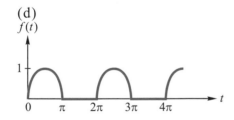

八、Dirac Delta 函數

18. 解下列初始值問題：

(a) $y'' + y = \delta(t - \pi)$, $y(0) = 0$, $y'(0) = 0$

(b) $y'' + y = \delta(t - \pi)$, $y(0) = 0$, $y'(0) = 1$

(c) $y'' + y = \delta(t - \pi)$, $y(0) = 1$, $y'(0) = 0$

(d) $y'' + 4y = \delta(t - \pi)$, $y(0) = 0$, $y'(0) = 0$

(e) $y'' - 4y' + 4y = \delta(t - \pi)$, $y(0) = 0$, $y'(0) = 0$

8

微分方程式系統

8.1 基本概念

8.2 系統消去法

8.3 拉普拉斯轉換法

8.4 矩陣求解法

8.5 微分方程式系統之數學模型

在科學或工程應用中，常須同時觀察兩個(含)或以上的應變數對於時間的變化現象，而且這些應變數有時也會互相影響。利用數學的方式來探討與解決這樣的問題，其模型化的結果即稱為**微分方程式系統**(System of Differential Equations)[1]。

本章先介紹**微分方程式系統**的基本概念與求解法，並延伸討論所牽涉的數學模型。

本章討論的主題包含：

- 微分方程式系統介紹
- 系統消去法
- 拉普拉斯轉換法
- 矩陣求解法
- 微分方程式系統之數學模型

---

[1] 同學在教室上課，教授在教室上課，同學由於受到教授的影響可以學到數學，教授也會受到同學的影響調整上課進度；同時，同學與教授都會隨著時間而改變，因此構成一個典型的**系統**(System)。當然，我不是在講上課睡覺的同學，因為這些同學不能算在這個系統內，可能昨晚已經與電腦遊戲對戰的對手構成另一個系統！

8.1 ▶ 基本概念

定義 8.1 微分方程式系統

微分方程式系統(System of Differential Equations)可以定義為:

「包含兩個(含)以上的微分方程式所構成的聯立方程組」

首先討論較為基本的微分方程式系統,其中包含兩個一階微分方程式,假設牽涉兩個應變數分別為 x 與 y,時間 t 為自變數,則系統可以表示如下:

$$\begin{cases} \dfrac{dx}{dt} = f(t,x,y) \\ \dfrac{dy}{dt} = g(t,x,y) \end{cases}$$

上述微分方程式系統僅牽涉一階微分,也可以表示成下列型態:

$$\begin{cases} F(x,y,x',y') = 0 \\ G(x,y,x',y') = 0 \end{cases}$$

微分方程式系統的**解**(Solution)為:

$$\begin{cases} x = \varphi_1(t) \\ y = \varphi_2(t) \end{cases}$$

亦即必須同時滿足系統中所有的微分方程式。

廣義而言,微分方程式系統可能包含 n 個微分方程式,則系統可以表示如下:

$$\begin{cases} \dfrac{dx_1}{dt} = g_1(t, x_1, x_2, ..., x_n) \\[2mm] \dfrac{dx_2}{dt} = g_2(t, x_1, x_2, ..., x_n) \\[2mm] \quad\vdots \\[2mm] \dfrac{dx_n}{dt} = g_n(t, x_1, x_2, ..., x_n) \end{cases}$$

上述微分方程式系統亦僅牽涉一階微分。微分方程式系統的**解**(Solution)為：

$$\mathbf{X} = \begin{bmatrix} x_1(t) \\ x_2(t) \\ \vdots \\ x_n(t) \end{bmatrix}$$

又稱為**向量解**(Solution Vector)。同理，這個解必須滿足系統中所有的微分方程式[2]。

微分方程式系統的求解法主要有三種方法：

● **系統消去法**

● **拉普拉斯轉換法**

● **矩陣求解法**

系統消去法是最基本的求解法，主要是將系統簡化成單一的微分方程式並逐一求解，適合僅含兩個微分方程式的系統；**拉普拉斯轉換法**是利用拉普拉斯轉換進行求解，適合含有初始條件的系統；**矩陣求解法**是利用微分方程式系統的矩陣表示法求解，適合一般性的線性微分方程式系統。

---

[2] 科學應用中，微分方程式系統求解是常見的。舉例而言，太空梭發射進入軌道，其所牽涉的微分方程式系統可能包含上百個微分方程式，科學家與工程師須設法求解，且求得的解必須滿足所有的方程式，稱得上是環環相扣，一點也不能馬虎！

微分方程式系統求解
● 系統消去法
● 拉普拉斯轉換法
● 矩陣求解法

8.2 ▶ 系統消去法

回顧微積分，導函數有兩個主要的表示法，分別爲萊布尼茲表示法與 Prime 表示法。在此另外介紹一個表示法，稱爲**微分算子**(Differential Operators)，以大寫字母 D 表示，在解微分方程式系統時是相當方便的數學符號。因此，D 這個符號在討論未定係數法時被保留不用。

微分算子可以用來表示下列一階導函數，即：

$$\frac{dx}{dt} = Dx, \ \frac{dy}{dt} = Dy$$

或是二階導函數：

$$\frac{d^2x}{dt^2} = D^2x, \ \frac{d^2y}{dt^2} = D^2y$$

以此類推，其中 $D = d/dt$(時間 t 爲自變數)。

以下列舉使用微分算子的範例：

$$D(t+t^2) = \frac{d}{dt}(t+t^2) = 1+2t$$

$$D(\sin 4t) = \frac{d}{dt}(\sin 4t) = 4\cos 4t$$

$$(D+2)(t+1) = D(t+1) + 2(t+1) = \frac{d}{dt}(t+1) + 2(t+1) = 2t+3$$

事實上，微分算子也可以用來解一般的常微分方程式，本書僅介紹如何使用它來解微分方程式系統。

顧名思義，**系統消去法**(Systematic Elimination)就是有系統的消去系統中的應變數將問題簡化成僅剩下單一應變數，其方法其實是與代數中解聯立方程式的原則相似，因此可以針對單一應變數所形成的微分方程式求解。系統消去法使用微分算子做為解微分方程式系統的工具，適合用來解較為基本的微分方程式系統(例如：僅含兩個微分方程式的系統)，以下以範例說明之。

範例

解微分方程式系統：$\dfrac{dx}{dt} = y,\ \dfrac{dy}{dt} = x$

解 使用**系統消去法**：

$$\begin{cases} \dfrac{dx}{dt} = y \\ \dfrac{dy}{dt} = x \end{cases} \quad 或 \quad \begin{cases} Dx - y = 0 & \dots(1) \\ x - Dy = 0 & \dots(2) \end{cases} \quad (使用\textbf{微分算子})$$

➤ **消去 y** $\Rightarrow$ $\begin{array}{l} (1)\times D \Rightarrow \begin{cases} D^2x - Dy = 0 & \dots(3) \\ (2) \Rightarrow \quad x - Dy = 0 & \dots(4) \end{cases} \end{array}$

$(3)-(4)$ $\Rightarrow$ $D^2x - x = 0$ 或 $\dfrac{d^2x}{dt^2} - x = 0$

$\therefore\ x(t) = c_1e^{-t} + c_2e^{t}$

➤ **消去 x** $\Rightarrow$ $\begin{cases} (1) \Rightarrow \quad Dx - y = 0 & \dots(5) \\ (2)\times D \Rightarrow Dx - D^2y = 0 & \dots(6) \end{cases}$

$(5)-(6)$ $\Rightarrow$ $D^2y - y = 0$ 或 $\dfrac{d^2y}{dt^2} - y = 0$

$\therefore\ y(t) = c_3e^{-t} + c_4e^{t}$

➤ **代入** $\Rightarrow$ $\dfrac{dx}{dt} = y\ (或\ \dfrac{dy}{dt} = x\ 亦可)$

$\dfrac{d}{dt}\left(c_1e^{-t} + c_2e^{t}\right) = c_3e^{-t} + c_4e^{t}$

$-c_1e^{-t} + c_2e^{t} = c_3e^{-t} + c_4e^{t}$

$\therefore\ c_3 = -c_1, c_4 = c_2$

因此微分方程式系統的解為：

$$\begin{cases} x(t) = c_1e^{-t} + c_2e^{t} \\ y(t) = -c_1e^{-t} + c_2e^{t} \end{cases}$$

範例

解微分方程式系統：$\dfrac{dx}{dt} = -x + 2y,\ \dfrac{dx}{dt} + \dfrac{dy}{dt} = 2y$

解 使用**系統消去法**：

$$\begin{cases} \dfrac{dx}{dt} = -x + 2y \\[2mm] \dfrac{dx}{dt} + \dfrac{dy}{dt} = 2y \end{cases} \quad \text{或} \quad \begin{cases} (D+1)x - 2y = 0 & \dots(1) \\ Dx + (D-2)y = 0 & \dots(2) \end{cases}$$

➢ **消去 y** $\Rightarrow$ $\begin{array}{l} (1)\times(D-2) \\ (2)\times 2 \end{array} \Rightarrow \begin{cases} (D+1)(D-2)x - 2(D-2)y = 0 & \dots(3) \\ 2Dx + 2(D-2)y = 0 & \dots(4) \end{cases}$

$(3)+(4) \Rightarrow D^2x + Dx - 2x = 0$ 或 $\dfrac{d^2x}{dt^2} + \dfrac{dx}{dt} - 2x = 0$

$\therefore\ x(t) = c_1 e^{-2t} + c_2 e^t$

➢ **消去 x** $\Rightarrow$ $\begin{array}{l} (1)\times D \\ (2)\times(D+1) \end{array} \Rightarrow \begin{cases} D(D+1)x - 2Dy = 0 & \dots(5) \\ D(D+1)x + (D+1)(D-2)y = 0 & \dots(6) \end{cases}$

$(6)-(5) \Rightarrow D^2y + Dy - 2y = 0$ 或 $\dfrac{d^2y}{dt^2} + \dfrac{dy}{dt} - 2y = 0$

$\therefore\ y(t) = c_3 e^{-2t} + c_4 e^t$

➢ **代入** $\Rightarrow$ $\dfrac{dx}{dt} = -x + 2y$（或 $\dfrac{dx}{dt} + \dfrac{dy}{dt} = 2y$ 亦可）

$\dfrac{d}{dt}(c_1 e^{-2t} + c_2 e^t) = -(c_1 e^{-2t} + c_2 e^t) + 2(c_3 e^{-2t} + c_4 e^t)$

$-2c_1 e^{-2t} + c_2 e^t = -c_1 e^{-2t} - c_2 e^t + 2c_3 e^{-2t} + 2c_4 e^t$

$\therefore\ c_3 = -\dfrac{1}{2}c_1,\ c_4 = c_2$

因此微分方程式系統的解為：

$$\begin{cases} x(t) = c_1 e^{-2t} + c_2 e^t \\[2mm] y(t) = -\dfrac{1}{2}c_1 e^{-2t} + c_2 e^t \end{cases}$$

8.3 ▶ 拉普拉斯轉換法

拉普拉斯轉換除了可以用來解常微分方程式之外，也可以用來解微分方程式系統。拉普拉斯轉換主要是針對具有初始條件的微分方程式系統求解，由於在前一章已大致介紹拉普拉斯轉換的基本概念與相關定理，在此就以下範例討論微分方程式系統的求解方法。

範例

解微分方程式系統：$\dfrac{dx}{dt} = x - y,\ \dfrac{dy}{dt} = x + y,\ x(0) = 1,\ y(0) = 2$

解 使用拉普拉斯轉換法：

$$\begin{cases} \dfrac{dx}{dt} = x - y \\ \dfrac{dy}{dt} = x + y \end{cases}, \quad x(0) = 1,\ y(0) = 2$$

➤ 拉普拉斯轉換 ⇒

$$\begin{cases} sX(s) - x(0) = X(s) - Y(s) \\ sY(s) - y(0) = X(s) + Y(s) \end{cases}$$

代入初始條件可整理成：

$$\begin{cases} (s-1)X(s) + Y(s) = 1 & \ldots(1) \\ -X(s) + (s-1)Y(s) = 2 & \ldots(2) \end{cases}$$

➤ 消去 $Y(s)$ ⇒

$$\begin{array}{ll} (1) \times (s-1) & \Rightarrow \\ (2) & \Rightarrow \end{array} \begin{cases} (s-1)^2 X(s) + (s-1)Y(s) = s-1 & \ldots(3) \\ -X(s) + (s-1)Y(s) = 2 & \ldots(4) \end{cases}$$

$$(3)-(4) \Rightarrow (s^2 - 2s + 2)X(s) = s - 3 \Rightarrow X(s) = \frac{s-3}{s^2 - 2s + 2}$$

➤ 消去 $X(s)$ ⇒

$$\begin{array}{ll} (1) & \Rightarrow \\ (2) \times (s-1) & \Rightarrow \end{array} \begin{cases} (s-1)X(s) + Y(s) = 1 & \ldots(5) \\ -(s-1)X(s) + (s-1)^2 Y(s) = 2(s-1) & \ldots(6) \end{cases}$$

$$(5)+(6) \Rightarrow (s^2 - 2s + 2)Y(s) = 2s - 1 \Rightarrow Y(s) = \frac{2s-1}{s^2 - 2s + 2}$$

➤ 反拉普拉斯轉換 ⇒

$$x(t) = \mathcal{L}^{-1}\{\frac{s-3}{s^2 - 2s + 2}\} = \mathcal{L}^{-1}\{\frac{s-1}{(s-1)^2 + 1}\} - 2\mathcal{L}^{-1}\{\frac{1}{(s-1)^2 + 1}\}$$

$$= e^t \cos t - 2e^t \sin t$$

$$y(t) = \mathcal{L}^{-1}\{\frac{2s-1}{s^2-2s+2}\} = 2\mathcal{L}^{-1}\{\frac{s-1}{(s-1)^2+1}\} + \mathcal{L}^{-1}\{\frac{1}{(s-1)^2+1}\}$$

$$= 2e^t\cos t + e^t\sin t$$

因此微分方程式系統的解爲：

$$\begin{cases} x(t) = e^t\cos t - 2e^t\sin t \\ y(t) = 2e^t\cos t + e^t\sin t \end{cases}$$ ∎

8.4 ▶ 矩陣求解法

若微分方程式系統可以表示成矩陣的型態，則可使用**矩陣求解法**求解。矩陣求解法牽涉矩陣的基本概念，相信您在線性代數課程中已有初步的認識。本節先概略複習矩陣的基本概念，進而介紹微分方程式系統求解。

8.4.1 基本概念

定義 8.2 矩陣

矩陣(Matrix)可以定義爲：

$$\begin{bmatrix} a_{11} & a_{12} & \cdots & a_{1n} \\ a_{21} & a_{22} & \cdots & a_{2n} \\ \vdots & \vdots & \ddots & \vdots \\ a_{m1} & a_{m2} & \cdots & a_{mn} \end{bmatrix}$$

是由一個 m 列與 n 行元素排列形成的矩形陣列，又稱爲 $m \times n$ 矩陣。矩陣中的元素可以是數字、符號或數學式。

舉例而言，下列矩陣：

$$\mathbf{A} = \begin{bmatrix} 1 & 2 & 3 \\ -1 & 1 & 4 \\ 3 & 0 & 1 \end{bmatrix}$$

爲 3×3 矩陣($m = 3$、$n = 3$)。當矩陣的列數與行數相等時，矩陣又稱爲**方矩陣** (Square Matrix)。下列矩陣：

$$\mathbf{B} = \begin{bmatrix} 1 & 4 & 3 \\ -1 & 2 & 1 \end{bmatrix}$$

則為 2×3 矩陣。

此外，$n \times 1$ 矩陣稱為**行向量**(Column Vector)，例如：

$$\begin{bmatrix} 1 \\ 1 \end{bmatrix} \quad \begin{bmatrix} 1 \\ 2 \\ -1 \end{bmatrix} \quad \begin{bmatrix} 2 \\ 3 \\ -1 \\ 1 \end{bmatrix} \quad \cdots 等$$

$1 \times n$ 矩陣則稱為**列向量**(Row Vector)，例如：

$$[1 \quad 2] \quad [1 \quad 3 \quad 2] \quad [1 \quad -1 \quad 2 \quad 3] \cdots 等$$

矩陣的基本運算，例如：加法、減法、乘法、**轉置**、行列式、反矩陣等，是屬於**線性代數**(Linear Algebra)的討論範圍，因此不在此討論[3]。以下僅特別針對矩陣的**特徵值**(Eigenvalue)與**特徵向量**(Eigenvector)進行說明。

定義 8.3　**特徵值與特徵向量**

設 $\mathbf{A}$ 為 $n \times n$ 矩陣，若存在一純量 λ 與一非零向量 $\mathbf{V}$ 滿足下列公式：

$$\mathbf{A}\,\mathbf{V} = \lambda\,\mathbf{V}$$

則 λ 稱為**特徵值**(Eigenvalue)、$\mathbf{V}$ 稱為**特徵向量**(Eigenvector)。

為了求 λ 與非零向量 $\mathbf{V}$，我們改寫公式為：

$$\mathbf{A}\,\mathbf{V} - \lambda\,\mathbf{V} = \mathbf{0}$$

可以分解成：

$$(\mathbf{A} - \lambda\,\mathbf{I})\,\mathbf{V} = \mathbf{0}$$

---

[3]　若您不熟悉這些矩陣的基本運算，請您參考線性代數相關書籍。

其中 $\mathbf{I}$ 為單位矩陣。由於目的是求非零向量 $\mathbf{V}(\mathbf{V} \neq \mathbf{0})$ 使得公式為 0，則 $\mathbf{A} - \lambda\mathbf{I}$ 必須是**奇異**(Singular)矩陣。因此可得：

$$\det(\mathbf{A} - \lambda\mathbf{I}) = 0$$

稱為**特性方程式**(Characteristic Equation)，其中 det 表示行列式。

範例

求矩陣 $\begin{bmatrix} 1 & 2 \\ 3 & 2 \end{bmatrix}$ 的特徵值與特徵向量

解　根據特性方程式 $\det(\mathbf{A} - \lambda\mathbf{I}) = 0$

$$\begin{vmatrix} 1-\lambda & 2 \\ 3 & 2-\lambda \end{vmatrix} = 0$$

則：

$$(1-\lambda)(2-\lambda) - (2)(3) = 0 \implies \lambda^2 - 3\lambda - 4 = 0 \implies \lambda_{1,2} = -1, 4$$

➤ 若 $\lambda_1 = -1 \implies$ 代入 $\mathbf{A}\mathbf{V} = \lambda\mathbf{V}$

$$\begin{bmatrix} 1 & 2 \\ 3 & 2 \end{bmatrix}\begin{bmatrix} v_1 \\ v_2 \end{bmatrix} = (-1)\begin{bmatrix} v_1 \\ v_2 \end{bmatrix}$$

則可得聯立方程式：

$$\begin{cases} v_1 + 2v_2 = -v_1 \\ 3v_1 + 2v_2 = -v_2 \end{cases} \text{ 或 } \begin{cases} 2v_1 + 2v_2 = 0 \\ 3v_1 + 3v_2 = 0 \end{cases}$$

因此對應的特徵向量為：$\begin{bmatrix} 1 \\ -1 \end{bmatrix}$ (並非唯一解)

➤ 若 $\lambda_1 = 4 \implies$ 代入 $\mathbf{A}\mathbf{V} = \lambda\mathbf{V}$

$$\begin{bmatrix} 1 & 2 \\ 3 & 2 \end{bmatrix}\begin{bmatrix} v_1 \\ v_2 \end{bmatrix} = 4\begin{bmatrix} v_1 \\ v_2 \end{bmatrix}$$

則可得聯立方程式：

$$\begin{cases} v_1 + 2v_2 = 4v_1 \\ 3v_1 + 2v_2 = 4v_2 \end{cases} \text{ 或 } \begin{cases} -3v_1 + 2v_2 = 0 \\ 3v_1 - 2v_2 = 0 \end{cases}$$

因此對應的特徵向量為：$\begin{bmatrix} 2 \\ 3 \end{bmatrix}$ (並非唯一解)

矩陣的**特徵值**為 -1 與 4，**特徵向量**為 $\begin{bmatrix} 1 \\ -1 \end{bmatrix}$ 與 $\begin{bmatrix} 2 \\ 3 \end{bmatrix}$ ∎

範例

求矩陣 $\begin{bmatrix} 1 & 1 & 2 \\ 0 & 1 & 3 \\ 0 & 0 & 2 \end{bmatrix}$ 的特徵值與特徵向量

解 根據特性方程式 $\det(\mathbf{A} - \lambda \mathbf{I}) = 0$

$$\begin{vmatrix} 1-\lambda & 1 & 2 \\ 0 & 1-\lambda & 3 \\ 0 & 0 & 2-\lambda \end{vmatrix} = 0$$

則：

$$(1-\lambda)(1-\lambda)(2-\lambda) = 0 \quad \Rightarrow \quad \lambda_{1,2,3} = 1, 1, 2$$

➤ 若 $\lambda_1 = 1 \Rightarrow$ 代入 $\mathbf{A}\,\mathbf{V} = \lambda\,\mathbf{V}$

$$\begin{bmatrix} 1 & 1 & 2 \\ 0 & 1 & 3 \\ 0 & 0 & 2 \end{bmatrix} \begin{bmatrix} v_1 \\ v_2 \\ v_3 \end{bmatrix} = (1) \begin{bmatrix} v_1 \\ v_2 \\ v_3 \end{bmatrix}$$

則可得聯立方程式：

$$\begin{cases} v_1 + v_2 + 2v_3 = v_1 \\ v_2 + 3v_3 = v_2 \\ 2v_3 = v_3 \end{cases} \quad \text{或} \quad \begin{cases} v_2 + 2v_3 = 0 \\ 3v_3 = 0 \\ v_3 = 0 \end{cases}$$

因此對應的特徵向量為：$\begin{bmatrix} 1 \\ 0 \\ 0 \end{bmatrix}$ （並非唯一解）

➤ 若 $\lambda_1 = 2 \Rightarrow$ 代入 $\mathbf{A}\,\mathbf{V} = \lambda\,\mathbf{V}$

$$\begin{bmatrix} 1 & 1 & 2 \\ 0 & 1 & 3 \\ 0 & 0 & 2 \end{bmatrix} \begin{bmatrix} v_1 \\ v_2 \\ v_3 \end{bmatrix} = (2) \begin{bmatrix} v_1 \\ v_2 \\ v_3 \end{bmatrix}$$

則可得聯立方程式：

$$\begin{cases} v_1 + v_2 + 2v_3 = 2v_1 \\ v_2 + 3v_3 = 2v_2 \\ 2v_3 = 2v_3 \end{cases} \quad \text{或} \quad \begin{cases} -v_1 + v_2 + 2v_3 = 0 \\ -v_2 + 3v_3 = 0 \\ v_3 = v_3 \end{cases}$$

因此對應的特徵向量為：$\begin{bmatrix} 5 \\ 3 \\ 1 \end{bmatrix}$ (並非唯一解)

矩陣的**特徵值**為 1 與 2，**特徵向量**為 $\begin{bmatrix} 1 \\ 0 \\ 0 \end{bmatrix}$ 與 $\begin{bmatrix} 5 \\ 3 \\ 1 \end{bmatrix}$ ■

可以注意到，上述範例所討論的矩陣，其特徵值與特徵向量均為實數，但包含重複的特徵值 1。

8.4.2　微分方程式系統的矩陣表示法

一般來說，矩陣求解法比系統消去法或拉普拉斯轉換法更適合解複雜的微分方程式系統(例如：包含 n 個微分方程式所形成的系統等)。在此，我們討論線性的微分方程式系統與其矩陣表示法。

假設應變數包含 $x_1, x_2, x_3, ..., x_n$，則一階微分方程式系統可以表示成：

$$\frac{dx_1}{dt} = a_{11}(t)\, x_1 + a_{12}(t)\, x_2 + \cdots + a_{1n}(t)\, x_n + f_1(t)$$

$$\frac{dx_2}{dt} = a_{21}(t)\, x_1 + a_{22}(t)\, x_2 + \cdots + a_{2n}(t)\, x_n + f_2(t)$$

$$\vdots$$

$$\frac{dx_n}{dt} = a_{n1}(t)\, x_1 + a_{n2}(t)\, x_2 + \cdots + a_{nn}(t)\, x_n + f_n(t)$$

稱為**線性系統**(Linear System)，其中包含 n 個一階微分方程式。若 $f_i(t) = 0$, $i = 1, ..., n$，則線性系統為**齊次**(Homogeneous)；否則為**非齊次**(Nonhomogeneous)。

上述線性系統可以表示成矩陣的型態如下：

$$\frac{d}{dt}\begin{bmatrix} x_1 \\ x_2 \\ \vdots \\ x_n \end{bmatrix} = \begin{bmatrix} a_{11}(t) & a_{12}(t) & \cdots & a_{1n}(t) \\ a_{21}(t) & a_{22}(t) & \cdots & a_{2n}(t) \\ \vdots & \vdots & \ddots & \vdots \\ a_{n1}(t) & a_{n2}(t) & \cdots & a_{nn}(t) \end{bmatrix}\begin{bmatrix} x_1 \\ x_2 \\ \vdots \\ x_n \end{bmatrix} + \begin{bmatrix} f_1(t) \\ f_2(t) \\ \vdots \\ f_n(t) \end{bmatrix}$$

或表示成：

$$\mathbf{X}' = \mathbf{AX} + \mathbf{F}$$

若微分方程式系統為**齊次**，則可表示成矩陣的型態：

$$\mathbf{X}' = \mathbf{AX}$$

微分方程式系統的解為：

$$\mathbf{X} = \begin{bmatrix} x_1(t) \\ x_2(t) \\ \vdots \\ x_n(t) \end{bmatrix}$$

又稱為系統的**向量解**(Solution Vector)；其中，函數 $x_1(t), x_2(t), ..., x_n(t)$ 均為可微分。

範例

試將下列微分方程式系統表示成矩陣的型態：

$$\frac{dx_1}{dt} = 4x_1 + x_2, \quad \frac{dx_2}{dt} = -2x_1 + 3x_2$$

解 矩陣的型態為：

$$\begin{bmatrix} \dfrac{dx_1}{dt} \\ \dfrac{dx_2}{dt} \end{bmatrix} = \begin{bmatrix} 4 & 1 \\ -2 & 3 \end{bmatrix}\begin{bmatrix} x_1 \\ x_2 \end{bmatrix}$$

或

$$\mathbf{X}' = \mathbf{AX}$$

注意本範例之矩陣分別為：

$$\mathbf{X} = \begin{bmatrix} x_1 \\ x_2 \end{bmatrix} \text{、} \quad \mathbf{A} = \begin{bmatrix} 4 & 1 \\ -2 & 3 \end{bmatrix}$$

範 例

試將下列微分方程式系統表示成矩陣的型態：

$$\frac{dx_1}{dt} = 2x_1 + x_2 - x_3 + e^t, \frac{dx_2}{dt} = x_1 + x_2 + \cos t, \frac{dx_3}{dt} = -x_2 + x_3 - t$$

解 矩陣的型態為：

$$\begin{bmatrix} \frac{dx_2}{dt} \\ \frac{dx_2}{dt} \\ \frac{dx_3}{dt} \end{bmatrix} = \begin{bmatrix} 2 & 1 & -1 \\ 1 & 1 & 0 \\ 0 & -1 & 1 \end{bmatrix} \begin{bmatrix} x_1 \\ x_2 \\ x_3 \end{bmatrix} + \begin{bmatrix} e^t \\ \cos t \\ -t \end{bmatrix}$$

或

$$\mathbf{X}' = \mathbf{AX} + \mathbf{F}$$

注意本範例之矩陣分別為：

$$\mathbf{X} = \begin{bmatrix} x_1 \\ x_2 \\ x_3 \end{bmatrix}, \quad \mathbf{A} = \begin{bmatrix} 2 & 1 & -1 \\ 1 & 1 & 0 \\ 0 & -1 & 1 \end{bmatrix}, \quad \mathbf{F} = \begin{bmatrix} e^t \\ \cos t \\ -t \end{bmatrix}$$

8.4.3 齊次微分方程式系統

本節討論**齊次**(Homogeneous)微分方程式系統，可以表示成：

$$\mathbf{X}' = \mathbf{AX} \tag{1}$$

其中 $\mathbf{A}$ 為 $n \times n$ 矩陣。

觀念上，微分方程式系統的**通解**(General Solution)其實與高階微分方程式的通解是相似的。

定義 8.4 線性獨立解

若 $\mathbf{X}_1, \mathbf{X}_2, ..., \mathbf{X}_n$ 為齊次微分方程式系統(1)的解(向量解)，且為**線性獨立**，則稱為**基本解集**(Fundamental Set of Solutions)或**基底**(Basis)。

定理 8.1 重疊原理

若 $\mathbf{X}_1, \mathbf{X}_2, ..., \mathbf{X}_n$ 為齊次微分方程式系統(1)的解(向量解)，則其線性組合：

$$\mathbf{X} = c_1\mathbf{X}_1 + c_2\mathbf{X}_2 + \cdots + c_n\mathbf{X}_n$$

亦是該系統的解(向量解)。

定理 8.2 通解

若 $\mathbf{X}_1, \mathbf{X}_2, ..., \mathbf{X}_n$ 為齊次微分方程式系統(1)的**基本解集**或**基底**，則其線性組合：

$$\mathbf{X} = c_1\mathbf{X}_1 + c_2\mathbf{X}_2 + \cdots + c_n\mathbf{X}_n$$

稱為該系統的**通解**(General Solution)。

齊次(Homogeneous)微分方程式系統，可以表示成：

$$\mathbf{X}' = \mathbf{AX}$$

其中 $\mathbf{A}$ 為 $n \times n$ 矩陣，且 $\mathbf{A}$ 的元素均為實數。

【求解法】

→ 求矩陣 $\mathbf{A}$ 的**特徵值**(Eigenvalues)與**特徵向量**(Eigenvectors)

→ 根據特徵值可以分成三種情況(以下分別討論之)：

情況	特徵值的型態
Case I	相異實數
Case II	含重複之特徵值
Case III	含共軛複數

→ 列出系統的**通解**(General Solution)

Case I　特徵值為相異實數

定理 8.3　**齊次微分方程式系統的通解**

設 $\lambda_1, \lambda_2,..., \lambda_n$ 為矩陣 $\mathbf{A}$ 的 n 個特徵值，且均為相異實數；$\mathbf{V}_1, \mathbf{V}_2,..., \mathbf{V}_n$ 為對應之特徵向量，則齊次微分方程式系統的**通解**為：

$$\mathbf{X} = c_1\mathbf{V}_1 e^{\lambda_1 t} + c_2\mathbf{V}_2 e^{\lambda_2 t} + \cdots + c_n\mathbf{V}_n e^{\lambda_n t}$$

　　齊次微分方程式系統在求解時是先將系統表示成矩陣的型態，並根據矩陣 $\mathbf{A}$ 求**特徵值**(Eigenvalues)與**特徵向量**(Eigenvectors)；若求得的特徵值均為**相異實數**，則可根據上述定理列出該系統的通解。

　　請特別注意，當特徵值為相異實數($\lambda_1 \neq \lambda_2 \neq \cdots$)時，其對應的特徵向量 $\mathbf{V}_1, \mathbf{V}_2,..., \mathbf{V}_n$ 亦為線性獨立，因此使得：

$$\mathbf{X}_1 = \mathbf{V}_1 e^{\lambda_1 t}, \mathbf{X}_2 = \mathbf{V}_2 e^{\lambda_2 t}, ..., \mathbf{X}_n = \mathbf{V}_n e^{\lambda_n t}$$

構成基本解集(或基底)，其線性組合稱為通解。

範 例

解微分方程式系統：$\dfrac{dx_1}{dt} = x_1 + 2x_2, \dfrac{dx_2}{dt} = 3x_1 + 2x_2$

解 先表示成矩陣的型態：

$$\begin{bmatrix} \dfrac{dx_1}{dt} \\ \dfrac{dx_2}{dt} \end{bmatrix} = \begin{bmatrix} 1 & 2 \\ 3 & 2 \end{bmatrix}\begin{bmatrix} x_1 \\ x_2 \end{bmatrix}$$

或

$$\mathbf{X}' = \mathbf{AX}$$

其中

$$\mathbf{A} = \begin{bmatrix} 1 & 2 \\ 3 & 2 \end{bmatrix}$$

求矩陣 $\mathbf{A}$ 的特徵值可得(請參考 8.4.1 範例)：

$$\lambda_{1,2} = -1, 4 \,(爲\textbf{相異實數})$$

對應的特徵向量爲：

$$\mathbf{V}_1 = \begin{bmatrix} 1 \\ -1 \end{bmatrix} \quad 與 \quad \mathbf{V}_2 = \begin{bmatrix} 2 \\ 3 \end{bmatrix}$$

根據定理，則系統的**通解**爲：

$$\mathbf{X} = c_1 \begin{bmatrix} 1 \\ -1 \end{bmatrix} e^{-t} + c_2 \begin{bmatrix} 2 \\ 3 \end{bmatrix} e^{4t}$$

上述範例的解也可以表示成：

$$\begin{cases} x_1(t) = c_1 e^{-t} + 2c_2 e^{4t} \\ x_2(t) = -c_1 e^{-t} + 3c_2 e^{4t} \end{cases}$$

求解時當然也可以使用前述之系統消去法或拉普拉斯轉換法，建議您可自行求解並比較其差異。

Case II 含重複之特徵值

求微分方程式系統的解時，矩陣 $\mathbf{A}$ 的特徵值可能不全是相異實數，某些特徵值可能會重複(與高階微分方程式的重根情形類似)，則求系統的通解時過程略

為複雜。

假設給定的矩陣 $\mathbf{A}$ 為 $n \times n$ 矩陣，求得 n 個特徵值，則可分成下列兩種情形說明：

(1) 若包含 m 個($m \leq n$)重複的特徵值(均為 λ_1)，但可求得線性獨立的特徵向量 $\mathbf{V}_1, \mathbf{V}_2,..., \mathbf{V}_m$，則通解包含下列線性組合：

$$c_1\mathbf{V}_1 e^{\lambda_1 t} + c_2\mathbf{V}_2 e^{\lambda_1 t} + \cdots + c_m\mathbf{V}_m e^{\lambda_m t}$$

(2) 若包含 m 個($m \leq n$)重複的特徵值(均為 λ_1)，但僅能求得一個對應的特徵向量，則 m 個線性獨立解分別為：

$$\mathbf{X}_1 = \mathbf{V}_{11} e^{\lambda_1 t}$$
$$\mathbf{X}_2 = \mathbf{V}_{21}\, t e^{\lambda_1 t} + \mathbf{V}_{22} e^{\lambda_1 t}$$
$$\vdots$$
$$\mathbf{X}_m = \mathbf{V}_{m1}\frac{t^{m-1}}{(m-1)!}e^{\lambda_1 t} + \mathbf{V}_{m2}\frac{t^{m-2}}{(m-2)!}e^{\lambda_1 t} + \cdots + \mathbf{V}_{mm}e^{\lambda_1 t}$$

其中 $\mathbf{V}_{ij}$ 均為行向量。

上述第二種情況較為複雜，假設有重複的特徵值，但僅能求得一對應的特徵向量，則第二個解：

$$\mathbf{X}_2 = \mathbf{V}_1\, t e^{\lambda_1 t} + \mathbf{V}_2 e^{\lambda_1 t}$$

必須滿足齊次系統：

$$\mathbf{X}' = \mathbf{A}\mathbf{X}$$

可簡化為：

$$(\mathbf{A}\mathbf{V}_1 - \lambda_1\mathbf{V}_1)\, t e^{\lambda_1 t} + (\mathbf{A}\mathbf{V}_2 - \lambda_1\mathbf{V}_2 - \mathbf{V}_1)\, e^{\lambda_1 t} = 0$$

因此，

$$(\mathbf{A} - \lambda_1\mathbf{I})\mathbf{V}_1 = 0$$
$$(\mathbf{A} - \lambda_1\mathbf{I})\mathbf{V}_2 = \mathbf{V}_1$$

範 例

解微分方程式系統：

$$\frac{dx_1}{dt} = x_1 + 2x_2, \frac{dx_2}{dt} = 2x_1 + x_2, \frac{dx_3}{dt} = 3x_3$$

解　先表示成矩陣的型態：

$$\begin{bmatrix} \dfrac{dx_1}{dt} \\[2mm] \dfrac{dx_2}{dt} \\[2mm] \dfrac{dx_3}{dt} \end{bmatrix} = \begin{bmatrix} 1 & 2 & 0 \\ 2 & 1 & 0 \\ 0 & 0 & 3 \end{bmatrix} \begin{bmatrix} x_1 \\ x_2 \\ x_3 \end{bmatrix}$$

或

$$\mathbf{X'} = \mathbf{AX}$$

其中

$$\mathbf{A} = \begin{bmatrix} 1 & 2 & 0 \\ 2 & 1 & 0 \\ 0 & 0 & 3 \end{bmatrix}$$

求矩陣 $\mathbf{A}$ 的特徵值可得：

$$\begin{vmatrix} 1-\lambda & 2 & 0 \\ 2 & 1-\lambda & 0 \\ 0 & 0 & 3-\lambda \end{vmatrix} = 0$$

$\Rightarrow \quad (1-\lambda)(1-\lambda)(3-\lambda) - 4(3-\lambda) = 0$

$\Rightarrow \quad \lambda_{1,2,3} = -1, 3, 3$

➤ 若 $\lambda_1 = -1 \Rightarrow$ 代入 $\mathbf{AV} = \lambda\mathbf{V}$

$$\begin{bmatrix} 1 & 2 & 0 \\ 2 & 1 & 0 \\ 0 & 0 & 3 \end{bmatrix} \begin{bmatrix} v_1 \\ v_2 \\ v_3 \end{bmatrix} = (-1) \begin{bmatrix} v_1 \\ v_2 \\ v_3 \end{bmatrix}$$

則可得聯立方程式：

$$\begin{cases} v_1 + 2v_2 = -v_1 \\ 2v_1 + v_2 = -v_2 \\ 3v_3 = -v_3 \end{cases} \quad 或 \quad \begin{cases} 2v_1 + 2v_2 = 0 \\ 2v_1 + 2v_2 = 0 \\ v_3 = 0 \end{cases}$$

因此對應的特徵向量為：$\begin{bmatrix} 1 \\ -1 \\ 0 \end{bmatrix}$

➢ 若 $\lambda_{2,3} = 3$ ⇒ 代入 $\mathbf{A}\,\mathbf{V} = \lambda\,\mathbf{V}$

$$\begin{bmatrix} 1 & 2 & 0 \\ 2 & 1 & 0 \\ 0 & 0 & 3 \end{bmatrix} \begin{bmatrix} v_1 \\ v_2 \\ v_3 \end{bmatrix} = (3) \begin{bmatrix} v_1 \\ v_2 \\ v_3 \end{bmatrix}$$

則可得聯立方程式：

$$\begin{cases} v_1 + 2v_2 = 3v_1 \\ 2v_1 + v_2 = 3v_2 \\ 3v_3 = 3v_3 \end{cases} \text{或} \begin{cases} -2v_1 + 2v_2 = 0 \\ 2v_1 - 2v_2 = 0 \\ v_3 = v_3 \end{cases}$$

雖然特徵值重複，但仍可求得對應的兩個特徵向量：

$\begin{bmatrix} 1 \\ 1 \\ 0 \end{bmatrix}$、$\begin{bmatrix} 0 \\ 0 \\ 1 \end{bmatrix}$ 為**線性獨立**。

根據定理，則系統的**通解**為：

$$\mathbf{X} = c_1 \begin{bmatrix} 1 \\ -1 \\ 0 \end{bmatrix} e^{-t} + c_2 \begin{bmatrix} 1 \\ 1 \\ 0 \end{bmatrix} e^{3t} + c_3 \begin{bmatrix} 0 \\ 0 \\ 1 \end{bmatrix} e^{3t}$$

■

範例

解微分方程式系統：

$$\frac{dx_1}{dt} = -x_1 + 3x_2, \frac{dx_2}{dt} = -3x_1 + 5x_2$$

解　先表示成矩陣的型態：

$$\begin{bmatrix} \dfrac{dx_1}{dt} \\ \dfrac{dx_2}{dt} \end{bmatrix} = \begin{bmatrix} -1 & 3 \\ -3 & 5 \end{bmatrix} \begin{bmatrix} x_1 \\ x_2 \end{bmatrix}$$

或

$$\mathbf{X}' = \mathbf{A}\mathbf{X}$$

其中

$$\mathbf{A} = \begin{bmatrix} -1 & 3 \\ -3 & 5 \end{bmatrix}$$

求矩陣 A 的特徵值可得：

$$\begin{vmatrix} -1-\lambda & 3 \\ -3 & 5-\lambda \end{vmatrix} = 0 \quad \Rightarrow \quad (-1-\lambda)(5-\lambda)-(-9)=0 \quad \Rightarrow \quad \lambda_{1,2} = 2,2$$

➢ 若 $\lambda_1 = 2 \Rightarrow$ 代入 $\mathbf{A}\,\mathbf{V} = \lambda\,\mathbf{V}$

$$\begin{bmatrix} -1 & 3 \\ -3 & 5 \end{bmatrix}\begin{bmatrix} v_1 \\ v_2 \end{bmatrix} = (2)\begin{bmatrix} v_1 \\ v_2 \end{bmatrix}$$

則可得聯立方程式：

$$\begin{cases} -v_1 + 3v_2 = 2v_1 \\ -3v_1 + 5v_2 = 2v_2 \end{cases} \quad 或 \quad \begin{cases} -3v_1 + 3v_2 = 0 \\ -3v_1 + 3v_2 = 0 \end{cases}$$

因此對應的特徵向量為：$\begin{bmatrix} 1 \\ 1 \end{bmatrix}$

本範例無法求得第二個線性獨立的特徵向量：

設 $\mathbf{V}_1 = \begin{bmatrix} 1 \\ 1 \end{bmatrix}$，第二個特徵向量滿足

$$(\mathbf{A} - \lambda_1 \mathbf{I})\mathbf{V}_2 = \mathbf{V}_1$$

$$\begin{bmatrix} -1-2 & 3 \\ -3 & 5-2 \end{bmatrix}\begin{bmatrix} v_1 \\ v_2 \end{bmatrix} = \begin{bmatrix} 1 \\ 1 \end{bmatrix}$$

則可得聯立方程式：

$$\begin{cases} -3v_1 + 3v_2 = 1 \\ -3v_1 + 3v_2 = 1 \end{cases}$$

可取得對應的特徵向量為：$\begin{bmatrix} -1/3 \\ 0 \end{bmatrix}$

根據定理，則系統的**通解**為：

$$\mathbf{X} = c_1 \begin{bmatrix} 1 \\ 1 \end{bmatrix} e^{2t} + c_2 \left(\begin{bmatrix} 1 \\ 1 \end{bmatrix} te^{2t} + \begin{bmatrix} -1/3 \\ 0 \end{bmatrix} e^{2t} \right) \qquad ∎$$

上述兩範例的特徵值雖然有重複的現象，但仍均為實數。以下介紹特徵值為共軛複數的情況，即矩陣 $\mathbf{A}$ 的特徵值為 $\alpha \pm i\beta$。

Case III　特徵值為共軛複數

定理 8.4　共軛複數

設微分方程式系統 $\mathbf{X}' = \mathbf{AX}$ 之矩陣 $\mathbf{A}$ 的元素均爲實數，其特徵值爲複數 $\lambda_1 = \alpha + i\beta$，其中 α、β 均爲實數；$\mathbf{V}_1$ 爲對應之特徵向量，則系統的**通解**包含：

$$\mathbf{V}_1 e^{\lambda_1 t} \quad 與 \quad \overline{\mathbf{V}_1} e^{\overline{\lambda_1} t}$$

微分方程式系統的通解牽涉共軛複數，通常也希望可以表示成實數函數的型態。利用歐拉公式，則：

$$\mathbf{V}_1 e^{\lambda_1 t} = \mathbf{V}_1 e^{(\alpha + \beta i)t} = \mathbf{V}_1 \, e^{\alpha t} \cdot e^{i\beta t} = \mathbf{V}_1 \, e^{\alpha t} (\cos \beta t + i \sin \beta t)$$

$$\overline{\mathbf{V}_1} e^{\overline{\lambda_1} t} = \overline{\mathbf{V}_1} e^{(\alpha - \beta i)t} = \overline{\mathbf{V}_1} \, e^{\alpha t} \cdot e^{-i\beta t} = \overline{\mathbf{V}_1} \, e^{\alpha t} (\cos \beta t - i \sin \beta t)$$

根據重疊原理，下列向量亦爲系統的解：

$$\mathbf{X_1} = \frac{1}{2}\left(\mathbf{V}_1 e^{\lambda_1 t} + \overline{\mathbf{V}_1} e^{\overline{\lambda_1} t}\right) = \frac{1}{2}\left(\mathbf{V}_1 + \overline{\mathbf{V}_1}\right) e^{\alpha t} \cos \beta t - \frac{i}{2}\left(-\mathbf{V}_1 + \overline{\mathbf{V}_1}\right) e^{\alpha t} \sin \beta t$$

$$\mathbf{X_2} = \frac{i}{2}\left(-\mathbf{V}_1 e^{\lambda_1 t} + \overline{\mathbf{V}_1} e^{\overline{\lambda_1} t}\right) = \frac{i}{2}\left(-\mathbf{V}_1 + \overline{\mathbf{V}_1}\right) e^{\alpha t} \cos \beta t + \frac{1}{2}\left(\mathbf{V}_1 + \overline{\mathbf{V}_1}\right) e^{\alpha t} \sin \beta t$$

其中，

$$\frac{1}{2}\left(\mathbf{V}_1 + \overline{\mathbf{V}_1}\right) = \mathrm{Re}(\mathbf{V}_1) \text{、} \frac{i}{2}\left(-\mathbf{V}_1 + \overline{\mathbf{V}_1}\right) = \mathrm{Im}(\mathbf{V}_1)$$

分別爲特徵向量的實部(Re)與虛部(Im)，均爲實數。

定理 8.5　共軛複數的實數解

設微分方程式系統 $\mathbf{X}' = \mathbf{AX}$ 之矩陣 $\mathbf{A}$ 的元素均爲實數，其特徵值爲複數 $\lambda_1 = \alpha + i\beta$，其中 α、β 均爲實數；$\mathbf{V}_1$ 爲對應之特徵向量，則系統的**通解**包含線性獨立解：

$$\mathbf{X_1} = \left[\mathrm{Re}(\mathbf{V}_1) \cos \beta t - \mathrm{Im}(\mathbf{V}_1) \sin \beta t\right] e^{\alpha t}$$
$$\mathbf{X_2} = \left[\mathrm{Im}(\mathbf{V}_1) \cos \beta t + \mathrm{Re}(\mathbf{V}_1) \sin \beta t\right] e^{\alpha t}$$

範例

解微分方程式系統：

$$\frac{dx_1}{dt} = x_1 + 2x_2, \frac{dx_2}{dt} = -2x_1 + x_2$$

解 先表示成矩陣的型態：

$$\begin{bmatrix} \dfrac{dx_1}{dt} \\ \dfrac{dx_2}{dt} \end{bmatrix} = \begin{bmatrix} 1 & 2 \\ -2 & 1 \end{bmatrix} \begin{bmatrix} x_1 \\ x_2 \end{bmatrix}$$

或

$$\mathbf{X}' = \mathbf{AX}$$

其中

$$\mathbf{A} = \begin{bmatrix} 1 & 2 \\ -2 & 1 \end{bmatrix}$$

求矩陣 A 的特徵值可得：

$$\begin{vmatrix} 1-\lambda & 2 \\ -2 & 1-\lambda \end{vmatrix} = 0 \ \Rightarrow \ (1-\lambda)(1-\lambda)-(-4)=0 \Rightarrow \ \lambda_{1,2} = 1 \pm 2i$$

➤ 若 $\lambda_1 = 1 + 2i \ \Rightarrow$ 代入 $\mathbf{A}\,\mathbf{V} = \lambda\,\mathbf{V}$

$$\begin{bmatrix} 1 & 2 \\ -2 & 1 \end{bmatrix} \begin{bmatrix} v_1 \\ v_2 \end{bmatrix} = (1+2i) \begin{bmatrix} v_1 \\ v_2 \end{bmatrix}$$

則可得聯立方程式：

$$\begin{cases} v_1 + 2v_2 = (1+2i)\,v_1 \\ -2v_1 + v_2 = (1+2i)\,v_2 \end{cases} \text{ 或 } \begin{cases} (-2i)\,v_1 + 2v_2 = 0 \\ -2v_1 + (-2i)v_2 = 0 \end{cases}$$

因此對應的特徵向量為：$\begin{bmatrix} 1 \\ i \end{bmatrix}$

➤ 若 $\lambda_1 = 1 - 2i \ \Rightarrow$ 代入 $\mathbf{A}\,\mathbf{V} = \lambda\,\mathbf{V}$

$$\begin{bmatrix} 1 & 2 \\ -2 & 1 \end{bmatrix} \begin{bmatrix} v_1 \\ v_2 \end{bmatrix} = (1-2i) \begin{bmatrix} v_1 \\ v_2 \end{bmatrix}$$

則可得聯立方程式：

$$\begin{cases} v_1 + 2v_2 = (1-2i)\,v_1 \\ -2v_1 + v_2 = (1-2i)\,v_2 \end{cases} \text{ 或 } \begin{cases} (2i)\,v_1 + 2v_2 = 0 \\ -2v_1 + (2i)v_2 = 0 \end{cases}$$

因此對應的特徵向量為：$\begin{bmatrix} 1 \\ -i \end{bmatrix}$

則系統的**通解**為：

$$\mathbf{X} = c_1 \begin{bmatrix} 1 \\ i \end{bmatrix} e^{(1+2i)t} + c_2 \begin{bmatrix} 1 \\ -i \end{bmatrix} e^{(1-2i)t}$$

在此，我們希望的通解可以表示成實數函數。

設 $\mathbf{V_1} = \begin{bmatrix} 1 \\ i \end{bmatrix}$，則 $\mathrm{Re}(\mathbf{V_1}) = \begin{bmatrix} 1 \\ 0 \end{bmatrix}$、$\mathrm{Im}(\mathbf{V_1}) = \begin{bmatrix} 0 \\ 1 \end{bmatrix}$

根據定理：

$$\mathbf{X_1} = \left[\mathrm{Re}(\mathbf{V_1}) \cos \beta t - \mathrm{Im}(\mathbf{V_1}) \sin \beta t \right] e^{\alpha t}$$

$$\mathbf{X_2} = \left[\mathrm{Im}(\mathbf{V_1}) \cos \beta t + \mathrm{Re}(\mathbf{V_1}) \sin \beta t \right] e^{\alpha t}$$

因此系統的通解為：

$$\mathbf{X} = c_1 \left(\begin{bmatrix} 1 \\ 0 \end{bmatrix} \cos 2t - \begin{bmatrix} 0 \\ 1 \end{bmatrix} \sin 2t \right) e^t + c_2 \left(\begin{bmatrix} 0 \\ 1 \end{bmatrix} \cos 2t + \begin{bmatrix} 1 \\ 0 \end{bmatrix} \sin 2t \right) e^t$$

或

$$\mathbf{X} = c_1 \begin{bmatrix} e^t \cos 2t \\ -e^t \sin 2t \end{bmatrix} + c_2 \begin{bmatrix} e^t \sin 2t \\ e^t \cos 2t \end{bmatrix} \qquad \blacksquare$$

8.4.4　非齊次微分方程式系統

本節討論**非齊次**(Nonhomogeneous)微分方程式系統，可以表示成：

$$\mathbf{X}' = \mathbf{AX} + \mathbf{F} \tag{2}$$

其中 $\mathbf{A}$ 為 $n \times n$ 矩陣。與第五章介紹的高階微分方程式相似，**非齊次**微分方程式系統的通解可以表示成：

$$\mathbf{X} = \mathbf{X}_h + \mathbf{X}_p$$

其中 $\mathbf{X}_h$ 為**齊次解**、$\mathbf{X}_p$ 為**特解**。

範例

解微分方程式系統：

$$\frac{dx_1}{dt} = x_1 + 2x_2 + t, \frac{dx_2}{dt} = 3x_1 + 2x_2 - t$$

解 先表示成矩陣的型態：

$$\begin{bmatrix} \dfrac{dx_1}{dt} \\ \dfrac{dx_2}{dt} \end{bmatrix} = \begin{bmatrix} 1 & 2 \\ 3 & 2 \end{bmatrix} \begin{bmatrix} x_1 \\ x_2 \end{bmatrix} + \begin{bmatrix} t \\ -t \end{bmatrix}$$

或

$$\mathbf{X}' = \mathbf{AX} + \mathbf{F}$$

➢ 求 $\mathbf{X}_h$ ⇒

$$\mathbf{A} = \begin{bmatrix} 1 & 2 \\ 3 & 2 \end{bmatrix}$$

求矩陣 $\mathbf{A}$ 的特徵值可得(請參考 8.4.1 範例)：$\lambda_{1,2} = -1, 4$ (**相異實數**)

對應的特徵向量為：

$$\mathbf{V}_1 = \begin{bmatrix} 1 \\ -1 \end{bmatrix} \quad 與 \quad \mathbf{V}_2 = \begin{bmatrix} 2 \\ 3 \end{bmatrix}$$

可得齊次解為：

$$\mathbf{X}_h = c_1 \begin{bmatrix} 1 \\ -1 \end{bmatrix} e^{-t} + c_2 \begin{bmatrix} 2 \\ 3 \end{bmatrix} e^{4t}$$

➢ 求 $\mathbf{X}_p$ ⇒ $\mathbf{F} = \begin{bmatrix} t \\ -t \end{bmatrix}$

使用**未定係數法**，假設：

$$\mathbf{X}_p = \begin{bmatrix} At + B \\ Ct + E \end{bmatrix}$$

微分可得：

$$\mathbf{X}_p' = \begin{bmatrix} A \\ C \end{bmatrix}$$

代入 $\mathbf{X}' = \mathbf{A}\mathbf{X} + \mathbf{F}$：

$$\begin{bmatrix} A \\ C \end{bmatrix} = \begin{bmatrix} 1 & 2 \\ 3 & 2 \end{bmatrix} \begin{bmatrix} At + B \\ Ct + E \end{bmatrix} + \begin{bmatrix} t \\ -t \end{bmatrix}$$

可以求得：$A = 1, B = -1, C = -1, E = 1$

➤ **求通解** $\Rightarrow$ $\mathbf{X} = \mathbf{X}_h + \mathbf{X}_p$ 或

$$\mathbf{X} = c_1 \begin{bmatrix} 1 \\ -1 \end{bmatrix} e^{-t} + c_2 \begin{bmatrix} 2 \\ 3 \end{bmatrix} e^{4t} + \begin{bmatrix} t-1 \\ -t+1 \end{bmatrix}$$ ∎

8.5 ▶ 微分方程式系統之數學模型

在科學與工程問題中，微分方程式系統其實比單一的微分方程式之數學模型更為常見，求解時也相對複雜。本節介紹微分方程式系統的數學模型，包含：混合問題、耦合彈簧質量系統、雙迴路電路等。

8.5.1　混合問題

現有兩個大型容器 A 與 B，容器 A 含有 50 加侖的水，其中含有 40 lb 的鹽；容器 B 則含有 50 加侖的純水。容器 A 與 B 泵進／泵出的速率如圖所示，且持續攪拌混合；由於兩容器泵進/泵出的速率均相同，因此容器內的鹽水量會維持在 50 加侖不變。我們希望以數學模型來描述這個混合問題，即是求容器 A 與 B 在時間 t 的鹽含量(lb)。

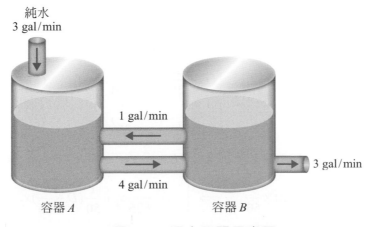

▲圖 8-1　混合問題示意圖

假設容器 A 與 B 在時間 t 的鹽含量分別為 $x_1(t)$ 與 $x_2(t)$，則可分別列式如下：

$$\frac{dx_1}{dt} = 0 \left(\frac{\text{lb}}{\text{gal}}\right) \cdot 3 \left(\frac{\text{gal}}{\text{min}}\right) + \underbrace{\frac{x_2}{50}\left(\frac{\text{lb}}{\text{gal}}\right) \cdot 1 \left(\frac{\text{gal}}{\text{min}}\right)}_{} - \underbrace{\frac{x_1}{50}\left(\frac{\text{lb}}{\text{gal}}\right) \cdot 4 \left(\frac{\text{gal}}{\text{min}}\right)}_{}$$

泵進　　　　　　　泵出

$$\frac{dx_2}{dt} = \underbrace{\frac{x_1}{50}\left(\frac{\text{lb}}{\text{gal}}\right) \cdot 4 \left(\frac{\text{gal}}{\text{min}}\right)}_{} - \underbrace{\frac{x_2}{50}\left(\frac{\text{lb}}{\text{gal}}\right) \cdot 1 \left(\frac{\text{gal}}{\text{min}}\right) - \frac{x_2}{50}\left(\frac{\text{lb}}{\text{gal}}\right) \cdot 3 \left(\frac{\text{gal}}{\text{min}}\right)}_{}$$

泵進　　　　　　　　　　泵出

因此，容器 A 與 B 內鹽含量的變化率構成微分方程式系統，可進一步省略單位簡化為：

$$\begin{cases} \dfrac{dx_1}{dt} = -\dfrac{2}{25}x_1 + \dfrac{1}{50}x_2 \\ \dfrac{dx_2}{dt} = \dfrac{2}{25}x_1 - \dfrac{2}{25}x_2 \end{cases}$$

初始條件為：

$$x_1(0) = 40,\ x_2(0) = 0$$

範例

解上述混合問題之微分方程式系統。

解　使用**系統消去法**：

$$\begin{cases} \dfrac{dx_1}{dt} = -\dfrac{2}{25}x_1 + \dfrac{1}{50}x_2 \\ \dfrac{dx_2}{dt} = \dfrac{2}{25}x_1 - \dfrac{2}{25}x_2 \end{cases} \quad \text{或} \quad \begin{cases} (D+\dfrac{2}{25})\,x_1 - \dfrac{1}{50}x_2 = 0 \quad \dots(1) \\ -\dfrac{2}{25}x_1 + (D+\dfrac{2}{25})\,x_2 = 0 \quad \dots(2) \end{cases}$$

➤ **消去 x_2** ⇒

$$(1)\times(D+\frac{2}{25}) \Rightarrow \begin{cases} (D+\dfrac{2}{25})^2 x_1 - \dfrac{1}{50}(D+\dfrac{1}{25})x_2 = 0 \quad \dots(3) \\ -\dfrac{1}{625}x_1 + \dfrac{1}{50}(D+\dfrac{2}{25})x_2 = 0 \quad \dots(4) \end{cases}$$

$$(2)\times\frac{1}{50}$$

$$(3)+(4) \Rightarrow \left(D^2 + \frac{4}{25}D + \frac{3}{625} \right)x_1 = 0 \quad \text{或}$$

$$\frac{d^2 x_1}{dt^2} + \frac{4}{25}\frac{dx_1}{dt} + \frac{3}{625} = 0$$

$$\therefore \quad x_1(t) = c_1 e^{-\frac{1}{25}t} + c_2 e^{-\frac{3}{25}t}$$

➤ 消去 x_1 ⇒

$$(1)\times\frac{2}{25} \quad \Rightarrow \quad \left\{ \begin{array}{l} \frac{2}{25}(D+\frac{2}{25})x_1 - \frac{1}{625}x_2 = 0 \quad \dots(5) \\ \\ -\frac{2}{25}(D+\frac{2}{25})x_1 + (D+\frac{2}{25})^2 x_2 = 0 \quad \dots(6) \end{array} \right.$$

$$(2)\times(D+\frac{2}{25}) \quad \Rightarrow$$

$$(5)+(6) \Rightarrow \left(D^2 + \frac{4}{25}D + \frac{3}{625} \right)x_2 = 0 \quad \text{或}$$

$$\frac{d^2 x_2}{dt^2} + \frac{4}{25}\frac{dx_2}{dt} + \frac{3}{625} = 0$$

$$\therefore \quad x_2(t) = c_3 e^{-\frac{1}{25}t} + c_4 e^{-\frac{3}{25}t}$$

➤ 代入 ⇒ $\dfrac{dx_1}{dt} = -\dfrac{2}{25}x_1 + \dfrac{1}{50}x_2$

$$\frac{d}{dt}(c_1 e^{-\frac{1}{25}t} + c_2 e^{-\frac{3}{25}t}) = -\frac{2}{25}(c_1 e^{-\frac{1}{25}t} + c_2 e^{-\frac{3}{25}t}) + \frac{1}{50}(c_3 e^{-\frac{1}{25}t} + c_4 e^{-\frac{3}{25}t})$$

$$\frac{1}{25}c_1 e^{-\frac{1}{25}t} - \frac{1}{25}c_2 e^{-\frac{3}{25}t} = \frac{1}{50}c_3 e^{-\frac{1}{25}t} + \frac{1}{50}c_4 e^{-\frac{3}{25}t}$$

$$\therefore \quad c_3 = 2c_1, \ c_4 = -2c_2$$

因此微分方程式系統的通解為：

$$\left\{ \begin{array}{l} x_1(t) = c_1 e^{-\frac{1}{25}t} + c_2 e^{-\frac{3}{25}t} \\ \\ x_2(t) = 2c_1 e^{-\frac{1}{25}t} - 2c_2 e^{-\frac{3}{25}t} \end{array} \right.$$

根據**初始條件** ⇒ $x_1(0) = 40, x_2(0) = 0$ 可得 $c_1 = 20, c_2 = 20$

因此微分方程式系統的解為(見下圖)：

$$\left\{ \begin{array}{l} x_1(t) = 20\, e^{-\frac{1}{25}t} + 20\, e^{-\frac{3}{25}t} \\ \\ x_2(t) = 40\, e^{-\frac{1}{25}t} - 40\, e^{-\frac{3}{25}t} \end{array} \right.$$

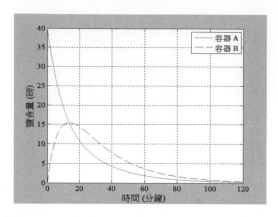

▲ 圖 8-2　混合問題容器 A 與 B 之鹽含量圖

由圖上可觀察到，容器 A 雖然剛開始含有 40 磅的鹽含量，但由於泵進的純水使得其鹽含量隨著時間而被稀釋；就容器 B 而言，雖然剛開始為純水(即鹽含量為 0 磅)，但從容器 A 泵進的鹽水使得其鹽含量在初期升高，直到容器 A 無法提供鹽含量為止。最後，兩容器都持續被稀釋，約經過 120 分鐘後達到系統的穩態，即鹽含量均為 0 磅[4]。

8.5.2　耦合彈簧質量系統

耦合彈簧質量系統(Coupling Spring-Mass Systems)如圖所示，假設兩質量為 m_1 與 m_2，連接在兩彈簧 A 與 B 上，其彈簧係數分別為 k_1 與 k_2，在此忽略彈簧本身的重量。靜態的平衡點為兩質量的原點，因此質量本身的重量與彈簧的拉力互相抵銷，即 $x_1 = 0$ 與 $x_2 = 0$。為了便於討論，假設系統是處於真空無阻力的情況，且無任何外力介入。

---

[4] 筆者教學時戲稱本範例：「推導過程之**工程浩大，所以號稱工程數學！**」若是教授在工程數學課程突然出了個混合問題求解的考題，那麼請估算一下 C/P 值，先回答其他比較簡單的問題吧。除非教授和你來個一題決勝負。當然，這樣也挺刺激的！本範例其實也可以用矩陣求解法，在此邀請您自行試試，過程較為簡潔，答案當然會相同。

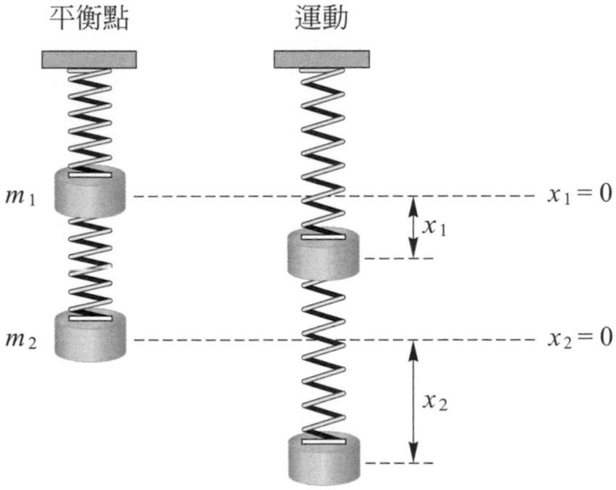

▲圖 8-3　耦合彈簧質量系統

系統開始運動時，可以分成兩部分討論：

● 　就質量 m_1 而言，向上的彈簧拉力為 $k_1 x_1$，向下的彈簧拉力為 $k_2(x_2 - x_1)$；

● 　就質量 m_2 而言，向上的彈簧拉力為 $k_2(x_2 - x_1)$。

因此，根據牛頓第二運動定律，可將耦合彈簧質量系統以下列之微分方程式系統進行數學模型化，即：

$$\begin{cases} m_1 \dfrac{d^2 x_1}{dt^2} = -k_1 x_1 + k_2(x_2 - x_1) \\ m_2 \dfrac{d^2 x_2}{dt^2} = -k_2(x_2 - x_1) \end{cases}$$

或表示成：

$$\begin{cases} \dfrac{d^2 x_1}{dt^2} = -\dfrac{k_1 + k_2}{m_1} x_1 + \dfrac{k_2}{m_1} x_2 \\ \dfrac{d^2 x_2}{dt^2} = \dfrac{k_2}{m_2} x_1 - \dfrac{k_2}{m_2} x_2 \end{cases}$$

範例

給定**耦合彈簧質量系統**，若兩質量為 $m_1 = m_2 = 1$，同時兩彈簧的彈簧係數分別為 $k_1 = 3$ 與 $k_2 = 2$，初始條件為 $x_1(0) = 0, x_1'(0) = -1, x_2(0) = 0, x_2'(0) = 1$，求運動方程式。

解 根據條件代入：

$$\begin{cases} \dfrac{d^2 x_1}{dt^2} = -5x_1 + 2x_2 \\ \dfrac{d^2 x_2}{dt^2} = 2x_1 - 2x_2 \end{cases}$$

本例使用**拉普拉斯轉換法**：

➢ **拉普拉斯轉換** ⇒

$$\begin{cases} s^2 X_1(s) - sx_1(0) - x_1'(0) = -5X_1(s) + 2X_2(s) \\ s^2 X_2(s) - sx_2(0) - x_2'(0) = 2X_1(s) - 2X_2(s) \end{cases}$$

代入初始條件可整理成

$$\begin{cases} (s^2 + 5)X_1(s) - 2X_2(s) = -1 & \text{... (1)} \\ -2X_1(s) + (s^2 + 2)X_2(s) = 1 & \text{... (2)} \end{cases}$$

➢ **消去 $X_2(s)$** ⇒

$$\begin{array}{ll} (1)\times(s^2+2) \Rightarrow & \begin{cases} (s^2+5)(s^2+2)X_1(s) - 2(s^2+2)X_2(s) = -(s^2+2) & \text{... (3)} \\ -4X_1(s) + 2(s^2+2)X_2(s) = 2 & \text{... (4)} \end{cases} \end{array}$$

$$(3)+(4) \Rightarrow (s^4 + 7s^2 + 6)X_1(s) = -s^2 \Rightarrow X_1(s) = -\frac{s^2}{s^4 + 7s^2 + 6}$$

➢ **消去 $X_1(s)$** ⇒

$$\begin{array}{ll} (1)\times 2 \Rightarrow & \begin{cases} 2(s^2+5)X_1(s) - 4X_2(s) = -2 & \text{... (5)} \\ -2(s^2+5)X_1(s) + (s^2+5)(s^2+2)X_2(s) = s^2 + 5 & \text{... (6)} \end{cases} \end{array}$$

$$(5)+(6) \Rightarrow (s^4 + 7s^2 + 6)X_2(s) = s^2 + 3 \Rightarrow X_2(s) = \frac{s^2+3}{s^4 + 7s^2 + 6}$$

➢ **反拉普拉斯轉換** ⇒

$$\begin{aligned} x_1(t) &= \mathcal{L}^{-1}\{-\frac{s^2}{s^4 + 7s^2 + 6}\} = \frac{1}{5}\mathcal{L}^{-1}\{\frac{1}{s^2+1}\} - \frac{6}{5}\cdot\frac{1}{\sqrt{6}}\mathcal{L}^{-1}\{\frac{\sqrt{6}}{s^2+6}\} \\ &= \frac{1}{5}\sin t - \frac{\sqrt{6}}{5}\sin\sqrt{6}t \end{aligned}$$

$$\begin{aligned} x_2(t) &= \mathcal{L}^{-1}\{\frac{s^2+3}{s^4 + 7s^2 + 6}\} = \frac{2}{5}\mathcal{L}^{-1}\{\frac{1}{s^2+1}\} + \frac{3}{5}\cdot\frac{1}{\sqrt{6}}\mathcal{L}^{-1}\{\frac{\sqrt{6}}{s^2+6}\} \\ &= \frac{2}{5}\sin t + \frac{\sqrt{6}}{10}\sin\sqrt{6}t \end{aligned}$$

因此微分方程式系統的解爲(見下圖)：

$$\begin{cases} x_1(t) = \dfrac{1}{5}\sin t - \dfrac{\sqrt{6}}{5}\sin\sqrt{6}t \\[3mm] x_2(t) = \dfrac{2}{5}\sin t + \dfrac{\sqrt{6}}{10}\sin\sqrt{6}t \end{cases}$$

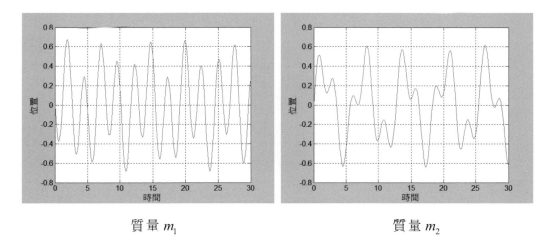

質量 m_1 質量 m_2

▲ 圖 8-4　耦合彈簧質量系統運動方程式圖

由圖上可觀察到，兩質量均由平衡點開始運動，由於質量 m_1 的初速為 $x_1'(0) = -1$，因此位置先變為負值，先向上運動；相對而言，m_2 的初速為 $x_2'(0) = 1$，因此位置先變為正值，先向下運動。雖然兩質量相等 $m_1 = m_2 = 1$，但彈簧係數 $k_1 = 3$ 與 $k_2 = 2$，可以觀察到質量 m_1 與質量 m_2，其振盪的特性並不相同。

8.5.3　雙迴路電路

回顧之前章節所介紹的電路問題，主要是侷限於單一封閉迴路的串聯電路，因此可以使用單一的微分方程式模型化。本節探討雙迴路的電路問題，可以使用微分方程式系統模型化，其電路的運作也相對複雜。

考慮**雙迴路 *LR* 電路**，如圖 8-5，目的是求兩個迴路中的電流，分別定義為 $i_1(t)$ 與 $i_2(t)$。根據**克西荷夫電壓定律**(Kirchoff's Voltage Law)，可得下列微分方程式系統

$$\begin{cases} L_1\dfrac{di_1}{dt} + R_1(i_1 - i_2) = E(t) \\[3mm] R_1(i_2 - i_1) + L_2\dfrac{di_2}{dt} + R_2 i_2 = 0 \end{cases}$$

或

$$\begin{cases} L_1 \dfrac{di_1}{dt} + R_1 i_1 - R_1 i_2 = E(t) \\ -R_1 i_1 + L_2 \dfrac{di_2}{dt} + (R_1 + R_2) i_2 = 0 \end{cases}$$

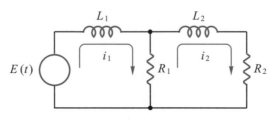

▲ 圖 8-5　雙迴路 LR 電路

範例

考慮雙迴路 LR 電路，其中電阻 $R_1 = 20\ \Omega$、$R_2 = 30\ \Omega$，電感 $L_1 = L_2 = 10\ \text{H}$，接上電池 20 V。若初始電流均為 0，試求兩迴路中的電流 $i_1(t)$ 與 $i_2(t)$。

解　根據微分方程式系統與給定條件可得：

$$\begin{cases} 10\dfrac{di_1}{dt} + 20 i_1 - 20 i_2 = 20 \\ -20 i_1 + 10\dfrac{di_2}{dt} + (20+30)i_2 = 0 \end{cases} \quad 或 \quad \begin{cases} \dfrac{di_1}{dt} + 2 i_1 - 2 i_2 = 2 \\ -2 i_1 + \dfrac{di_2}{dt} + 5 i_2 = 0 \end{cases}$$

本例使用**拉普拉斯轉換法**：

➤ **拉普拉斯轉換** ⟹

$$\begin{cases} s\,I_1(s) - i_1(0) + 2 I_1(s) - 2 I_2(s) = \dfrac{2}{s} \\ -2 I_1(s) + s I_2(s) - i_2(0) + 5 I_2(s) = 0 \end{cases}$$

代入初始條件可整理成

$$\begin{cases} (s+2)I_1(s) - 2 I_2(s) = \dfrac{2}{s} & \dots (1) \\ -2 I_1(s) + (s+5) I_2(s) = 0 & \dots (2) \end{cases}$$

➤ **消去 $I_2(s)$** ⟹

$$\begin{aligned} (1) \times (s+5) &\Rightarrow \\ (2) \times 2 &\Rightarrow \end{aligned} \begin{cases} (s+2)(s+5)I_1(s) - 2(s+5)I_2(s) = \dfrac{2(s+5)}{s} & \dots (3) \\ -4 I_1(s) + 2(s+5) I_2(s) = 0 & \dots (4) \end{cases}$$

$(3)+(4) \Rightarrow (s^2 + 7s + 6)I_1(s) = \dfrac{2(s+5)}{s} \Rightarrow I_1(s) = \dfrac{2s+10}{s(s+1)(s+6)}$

➤ 消去 $I_1(s) \Rightarrow$

$(1) \times 2 \Rightarrow \begin{cases} 2(s+2)I_1(s) - \qquad\quad 4I_2(s) = \dfrac{4}{s} & \dots(5) \\ -2(s+2)I_1(s) + (s+2)(s+5)I_2(s) = 0 & \dots(6) \end{cases}$
$(2) \times (s+2) \Rightarrow$

$(5)+(6) \Rightarrow (s^2 + 7s + 6)I_2(s) = \dfrac{4}{s} \Rightarrow I_2(s) = \dfrac{4}{s(s+1)(s+6)}$

➤ 反拉普拉斯轉換 $\Rightarrow$

$i_1(t) = \mathcal{L}^{-1}\{\dfrac{2s+10}{s(s+1)(s+6)}\} = \dfrac{5}{3}\mathcal{L}^{-1}\{\dfrac{1}{s}\} - \dfrac{8}{5}\mathcal{L}^{-1}\{\dfrac{1}{s+1}\} - \dfrac{1}{15}\mathcal{L}^{-1}\{\dfrac{1}{s+6}\}$

$\qquad\qquad = \dfrac{5}{3} - \dfrac{8}{5}e^{-t} - \dfrac{1}{15}e^{-6t}$

$i_2(t) = \mathcal{L}^{-1}\{\dfrac{4}{s(s+1)(s+6)}\} = \dfrac{2}{3}\mathcal{L}^{-1}\{\dfrac{1}{s}\} - \dfrac{4}{5}\mathcal{L}^{-1}\{\dfrac{1}{s+1}\} + \dfrac{2}{15}\mathcal{L}^{-1}\{\dfrac{1}{s+6}\}$

$\qquad\qquad = \dfrac{2}{3} - \dfrac{4}{5}e^{-t} + \dfrac{2}{15}e^{-6t}$

因此微分方程式系統的解為：

$$\begin{cases} i_1(t) = \dfrac{5}{3} - \dfrac{8}{5}e^{-t} - \dfrac{1}{15}e^{-6t} \\ i_2(t) = \dfrac{2}{3} - \dfrac{4}{5}e^{-t} + \dfrac{2}{15}e^{-6t} \end{cases}$$

雙迴路 LR 電路之電流變化圖如下圖，兩迴路的穩態電流分別是 5/3 與 2/3 安培。由於初始電流均為 0，在接上電源後，兩迴路約在 5 秒左右達到穩態電流。電感可以產生短時間的暫態，但在穩態時則可直接視為短路。

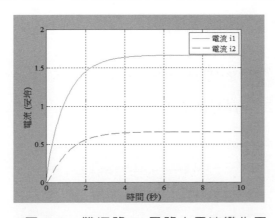

▲ 圖 8-6 雙迴路 LR 電路之電流變化圖

練習八

一、系統消去法

1. 使用**系統消去法**解下列微分方程式系統：

(a)
$$\begin{cases} \dfrac{dx}{dt} = 3y \\ \dfrac{dy}{dt} = 2x - y \end{cases}$$

(b)
$$\begin{cases} \dfrac{dx}{dt} = x - y \\ \dfrac{dy}{dt} = x + y \end{cases}$$

(c)
$$\begin{cases} \dfrac{dx}{dt} = -y + t \\ \dfrac{dy}{dt} = x - t \end{cases}$$

二、拉普拉絲轉換法

2. 使用**拉普拉絲轉換法**解下列微分方程式系統：

(a)
$$\begin{cases} \dfrac{dx}{dt} = 3y \\ \dfrac{dy}{dt} = 2x - y \end{cases} \qquad x(0) = 2,\ y(0) = -\dfrac{1}{3}$$

(b)
$$\begin{cases} \dfrac{dx}{dt} = x - y \\ \dfrac{dy}{dt} = x + y \end{cases} \qquad x(0) = 1,\ y(0) = 1$$

(c)
$$\begin{cases} \dfrac{dx}{dt} = -y + t \\ \dfrac{dy}{dt} = x - t \end{cases} \qquad x(0) = 1,\ y(0) = 1$$

三、矩陣求解法

3.　使用**矩陣求解法**解下列微分方程式系統：

(a)
$$\begin{cases} \dfrac{dx_1}{dt} = 3x_2 \\[2mm] \dfrac{dx_2}{dt} = 2x_1 - x_2 \end{cases}$$

(b)
$$\begin{cases} \dfrac{dx_1}{dt} = -5x_1 + 2x_2 \\[2mm] \dfrac{dx_2}{dt} = 2x_1 - 2x_2 \end{cases}$$

(c)
$$\begin{cases} \dfrac{dx_1}{dt} = x_2 - 2x_3 \\[2mm] \dfrac{dx_2}{dt} = 2x_1 + x_2 \\[2mm] \dfrac{dx_3}{dt} = 4x_1 - 2x_2 + 5x_3 \end{cases}$$

(d)
$$\begin{cases} \dfrac{dx_1}{dt} = x_1 + x_2 - x_3 \\[2mm] \dfrac{dx_2}{dt} = 2x_2 \\[2mm] \dfrac{dx_3}{dt} = x_2 - x_3 \end{cases}$$

【提示】本題矩陣 **A** 的特徵值為相異實數

4.　使用**矩陣求解法**解下列微分方程式系統：

(a)
$$\begin{cases} \dfrac{dx_1}{dt} = x_1 + x_2 \\[2mm] \dfrac{dx_2}{dt} = x_2 \end{cases}$$

(b)
$$\begin{cases} \dfrac{dx_1}{dt} = 3x_1 - x_2 \\[2mm] \dfrac{dx_2}{dt} = 9x_1 - 3x_2 \end{cases}$$

(c)
$$\begin{cases} \dfrac{dx_1}{dt} = -2x_1 + 2x_2 - 3x_3 \\[2mm] \dfrac{dx_2}{dt} = 2x_1 + x_2 - 6x_3 \\[2mm] \dfrac{dx_3}{dt} = -x_1 - 2x_2 \end{cases}$$

(d)
$$\begin{cases} \dfrac{dx_1}{dt} = 2x_1 - x_2 - x_3 \\[2mm] \dfrac{dx_2}{dt} = 3x_1 - 2x_2 + x_3 \\[2mm] \dfrac{dx_3}{dt} = x_3 \end{cases}$$

【提示】本題矩陣 **A** 含重複之特徵值

5.　使用**矩陣求解法**解下列微分方程式系統：

(a)
$$\begin{cases} \dfrac{dx_1}{dt} = -x_1 - x_2 \\[2mm] \dfrac{dx_2}{dt} = x_1 - x_2 \end{cases}$$

(b)
$$\begin{cases} \dfrac{dx_1}{dt} = 6x_1 - x_2 \\[2mm] \dfrac{dx_2}{dt} = 5x_1 + 2x_2 \end{cases}$$

(c)
$$\begin{cases} \dfrac{dx_1}{dt} = 3x_1 + 18x_2 \\[2mm] \dfrac{dx_2}{dt} = -x_1 - 3x_2 \end{cases}$$

(d)
$$\begin{cases} \dfrac{dx_1}{dt} = 3x_1 + x_2 \\[2mm] \dfrac{dx_2}{dt} = -4x_1 + 3x_2 \end{cases}$$

【提示】本題矩陣 **A** 含共軛複數，應盡量表示成實數函數

6.　使用**矩陣求解法**解下列微分方程式系統：

(a) $\begin{cases} \dfrac{dx_1}{dt} = x_1 + x_2 + t - 1 \\[2mm] \dfrac{dx_2}{dt} = 2x_2 + t + 1 \end{cases}$　　　(b) $\begin{cases} \dfrac{dx_1}{dt} = 2x_1 + x_2 + e^{-t} \\[2mm] \dfrac{dx_2}{dt} = x_1 + 2x_2 + 2e^{-t} \end{cases}$

(c) $\begin{cases} \dfrac{dx_1}{dt} = x_2 + \sin t \\[2mm] \dfrac{dx_2}{dt} = x_1 - \sin t \end{cases}$　　　(d) $\begin{cases} \dfrac{dx_1}{dt} = x_1 + x_2 + 1 \\[2mm] \dfrac{dx_2}{dt} = x_2 - 1 \end{cases}$

四、微分方程式系統之數學模型

7.　現有兩個大型容器 A 與 B，容器 A 含有 100 加侖的水，其中含有 50 lb 的鹽；容器 B 則含有 100 加侖的純水。容器 A 與 B 泵進 / 泵出的速率如圖所示，且持續攪拌混合。假設容器 A 與 B 在時間 t 的鹽含量分別爲 $x_1(t)$ 與 $x_2(t)$，試以數學模型描述這個混合問題。

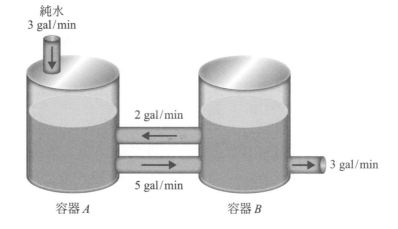

8. 現有三個大型容器 A、B 與 C，容器 A 含有 100 加侖的水，其中含有 40 lb 的鹽；容器 B、C 均含有 100 加侖的純水。容器 A、B 與 C 泵進 / 泵出的速率如圖所示，且持續攪拌混合。假設容器 A、B 與 C 在時間 t 的鹽含量分別為 $x_1(t)$、$x_2(t)$ 與 $x_3(t)$，試以數學模型描述這個混合問題。

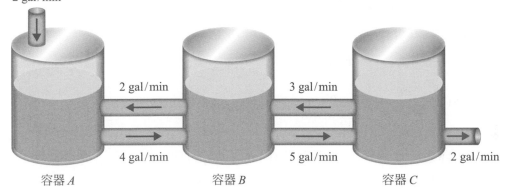

9. 給定**耦合彈簧質量系統**，若兩質量為 $m_1 = m_2 = 1$，同時兩彈簧的彈簧係數分別為 $k_1 = 8$ 與 $k_2 = 3$，初始條件為 $x_1(0) = 0, x_1'(0) = 1, x_2(0) = 0, x_2'(0) = -1$，試回答下列問題：
   (a) 決定微分方程式系統；
   (b) 求運動方程式；
   (c) 使用電腦輔助軟體繪製兩質量之位置變化圖。

10. 給定**耦合彈簧質量系統**，若兩質量為 $m_1 = m_2 = 1$，同時兩彈簧的彈簧係數分別為 $k_1 = 6$ 與 $k_2 = 4$，初始條件為 $x_1(0) = 0, x_1'(0) = 1, x_2(0) = 0, x_2'(0) = -1$，試回答下列問題：
   (a) 決定微分方程式系統；
   (b) 求運動方程式；
   (c) 使用電腦輔助軟體繪製兩質量之位置變化圖。

11. 考慮**雙迴路 *LR* 電路**如圖，其中電阻 $R_1 = 40\ \Omega$、$R_2 = 60\ \Omega$，電感 $L_1 = L_2 = 10$ H，接上電池 20V。若初始電流均為 0，試回答下列問題：
   (a) 決定微分方程式系統；
   (b) 求兩迴路中的電流 $i_1(t)$ 與 $i_2(t)$；
   (c) 求兩迴路之穩態電流；
   (d) 使用電腦輔助軟體繪製電流變化圖。

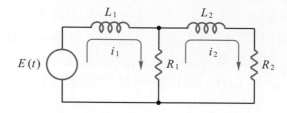

12. 考慮**雙迴路** *LRC* **電路**如圖，試回答下列問題：

　　(a) 證明微分方程式系統爲：

$$\begin{cases} L\dfrac{di_1}{dt} + R(i_1 - i_2) = E(t) \\ R(\dfrac{di_2}{dt} - \dfrac{di_1}{dt}) + \dfrac{1}{C}i_2 = 0 \end{cases}$$

　　(b) 若電感 $L = 1$ H、電阻 $R = 10\ \Omega$、電容 $C = 0.025$ F，接上電池 10 V，且初始電流均爲 0，求兩迴路中的電流 $i_1(t)$ 與 $i_2(t)$；

　　(c) 求兩迴路之穩態電流；

　　(d) 使用電腦輔助軟體繪製電流變化圖。

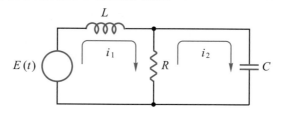

13. 考慮**雙迴路** *LRC* **電路**如圖，試回答下列問題：

　　(a) 若電感 $L = 1$ H、電阻 $R = 10\ \Omega$、電容 $C = 0.005$F，接上電池 20V，且初始電流均爲 0，求兩迴路中的電流 $i_1(t)$ 與 $i_2(t)$；

　　(b) 求兩迴路之穩態電流；

　　(c) 使用電腦輔助軟體繪製電流變化圖。

9 微分方程式的級數解

9.1　基本概念

9.2　初始值問題的級數解

9.3　使用遞迴式求級數解

9.4　Frobenius 法

9.5　特殊函數

截至目前為止，我們所討論的微分方程式，主要仍侷限於某些特定的型態，例如：常係數齊次方程式、常係數非齊次方程式、柯西－歐拉方程式等。然而，在實際的科學或工程應用中，微分方程式也可能具有較為複雜的型態，舉例如下：

$$y'' + xy = 0$$

$$y'' - x^2 y' + y = 0$$

$$x^3(x-1)y'' - (x+1)(x-1)y' + xy = 0$$

諸如此類的微分方程式，在求解時無法使用之前介紹的方法。本章介紹的方法便是針對這樣的微分方程式求解，稱為微分方程式的**級數解**(Series Solutions)。[1]

本章討論的主題包含：

- **基本概念**
- **初始值問題的級數解**
- **使用遞迴式求級數解**
- **Frobenius 法**
- **特殊函數**

---

[1] 本章的內容也可以在介紹高階微分方程式後介紹之。筆者考慮級數解的推導過程較為繁複(其中尤其以 Frobenius 法最為繁複)，因此在實際教學中都是先介紹拉普拉斯轉換與微分方程式系統。

9.1 ▶ 基本概念

　　冪級數通常在微積分課程中已初步討論過，本節的主旨在複習冪級數的基本概念，其中包含：冪級數基本定義、冪級數的收斂性、泰勒級數、冪級數的微分、冪級數的運算等。

9.1.1 冪級數基本定義

定義 9.1 **冪級數**

冪級數(Power Series)可以定義為：

$$\sum_{n=0}^{\infty} a_n (x - x_0)^n$$

其中，係數 $a_0, a_1, \cdots$ 均為常係數；x_0 也是常數，稱為**級數中心**(Center of the Series)。

　　冪級數的型態其實與多項式相似，但包含無限多項，因此是屬於**無窮級數**(Infinite Series)。以下舉幾個冪級數的例子：[2]

$$\sum_{n=0}^{\infty}(x-1)^n = 1+(x-1)+(x-1)^2+\cdots \quad 則係數\ a_n = 1\ 、級數中心為\ x=1$$

$$\sum_{n=0}^{\infty}\frac{x^n}{n!} = 1+x+\frac{x^2}{2!}+\frac{x^3}{3!}+\cdots \quad 則係數\ a_n = \frac{1}{n!}\ 、級數中心為\ x=0$$

　　回顧微積分，當冪級數收斂時，可以用來表示一個**解析函數**(Analytic Function)，即：

---

[2] 您應該還記得**數列**(Numbers)與**級數**(Series)的不同吧！數列是指具有規則性的數字集合，例如：等差數列、等比數列等。**費氏數列**(Fibonacci Numbers)為 1, 1, 2, 3, 5, 8,...，在資訊領域相當常見。級數是指數列的**總和**(Summation)，例如：等差級數、等比級數等，使用的希臘字母為 Σ。由於積分有總和的意義，因此與級數具有密切的關係。

$$f(x) = \sum_{n=0}^{\infty} a_n (x - x_0)^n$$

以下先討論冪級數的收斂性。

9.1.2　冪級數的收斂性

處理冪級數時，須了解冪級數的一項重要性質，稱為冪級數的**收斂性** (Convergence)。若是冪級數無法收斂，則函數的冪級數表示法沒有意義。

定義 9.2　冪級數的收斂性

若下列極限：

$$\lim_{N \to \infty} \sum_{n=0}^{N} a_n (x - x_0)^n$$

於某區間內所有的 x 均存在，則冪級數於區間內**收斂**(Converge)；若不存在，則冪級數**發散**(Diverge)。

以等比級數為例：

$$\sum_{n=0}^{\infty} x^n = 1 + x + x^2 + \cdots$$

則冪級數只有在 $|x| < 1$ 或 $-1 < x < 1$ 時收斂；若 x 不在這個區間內，則冪級數發散。本範例之 $|x| < 1$ 即稱為冪級數的**收斂區間**(Interval of Convergence)；級數中心為 $x = 0$，**收斂半徑**(Radius of Convergence)則為 $R = 1$。因此，在討論冪級數時，我們通常是說冪級數在某特定區間內收斂。

檢驗冪級數是否收斂，最簡單的方法稱為**比值測試法**(Ratio Test)如下：

$$L = \lim_{n \to \infty} \left| \frac{a_{n+1}(x - x_0)^{n+1}}{a_n(x - x_0)^n} \right| = |x - x_0| \lim_{n \to \infty} \left| \frac{a_{n+1}}{a_n} \right|$$

若 $L < 1$，則冪級數收斂；若 $L > 1$，則冪級數發散；若 $L = 1$，則冪級數可能收斂也可能發散，如圖 9-1。

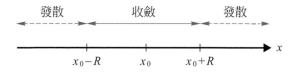

▲圖 9-1　冪級數在收斂區間內收斂(R 為收斂半徑)，否則發散

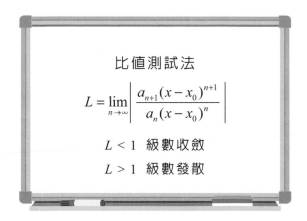

比值測試法

$$L = \lim_{n \to \infty} \left| \frac{a_{n+1}(x - x_0)^{n+1}}{a_n(x - x_0)^n} \right|$$

$L < 1$　級數收斂

$L > 1$　級數發散

範 例

決定 $\displaystyle\sum_{n=0}^{\infty} x^n$ 的**收斂區間**與**收斂半徑**

解　使用**比值測試法**：

$$L = \lim_{n \to \infty} \left| \frac{x^{n+1}}{x^n} \right| = |x|$$

因此，**收斂區間**為 $|x| < 1$ 或 $-1 < x < 1$，**收斂半徑**為 1　　■

上述範例即是等比級數 $\displaystyle\sum_{n=0}^{\infty} x^n = 1 + x + x^2 + \cdots$，當 $|x| < 1$，級數收斂至 $f(x) = \dfrac{1}{1-x}$。

範 例

決定 $\displaystyle\sum_{n=0}^{\infty} \frac{(x-3)^n}{2^n}$ 的**收斂區間**與**收斂半徑**

解　使用比值測試法：

$$L = \lim_{n \to \infty} \left| \frac{(x-3)^{n+1} / 2^{n+1}}{(x-3)^n / 2^n} \right| = |x-3| \lim_{n \to \infty} \left| \frac{2^n}{2^{n+1}} \right| = \frac{1}{2} |x-3|$$

因此，**收斂區間**為 $|x-3| < 2$ 或 $1 < x < 5$，**收斂半徑**為 2 ∎

9.1.3　泰勒級數

定義 9.3　**泰勒級數**

若 $f(x)$ 為無窮可微分函數，則函數 $f(x)$ 的**泰勒級數**(Taylor Series)可以定義為：

$$f(x) = \sum_{n=0}^{\infty} \frac{f^{(n)}(x_0)}{n!}(x-x_0)^n$$

又稱為函數 $f(x)$ 在 $x = x_0$ 的**泰勒展開式**(Taylor Expansion)。其中，假設級數收斂。

　　泰勒級數也是冪級數，其係數為 $a_n = \dfrac{f^{(n)}(x_0)}{n!}$，其中 $n!$ 稱為**階乘**(Factorial)。若泰勒級數的級數中心設為原點 $x = 0$，又稱為**馬克勞林級數**(Maclaurin Series)。

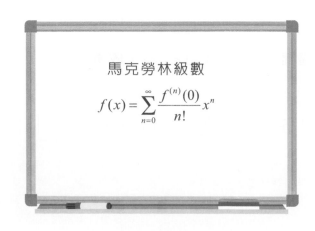

馬克勞林級數

$$f(x) = \sum_{n=0}^{\infty} \frac{f^{(n)}(0)}{n!} x^n$$

範 例

求 $f(x) = e^x$ 的 **馬克勞林級數**

解 由於 $f(x) = f'(x) = f''(x) = \ldots = e^x$

級數中心為 $x = 0$（即 $x_0 = 0$）

$f(0) = f'(0) = f''(0) = \ldots = e^0 = 1$

因此 $f(x) = e^x$ 的 **馬克勞林級數** 為：

$$f(x) = f(0) + \frac{f'(0)}{1!}x + \frac{f''(0)}{2!}x^2 + \ldots = 1 + x + \frac{1}{2!}x^2 + \frac{1}{3!}x^3 + \cdots = \sum_{n=0}^{\infty} \frac{x^n}{n!}$$

圖 9-2 為函數 $f(x) = e^x$ 與其 **馬克勞林級數** 的比較圖，其中實線為函數 $f(x) = e^x$，虛線為馬克勞林級數分別考慮前 2~5 項所得到的結果。由圖上可以觀察到，級數中心為 $x = 0$，若取的項數愈多，則愈接近原來的函數[3]。

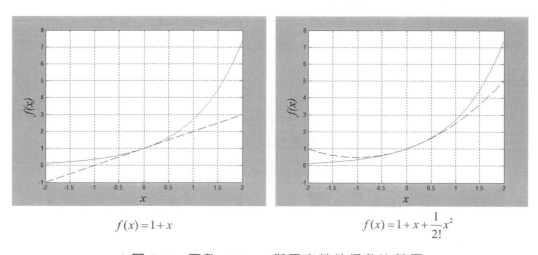

$f(x) = 1 + x$　　　　　　　$f(x) = 1 + x + \frac{1}{2!}x^2$

▲ 圖 9-2　函數 $f(x) = e^x$ 與馬克勞林級數比較圖

---

[3] 您可以將函數 $f(x) = e^x$ 視為是一個不友善的函數，例如：若沒有計算機，您可能無法直接求得 $f(0.1) = e^{0.1}$ 的值。但若是將函數表示成 $e^x = 1 + x + \frac{1}{2!}x^2 + \frac{1}{3!}x^3 + \cdots$，則形成比較友善的多項式，可以直接求得近似值 $e^{0.1} \approx 1 + 0.1 + \frac{1}{2!}(0.1)^2 = 1.105$（考慮前三項）。使用計算機其實可得 $e^{0.1} \approx 1.105170918\ldots$。

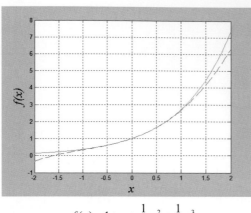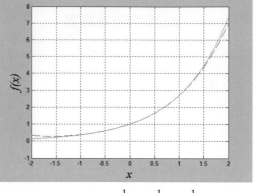

$$f(x) = 1 + x + \frac{1}{2!}x^2 + \frac{1}{3!}x^3 \qquad f(x) = 1 + x + \frac{1}{2!}x^2 + \frac{1}{3!}x^3 + \frac{1}{4!}x^4$$

▲圖 9-2　函數 $f(x) = e^x$ 與馬克勞林級數比較圖(續)

範例

求 $f(x) = \sin x$ 的**馬克勞林級數**

解　由於 $f(x) = \sin x,\ f'(x) = \cos x,\ f''(x) = -\sin x,\ f'''(x) = -\cos x$

級數中心為 $x_0 = 0$

$f(0) = \sin 0 = 0,\ f'(0) = \cos 0 = 1$

$f''(0) = -\sin 0 = 0,\ f'''(0) = -\cos 0 = -1, \cdots$

因此 $f(x) = \sin x$ 的馬克勞林級數為：

$$f(x) = f(0) + \frac{f'(0)}{1!}x + \frac{f''(0)}{2!}x^2 + \frac{f'''(0)}{3!}x^3 \cdots$$

$$= x - \frac{1}{3!}x^3 + \frac{1}{5!}x^5 + \cdots = \sum_{n=0}^{\infty} \frac{(-1)^n}{(2n+1)!} x^{2n+1}$$

以下列舉幾個常見的馬克勞林級數：

$$e^x = \sum_{n=0}^{\infty} \frac{x^n}{n!}$$

$$\sin x = \sum_{n=0}^{\infty} \frac{(-1)^n}{(2n+1)!} x^{2n+1}$$

$$\cos x = \sum_{n=0}^{\infty} \frac{(-1)^n}{(2n)!} x^{2n}$$

$$\frac{1}{1-x} = \sum_{n=0}^{\infty} x^n$$

$$\ln(1+x) = \sum_{n=1}^{\infty} \frac{(-1)^{n+1}}{n} x^n$$

定義 9.4 可解析函數

若函數 $f(x)$ 可以表示成以 x_0 為中心的冪級數，且區間為 $(x_0 - R, x_0 + R)$，則函數 $f(x)$ 於 x_0 為**可解析**(Analytic)。

根據定義，上述範例中之 $f(x) = e^x$、$f(x) = \sin x$ 等函數均可以用馬克勞林級數表示之，因此於 $x = 0$ 均為**可解析**函數。

9.1.4 冪級數的微分

根據冪級數定義，其在收斂區間內可以用來定義一函數 $f(x)$，表示為：

$$f(x) = \sum_{n=0}^{\infty} a_n(x-x_0)^n = a_0 + a_1(x-x_0) + a_2(x-x_0)^2 + a_3(x-x_0)^3 + \cdots$$

則函數 $f(x)$ 可微分，其一階微分為：

$$f'(x) = \sum_{n=1}^{\infty} n\, a_n(x-x_0)^{n-1} = a_1 + 2a_2(x-x_0) + 3a_3(x-x_0)^2 + \cdots$$

二階微分為：

$$f''(x) = \sum_{n=2}^{\infty} n\,(n-1)a_n(x-x_0)^{n-2} = 2 \cdot 1\, a_2 + 3 \cdot 2\, a_3(x-x_0) + \cdots$$

以此類推。若以級數中心 $x = x_0$ 進一步代入，可得：

$$f(x_0) = a_0,\ f'(x_0) = a_1, f''(x_0) = 2a_2, \cdots$$

即可推導 n 階微分的一般型為：

$$f^{(n)}(x_0) = n!\, a_n \quad 或 \quad a_n = \frac{f^{(n)}(x_0)}{n!}$$

代回原來的冪級數可得：

$$f(x) = \sum_{n=0}^{\infty} \frac{f^{(n)}(x_0)}{n!}(x - x_0)^n$$

即是**泰勒級數**。

9.1.5　冪級數的運算

冪級數在運算前，須將級數的**索引進行位移**(Shifting the Index)，使得冪級數的具有共通的冪次方，例如：將冪級數化成通項為 x^n。若兩冪級數均化成通項，則運算時會比較容易合併與整理，以下舉例說明之。

┌─**範 例**────────────────────────────────

將 $\displaystyle\sum_{n=2}^{\infty} n(n-1)a_n x^{n-2}$ 化成通項為 x^n 的冪級數

解　設 $m = n - 2 \Rightarrow n = m + 2$

$$\sum_{n=2}^{\infty} n(n-1)a_n x^{n-2} = \sum_{m=0}^{\infty} (m+2)(m+1)a_{m+2} x^m$$

再將 m 換回 n，則冪級數也可以表示成：

$$\sum_{n=0}^{\infty} (n+2)(n+1)a_{n+2} x^n$$ ■

┌─**範 例**────────────────────────────────

求兩冪級數的和 $\displaystyle\sum_{n=1}^{\infty} 2^n x^{n+1} + \sum_{n=0}^{\infty} (n+1)x^n$

解　第一個冪級數須先化成通項為 x^n

設 $m = n + 1 \Rightarrow n = m - 1$

$$\sum_{n=1}^{\infty} 2^n x^{n+1} = \sum_{m=2}^{\infty} 2^{m-1} x^m$$

再將 m 換回 n，則冪級數也可以表示成：

$$\sum_{n=2}^{\infty} 2^{n-1} x^n$$

因此，冪級數的和可以整理成：

$$\sum_{n=1}^{\infty} 2^n x^{n+1} + \sum_{n=0}^{\infty} (n+1)x^n = \sum_{n=2}^{\infty} 2^{n-1} x^n + \sum_{n=0}^{\infty} (n+1)x^n$$

$$= 1 + 2x + \sum_{n=2}^{\infty} \left[2^{n-1} + n + 1 \right] x^n \qquad ∎$$

9.2 ▶ 初始值問題的級數解

本節討論初始值問題的級數解，在受限於初始條件的情況下，可以採用比較直接的方法求級數解，以下列舉範例說明之。

範例

求 $y' - y = 0, y(0) = 1$ 的級數解

解　設冪級數解為：

$$y(x) = \sum_{n=0}^{\infty} \frac{y^{(n)}(x_0)}{n!} (x - x_0)^n$$

根據初始條件，級數中心設為 $x = 0$，則：

$$y(x) = \sum_{n=0}^{\infty} \frac{y^{(n)}(0)}{n!} x^n = y(0) + y'(0)x + \frac{1}{2!} y''(0)x^2 + \frac{1}{3!} y'''(0)x^3 + \cdots$$

已知初始條件 $y(0) = 1$

求 $y'(0)$　$\Rightarrow$　微分方程式 $y' - y = 0$

　　　　　　　$\Rightarrow$　$x = 0$ 代入可得：$y'(0) - y(0) = 0$

　　　　　　　$\Rightarrow$　$y'(0) = 1$

求 $y''(0)$　$\Rightarrow$　對微分方程式微分可得：$y'' - y' = 0$

　　　　　　　$\Rightarrow$　$x = 0$ 代入可得：$y''(0) - y'(0) = 0$

　　　　　　　$\Rightarrow$　$y''(0) = 1$

求 $y'''(0)$　$\Rightarrow$　再度微分可得：$y''' - y'' = 0$

　　　　　　　$\Rightarrow$　$x = 0$ 代入可得：$y'''(0) - y''(0) = 0$

　　　　　　　$\Rightarrow$　$y'''(0) = 1$

求 $y^{(4)}(0) \Rightarrow$ 再度微分可得：$y^{(4)} - y''' = 0$

$\Rightarrow$ $x = 0$ 代入可得：$y^{(4)}(0) - y'''(0) = 0$

$\Rightarrow$ $y^{(4)}(0) = 1$

因此，初始值問題的級數解為：

$$y(x) = 1 + x + \frac{1}{2!}x^2 + \frac{1}{3!}x^3 + \frac{1}{4!}x^4 + \cdots \qquad \blacksquare$$

本範例仍可使用第三章介紹的方法求解，其解為 $y = e^x$；不知道您是否已注意到，其實級數解即是函數 $y = e^x$ 的馬克勞林級數。

範例

求 $y' + e^x y = x, \ y(0) = 1$ 的級數解

解 設冪級數解為：

$$y(x) = \sum_{n=0}^{\infty} \frac{y^{(n)}(x_0)}{n!}(x - x_0)^n$$

根據初始條件，級數中心設為 $x = 0$，則：

$$y(x) = \sum_{n=0}^{\infty} \frac{y^{(n)}(0)}{n!}x^n = y(0) + y'(0)x + \frac{1}{2!}y''(0)x^2 + \frac{1}{3!}y'''(0)x^3 + \cdots$$

已知初始條件 $y(0) = 1$

求 $y'(0) \Rightarrow$ 微分方程式 $y' + e^x y = x$

$\Rightarrow$ $x = 0$ 代入可得：$y'(0) + e^0 y(0) = 0$

$\Rightarrow$ $y'(0) = -1$

求 $y''(0) \Rightarrow$ 對微分方程式微分可得：$y'' + e^x y' + e^x y = 1$

$\Rightarrow$ $x = 0$ 代入可得：$y''(0) + e^0 y'(0) + e^0 y(0) = 1$

$\Rightarrow$ $y''(0) = 1$

求 $y'''(0) \Rightarrow$ 再度微分可得：$y''' + e^x y'' + 2e^x y' + e^x y = 0$

$\Rightarrow$ $x = 0$ 代入可得：$y'''(0) + e^0 y''(0) + 2e^0 y'(0) + e^0 y(0) = 0$

$$\Rightarrow\quad y'''(0)=0$$

求 $y^{(4)}(0)$　$\Rightarrow$　再度微分可得：$y^{(4)}+e^x y'''+3e^x y''+3e^x y'+e^x y=0$

$$\Rightarrow\quad x=0\text{ 代入可得：}$$

$$y^{(4)}(0)+e^0 y'''(0)+3e^0 y''(0)+3e^0 y'(0)+e^0 y(0)=0$$

$$\Rightarrow\quad y^{(4)}(0)=-1$$

因此，初始值問題的級數解為：

$$y(x)=1-x+\frac{1}{2!}x^2-\frac{1}{4!}x^4+\cdots$$

9.3 ▶ 使用遞迴式求級數解

　　求微分方程式的級數解時，若沒有初始條件，則須使用比較間接的方法，稱為**遞迴式**(Recurrence Formula)，藉以求級數解的係數。本節先討論冪級數解存在的條件，接著再介紹求冪級數解的方法。

定義 9.4　正常點與奇異點

給定微分方程式：

$$y''+P(x)y'+Q(x)y=0$$

若 $P(x)$ 與 $Q(x)$ 於 $x=x_0$ 可解析，則 x_0 稱為**正常點** (Ordinary Point)；否則，稱為**奇異點**(Singular Point)。

　　以微分方程式 $y''+xy'+e^x y=0$ 為例，其中函數 x 與 e^x 於 $x=0$ 可解析，因此 $x=0$ 為微分方程式的**正常點**。若以微分方程式 $y''+(\ln x)y'+e^x y=0$ 為例，函數 $\ln x$ 於 $x=0$ 為非解析，因此 $x=0$ 為微分方程式的**奇異點**。

　　若微分方程式的首項係數不為 1 時，例如：$(x^2-1)y''+2xy'+y=0$，則須先化成標準型，此時 $P(x)=\frac{2x}{x^2-1}$ 與 $Q(x)=\frac{1}{x^2-1}$ 於 $x^2-1=0$ 時，即 $x=\pm1$ 為非解析，因此 $x=\pm1$ 為微分方程式的**奇異點**。

> **定理 9.1 冪級數解的存在性**
>
> 若 $x = x_0$ 為微分方程式的正常點,則存在以 x_0 為級數中心的冪級數,即
>
> $$y = \sum_{n=0}^{\infty} a_n (x - x_0)^n$$
>
> 的兩個線性獨立解。

　　求微分方程式的級數解,若是沒有初始條件的限制,我們是假設冪級數的級數中心為 $x = 0$ 且 $x = 0$ 為正常點;根據定理,則冪級數解存在:

$$y = \sum_{n=0}^{\infty} a_n x^n$$

在代入微分方程式後,可以求係數 a_n 之間的**遞迴式**(Recurrence Formula),進一步求微分方程式的級數解。以下列範例說明之:

範例

求 $y' - y = 0$ 的級數解

解 函數 -1 於 $x = 0$ 可解析,$x = 0$ 為正常點

$$y = \sum_{n=0}^{\infty} a_n x^n$$

$$y' = \sum_{n=1}^{\infty} n a_n x^{n-1}$$

分別代入微分方程式:

$$\sum_{n=1}^{\infty} n a_n x^{n-1} - \sum_{n=0}^{\infty} a_n x^n = 0$$

化成通項為 x^n:

$$\sum_{n=1}^{\infty} n a_n x^{n-1} \quad 可化成 \quad \sum_{n=0}^{\infty} (n+1) a_{n+1} x^n$$

因此可得:

$$\sum_{n=0}^{\infty} (n+1) a_{n+1} x^n - \sum_{n=0}^{\infty} a_n x^n = 0$$

$$\Rightarrow \sum_{n=0}^{\infty}\left[(n+1)a_{n+1}-a_n\right]x^n = 0$$

$$\Rightarrow (n+1)a_{n+1}-a_n = 0$$

$$\Rightarrow a_{n+1}=\frac{1}{n+1}a_n,\ n=0,1,2,\dots\ \text{稱爲遞迴式}$$

依序代入 n 值：

$n=0,\quad a_1 = a_0$

$n=1,\quad a_2 = \frac{1}{2}a_1 = \frac{1}{2}a_0$

$n=2,\quad a_3 = \frac{1}{3}a_2 = \frac{1}{3!}a_0$

$n=3,\quad a_4 = \frac{1}{4}a_3 = \frac{1}{4!}a_0,\quad \dots\dots$

微分方程式的級數解爲：

$$y = \sum_{n=0}^{\infty}a_n x^n = a_0 + a_1 x + a_2 x^2 + a_3 x^3 + a_4 x^4 + \dots$$

即

$$y = \sum_{n=0}^{\infty}a_n x^n = a_0 + a_0 x + \frac{1}{2!}a_0 x^2 + \frac{1}{3!}a_0 x^3 + \frac{1}{4!}a_0 x^4 + \dots$$

$$= a_0\left[1 + x + \frac{1}{2!}x^2 + \frac{1}{3!}x^3 + \frac{1}{4!}x^4 + \dots\right]$$

　　本範例也可以用第三章介紹的方法求解，其實就是微分方程式的通解 $y=ce^x$，括號內爲 e^x 的馬克勞林級數。

範例

求 $y'' - xy = 0$ 的級數解

解　函數 0、$-x$ 於 $x = 0$ 可解析，$x = 0$ 為正常點

$$y = \sum_{n=0}^{\infty} a_n x^n$$

$$y' = \sum_{n=1}^{\infty} n a_n x^{n-1}$$

$$y'' = \sum_{n=2}^{\infty} n(n-1) a_n x^{n-2}$$

分別代入微分方程式：

$$\sum_{n=2}^{\infty} n(n-1) a_n x^{n-2} - x \sum_{n=0}^{\infty} a_n x^n = 0 \quad \text{或} \quad \sum_{n=2}^{\infty} n(n-1) a_n x^{n-2} - \sum_{n=0}^{\infty} a_n x^{n+1} = 0$$

化成通項為 x^n :

$$\sum_{n=2}^{\infty} n(n-1) a_n x^{n-2} \quad \text{可化成} \quad \sum_{n=0}^{\infty} (n+2)(n+1) a_{n+2} x^n$$

$$\sum_{n=0}^{\infty} a_n x^{n+1} \quad \text{可化成} \quad \sum_{n=1}^{\infty} a_{n-1} x^n$$

因此可得：

$$\sum_{n=0}^{\infty} (n+2)(n+1) a_{n+2} x^n - \sum_{n=1}^{\infty} a_{n-1} x^n = 0$$

$$\Rightarrow \quad 2a_2 + \sum_{n=1}^{\infty} \left[(n+2)(n+1) a_{n+2} - a_{n-1} \right] x^n = 0$$

$$\Rightarrow \quad \therefore \quad a_2 = 0 \quad \text{且}$$

$$(n+2)(n+1) a_{n+2} - a_{n-1} = 0, \quad n = 1, 2, 3, \dots.$$

$$\Rightarrow \quad a_{n+2} = \frac{1}{(n+1)(n+2)} a_{n-1}, \quad n = 1, 2, 3, \dots. \quad \text{稱為} \textbf{遞迴式}$$

依序代入 n 值：

$$n = 1, \quad a_3 = \frac{1}{2 \cdot 3} a_0$$

$$n = 2, \quad a_4 = \frac{1}{3 \cdot 4} a_1$$

$$n = 3, \quad a_5 = \frac{1}{4 \cdot 5} a_2 = 0$$

$$n = 4, \quad a_6 = \frac{1}{5 \cdot 6} a_3 = \frac{1}{2 \cdot 3 \cdot 5 \cdot 6} a_0$$

$$n=5, \quad a_7 = \frac{1}{6\cdot 7}a_4 = \frac{1}{3\cdot 4\cdot 6\cdot 7}a_1$$

$$n=6, \quad a_8 = \frac{1}{7\cdot 8}a_5 = 0 \qquad \text{........}$$

所以級數解為：

$$y = \sum_{n=0}^{\infty} a_n x^n = a_0 + a_1 x + a_2 x^2 + a_3 x^3 + a_4 x^4 + a_5 x^5 + a_6 x^6 + ...$$

$$y = \sum_{n=0}^{\infty} a_n x^n = a_0 + a_1 x + 0 + \frac{1}{2\cdot 3}a_0 x^3 + \frac{1}{3\cdot 4}a_1 x^4 + 0 + \frac{1}{2\cdot 3\cdot 5\cdot 6}a_0 x^6 + \frac{1}{3\cdot 4\cdot 6\cdot 7}a_1 x^7 + ...$$

分別合併 a_0 與 a_1 項可得：

$$y = a_0\left[1 + \frac{1}{2\cdot 3}x^3 + \frac{1}{2\cdot 3\cdot 5\cdot 6}x^6 + ...\right] + a_1\left[x + \frac{1}{3\cdot 4}x^4 + \frac{1}{3\cdot 4\cdot 6\cdot 7}x^7 + ...\right]$$

即是微分方程式的通解：

$$y = a_0 y_1 + a_1 y_2$$

其中，a_0 與 a_1 為任意常數。本範例之微分方程式稱為 **Airy 方程式**(Airy Equation)。

9.4 ▶ Frobenius 法

在上一節中，我們所介紹的微分方程式，若包含正常點，則其冪級數解存在。本節則是介紹如何在僅有奇異點的情況下，求微分方程式的級數解，稱為 Frobenius 法。本節首先介紹奇異點的分類，接著介紹如何使用 Frobenius 法求微分方程式的級數解。

定義 9.4 規則與不規則奇異點

給定微分方程式:

$$y'' + P(x)y' + Q(x)y = 0$$

若 $x = x_0$ 為奇異點,而 $(x - x_0)P(x)$ 與 $(x - x_0)^2 Q(x)$ 於 $x = x_0$ 為可解析,則 x_0 稱為微分方程式的 **規則奇異點**(Regular Singular Point);否則,稱為 **不規則奇異點**(Irregular Singular Point)。

以微分方程式 $x^2(x-1)y'' + (x+1)y' + 2xy = 0$ 為例,化成標準型後可得 $P(x) = \dfrac{(x+1)}{x^2(x-1)}$ 與 $Q(x) = \dfrac{2}{x(x-1)}$,因此 $x = 0, 1$ 為奇異點。

首先考慮 $x = 0$,則:

$$(x - x_0)P(x) = x \cdot \frac{(x+1)}{x^2(x-1)} = \frac{x+1}{x(x-1)} \quad \text{於 } x = 0 \text{ 為非解析}$$

因此 $x = 0$ 為 **不規則奇異點**。

接著考慮 $x = 1$,則:

$$(x - x_0)P(x) = (x-1) \cdot \frac{(x+1)}{x^2(x-1)} = \frac{x+1}{x^2} \quad \text{於 } x = 1 \text{ 可解析}$$

$$(x - x_0)^2 Q(x) = (x-1)^2 \cdot \frac{2}{x(x-1)} = \frac{2(x-1)}{x} \quad \text{於 } x = 1 \text{ 可解析}$$

因此 $x = 1$ 為 **規則奇異點**。

定理 9.2 Frobenius 定理

若 $x = x_0$ 為微分方程式規則奇異點,則至少包含一個 Frobenius 級數解:

$$y = \sum_{n=0}^{\infty} a_n (x - x_0)^{n+r}$$

其中 $a_0 \neq 0$,r 為待定常數。

上述級數 $y = \sum_{n=0}^{\infty} a_n(x-x_0)^{n+r}$ 又稱為 **Frobenius 級數**，與前一節介紹的冪級數的差異是多了 r 的次方。由於 Frobenius 級數為：[4]

$$y = \sum_{n=0}^{\infty} a_n(x-x_0)^{n+r} = a_0(x-x_0)^r + a_1(x-x_0)^{1+r} + a_2(x-x_0)^{2+r} + \cdots$$

若是對 Frobenius 級數取微分則：

$$y' = \sum_{n=0}^{\infty} (n+r)a_n(x-x_0)^{n+r-1} = ra_0(x-x_0)^{r-1} + (1+r)a_1(x-x_0)^{1+r-1} + \cdots$$

取其二階微分為

$$y'' = \sum_{n=0}^{\infty} (n+r)(n+r-1)a_n(x-x_0)^{n+r-2}$$

$$= r(r-1)a_0(x-x_0)^{r-2} + (1+r)(1+r-1)a_1(x-x_0)^{1+r-2} + \cdots$$

請特別注意其與冪級數的微分不同，Frobenius 級數在微分後索引仍是從 $n = 0$ 開始。以下說明 Frobenius 法的摘要，並列舉幾個範例。

【Frobenius 法】

給定微分方程式：

$$y'' + P(x)y' + Q(x)y = 0$$

➡ 檢驗 $x = 0$ 是否為**規則奇異點**

➡ 設 Frobenius 級數：

$$y = \sum_{n=0}^{\infty} a_n x^{n+r}, a_0 \neq 0$$

➡ 代入微分方程式求**指標方程式**(Indicial Equation)與**遞迴式**(Recurrence Formula)

➡ 求指標方程式的根 r_1 與 r_2 ($r_1 > r_2$)，可分為下列三種情形：

---

[4] Frobenius 法在求微分方程式的級數解時，通常過程相當繁複，請您務必帶著「不到黃河心不死」的決心，慢火熬煮方能求得級數解。坦白說，若是您的工程數學教授考 Frobenius 法求級數解，大概是出考卷的時候心情不太好，準備讓全班同學死得很痛快！當然，筆者不是說您應該放棄學習 Frobenius 法，因為它實在是工程數學中「登泰山而小天下」的另一個境界。

Case I ：若 r_1 與 r_2 相差不為整數，則微分方程式存在兩個線性獨立解，其形態為：

$$y_1 = \sum_{n=0}^{\infty} a_n x^{n+r_1} \quad 與 \quad y_2 = \sum_{n=0}^{\infty} b_n x^{n+r_2}$$

Case II：若 $r_1 = r_2$ 為重根，則微分方程式存在兩個線性獨立解，其形態為：

$$y_1 = \sum_{n=0}^{\infty} a_n x^{n+r_1} \quad 與 \quad y_2 = y_1 \ln x + \sum_{n=1}^{\infty} b_n x^{n+r_1}$$

Case III：若 r_1 與 r_2 相差為正整數，則微分方程式存在兩個線性獨立解，其形態為：

$$y_1 = \sum_{n=0}^{\infty} a_n x^{n+r_1} \quad 與 \quad y_2 = cy_1 \ln x + \sum_{n=0}^{\infty} b_n x^{n+r_2}$$

其中常數 c 也可能等於 0。

➡ 通解為： $y = c_1 y_1 + c_2 y_2$

範例

求 $2xy'' + (x+1)y' + y = 0$ 的級數解。

解 使用 Frobenius 法

➢ 檢驗 $x = 0$ 是否為**規則奇異點**

首先化成標準型：

$$y'' + \frac{x+1}{2x}y + \frac{1}{2x}y = 0$$

可得：

$$P(x) = \frac{x+1}{2x}, \ Q(x) = \frac{1}{2x}$$

因此， $x = 0$ 為奇異點。接著判斷：

$$xP(x) = x\frac{x+1}{2x} = \frac{x+1}{2} \quad 可解析$$

$$x^2 Q(x) = x^2 \frac{1}{2x} = \frac{x}{2} \quad 可解析$$

因此， $x = 0$ 為**規則奇異點**。

➢ 設 Frobenius 級數：

$$y = \sum_{n=0}^{\infty} a_n x^{n+r},\ a_0 \neq 0$$

微分後可得：

$$y' = \sum_{n=0}^{\infty} (n+r) a_n x^{n+r-1}$$

$$y'' = \sum_{n=0}^{\infty} (n+r)(n+r-1) a_n x^{n+r-2}$$

➤ 代入微分方程式求**指標方程式**與**遞迴式**

$$\sum_{n=0}^{\infty} 2(n+r)(n+r-1) a_n x^{n+r-1} + \sum_{n=0}^{\infty} (n+r) a_n x^{n+r} + \sum_{n=0}^{\infty} (n+r) a_n x^{n+r-1} + \sum_{n=0}^{\infty} a_n x^{n+r}$$
$$= 0$$

化成通項為 x^{n+r} 可得：

$$\sum_{n=-1}^{\infty} 2(n+r+1)(n+r) a_{n+1} x^{n+r} + \sum_{n=0}^{\infty} (n+r) a_n x^{n+r} + \sum_{n=-1}^{\infty} (n+r+1) a_{n+1} x^{n+r} + \sum_{n=0}^{\infty} a_n x^{n+r}$$
$$= 0$$

整理可得：

$$\left[2r(r-1) + r \right] a_0 x^{r-1} + \sum_{n=0}^{\infty} \left[2(n+r+1)(n+r) a_{n+1} + (n+r) a_n + (n+r+1) a_{n+1} + a_n \right] x^{n+r}$$
$$= 0$$

由於 $a_0 \neq 0$，因此，

$$2r(r-1) + r = 0 \quad \text{或} \quad r(2r-1) = 0$$

稱為**指標方程式**(Indicial Equation)。此外，由於：

$$2(n+r+1)(n+r) a_{n+1} + (n+r) a_n + (n+r+1) a_{n+1} + a_n = 0,\ n = 0, 1, 2, \cdots$$

可得**遞迴式**為：

$$a_{n+1} = -\frac{1}{(2n+2r+1)} a_n,\ n = 0, 1, 2, \cdots$$

➤ 求指標方程式的根

指標方程式的根為 $1/2$、0，相差不為整數，因此為 **Case I**：

(i)**求第一個解** ⇒ 設 $r = 1/2$，則遞迴式為：

$$a_{n+1} = -\frac{1}{2(n+1)} a_n,\ n = 0, 1, 2, \cdots$$

代入可推導：

$$n = 0 \Rightarrow a_1 = -\frac{1}{2 \cdot 1} a_0$$

$$n = 1 \Rightarrow a_2 = -\frac{1}{2 \cdot 2} a_1 = \frac{1}{2^2 \cdot 2!} a_0$$

$$n = 2 \Rightarrow a_3 = -\frac{1}{2 \cdot 3} a_2 = -\frac{1}{2^3 \cdot 3!} a_0$$

…

$$a_n = \frac{(-1)^n}{2^n \cdot n!} a_0$$

因此，微分方程式的級數解為：

$$y_1 = \sum_{n=0}^{\infty} a_n x^{n+1/2} = a_0 \sum_{n=0}^{\infty} \frac{(-1)^n}{2^n \cdot n!} x^{n+1/2}$$

其中，a_0 為任意常數，因此可省略而得：

$$y_1 = \sum_{n=0}^{\infty} \frac{(-1)^n}{2^n \cdot n!} x^{n+1/2}$$

(ii)求第二個解 $\Rightarrow$ 設 $r = 0$，則遞迴式為：

$$a_{n+1} = -\frac{1}{2n+1} a_n, \ n = 0, 1, 2, \cdots$$

代入可推導：

$$n = 0 \Rightarrow a_1 = -a_0$$

$$n = 1 \Rightarrow a_2 = -\frac{1}{3} a_1 = \frac{1}{1 \cdot 3} a_0$$

$$n = 2 \Rightarrow a_3 = -\frac{1}{5} a_2 = -\frac{1}{1 \cdot 3 \cdot 5} a_0$$

$$a_n = \frac{(-1)^n}{1 \cdot 3 \cdot 5 \cdots (2n-1)} a_0$$

因此，微分方程式的級數解為：

$$y_2 = \sum_{n=0}^{\infty} a_n x^n = a_0 \left[1 + \sum_{n=1}^{\infty} \frac{(-1)^n}{1 \cdot 3 \cdot 5 \cdots (2n-1)} x^n \right]$$

其中，a_0 為任意常數，因此可省略而得：

$$y_2 = 1 + \sum_{n=1}^{\infty} \frac{(-1)^n}{1 \cdot 3 \cdot 5 \cdots (2n-1)} x^n$$

➤ 通解為： $y = c_1 y_1 + c_2 y_2$

範例

求 $xy'' + y' - y = 0$ 的級數解

解 使用 Frobenius 法

➤ 檢驗 $x = 0$ 是否為規則奇異點

首先化成標準型：

$$y'' + \frac{1}{x}y' - \frac{1}{x}y = 0$$

可得：

$$P(x) = \frac{1}{x}, \; Q(x) = -\frac{1}{x}$$

因此，$x = 0$ 為奇異點。接著判斷：

$$xP(x) = x\frac{1}{x} = 1 \quad \text{可解析}$$

$$x^2Q(x) = x^2(-\frac{1}{x}) = -x \quad \text{可解析}$$

因此，$x = 0$ 為規則奇異點。

➤ 設 Frobenius 級數：

$$y = \sum_{n=0}^{\infty} a_n x^{n+r}, a_0 \neq 0$$

微分後可得：

$$y' = \sum_{n=0}^{\infty} (n+r)a_n x^{n+r-1}$$

$$y'' = \sum_{n=0}^{\infty} (n+r)(n+r-1)a_n x^{n+r-2}$$

➤ 代入微分方程式求指標方程式與遞迴式

$$\sum_{n=0}^{\infty} (n+r)(n+r-1)a_n x^{n+r-1} + \sum_{n=0}^{\infty} (n+r)a_n x^{n+r-1} - \sum_{n=0}^{\infty} a_n x^{n+r} = 0$$

化成通項為 x^{n+r} 可得：

$$\sum_{n=-1}^{\infty} (n+r+1)(n+r)a_{n+1} x^{n+r} + \sum_{n=-1}^{\infty} (n+r+1)a_{n+1} x^{n+r} - \sum_{n=0}^{\infty} a_n x^{n+r} = 0$$

整理可得：

$$[r(r-1)+r]a_0 x^{r-1} + \sum_{n=0}^{\infty} [(n+r+1)(n+r)a_{n+1} + (n+r+1)a_{n+1} - a_n] x^{n+r} = 0$$

因此，

$$r^2 = 0$$

稱為**指標方程式**(Indicial Equation)。此外，由於：

$$(n+r+1)(n+r)a_{n+1} + (n+r+1)a_{n+1} - a_n = 0, \ n = 0,1,2,\cdots$$

可得遞迴式為：

$$a_{n+1} = \frac{1}{(n+r+1)^2} a_n, \ n = 0,1,2,\cdots$$

➤ 求指標方程式的根

指標方程式的根為 0、0 重根，因此為 Case II。

(i)求第一個解 ⇒ 設 $r = 0$，則遞迴式為：

$$a_{n+1} = \frac{1}{(n+1)^2} a_n, \ n = 0,1,2,\cdots$$

代入可推導：

$$n = 0 \Rightarrow a_1 = a_0$$

$$n = 1 \Rightarrow a_2 = \frac{1}{2^2} a_1 = \frac{1}{2^2} a_0$$

$$n = 2 \Rightarrow a_3 = \frac{1}{3^2} a_2 = \frac{1}{(3 \cdot 2)^2} a_0$$

$$a_n = \frac{1}{(n!)^2} a_0$$

因此，微分方程式的級數解為：

$$y_1 = \sum_{n=0}^{\infty} a_n x^n = a_0 \sum_{n=0}^{\infty} \frac{1}{(n!)^2} x^n$$

其中，a_0 為任意常數，因此可省略而得：

$$y_1 = \sum_{n=0}^{\infty} \frac{1}{(n!)^2} x^n$$

(ii)求第二個解 ⇒

設 $y_2 = y_1 \ln x + \sum_{n=1}^{\infty} b_n x^{n+r}$

微分後可得：

$$y_2' = y_1' \ln x + \frac{1}{x} y_1 + \sum_{n=1}^{\infty} (n+r) b_n x^{n+r-1}$$

$$y_2'' = y_1'' \ln x + \frac{2}{x} y_1' - \frac{1}{x^2} y_1 + \sum_{n=1}^{\infty} (n+r)(n+r-1) b_n x^{n+r-2}$$

代入微分方程式：

$$x\left(y_1'' \ln x + \frac{2}{x} y_1' - \frac{1}{x^2} y_1 + \sum_{n=1}^{\infty} (n+r)(n+r-1) b_n x^{n+r-2} \right)$$

$$+ \left(y_1' \ln x + \frac{1}{x} y_1 + \sum_{n=1}^{\infty} (n+r) b_n x^{n+r-1} \right) - \left(y_1 \ln x + \sum_{n=1}^{\infty} b_n x^{n+r} \right) = 0$$

可以整理成：

$$\ln x \left(xy_1'' + y_1' - y_1 \right) + 2y_1' - \frac{1}{x} y_1 + \sum_{n=1}^{\infty} (n+r)(n+r-1) b_n x^{n+r-1}$$

$$+ \frac{1}{x} y_1 + \sum_{n=1}^{\infty} (n+r) b_n x^{n+r-1} - \sum_{n=1}^{\infty} b_n x^{n+r} = 0$$

其中 $\ln x$ 項為 0(y_1 亦為微分方程式的解)且 $r = 0$ 代入，則：

$$2y_1' + \sum_{n=1}^{\infty} n(n-1) b_n x^{n-1} + \sum_{n=1}^{\infty} n b_n x^{n-1} - \sum_{n=1}^{\infty} b_n x^n = 0$$

或

$$2y_1' + \sum_{n=1}^{\infty} n^2 b_n x^{n-1} - \sum_{n=1}^{\infty} b_n x^n = 0$$

根據第一個解：

$$y_1 = \sum_{n=0}^{\infty} \frac{1}{(n!)^2} x^n = 1 + x + \frac{1}{4} x^2 + \frac{1}{36} x^3 + \cdots$$

取微分為：

$$y_1' = 1 + \frac{1}{2} x + \frac{1}{12} x^2 + \cdots$$

則：

$$2 + x + \frac{1}{6} x^2 + \cdots + b_1 - b_1 x + 4b_2 x - b_2 x^2 + 9b_3 x^2 - b_3 x^3 + 16b_4 x^3 - b_4 x^4 + \cdots = 0$$

因此可得：

$$2 + b_1 = 0 \qquad \Rightarrow \quad b_1 = -2$$

$$1 - b_1 + 4b_2 = 0 \qquad \Rightarrow \quad b_2 = -\frac{3}{4}$$

$$\frac{1}{6} - b_2 + 9b_3 = 0 \qquad \Rightarrow \quad b_3 = -\frac{11}{108}$$

...

可得第二個解：

$$y_2 = y_1 \ln x + \sum_{n=1}^{\infty} b_n x^n = y_1 \ln x - 2x - \frac{3}{4}x^2 - \frac{11}{108}x^3 + \cdots$$

➤ 通解為： $y = c_1 y_1 + c_2 y_2$ ∎

範例

求 $x^2 y'' + x(x+1)y' - y = 0$ 的級數解

解 使用 Frobenius 法

➤ 檢驗 $x = 0$ 是否為規則奇異點

首先化成標準型：

$$y'' + \frac{x+1}{x}y' - \frac{1}{x^2}y = 0$$

可得：

$$P(x) = \frac{x+1}{x},\ Q(x) = -\frac{1}{x^2}$$

因此，$x=0$ 為奇異點。接著判斷：

$$xP(x) = x\frac{x+1}{x} = x+1 \quad 可解析$$

$$x^2 Q(x) = x^2(-\frac{1}{x^2}) = -1 \quad 可解析$$

因此，$x=0$ 為規則奇異點。

➤ 設 Frobenius 級數：

$$y = \sum_{n=0}^{\infty} a_n x^{n+r}, a_0 \neq 0$$

微分後可得：

$$y' = \sum_{n=0}^{\infty} (n+r)a_n x^{n+r-1}$$

$$y'' = \sum_{n=0}^{\infty} (n+r)(n+r-1)a_n x^{n+r-2}$$

➤ 代入微分方程式求指標方程式與遞迴式

$$\sum_{n=0}^{\infty}(n+r)(n+r-1)a_n x^{n+r} + \sum_{n=0}^{\infty}(n+r)a_n x^{n+r+1} + \sum_{n=0}^{\infty}(n+r)a_n x^{n+r} - \sum_{n=0}^{\infty}a_n x^{n+r} = 0$$

化成通項為 x^{n+r} 可得：

$$\sum_{n=0}^{\infty}(n+r)(n+r-1)a_n x^{n+r} + \sum_{n=1}^{\infty}(n+r-1)a_{n-1} x^{n+r} + \sum_{n=0}^{\infty}(n+r)a_n x^{n+r} - \sum_{n=0}^{\infty}a_n x^{n+r} = 0$$

整理可得：

$$\left[r(r-1)+r-1\right]a_0 x^r + \sum_{n=1}^{\infty}\left[(n+r)(n+r-1)a_n + (n+r-1)a_{n-1} + (n+r)a_n - a_n\right]x^{n+r}$$
$$= 0$$

因此，

$$r^2 - 1 = 0$$

稱為指標方程式(Indicial Equation)。此外，由於：

$$(n+r)(n+r-1)a_n + (n+r-1)a_{n-1} + (n+r)a_n - a_n = 0,\ n=1,2,3,\cdots$$

可得遞迴式為：

$$a_n = -\frac{1}{n+r+1}a_{n-1},\ n=1,2,3,\cdots$$

➢ 求指標方程式的根

指標方程式的根為 1、-1，相差為正整數，因此為 Case III。

(i)求第一個解 $\Rightarrow$ 設 $r=1$，則遞迴式為：

$$a_n = -\frac{1}{n+2}a_{n-1},\ n=1,2,3,\cdots$$

代入可推導：

$$n=1 \Rightarrow a_1 = -\frac{1}{3}a_0$$

$$n=2 \Rightarrow a_2 = -\frac{1}{4}a_1 = \frac{1}{4\cdot3}a_0$$

$$n=3 \Rightarrow a_3 = -\frac{1}{5}a_2 = -\frac{1}{5\cdot4\cdot3}a_0$$

…

$$a_n = \frac{(-1)^n 2}{(n+2)!}a_0$$

因此，微分方程式的級數解為：

$$y_1 = \sum_{n=0}^{\infty}a_n x^{n+1} = a_0\sum_{n=0}^{\infty}\frac{(-1)^n 2}{(n+2)!}x^{n+1}$$

其中，a_0 為任意常數，因此可省略而得：

$$y_1 = \sum_{n=0}^{\infty} \frac{(-1)^n 2}{(n+2)!} x^{n+1}$$

(ii)求第二個解 $\Rightarrow$ 設 $r = -1$，則遞迴式為：

$$a_n = -\frac{1}{n} a_{n-1}, \ n = 1, 2, 3, \cdots$$

代入可推導：

$n = 1 \Rightarrow a_1 = -a_0$

$n = 2 \Rightarrow a_2 = -\frac{1}{2} a_1 = \frac{1}{2!} a_0$

$n = 3 \Rightarrow a_3 = -\frac{1}{3} a_2 = -\frac{1}{3!} a_0$

$\cdots$

$$a_n = \frac{(-1)^n}{n!} a_0$$

因此，微分方程式的級數解為：

$$y_2 = \sum_{n=0}^{\infty} a_n x^{n-1} = a_0 \sum_{n=0}^{\infty} \frac{(-1)^n}{n!} x^{n-1}$$

其中，a_0 為任意常數，因此可省略而得：

$$y_2 = \sum_{n=0}^{\infty} \frac{(-1)^n}{n!} x^{n-1}$$

➢ 通解為： $y = c_1 y_1 + c_2 y_2$ ∎

本例為 Case III，第二個解為 $y_2 = c y_1 \ln x + \sum_{n=0}^{\infty} b_n x^{n+r_2}$，由於係數可順利求得，因此 $c = 0$。以下範例介紹 c 不為 0 的情況。

┌─範│例┐

求 $xy'' + y = 0$ 的級數解

解　使用 Frobenius 法

➢ 檢驗 $x = 0$ 是否為**規則奇異點**

首先化成標準型：

$$y'' + \frac{1}{x}y = 0$$

可得：

$$P(x) = 0, \ Q(x) = \frac{1}{x}$$

因此，$x = 0$ 爲奇異點。接著判斷：

$$xP(x) = x \cdot (0) = 0 \quad 可解析$$

$$x^2 Q(x) = x^2 (\frac{1}{x}) = x \quad 可解析$$

因此，$x = 0$ 爲規則奇異點。

➤　設 Frobenius 級數：

$$y = \sum_{n=0}^{\infty} a_n x^{n+r}, a_0 \neq 0$$

微分後可得：

$$y' = \sum_{n=0}^{\infty} (n+r) a_n x^{n+r-1}$$

$$y'' = \sum_{n=0}^{\infty} (n+r)(n+r-1) a_n x^{n+r-2}$$

➤　代入微分方程式求指標方程式與遞迴式

$$\sum_{n=0}^{\infty} (n+r)(n+r-1) a_n x^{n+r-1} + \sum_{n=0}^{\infty} a_n x^{n+r} = 0$$

化成通項爲 x^{n+r} 可得：

$$\sum_{n=-1}^{\infty} (n+r+1)(n+r) a_{n+1} x^{n+r} + \sum_{n=0}^{\infty} a_n x^{n+r} = 0$$

整理可得：

$$\left[r(r-1) \right] a_0 x^{r-1} + \sum_{n=0}^{\infty} \left[(n+r+1)(n+r) a_{n+1} + a_n \right] x^{n+r} = 0$$

因此，

$$r(r-1) = 0$$

稱爲**指標方程式**(Indicial Equation)。

此外，由於：

$$(n+r+1)(n+r) a_{n+1} + a_n = 0, \ n = 0, 1, 2, \cdots$$

可得遞迴式爲：

$$a_{n+1} = -\frac{1}{(n+r+1)(n+r)}a_n, \ n=0,1,2,\cdots$$

➢ 求指標方程式的根

指標方程式的根為 1、0，相差為正整數，因此為 Case III。

(i)求第一個解 ⇒ 設 $r=1$，則遞迴式為：

$$a_{n+1} = -\frac{1}{(n+1)(n+2)}a_n, \ n=0,1,2,\cdots$$

代入可推導：

$$n=0 \Rightarrow a_1 = -\frac{1}{1\cdot2}a_0$$

$$n=1 \Rightarrow a_2 = -\frac{1}{2\cdot3}a_1 = \frac{1}{1\cdot2^2\cdot3}a_0$$

$$n=2 \Rightarrow a_3 = -\frac{1}{3\cdot4}a_2 = -\frac{1}{1\cdot2^2\cdot3^2\cdot4}a_0$$

…

$$a_n = \frac{(-1)^n}{(n+1)(n!)^2}a_0$$

因此，微分方程式的級數解為：

$$y_1 = \sum_{n=0}^{\infty}a_nx^n = a_0\sum_{n=0}^{\infty}\frac{(-1)^n}{(n+1)(n!)^2}x^{n+1}$$

其中，a_0 為任意常數，因此可省略而得：

$$y_1 = \sum_{n=0}^{\infty}\frac{(-1)^n}{(n+1)(n!)^2}x^{n+1}$$

(ii)求第二個解 ⇒ 設 $r=0$，則遞迴式為：

$$a_{n+1} = -\frac{1}{n(n+1)}a_n, \ n=0,1,2,\cdots$$

可以發現在此，我們在處理遞迴式時碰到問題，無法順利取得係數。

設 $\quad y_2 = cy_1\ln x + \sum_{n=0}^{\infty}b_nx^n$

微分後可得：

$$y_2' = cy_1'\ln x + c\frac{1}{x}y_1 + \sum_{n=0}^{\infty}nb_nx^{n-1}$$

$$y_2'' = cy_1''\ln x + c\frac{2}{x}y_1' - c\frac{1}{x^2}y_1 + \sum_{n=0}^{\infty}n(n-1)b_nx^{n-2}$$

代入微分方程式：

$$x\left(cy_1''\ln x+c\frac{2}{x}y_1'-c\frac{1}{x^2}y_1+\sum_{n=0}^{\infty}n(n-1)b_nx^{n-2}\right)+\left(cy_1\ln x+\sum_{n=0}^{\infty}b_nx^n\right)=0$$

可以整理成：

$$c\ln x\left(xy_1''+y_1\right)+2cy_1'-c\frac{1}{x}y_1+\sum_{n=0}^{\infty}n(n-1)b_nx^{n-1}+\sum_{n=0}^{\infty}b_nx^n=0$$

其中 $\ln x$ 項為 $0(y_1$ 亦為微分方程式的解)，則：

$$\sum_{n=0}^{\infty}n(n-1)b_nx^{n-1}+\sum_{n=0}^{\infty}b_nx^n=-2cy_1'+\frac{cy_1}{x}$$

左式展開可得：

$$b_0+(b_1+2b_2)x+(b_2+6b_3)x^2+(b_3+12b_4)x^3+\cdots$$

右式展開可得：

$$-c+\frac{3}{2}cx-\frac{5}{12}cx^2+\frac{7}{144}cx^3+\cdots$$

因此，比較係數後：

$$b_0=-c$$

$$b_1+2b_2=\frac{3}{2}c$$

$$b_2+6b_3=-\frac{5}{12}c$$

$$b_3+12b_4=\frac{7}{144}c$$

注意 $c=-b_0$ 且 b_1 為任意常數，在此選取 $b_0=1,b_1=0$，則可得第二個解：

$$y_2=-y_1\ln x+\sum_{n=0}^{\infty}b_nx^n=-y_1\ln x+\left[1-\frac{3}{4}x^2+\frac{7}{36}x^3-\frac{35}{1728}x^4+\cdots\right]$$

➤ 通解為：　$y=c_1y_1+c_2y_2$　■

9.5 ▶ 特殊函數

科學家在觀察自然界的現象時，建構了一些特殊的微分方程式，其解即稱為**特殊函數**(Special Functions)。特殊函數出現於較為進階的研究，例如：應用

數學、物理與工程等。本節討論兩個微分方程式，分別定義如下：

Bessel 方程式　　　　　$x^2 y'' + xy' + (x^2 - v^2)y = 0$

Legendre 方程式　　　$(1-x^2)y'' - 2xy' + \alpha(\alpha+1)y = 0$

上述 Bessel 方程式的 **階數** (Order)為 v，其解稱為 **Bessel 函數** (Bessel Functions)；Legendre 方程式的階數為 α，其解稱為 **Legendre 多項式**(Legendre Polynomials)。在此假設 $v \geq 0$，α 則為非負整數。

9.5.1　Bessel 方程式

首先對 Bessel 方程式求解：

$$x^2 y'' + xy' + (x^2 - v^2)y = 0$$

檢驗後可知 $x=0$ 為 **規則奇異點**。

設 Frobenius 級數：

$$y = \sum_{n=0}^{\infty} a_n x^{n+r}, a_0 \neq 0$$

微分後可得：

$$y' = \sum_{n=0}^{\infty} (n+r)a_n x^{n+r-1}$$

$$y'' = \sum_{n=0}^{\infty} (n+r)(n+r-1)a_n x^{n+r-2}$$

代入微分方程式：

$$\sum_{n=0}^{\infty}(n+r)(n+r-1)a_n x^{n+r} + \sum_{n=0}^{\infty}(n+r)a_n x^{n+r} + \sum_{n=0}^{\infty}a_n x^{n+r+2} - v^2\sum_{n=0}^{\infty}a_n x^{n+r} = 0$$

化成通項為 x^{n+r} 可得：

$$\sum_{n=0}^{\infty}(n+r)(n+r-1)a_n x^{n+r} + \sum_{n=0}^{\infty}(n+r)a_n x^{n+r} + \sum_{n=2}^{\infty}a_{n-2} x^{n+r} - v^2\sum_{n=0}^{\infty}a_n x^{n+r} = 0$$

整理可得：

$$\left[r(r-1) + r - v^2 \right] a_0 x^r + \left[r(r+1) + (r+1) - v^2 \right] a_1 x^{r+1} +$$

$$\sum_{n=2}^{\infty} \left[\left[(n+r)(n+r-1) + (n+r) - v^2 \right] a_n + a_{n-2} \right] x^{n+r} = 0$$

因此，指標方程式為：

$$r^2 - v^2 = 0$$

可得其根為 $\pm v$。設 $r = v$，則：

$$(2v+1)a_1 = 0$$

假設 $v \geq 0$，因此 $a_1 = 0$。此外，由於：

$$\left[(n+r)(n+r-1) + (n+r) - v^2 \right] a_n + a_{n-2} = 0, \ n = 2, 3, 4, \cdots$$

同時代入 $r = v$ 可得**遞迴式**為：

$$a_n = -\frac{1}{n(n+2v)} a_{n-2}, \ n = 2, 3, 4, \cdots$$

由於 $a_1 = 0$，因此：

$a_1 = a_3 = a_5 = \ldots = 0$ 奇數項

代入可推導：

$$n = 2 \Rightarrow a_2 = -\frac{1}{2^2(1+v)} a_0$$

$$n = 4 \Rightarrow a_4 = -\frac{1}{2^2 \cdot 2(2+v)} a_2 = \frac{1}{2^4 \cdot 1 \cdot 2(1+v)(2+v)} a_0$$

$$n = 6 \Rightarrow a_6 = -\frac{1}{2^2 \cdot 3(3+v)} a_4 = -\frac{1}{2^6 \cdot 1 \cdot 2 \cdot 3(1+v)(2+v)(3+v)} a_0$$

$\cdots$

$$a_{2n} = \frac{(-1)^n}{2^{2n} n!(1+v)(2+v)\cdots(n+v)} a_0, \ n = 1, 2, 3, \ldots$$

通常 a_0 是選定為下列特定值：

$$a_0 = \frac{1}{2^v \Gamma(1+v)}$$

其中 $\Gamma(1+\nu)$ 稱為 Gamma 函數。選取 Gamma 函數的原因主要是其具有相當便利的特性 $\Gamma(1+\alpha)=\alpha\,\Gamma(\alpha)$。因此：

$$\Gamma(1+\nu+1)=(1+\nu)\,\Gamma(1+\nu)$$

$$\Gamma(1+\nu+2)=(2+\nu)\,\Gamma(2+\nu)=(2+\nu)(1+\nu)\Gamma(1+\nu)$$

所以遞迴式也可以表示成：

$$a_{2n}=\frac{(-1)^n}{2^{2n+\nu}\,n!\,\Gamma(1+\nu+n)},\, n=0,1,2,\ldots$$

其**級數解** $y=\sum_{n=0}^{\infty}a_n x^{n+r}$ 即是 Bessel 函數，如下定義。

定義 9.5　第一類 Bessel 函數

第一類 Bessel 函數(Bessel Function of the First Kind)可以定義為：

$$J_\nu(x)=\sum_{n=0}^{\infty}\frac{(-1)^n}{n!\,\Gamma(1+\nu+n)}\left(\frac{x}{2}\right)^{2n+\nu}$$

第一類 Bessel 函數 $J_\nu(x)$ 如下圖，其中階數 $\nu=0,1,2,3$。根據指標方程式的另一個根 $r=-\nu$ 可以同理推導而得：

$$J_{-\nu}(x)=\sum_{n=0}^{\infty}\frac{(-1)^n}{n!\,\Gamma(1-\nu+n)}\left(\frac{x}{2}\right)^{2n-\nu}$$

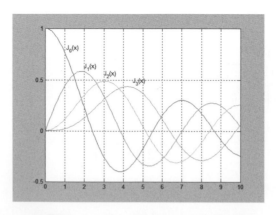

▲圖 9-3　第一類 Bessel 函數圖

在此討論 Bessel 方程式求解的幾種情況：

● $r_1 - r_2 = 2\nu$ 不爲整數，滿足 Case I，則 $J_\nu(x)$ 與 $J_{-\nu}(x)$ 爲線性獨立，因此 Bessel 方程式的通解爲：

$$y = c_1 J_\nu(x) + c_2 J_{-\nu}(x)$$

● $\nu = 0$，滿足 Case II，則 $J_\nu(x) = J_{-\nu}(x) = J_0(x)$

● $r_1 - r_2 = 2\nu$ 爲整數，滿足 Case III，則 ν 可能是非整數(例如 1/2)，也可能是整數。若 $\nu = 1/2$，則第二個線性獨立解可以利用第一類 Bessel 函數的線性組合求解，定義如下。因此 Bessel 方程式的通解爲：

$$y = c_1 J_\nu(x) + c_2 Y_\nu(x)$$

定義 9.6　第二類 Bessel 函數

第二類 Bessel 函數(Bessel Function of the Second Kind)可以定義爲：

$$Y_\nu(x) = \frac{\cos\nu\pi J_\nu(x) - J_{-\nu}(x)}{\sin\nu\pi}$$

第二類 Bessel 函數 $Y_\nu(x)$ 如下圖，其中階數 $\nu = 0, 1, 2$。

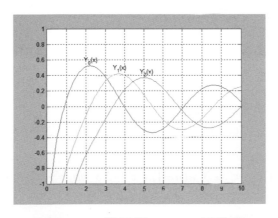

▲圖 **9-4**　第二類 Bessel 函數圖

9.5.2　Legendre 方程式

以下針對 Legendre 方程式求解：

$$(1-x^2)y'' - 2xy' + \alpha(\alpha+1)y = 0$$

$x = 0$ 為**正常點**。因此，微分方程式的冪級數解存在。

假設冪級數及其微分：

$$y = \sum_{n=0}^{\infty} a_n x^n$$

$$y' = \sum_{n=1}^{\infty} n a_n x^{n-1}$$

$$y'' = \sum_{n=2}^{\infty} n(n-1) a_n x^{n-2}$$

分別代入微分方程式：

$$(1-x^2)\sum_{n=2}^{\infty} n(n-1) a_n x^{n-2} - 2x\sum_{n=1}^{\infty} n a_n x^{n-1} + \alpha(\alpha+1)\sum_{n=0}^{\infty} a_n x^n = 0$$

或

$$\sum_{n=2}^{\infty} n(n-1) a_n x^{n-2} - \sum_{n=2}^{\infty} n(n-1) a_n x^n - 2\sum_{n=1}^{\infty} n a_n x^n + \alpha(\alpha+1)\sum_{n=0}^{\infty} a_n x^n = 0$$

化成通項為 x^n 可得：

$$\sum_{n=0}^{\infty} (n+2)(n+1) a_{n+2} x^n - \sum_{n=2}^{\infty} n(n-1) a_n x^n - 2\sum_{n=1}^{\infty} n a_n x^n + \alpha(\alpha+1)\sum_{n=0}^{\infty} a_n x^n = 0$$

可以發現第二、三項均可從 $n = 0$ 開始，即：

$$\sum_{n=0}^{\infty} (n+2)(n+1) a_{n+2} x^n - \sum_{n=0}^{\infty} n(n-1) a_n x^n - 2\sum_{n=0}^{\infty} n a_n x^n + \alpha(\alpha+1)\sum_{n=0}^{\infty} a_n x^n = 0$$

或

$$\sum_{n=0}^{\infty} \left[(n+2)(n+1) a_{n+2} - n(n-1) a_n - 2n a_n + \alpha(\alpha+1) a_n \right] x^n = 0$$

因此可得遞迴式：

$$a_{n+2} = \frac{n(n+1) - \alpha(\alpha+1)}{(n+1)(n+2)} a_n, \ n = 0, 1, 2, \ldots$$

代入可推導：

$$n = 0 \Rightarrow a_2 = \frac{0 \cdot 1 - \alpha(\alpha+1)}{1 \cdot 2} a_0 = -\frac{\alpha(\alpha+1)}{2!} a_0$$

$$n = 1 \Rightarrow a_3 = \frac{1 \cdot 2 - \alpha(\alpha+1)}{2 \cdot 3} a_1 = -\frac{(\alpha-1)(\alpha+2)}{3!} a_1$$

$$n = 2 \Rightarrow a_4 = \frac{2 \cdot 3 - \alpha(\alpha+1)}{3 \cdot 4} a_2 = \frac{\alpha(\alpha-2)(\alpha+1)(\alpha+3)}{4!} a_0$$

$$n = 3 \Rightarrow a_5 = \frac{3 \cdot 4 - \alpha(\alpha+1)}{4 \cdot 5} a_3 = \frac{(\alpha-1)(\alpha-3)(\alpha+2)(\alpha+4)}{5!} a_1$$

$$n = 4 \Rightarrow a_6 = \frac{4 \cdot 5 - \alpha(\alpha+1)}{5 \cdot 6} a_4 = -\frac{\alpha(\alpha-2)(\alpha-4)(\alpha+1)(\alpha+3)(\alpha+5)}{6!} a_0$$

$$n = 5 \Rightarrow a_7 = \frac{5 \cdot 6 - \alpha(\alpha+1)}{6 \cdot 7} a_5 = -\frac{(\alpha-1)(\alpha-3)(\alpha-5)(\alpha+2)(\alpha+4)(\alpha+6)}{7!} a_1$$

可得兩線性獨立解：

$$y_1 = 1 - \frac{\alpha(\alpha+1)}{2!} x^2 + \frac{\alpha(\alpha-2)(\alpha+1)(\alpha+3)}{4!} x^4 -$$
$$\frac{\alpha(\alpha-2)(\alpha-4)(\alpha+1)(\alpha+3)(\alpha+5)}{6!} x^6 + \cdots$$

$$y_2 = x - \frac{(\alpha-1)(\alpha+2)}{3!} x^3 + \frac{(\alpha-1)(\alpha-3)(\alpha+2)(\alpha+4)}{5!} x^5 -$$
$$\frac{(\alpha-1)(\alpha-3)(\alpha-5)(\alpha+2)(\alpha+4)(\alpha+6)}{7!} x^7 + \cdots$$

Legendre 方程式的級數解為：

$$y = a_0 y_1 + a_1 y_2$$

可以觀察到，若 α 為偶數 0、2 或 4，y_1 可簡化為：

$$1,\ 1-3x^2,\ 1-10x^2+\frac{35}{3}x^4$$

若 α 爲奇數 1、3 或 5，y_2 可簡化爲：

$$x,\ x-\frac{5}{3}x^3,\ x-\frac{14}{3}x^3+\frac{21}{5}x^5$$

　　上述之多項式若乘上適當的係數，則稱爲 **Legendre 多項式** (Legendre Polynomial)。n 次 Legendre 多項式可以表示成 $P_n(x)$，前幾項分別爲：

$$P_0(x)=1 \qquad\qquad\qquad P_1(x)=x$$

$$P_2(x)=\frac{1}{2}(3x^2-1) \qquad\qquad P_3(x)=\frac{1}{2}(5x^3-3x)$$

$$P_4(x)=\frac{1}{8}(35x^4-30x^2+3) \qquad P_5(x)=\frac{1}{8}(63x^5-70x^3+15x)$$

Legendre 多項式 $P_n(x)$ 如圖所示，其中 $n=0,\ 1,\ 2,\ 3,\ 4$。

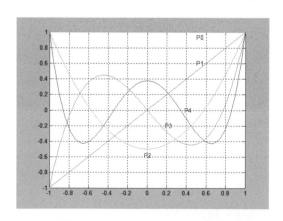

▲圖 **9-5**　Legendre 多項式圖

練習九

一、基本概念

1. 試定義**冪級數**。

2. 試定義**泰勒級數**。泰勒級數的級數中心為何?

3. 求下列函數的馬克勞林級數(泰勒級數對 $x = 0$ 展開):

   (a)　e^{-x} 　　　　　　　　　　　(b)　$\cos x$

   (c)　$\ln(1+x)$ 　　　　　　　　　(d)　$\tan^{-1} x$

4. 模仿圖 9-1,使用電腦輔助軟體繪製函數 $f(x) = \sin x$ 與其馬克勞林級數的比較圖(級數中心為 0)。

5. 求下列冪級數的**收斂區間**與**收斂半徑**:

   (a)　$\displaystyle\sum_{n=0}^{\infty} \frac{x^n}{2^n}$ 　　　　　　　　(b)　$\displaystyle\sum_{n=0}^{\infty} \frac{(x-1)^n}{3^n}$

   (c)　$\displaystyle\sum_{n=0}^{\infty} \frac{(x-1)^{2n}}{9^n}$ 　　　　　　(d)　$\displaystyle\sum_{n=0}^{\infty} \frac{(x-2)^{2n}}{2^n}$

6. 將下列冪級數化成通項為 x^n 的冪級數:

   (a)　$\displaystyle\sum_{n=0}^{\infty} \frac{1}{n!} x^{n+2}$ 　　　　　　(b)　$\displaystyle\sum_{n=1}^{\infty} \frac{n}{2^n} x^{n+1}$

   (c)　$\displaystyle\sum_{n=1}^{\infty} n a_n x^{n-1}$ 　　　　　　(d)　$\displaystyle\sum_{n=3}^{\infty} \frac{n!}{3^n} a_{n-1} x^{n-3}$

二、初始值問題的級數解

7. 求下列初始值問題的級數解,至少求到前四項非零項:

   (a)　$y'' + xy = 0,\ y(0) = 1,\ y'(0) = 2$

   (b)　$y'' - e^x y' + 2xy = 0,\ y(0) = 1,\ y'(0) = 3$

   (c)　$y'' - e^x y' + 2y = 1,\ y(0) = -3,\ y'(0) = 1$

三、使用遞迴式求級數解

8.　給定微分方程式 $y' + y = 0$，試回答下列問題：

　　(a)　若是求微分方程式的級數解，試決定**遞迴式**；

　　(b)　求級數解。

9.　給定微分方程式 $y' - 2xy = 0$，試回答下列問題：

　　(a)　若是求微分方程式的級數解，試決定**遞迴式**；

　　(b)　求級數解。

10.　給定微分方程式 $y'' - xy' + y = 0$，試回答下列問題：

　　(a)　請問 $x = 0$ 為**正常點**或是**奇異點**？

　　(b)　若是求微分方程式的級數解，試決定**遞迴式**；

　　(c)　求級數解。

11.　求微分方程式 $y'' + y = 0$ 的級數解。

四、Frobenius 法

12.　求下列微分方程式的奇異點，並判斷是否為**規則奇異點**：

　　(a)　$x^2 y'' + xy' + (x^2 - 1)y = 0$

　　(b)　$(x^2 - 1)y'' + 2xy' + y = 0$

　　(c)　$(x - 2)^2 y'' + y' + 2xy = 0$

　　(d)　$x(x - 1)^2 y'' + (x + 1)y' + y = 0$

13.　使用 Frobenius 法求下列微分方程式的級數解：

　　(a)　$2xy'' + (2x + 1)y' + 2y = 0$

　　(b)　$x^2 y'' + (2x^2 + \frac{1}{2}x)y' + (x - \frac{1}{2})y = 0$

　　(c)　$16x^2 y'' + 3y = 0$

　　(d)　$xy'' + (1 - x)y' + y = 0$

　　(e)　$x^2 y'' + x^2 y' - 2y = 0$

　　(f)　$x^2 y'' - 2xy' - (x^2 - 2)y = 0$

五、特殊函數

14.　求下列微分方程式的級數解(可使用 Bessel 函數表示)：

　　(a)　$x^2 y'' + xy' + (x^2 - \frac{1}{9})y = 0$

　　(b)　$x^2 y'' + xy' + x^2 y = 0$

　　(c)　$x^2 y'' + xy' + (x^2 - 9)y = 0$

10

向量與向量空間

10.1　二維向量

10.2　三維向量

10.3　點積

10.4　叉積

10.5　向量幾何

10.6　向量空間

10.7　線性相依/獨立與基底

10.8　Gram-Schmidt 正交化法

探討科學與工程問題時，常將各種物理量分成 **純量**(Scalars) 或 **向量**(Vectors)。純量僅含 **大小**(Magnitude)，例如：長度、距離、溫度等；向量則同時包含 **大小**(Magnitude) 與 **方向**(Direction)，例如：自由落體的重力、彈簧質量系統的彈力、電磁場的磁力、流體的流力等[1]。

因此，向量便成為不可或缺的數學工具，同時也是科學家與工程師在設計工程系統時必須具備的基本知識。本章介紹基本的向量與向量運算，並延伸介紹廣義的 n 維向量空間。

本章討論的主題包含：

- **二維向量**
- **三維向量**
- **點積**
- **叉積**
- **向量幾何**
- **向量空間**
- **線性相依/獨立與基底**
- **Gram-Schmidt 正交化法**

---

[1] 自然界中的 **力**(Force) 通常具有方向性，因此經常牽涉向量。在此引用電影星際大戰中的名言：「May the **Force** be with you」，希望您在學向量的時候，會聯想到 **力**。

10.1 ▶ 二維向量

探討科學與工程問題時，常將各種物理量分成**純量**或**向量**。純量僅含**大小**，例如：長度、距離、溫度等；向量則同時包含**大小與方向**，例如：自由落體的重力、彈簧質量系統的彈力、電磁場的 磁力、流體的流力等。物理學中，物體運動時的**速率**(Speed)為純量；**速度**(Velocity)則為向量。

為了區分**純量**與**向量**，純量是使用一般字體表示之，例如：x、y、z、…等；向量則是使用**粗體**表示之，例如：**a**、**b**、**c**、…等[2]。由於向量同時具有**大小與方向**，因此是以具有箭頭的直線線段表示之，如圖 10-1。線段的長度表示向量的大小，箭頭的方向則是向量的方向。向量的兩個端點分別稱為**起點**(Initial Point)與**終點**(Terminal Point)，箭頭的方向是從起點指向終點。此外，向量大小為零時，稱為**零向量**(Zero Vector)，表示成 **0**，不具方向性。

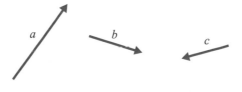

a　　　b　　　c

▲**圖 10-1**　向量表示法

---

[2]　在討論向量時，在此是以**粗體**表示，例如：**a**、**b**、**c**、…等。有些數學老師喜歡使用 $\vec{a}$、$\vec{b}$、$\vec{c}$、…或 $\hat{a}$、$\hat{b}$、$\hat{c}$、…等不同的表示法，主要目的也是為了區分**純量**與**向量**。希望您在學向量與向量分析時，無論是書寫或推導過程中，應隨時保持良好的習慣，注意使用不同的表示法(例如：a 與 **a** 等)，以區分純量與向量。

定義 10.1 二維向量

二維向量(Vector in 2-Space)，可以定義為：

$$\mathbf{a} = <a_1, a_2>$$

其中 a_1, a_2 均為實數，稱為向量的**分量**(Components)。**二維向量**簡稱 **2-向量**(2-Vector)。

顧名思義，二維向量是定義於二維空間(簡稱 2-Space)。根據**直角座標系**，則向量 $\mathbf{a} = <a_1, a_2>$ 可以表示成落在直角座標系中具有箭頭的直線線段，如圖 10-2。向量是以原點 $O(0, 0)$ 為起點，$P(a_1, a_2)$ 為終點，由於其位置固定，因此稱為**位置向量**(Position Vectors)，表示成 $\overrightarrow{OP}$。

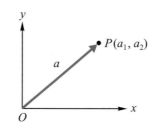

▲圖 **10-2** 位置向量 $\overrightarrow{OP}$

向量可以在二維空間中任意移動，起點不一定為原點，因此一般的向量稱為**自由向量**(Free Vectors)。舉例而言，若二維空間中起點與終點的座標點分別為 $P_1(x_1, y_1)$ 與 $P_2(x_2, y_2)$，如圖 10-3，則向量可以表示成：

$$\overrightarrow{P_1P_2} = <x_2 - x_1, y_2 - y_1>$$

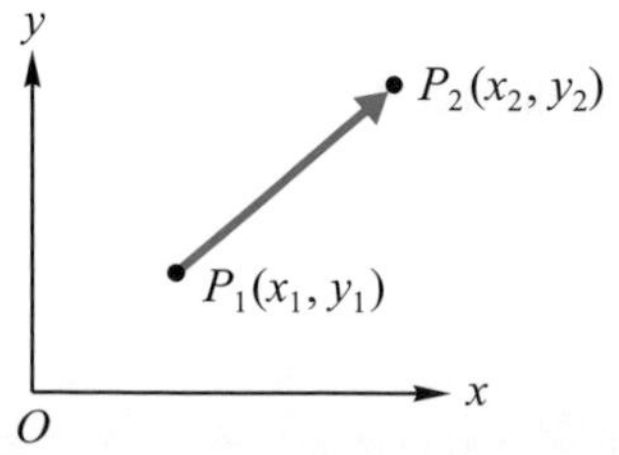

▲圖 **10-3** 位置向量 $\overrightarrow{P_1P_2}$

範例

給定直角座標系的點座標 $O(0,0)$、$P_1(2,1)$ 與 $P_2(4,5)$，求向量 $\overrightarrow{OP_1}$、$\overrightarrow{OP_2}$、$\overrightarrow{P_1P_2}$ 與 $\overrightarrow{P_2P_1}$

解

$\overrightarrow{OP_1} = <2,\ 1>$

$\overrightarrow{OP_2} = <4,\ 5>$

$\overrightarrow{P_1P_2} = <4-2, 5-1> = <2, 4>$

$\overrightarrow{P_2P_1} = <2-4, 1-5> = <-2, -4>$ ∎

　　向量可以在二維空間中任意移動，只要大小相等且方向相同，均可視為是**相等**的向量。以圖 10-4 為例，由於向量 **a**、**b** 的大小相等且方向相同，因此是相等的向量，表示成 **a** = **b**。

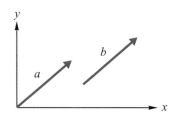

▲圖 **10-4**　大小相等且方向相同的向量

　　向量 **a** 的**負向量**(Negative Vector)表示為 –**a**，與向量 **a** 大小相等但方向相反。向量 **a** 若乘上某純量 k，稱為**純量乘法**(Scalar Multiplication)，可以表示成 k**a**，則向量大小為 k 倍且方向相同(其中 k 為任意實數)，如圖 10-5。

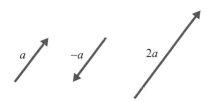

▲圖 **10-5**　負向量與純量乘法

　　給定兩向量 **a** 與 **b**，則**向量和**表示成 **a** + **b**，其結果如圖 10-6，可以觀察到**向量和**具有幾何上的三角形或平行四邊形關係。

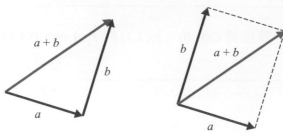

▲圖 10-6　向量和的幾何表示法

向量差表示成 **a** − **b**，其結果如圖 10-7，**向量差**也可以視為是 **a** +(− **b**)，即是將向量 **a** 與向量 **b** 的負向量相加，因此也具有幾何上的三角形或平行四邊形關係。

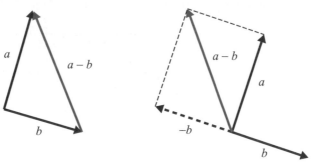

▲圖 10-7　向量差的幾何表示法

以下列舉二維向量的基本運算：

········ **二維向量的基本運算** ··

設 $\mathbf{a} = <a_1, a_2>$、$\mathbf{b} = <b_1, b_2>$ 為二維空間向量，則：

- **向量和**　　　　　$\mathbf{a} + \mathbf{b} = <a_1 + b_1, a_2 + b_2>$
- **向量差**　　　　　$\mathbf{a} - \mathbf{b} = <a_1 - b_1, a_2 - b_2>$
- **純量乘法**　　　　$k\mathbf{a} = <ka_1, ka_2>$　　　k 為純量
- **相等**　　　　　　$\mathbf{a} = \mathbf{b}$ 若且唯若 $a_1 = b_1, a_2 = b_2$

┌範┐例┐

若向量 $\mathbf{a} = <2, 1>$、$\mathbf{b} = <-1, 3>$，求 $\mathbf{a} + \mathbf{b}$、$\mathbf{a} - \mathbf{b}$ 與 $2\mathbf{a} + \mathbf{b}$

解　　$\mathbf{a} + \mathbf{b} = <2 +(-1), 1 + 3> = <1, 4>$

　　　　$\mathbf{a} - \mathbf{b} = <2 -(-1), 1 - 3> = <3, -2>$

　　　　$2\mathbf{a} + \mathbf{b} = <4, 2> + <-1, 3> = <3, 5>$　　　　　　　■

.... **二維向量的運算性質** ....

若 **a**、**b**、**c** 均為二維向量，則運算性質如下：

- 交換律 　　　　　　$\mathbf{a} + \mathbf{b} = \mathbf{b} + \mathbf{a}$
- 結合律 　　　　　　$\mathbf{a} + (\mathbf{b} + \mathbf{c}) = (\mathbf{a} + \mathbf{b}) + \mathbf{c}$
- 分配律 　　　　　　$k(\mathbf{a} + \mathbf{b}) = k\mathbf{a} + k\mathbf{b}$　　　　k 為純量
- 純量分配律 　　　　$(k_1 + k_2)\mathbf{a} = k_1\mathbf{a} + k_2\mathbf{a}$　　k_1 與 k_2 為純量
- 純量結合律 　　　　$k_1(k_2\mathbf{a}) = (k_1 k_2)\mathbf{a}$　　　k_1 與 k_2 為純量
- 零向量運算 　　　　$\mathbf{a} + \mathbf{0} = \mathbf{a}$
- 負向量運算 　　　　$\mathbf{a} + (-\mathbf{a}) = \mathbf{0}$

....

定義 10.2　**向量大小**

二維向量 $\mathbf{a} = <a_1, a_2>$ 的**大小**(Magnitude)、**長度**(Length)或**範數**(Norm)可
以定義為：

$$\| \mathbf{a} \| = \sqrt{a_1^2 + a_2^2}$$

二維向量的**大小**其實就是向量起點與終點的**歐幾里得距離**(Euclidean
Distance)：

$$\sqrt{(x_2 - x_1)^2 + (y_2 - y_1)^2}$$

討論向量時，向量大小經常稱為**範數**(Norm)[3]。若向量的 Norm 為 1，則該
向量稱為**單位向量**(Unit Vectors)。典型的單位向量如 <1,0>、<0,1>、
$<1/\sqrt{2}, 1/\sqrt{2}>$、…等。

---

[3]　筆者在工數課程中討論向量時是直接使用英文名稱 **Norm**，主要是希望同學也可以聯想到向量的**正
　　規化**(Normalization)。筆者覺得 **Norm** 無論是翻譯成**規數**或**範數**，都挺彆扭的！

任意向量 $\mathbf{a} = <a_1, a_2>$ 均可以根據下列公式求得與其平行的單位向量 $\mathbf{u}$：

$$\mathbf{u} = \frac{1}{\|\mathbf{a}\|}\mathbf{a}$$

將向量化成單位向量的過程，稱為**正規化**(Normalization)。

範 例

若向量 $\mathbf{a} = <2, 1>$，求：
(a)向量 Norm $\|\mathbf{a}\|$　　(b)與 $\mathbf{a}$ 平行之單位向量

解　(a)向量 Norm 為：

$$\|\mathbf{a}\| = \sqrt{2^2 + 1^2} = \sqrt{5}$$

(b)與 $\mathbf{a}$ 平行之單位向量為：

$$\mathbf{u} = \frac{1}{\|\mathbf{a}\|}\mathbf{a} = \frac{1}{\sqrt{5}}<2,1> = <\frac{2}{\sqrt{5}}, \frac{1}{\sqrt{5}}> \qquad ■$$

向量 $\mathbf{a} = <a_1, a_2>$ 通常也可以表示成：

$$\mathbf{a} = <a_1, a_2> = a_1 <1, 0> + a_2 <0, 1>$$

其中<1, 0>與<0, 1>均為單位向量，定義為：

$$\mathbf{i} = <1, 0>, \ \mathbf{j} = <0, 1>$$

稱為**標準向量**(Standard Vectors)。因此，向量 $\mathbf{a}$ 可以使用標準向量表示成：

$$\mathbf{a} = <a_1, a_2> = a_1 \mathbf{i} + a_2 \mathbf{j}$$

範 例

若向量 $\mathbf{a} = <2, 1>$、$\mathbf{b} = <3, -5>$，試使用標準向量 $\mathbf{i}$ 與 $\mathbf{j}$ 表示之

解　$\mathbf{a} = <2, 1> = 2\mathbf{i} + \mathbf{j}$
　　$\mathbf{b} = <3, -5> = 3\mathbf{i} - 5\mathbf{j}$ 　　　　　　　　■

上述範例中之<2, 1>或 $2\mathbf{i} + \mathbf{j}$ 等兩種向量表示法，在討論向量時，常會交互使用。

10.2 ▶ 三維向量

定義 10.3 　三維向量

三維向量(Vector in 3-Space)可以定義為：

$$\mathbf{a} = <a_1, a_2, a_3>$$

其中 a_1, a_2, a_3 均為實數，稱為向量的**分量**(Components)。**三維向量**簡稱
3-向量(3-Vector)。

　　由於我們的生活空間是典型的三維空間(簡稱 3-Space)，因此三維向量的應
用其實比二維向量更加豐富且貼近真實世界。以三維空間而言，主要是根據三
維直角座標系定義其位置向量，如圖 10-8。在此，我們使用**右手法則**來決定三
維直角座標系，指頭是由正 x 軸向正 y 軸的方向彎曲，大拇指的方向則是正 z
軸。

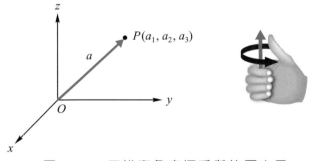

▲**圖 10-8**　三維直角座標系與位置向量

　　三維向量與二維向量在觀念上是相通的，其基本運算方式相似。以下列舉
三維向量的基本運算：

········ **三維向量的基本運算** ··

　　　　設 $\mathbf{a} = <a_1, a_2, a_3>$、$\mathbf{b} = <b_1, b_2, b_3>$ 為三維空間向量，則：

- **向量和**　　　　$\mathbf{a} + \mathbf{b} = <a_1 + b_1, a_2 + b_2, a_3 + b_3>$
- **向量差**　　　　$\mathbf{a} - \mathbf{b} = <a_1 - b_1, a_2 - b_2, a_3 - b_3>$
- **純量乘法**　　　$k\mathbf{a} = <ka_1, ka_2, ka_3>$　　　k 為純量
- **相等**　　　　　$\mathbf{a} = \mathbf{b}$ 若且唯若 $a_1 = b_1, a_2 = b_2, a_3 = b_3$

範例

若向量 $\mathbf{a} = <2, 1, 3>$、$\mathbf{b} = <1, -1, 4>$，求 $\mathbf{a} + \mathbf{b}$、$\mathbf{a} - \mathbf{b}$ 與 $2\mathbf{a} + \mathbf{b}$

解

$\mathbf{a} + \mathbf{b} = <2 + 1, 1 + (-1), 3 + 4> = <3, 0, 7>$

$\mathbf{a} - \mathbf{b} = <2 - 1, 1 - (-1), 3 - 4> = <1, 2, -1>$

$2\mathbf{a} + \mathbf{b} = <4, 2, 6> + <1, -1, 4> = <5, 1, 10>$ ∎

三維向量的運算性質與二維向量相似，列表如下：

.... 三維向量的運算性質 ....

若 $\mathbf{a}$、$\mathbf{b}$、$\mathbf{c}$ 均為三維向量，則運算性質如下：

- 交換律 $\mathbf{a} + \mathbf{b} = \mathbf{b} + \mathbf{a}$
- 結合律 $\mathbf{a} + (\mathbf{b} + \mathbf{c}) = (\mathbf{a} + \mathbf{b}) + \mathbf{c}$
- 分配律 $k(\mathbf{a} + \mathbf{b}) = k\mathbf{a} + k\mathbf{b}$ k 為純量
- 純量分配律 $(k_1 + k_2)\mathbf{a} = k_1\mathbf{a} + k_2\mathbf{a}$ k_1 與 k_2 為純量
- 純量結合律 $k_1(k_2\mathbf{a}) = (k_1 k_2)\mathbf{a}$ k_1 與 k_2 為純量
- 零向量運算 $\mathbf{a} + \mathbf{0} = \mathbf{a}$
- 負向量運算 $\mathbf{a} + (-\mathbf{a}) = \mathbf{0}$

....

定義 10.4   向量大小

三維向量 $\mathbf{a} = <a_1, a_2, a_3>$ 的**大小**(Magnitude)、**長度**(Length)或**範數**(Norm)可以定義為：

$$\| \mathbf{a} \| = \sqrt{a_1^2 + a_2^2 + a_3^2}$$

以三維空間而言，三維向量的**大小**也是向量起點與終點的**歐幾里得距離**(Euclidean Distance)。若向量的 Norm 為 1，則向量稱為**單位向量**(Unit Vectors)。

任意的三維向量 $\mathbf{a} = <a_1, a_2, a_3>$ 可以根據下列公式求得與其平行的單位向量 $\mathbf{u}$(正規化)：

$$\mathbf{u} = \frac{1}{\|\mathbf{a}\|}\mathbf{a}$$

範例

若向量 $\mathbf{a} = <2, 3, -1>$，求：
(a)向量 Norm $\|\mathbf{a}\|$　(b)與 $\mathbf{a}$ 平行之單位向量

解　(a)向量 Norm 為：

$$\|\mathbf{a}\| = \sqrt{2^2 + 3^2 + (-1)^2} = \sqrt{14}$$

(b)與 a 平行之單位向量為：

$$\mathbf{u} = \frac{1}{\|\mathbf{a}\|}\mathbf{a} = \frac{1}{\sqrt{14}} <2, 3, -1> = <\frac{2}{\sqrt{14}}, \frac{3}{\sqrt{14}}, \frac{-1}{\sqrt{14}}>$$ ■

就三維向量而言，標準向量為：

$$\mathbf{i} = <1, 0, 0>, \ \mathbf{j} = <0, 1, 0>, \mathbf{k} = <0, 0, 1>$$

因此，任意三維向量可以使用標準向量表示成：

$$\mathbf{a} = <a_1, a_2, a_3> = a_1\mathbf{i} + a_2\mathbf{j} + a_3\mathbf{k}$$

範例

若向量 $\mathbf{a} = <2, 3, -1>$、$\mathbf{b} = <3, 1, -2>$，試使用標準向量 $\mathbf{i}$、$\mathbf{j}$、$\mathbf{k}$ 表示之

解　$\mathbf{a} = <2, 3, -1> = 2\mathbf{i} + 3\mathbf{j} - \mathbf{k}$
　　$\mathbf{b} = <3, 1, -2> = 3\mathbf{i} + \mathbf{j} - 2\mathbf{k}$ ■

10.3 ▸ 點積

定義 10.5　點積

給定三維向量 $\mathbf{a} = <a_1, a_2, a_3>$ 與 $\mathbf{b} = <b_1, b_2, b_3>$，則向量的**點積**(Dot Product)可以定義為：

$$\mathbf{a} \cdot \mathbf{b} = a_1 b_1 + a_2 b_2 + a_3 b_3$$

點積又稱為**內積**(Inner Product)或**純量積**(Scalar Product)，其運算結果為**純量**。

範例

給定兩向量 $\mathbf{a} = <1, 3, 2>$、$\mathbf{b} = <3, -1, 2>$，求向量的**點積**

解　根據定義：

$$\mathbf{a} \cdot \mathbf{b} = a_1 b_1 + a_2 b_2 + a_3 b_3 = 1 \cdot 3 + 3 \cdot (-1) + 2 \cdot 2 = 4$$ ∎

假設向量 $\mathbf{a}$、$\mathbf{b}$ 皆不是零向量，兩向量的夾角為 θ，如圖 10-9，則向量的點積可以用來決定向量的夾角，公式如下：

$$\cos(\theta) = \frac{\mathbf{a} \cdot \mathbf{b}}{\| \mathbf{a} \| \| \mathbf{b} \|}$$

或

$$\theta = \cos^{-1}\left(\frac{\mathbf{a} \cdot \mathbf{b}}{\| \mathbf{a} \| \| \mathbf{b} \|} \right)$$

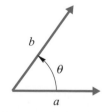

▲圖 10-9　向量夾角

範 例

給定向量 $\mathbf{a} = <1, 3, 2>$、$\mathbf{b} = <3, -1, 2>$，求兩向量的夾角

解　$\mathbf{a} \cdot \mathbf{b} = a_1 b_1 + a_2 b_2 + a_3 b_3 = 1 \cdot 3 + 3 \cdot (-1) + 2 \cdot 2 = 4$

$\| \mathbf{a} \| = \sqrt{14}$、$\| \mathbf{b} \| = \sqrt{14}$

代入公式：

$$\theta = \cos^{-1} \left(\frac{\mathbf{a} \cdot \mathbf{b}}{\| \mathbf{a} \| \| \mathbf{b} \|} \right) = \cos^{-1} \left(\frac{4}{\sqrt{14} \cdot \sqrt{14}} \right)$$

$$= \cos^{-1}(\frac{4}{14}) \approx 1.281 \quad 弧度(\text{Radians})$$ ∎

以下列舉點積的性質：

········· **點積的性質** ···

設 $\mathbf{a}$、$\mathbf{b}$、$\mathbf{c}$ 分別為向量，k 為純量，則：

- $\mathbf{a} \cdot \mathbf{b} = \mathbf{b} \cdot \mathbf{a}$
- $(\mathbf{a} + \mathbf{b}) \cdot \mathbf{c} = \mathbf{a} \cdot \mathbf{c} + \mathbf{b} \cdot \mathbf{c}$
- $k(\mathbf{a} \cdot \mathbf{b}) = (k\mathbf{a}) \cdot \mathbf{b} = \mathbf{a} \cdot (k\mathbf{b})$
- $\mathbf{a} \cdot \mathbf{a} = \| \mathbf{a} \|^2$
- $\mathbf{a} \cdot \mathbf{a} = 0$ 若且唯若 $\mathbf{a} = 0$

···

定理 10.1　正交向量

向量 $\mathbf{a}$ 與 $\mathbf{b}$ 為**正交**(Orthogonal)若且唯若 $\mathbf{a} \cdot \mathbf{b} = 0$

證 明　根據點積定義：

$$\mathbf{a} \cdot \mathbf{b} = \| \mathbf{a} \| \| \mathbf{b} \| \cos(\theta) = 0$$

若向量 $\mathbf{a}$ 與 $\mathbf{b}$ 均為非零向量，即 $\| \mathbf{a} \|, \| \mathbf{b} \| \neq 0$，則：

$$\cos(\theta) = 0$$

因此，$\theta = 90°$（或 $-90°$），即互相垂直(正交)　　　　得證 ∎

正交(Orthogonal)其實就是**垂直**的意思，因此，點積是判斷兩向量是否互相垂直相當簡單的方法。舉例而言，$\mathbf{i}\cdot\mathbf{j}=0$、$\mathbf{j}\cdot\mathbf{k}=0$、$\mathbf{i}\cdot\mathbf{k}=0$，因此標準向量 $\mathbf{i}$、$\mathbf{j}$、$\mathbf{k}$ 互為**正交**。

範例

判斷兩向量 $\mathbf{a}=<2, 1, 2>$、$\mathbf{b}=<3, -2, -2>$是否**正交**

解 　根據定理：

$$\mathbf{a}\cdot\mathbf{b}=a_1b_1+a_2b_2+a_3b_3=2\cdot 3+1\cdot(-2)+2\cdot(-2)=0 \quad \textbf{正交} \quad \blacksquare$$

　　向量的**點積**與物理學中的**功**(Work)具有關聯性。若外力 F 作用於某物體，使得物體移動距離 d，則作用於物體的**功**(Work)是定義為：

$$W=F\cdot d$$

此時是假設外力是與物體的運動方向相同[4]。

　　通常，外力作用於物體時，並不是與其運動方向相同，如圖 10-10。此時，作用於物體上的**功**為：

$$W=(\|\mathbf{F}\|\cos(\theta))\|\mathbf{d}\|=\|\mathbf{F}\|\|\mathbf{d}\|\cos(\theta)$$

因此也可以表示成向量的**點積**。

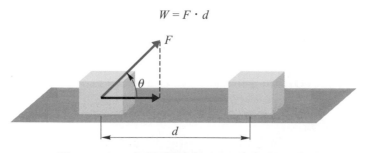

▲ 圖 **10-10**　向量**點積**與作用於物體上的**功**

---

[4] 　相信您在學物理時，應該聽過這回事：若是某物體在外力作用下，其移動距離為 0，則所作的**功**為 0。舉例而言，若是您推一頭大象，儘管您用盡吃奶的力氣，它仍絲毫不為所動，則您所作的**功**為 0。大聯盟投手投球時，投手所作的**功**是從開始投球到球離開手時之間的運動距離與加諸在棒球上的外力相乘的結果。功的國際單位制單位為**焦耳**(Joule)，具有能量的性質。

　　向量的**點積**也常用來求**投影向量**(Projection Vector)，如圖 10-11。假設向量 **a** 與 **b** 均為非零向量，則向量 **a** 在向量 **b** 上的投影向量，定義為 $\text{proj}_{\mathbf{b}}\mathbf{a}$，則其大小為 $\|\mathbf{a}\|\cos(\theta)$，方向則是與向量 **b** 相同(亦即乘上向量 **b** 的單位向量)，因此可得：

$$\text{proj}_{\mathbf{b}}\mathbf{a} = \|\mathbf{a}\|\cos(\theta)\frac{\mathbf{b}}{\|\mathbf{b}\|} = \frac{\|\mathbf{a}\|\|\mathbf{b}\|\cos(\theta)}{\|\mathbf{b}\|^2}\mathbf{b}$$

或表示成：

$$\text{proj}_{\mathbf{b}}\mathbf{a} = \left(\frac{\mathbf{a}\cdot\mathbf{b}}{\mathbf{b}\cdot\mathbf{b}}\right)\mathbf{b}$$

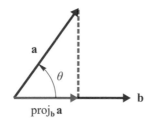

▲圖 10-11　投影向量

　　根據上述公式求得的投影向量 $\text{proj}_{\mathbf{b}}\mathbf{a}$，可以用來求向量 **b** 的正交向量，即：

$$\mathbf{a} - \text{proj}_{\mathbf{b}}\mathbf{a} = \mathbf{a} - \left(\frac{\mathbf{a}\cdot\mathbf{b}}{\mathbf{b}\cdot\mathbf{b}}\right)\mathbf{b}$$

如圖 10-12。

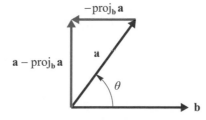

▲圖 10-12　投影向量與正交向量

範例

若向量 $\mathbf{a} = <2, 1>$、$\mathbf{b} = <3, 4>$，試求向量 $\mathbf{a}$ 在向量 $\mathbf{b}$ 上的投影向量

解　根據公式：

$$\text{proj}_{\mathbf{b}}\mathbf{a} = \left(\frac{\mathbf{a}\cdot\mathbf{b}}{\mathbf{b}\cdot\mathbf{b}}\right)\mathbf{b} = \left(\frac{2\cdot 3 + 1\cdot 4}{3^2 + 4^2}\right)(3\,\mathbf{i} + 4\,\mathbf{j}) = \frac{6}{5}\,\mathbf{i} + \frac{8}{5}\,\mathbf{j}$$ ■

範例

若向量 $\mathbf{a} = <2, -1, 3>$、$\mathbf{b} = <1, 3, 2>$，試求向量 $\mathbf{a}$ 在向量 $\mathbf{b}$ 上的投影向量

解　根據公式：

$$\text{proj}_{\mathbf{b}}\mathbf{a} = \left(\frac{\mathbf{a}\cdot\mathbf{b}}{\mathbf{b}\cdot\mathbf{b}}\right)\mathbf{b} = \left(\frac{2\cdot 1 - 1\cdot 3 + 3\cdot 2}{1^2 + 3^2 + 2^2}\right)(\mathbf{i} + 3\,\mathbf{j} + 2\,\mathbf{k})$$

$$= \frac{5}{14}\,\mathbf{i} + \frac{15}{14}\,\mathbf{j} + \frac{10}{14}\,\mathbf{k}$$ ■

定理 10.2　Cauchy-Schwarz 不等式

若向量 $\mathbf{a}$ 與 $\mathbf{b}$ 皆不是零向量，則：

$$|\mathbf{a}\cdot\mathbf{b}| \le \|\mathbf{a}\|\,\|\mathbf{b}\|$$

證明　向量 $\mathbf{a}$、$\mathbf{b}$ 皆不是零向量，則根據點積定義：

$$\mathbf{a}\cdot\mathbf{b} = \|\mathbf{a}\|\,\|\mathbf{b}\|\cos(\theta)$$

其中 θ 為兩向量的夾角。

若取點積的絕對值，則：

$$|\mathbf{a}\cdot\mathbf{b}| = \|\mathbf{a}\|\,\|\mathbf{b}\|\,|\cos(\theta)|$$

由於 $|\cos(\theta)| \le 1$，因此：

$$|\mathbf{a}\cdot\mathbf{b}| \le \|\mathbf{a}\|\,\|\mathbf{b}\|$$ 　　　　得證 ■

10.4 ▶ 叉積

定義 10.6　叉積

給 定 三 維 向 量 $\mathbf{a} = <a_1, a_2, a_3>$ 與 $\mathbf{b} = <b_1, b_2, b_3>$，則 向 量 的 **叉 積** (Cross Product)可以定義為：

$$\mathbf{a} \times \mathbf{b} = \begin{vmatrix} \mathbf{i} & \mathbf{j} & \mathbf{k} \\ a_1 & a_2 & a_3 \\ b_1 & b_2 & b_3 \end{vmatrix}$$

其中，$|\ .\ |$ 稱為**行列式**(Determinant)，也可以定義為：

$$\mathbf{a} \times \mathbf{b} = \begin{vmatrix} a_2 & a_3 \\ b_2 & b_3 \end{vmatrix} \mathbf{i} - \begin{vmatrix} a_1 & a_3 \\ b_1 & b_3 \end{vmatrix} \mathbf{j} + \begin{vmatrix} a_1 & a_2 \\ b_1 & b_2 \end{vmatrix} \mathbf{k}$$
$$= (a_2 b_3 - a_3 b_2) \mathbf{i} - (a_1 b_3 - a_3 b_1) \mathbf{j} + (a_1 b_2 - a_2 b_1) \mathbf{k}$$

　　叉積又稱為**外積**(Exterior Product)或**向量積**(Vector Product)。注意向量的點積為**純量**，而向量的叉積仍為**向量**。

　　四則運算中，向量運算包含向量的加法、減法與乘法，不含除法。此外，向量的乘法包含**點積**(Dot Product)與**叉積**(Cross Product)兩種，分別採用 · 與 × 做為運算符號，其結果並不相同，請勿混淆[5]。

---

[5]　向量的乘法分成**點積**與**叉積**兩種，分別採用 · 與 × 做為運算符號，因此向量運算在表示時須特別注意括號。例如：向量運算 $\mathbf{a} \cdot \mathbf{b} \cdot \mathbf{c}$、$\mathbf{a} \cdot \mathbf{b} \times \mathbf{c}$、$\mathbf{a} \times \mathbf{b} \times \mathbf{c}$ 等是不明確的。

向量運算	表示法	結果
和	$\mathbf{a}+\mathbf{b}$	向量
差	$\mathbf{a}-\mathbf{b}$	向量
點積	$\mathbf{a}\cdot\mathbf{b}$	純量
叉積	$\mathbf{a}\times\mathbf{b}$	向量

範例

給定兩向量 $\mathbf{a}=<1,3,2>$、$\mathbf{b}=<3,-1,2>$，求向量的叉積

解　根據定義：

$$\mathbf{a}\times\mathbf{b}=\begin{vmatrix}\mathbf{i}&\mathbf{j}&\mathbf{k}\\1&3&2\\3&-1&2\end{vmatrix}=\begin{vmatrix}3&2\\-1&2\end{vmatrix}\mathbf{i}-\begin{vmatrix}1&2\\3&2\end{vmatrix}\mathbf{j}+\begin{vmatrix}1&3\\3&-1\end{vmatrix}\mathbf{k}$$

$$=8\,\mathbf{i}+4\,\mathbf{j}-10\,\mathbf{k}$$

給定向量 $\mathbf{a}$、$\mathbf{b}$，則向量叉積的幾何意義如圖 10-13。假設向量 $\mathbf{a}$、$\mathbf{b}$ 是落在同一個平面上，則向量的叉積 $\mathbf{a}\times\mathbf{b}$ 同時與向量 $\mathbf{a}$、$\mathbf{b}$ 垂直；根據右手法則，指頭是由 $\mathbf{a}$ 向 $\mathbf{b}$ 的方向彎曲，叉積的方向即是大拇指的方向。由於叉積與平面垂直，因此是平面的**法向量**(Normal Vector)。

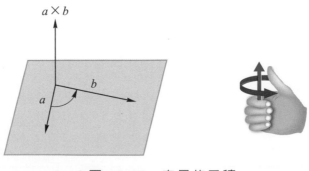

▲圖 **10-13**　向量的叉積

以下列舉叉積的性質：

········ **叉積的性質** ···

設 **a**、**b**、**c** 分別為向量，k 為純量，則：

- $\mathbf{a} \times \mathbf{b} = -\mathbf{b} \times \mathbf{a}$
- $\mathbf{a} \times \mathbf{b}$ 與向量 **a** 正交且與向量 **b** 正交
- $\|\mathbf{a} \times \mathbf{b}\| = \|\mathbf{a}\|\|\mathbf{b}\|\sin(\theta)$，其中 θ 為兩向量的夾角
- 若 **a**、**b** 均非零向量，則 $\mathbf{a} \times \mathbf{b} = 0$ 若且唯若 **a**、**b** 為平行
- $\mathbf{a} \times (\mathbf{b} + \mathbf{c}) = \mathbf{a} \times \mathbf{b} + \mathbf{a} \times \mathbf{c}$
- $k(\mathbf{a} \times \mathbf{b}) = (k\mathbf{a}) \times \mathbf{b} = \mathbf{a} \times (k\mathbf{b})$

···

向量的點積符合交換率，即 $\mathbf{a} \cdot \mathbf{b} = \mathbf{b} \cdot \mathbf{a}$，但是向量的叉積並不符合交換率，即 $\mathbf{a} \times \mathbf{b} = -\mathbf{b} \times \mathbf{a}$。就叉積 $\mathbf{b} \times \mathbf{a}$ 而言，指頭是由 **b** 向 **a** 的方向彎曲，而叉積的方向是大拇指的方向，此時朝下，因此方向相反。

定理 10.3　平行向量

向量 **a** 與 **b** 為平行(Parallel)若且唯若 $\mathbf{a} \times \mathbf{b} = 0$

根據定理 10.1 與 10.3，可以發現**點積**與**叉積**可分別用來判斷兩向量是否互相**垂直(正交)**或**平行**。

範例

試判斷向量 **a** $=<1, 3, 2>$、**b** $=<3, -1, 2>$ 是否平行

解　根據定理：

$$\mathbf{a} \times \mathbf{b} = \begin{vmatrix} \mathbf{i} & \mathbf{j} & \mathbf{k} \\ 1 & 3 & 2 \\ 3 & -1 & 2 \end{vmatrix} = \begin{vmatrix} 3 & 2 \\ -1 & 2 \end{vmatrix}\mathbf{i} - \begin{vmatrix} 1 & 2 \\ 3 & 2 \end{vmatrix}\mathbf{j} + \begin{vmatrix} 1 & 3 \\ 3 & -1 \end{vmatrix}\mathbf{k}$$

$$= 8\mathbf{i} + 4\mathbf{j} - 10\mathbf{k} \neq 0$$

因此，向量 **a** 與 **b** 不互相平行

　　若向量 **a** 與 **b** 爲**平行**，最簡單的方式其實是判斷是否 **a** = k**b**，其中 k 爲任意實數。因此，若 **a** = k**b**，則向量的叉積爲**零向量**[6]。

10.5 ▶ 向量幾何

　　由於向量的表示法與運算具有幾何特性，因此相當適合用來解決幾何問題，例如：求直線方程式或平面方程式等。本節介紹幾個典型的例子，主要是討論三維空間的幾何問題。

範 例

　　若三維空間中某一直線通過$(1, 0, 2)$與$(4, -1, 3)$兩點，試求**直線方程式**

解　　如下圖所示：

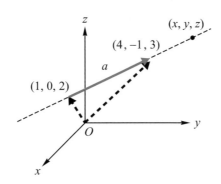

▲ **圖 10-14**　向量與直線方程式

根據起點$(1, 0, 2)$與終點$(4, -1, 3)$可得向量 **a** 爲：

$$\mathbf{a} = <4 - 1, -1 - 0, 3 - 2> = <3, -1, 1>$$

假設(x, y, z)爲落在直線上的任意座標點，則以$(1, 0, 2)$爲起點的

向量可以表示成$<x - 1, y, z - 2>$，且與向量 **a** 的方向相同，即：

---

[6]　您可以想像當向量 **a** 與 **b** 爲**平行**時，您的指頭無法由 **a** 向 **b** 的方向彎曲，大拇指翹不起來。所以，當您和他(她)的臉書**不相交**時，您是無法幫他(她)**按讚**的！

$$< x - 1, y, z - 2> = t<3, -1, 1>$$

其中 t 爲任意實數。因此，直線方程式可以表示爲：

$$x = 1 + 3t, y = -t, z = 2 + t$$

稱爲直線的**參數方程式**(Parametric Equation)。　　　　　　　　　　　　■

　　以上範例中，當 $t = 0$ 時，可得起點$(1, 0, 2)$；當 $t = 1$ 時，可得終點$(4, -1, 3)$。因此，隨著 t 值的變化$(-\infty < t < \infty)$，可以想像是在三維空間沿著直線方向掃描而得。此外，範例中之直線方程式也可表示成：

$$\frac{x-1}{3} = \frac{y}{-1} = \frac{z-2}{1}$$

即消去參數 t，稱爲直線的**正常型**(Normal Form)。

範例

若某平面包含三個點$(1, 1, 2)$、$(4, 2, 4)$、$(0, -1, 4)$，試求平面方程式

解　假設$(1, 1, 2)$爲共同點，分別建立兩向量爲：

$\mathbf{a} = <3, 1, 2>$

$\mathbf{b} = <-1, -2, 2>$

接著求叉積，即是平面的**法向量**：

$$\mathbf{a} \times \mathbf{b} = \begin{vmatrix} \mathbf{i} & \mathbf{j} & \mathbf{k} \\ 3 & 1 & 2 \\ -1 & -2 & 2 \end{vmatrix} = \begin{vmatrix} 1 & 2 \\ -2 & 2 \end{vmatrix} \mathbf{i} - \begin{vmatrix} 3 & 2 \\ -1 & 2 \end{vmatrix} \mathbf{j} + \begin{vmatrix} 3 & 1 \\ -1 & -2 \end{vmatrix} \mathbf{k}$$

$$= 6\,\mathbf{i} - 8\,\mathbf{j} - 5\,\mathbf{k}$$

假設(x, y, z)爲落在平面上的任意座標點，則以$(1, 1, 2)$爲起點的向量可以表示成$<x - 1, y - 1, z - 2>$，且均與法向量$<6, -8, -5>$垂直，因此點積爲 0：

$$6 \cdot (x-1) - 8 \cdot (y-1) - 5 \cdot (z-2) = 0$$

或

$$6x - 8y - 5z = -12$$

即是**平面方程式**　　　　　　　　　　　　　　　　　　　■

事實上，平面方程式 $ax + by + cz + d = 0$，其**法向量**即是 $a\,\mathbf{i} + b\,\mathbf{j} + c\,\mathbf{k}$。

定理 10.4　**向量與平行四邊形**

若向量 $\mathbf{a}$ 與 $\mathbf{b}$ 分別為**平行四邊形**(Parallelogram)的邊線(如圖 10-15)，則平行四邊形的面積為：

$$\|\mathbf{a} \times \mathbf{b}\|$$

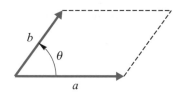

▲圖 **10-15**　向量與平行四邊形

範例

若某平行四邊形的兩邊分別為$(1, 1, 2)$至$(4, 2, 4)$、$(1, 1, 2)$至$(0, -1, 4)$，試求平行四邊形的面積

解　分別建立兩向量為：

$\mathbf{a} = <3,\ 1,\ 2>$

$\mathbf{b} = <-1,\ -2,\ 2>$

求叉積：

$$\mathbf{a} \times \mathbf{b} = \begin{vmatrix} \mathbf{i} & \mathbf{j} & \mathbf{k} \\ 3 & 1 & 2 \\ -1 & -2 & 2 \end{vmatrix} = \begin{vmatrix} 1 & 2 \\ -2 & 2 \end{vmatrix}\mathbf{i} - \begin{vmatrix} 3 & 2 \\ -1 & 2 \end{vmatrix}\mathbf{j} + \begin{vmatrix} 3 & 1 \\ -1 & -2 \end{vmatrix}\mathbf{k}$$

$$= 6\,\mathbf{i} - 8\,\mathbf{j} - 5\,\mathbf{k}$$

根據定理，平行四邊形的面積可計算如下：

$$\| \mathbf{a} \times \mathbf{b} \| = \sqrt{6^2+(-8)^2+(-5)^2} = \sqrt{125} \text{ (平方單位)}$$ ■

本定理也可以延伸用來計算三角形的面積，若向量 $\mathbf{a}$ 與 $\mathbf{b}$ 分別為三角形的邊線，則其面積為：

$$\frac{1}{2} \| \mathbf{a} \times \mathbf{b} \|$$

定理 10.5　向量與平行六面體

若向量 $\mathbf{a}$、$\mathbf{b}$、$\mathbf{c}$ 分別為**平行六面體**(Parallelepiped)的三個鄰近邊(如圖 10-16)，則平行六面體的體積為：

$$\left| \mathbf{a} \cdot (\mathbf{b} \times \mathbf{c}) \right|$$

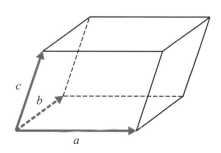

▲圖 10-16　向量與平行六面體

範例

若平行六面體其中一個角落為原點$(0, 0, 0)$，三個鄰近邊分別延伸至 $(0, 1, 1)$、$(2, -1, 3)$ 與 $(4, 1, -2)$，試求平行六面體的體積

解　首先求三個向量分別為：

$\mathbf{a} = <0, 1, 1>$

$\mathbf{b} = <2, -1, 3>$

$\mathbf{c} = <4, 1, -2>$

求叉積：

$$b \times c = \begin{vmatrix} \mathbf{i} & \mathbf{j} & \mathbf{k} \\ 2 & -1 & 3 \\ 4 & 1 & -2 \end{vmatrix} = -\mathbf{i} + 16\,\mathbf{j} + 6\,\mathbf{k}$$

根據定理，則平行六面體的體積為：
$$\left| \mathbf{a} \cdot (\mathbf{b} \times \mathbf{c}) \right| = \left| 0 \cdot (-1) + 1 \cdot 16 + 1 \cdot 6 \right| = 22 \,(\text{立方單位}) \qquad \blacksquare$$

上述範例中，$\left| \mathbf{a} \cdot (\mathbf{b} \times \mathbf{c}) \right|$ 稱為**純量三重積**(Scalar Triple Product)，假設向量 $\mathbf{a} = <a_1, a_2, a_3>$、$\mathbf{b} = <b_1, b_2, b_3>$ 與 $\mathbf{c} = <c_1, c_2, c_3>$，則：

$$\mathbf{b} \times \mathbf{c} = \begin{vmatrix} \mathbf{i} & \mathbf{j} & \mathbf{k} \\ b_1 & b_2 & b_3 \\ c_1 & c_2 & c_3 \end{vmatrix} = \begin{vmatrix} b_2 & b_3 \\ c_2 & c_3 \end{vmatrix} \mathbf{i} - \begin{vmatrix} b_1 & b_3 \\ c_1 & c_3 \end{vmatrix} \mathbf{j} + \begin{vmatrix} b_1 & b_2 \\ c_1 & c_2 \end{vmatrix} \mathbf{k}$$

且

$$\begin{aligned} \mathbf{a} \cdot (\mathbf{b} \times \mathbf{c}) &= a_1 \cdot \begin{vmatrix} b_2 & b_3 \\ c_2 & c_3 \end{vmatrix} - a_2 \cdot \begin{vmatrix} b_1 & b_3 \\ c_1 & c_3 \end{vmatrix} + a_3 \cdot \begin{vmatrix} b_1 & b_2 \\ c_1 & c_2 \end{vmatrix} \\ &= \begin{vmatrix} a_1 & a_2 & a_3 \\ b_1 & b_2 & b_3 \\ c_1 & c_2 & c_3 \end{vmatrix} \end{aligned}$$

換言之，若向量 $\mathbf{a}$、$\mathbf{b}$、$\mathbf{c}$ 分別為**平行六面體**的三個鄰近邊，則其體積可直接利用行列式計算而得。

除了計算平行六面體的體積之外，上述定理也可以用來判斷向量 $\mathbf{a}$、$\mathbf{b}$、$\mathbf{c}$ 是否落在同一個平面上；換言之，若體積 $\left| \mathbf{a} \cdot (\mathbf{b} \times \mathbf{c}) \right| = 0$，則向量 $\mathbf{a}$、$\mathbf{b}$、$\mathbf{c}$ 稱為**共平面**(Coplanar)。

10.6 ▶ 向量空間

至目前為止，我們所介紹的向量主要是定義於二維或三維空間。在科學或工程問題中，我們也可能會碰到多維空間的情形，例如：(x, y, z, t) 即是三維空間加上時間而產生的四維空間。因此，本節進一步討論 n 維空間中的向量，是較為廣義的向量空間。

定義 10.7　n 維向量空間

n 維向量(Vector in n-Space)可以定義為：

$$\mathbf{a} = <a_1, a_2, a_3, \cdots, a_n>$$

其中 $a_1, a_2, a_3, \cdots, a_n$ 均為實數，稱為向量的分量(Components)。n 維向量又簡稱 n-向量(n-Vector)。所有 n 維向量所構成的集合稱為向量空間

n 維向量的基本運算與二維或三維向量相似，歸納如下：

········ n 維向量的運算及性質 ··

設 $\mathbf{a} = <a_1, a_2, a_3, \cdots, a_n>$、$\mathbf{b} = <b_1, b_2, b_3, \cdots, b_n>$，則：
- 向量和　　　　$\mathbf{a} + \mathbf{b} = <a_1 + b_1, a_2 + b_2, a_3 + b_3, \cdots, a_n + b_n>$
- 向量差　　　　$\mathbf{a} - \mathbf{b} = <a_1 - b_1, a_2 - b_2, a_3 - b_3, \cdots, a_n - b_n>$
- 純量乘法　　　$k\mathbf{a} = <ka_1, ka_2, ka_3, \cdots, ka_n>$　　k 為純量
- 相等　　　　　$\mathbf{a} = \mathbf{b}$ 若且唯若 $a_1 = b_1, a_2 = b_2, a_3 = b_3, \cdots, a_n = b_n$

若 $\mathbf{a}$、$\mathbf{b}$、$\mathbf{c} \in R^n$，則運算性質如下：
- 交換律　　　　$\mathbf{a} + \mathbf{b} = \mathbf{b} + \mathbf{a}$
- 結合律　　　　$\mathbf{a} + (\mathbf{b} + \mathbf{c}) = (\mathbf{a} + \mathbf{b}) + \mathbf{c}$
- 分配律　　　　$k(\mathbf{a} + \mathbf{b}) = k\mathbf{a} + k\mathbf{b}$　　　　k 為純量
- 純量分配律　　$(k_1 + k_2)\mathbf{a} = k_1\mathbf{a} + k_2\mathbf{a}$　　　k_1 與 k_2 為純量
- 純量結合律　　$k_1(k_2\mathbf{a}) = (k_1 k_2)\mathbf{a}$　　　　k_1 與 k_2 為純量
- 零向量運算　　$\mathbf{a} + \mathbf{0} = \mathbf{a}$
- 負向量運算　　$\mathbf{a} + (-\mathbf{a}) = \mathbf{0}$

定義 10.8　向量大小

n 維向量 $\mathbf{a} = <a_1, a_2, a_3, \cdots, a_n>$ 的大小(Magnitude)、長度(Length)或範數(Norm)可以定義為：

$$\|\mathbf{a}\| = \sqrt{a_1^2 + a_2^2 + a_3^2 + \cdots + a_n^2}$$

定義 10.9　點積

給定 n 維向量 $\mathbf{a} = <a_1, a_2, a_3, \cdots, a_n>$ 與 $\mathbf{b} = <b_1, b_2, b_3, \cdots, b_n>$，則向量的**點積**(Dot Product)可以定義為：

$$\mathbf{a} \cdot \mathbf{b} = a_1 b_1 + a_2 b_2 + a_3 b_3 + \cdots + a_n b_n$$

向量的叉積僅限於二維或三維空間，並不適用於 n 維空間。就 n 維向量而言，標準向量分別定義為：

$$\mathbf{e}_1 = <1, 0, 0, \cdots, 0>, \ \mathbf{e}_2 = <0, 1, 0, \cdots, 0>, \cdots, \mathbf{e}_n = <0, 0, 0, \cdots, 1>$$

定理 10.1 在 n 維向量空間中依然成立，由於向量的點積為：

$$\mathbf{e}_1 \cdot \mathbf{e}_2 = 0, \mathbf{e}_1 \cdot \mathbf{e}_3 = 0, \cdots$$

因此標準向量互為**正交**(Orthogonal)。

10.7 ▶ 線性相依/獨立與基底

本節討論一組向量的**線性相依/獨立**(Linear Dependence/Independence)，觀念上其實與函數的**線性相依/獨立**是相通的。此外，並介紹這些向量所構成的**基底**(Basis)。

定義 10.10　向量的線性組合

給定 k 個向量 $\mathbf{v}_1, \mathbf{v}_2, \cdots, \mathbf{v}_k \in R^n$，則這些向量的**線性組合**(Linear Combination)為：

$$c_1 \mathbf{v}_1 + c_2 \mathbf{v}_2 + \cdots + c_k \mathbf{v}_k$$

其中 $c_1, c_2, c_3, \cdots, c_k$ 為任意實數。

舉例而言，若 $\mathbf{v}_1 = <1,0,1,0>$, $\mathbf{v}_2 = <0,-1,1,1>$, $\mathbf{v}_3 = <0,0,1,2>$ 均為 4-向量，則：

$$3<1,0,1,0>-2<0,-1,1,1>+5<0,0,1,2>$$

即是向量的**線性組合**。

定義 10.11　**線性相依/獨立**

給定 k 個向量 $\mathbf{v}_1, \mathbf{v}_2, \cdots, \mathbf{v}_k \in R^n$，若存在常數　$c_1, c_2, \cdots, c_k$ 不是皆為 0，

使得：

$$c_1\mathbf{v}_1 + c_2\mathbf{v}_2 + \cdots + c_k\mathbf{v}_k = \mathbf{0}$$

則向量 $\mathbf{v}_1, \mathbf{v}_2, \cdots, \mathbf{v}_k$ 稱為**線性相依**(Linearly Dependent)。否則，稱為**線性獨立**(Linearly Independent)。

線性相依

存在常數不是皆為 0，使
得線性組合為 0

定義 10.11 也可以定義成：

定義 **線性獨立**

若向量 $\mathbf{v}_1, \mathbf{v}_2, \cdots, \mathbf{v}_k$ 為**線性獨立**(Linearly Independent)，則使得：

$$c_1\mathbf{v}_1 + c_2\mathbf{v}_2 + \cdots + c_k\mathbf{v}_k = \mathbf{0}$$

的唯一解為 $c_1 = c_2 = \cdots = c_k = 0$(即必須皆為 0)。

範例

試判斷向量<1, 0, 1>、<0, 1, −2>、<1, 2, −3>為**線性相依**或**線性獨立**?

解 向量的線性組合為:

$$c_1 \mathbf{v}_1 + c_2 \mathbf{v}_2 + \cdots + c_k \mathbf{v}_k = c_1 <1, 0, 1> + c_2 <0, 1, -2> + c_3 <1, 2, -3>$$
$$= <0, 0, 0>$$

則:

$$c_1 + c_3 = 0, \ c_2 + 2c_3 = 0, \ c_1 - 2c_2 - 3c_3 = 0$$

可求得解為:

$$c_1 = 1, \ c_2 = 2, \ c_3 = -1$$

根據定義:

存在 $c_1 = 1$, $c_2 = 2$, $c_3 = -1$ 不是皆為 0,使得:

$$c_1 \mathbf{v}_1 + c_2 \mathbf{v}_2 + \cdots + c_k \mathbf{v}_k = <1, 0, 1> + 2 <0, 1, -2> - <1, 2, -3>$$
$$= <0, 0, 0>$$

∴ 向量為**線性相依** ∎

範例

試判斷向量<1, 1, 1>、<0, 1, 1>、<0, 0, 1>為**線性相依**或**線性獨立**?

解 向量的線性組合為:

$$c_1 \mathbf{v}_1 + c_2 \mathbf{v}_2 + \cdots + c_k \mathbf{v}_k = c_1 <1, 1, 1> + c_2 <0, 1, 1> + c_3 <0, 0, 1>$$
$$= <0, 0, 0>$$

則:

$$c_1 = 0, \ c_1 + c_2 = 0, \ c_1 + c_2 + c_3 = 0$$

可求得解為:

$$c_1 = 0, \ c_2 = 0, \ c_3 = 0$$

根據定義:

使得 $c_1 \mathbf{v}_1 + c_2 \mathbf{v}_2 + \cdots + c_k \mathbf{v}_k = \mathbf{0}$ 的唯一解為 $c_1 = c_2 = c_3 = 0$

∴ 向量為**線性獨立** ∎

　　根據定義，可以發現向量空間中的標準向量為**線性獨立**，例如：向量空間 R^3 之 **i** =<1, 0, 0>、**j** =<0, 1, 0>、**k** =<0, 0, 1>；向量空間 R^4 之 $\mathbf{e}_1$ =<1, 0, 0, 0>、$\mathbf{e}_2$ =<0, 1, 0, 0>、$\mathbf{e}_3$ =<0, 0, 1, 0>、$\mathbf{e}_4$ =<0, 0, 0, 1>等。

定理 10.6　**正交與線性獨立**

　　若向量 $\mathbf{v}_1, \mathbf{v}_2, \cdots, \mathbf{v}_k \in R^n$ 均為非零向量且互相**正交**，則這些向量為**線性獨立**。

　　舉例而言，向量空間 R^3 之標準向量 **i**、**j**、**k** 均為非零向量且互相**正交**(點積為 0)，則根據定理也可以證明其為線性獨立。注意線性獨立的向量並不一定互相正交；互相平行的向量則為線性相依。

定義 10.12　**向量空間的基底**

　　考慮向量空間 R^n 中之向量 $\mathbf{v}_1, \mathbf{v}_2, \cdots, \mathbf{v}_n$，若滿足下列條件：

(1)　向量為**線性獨立**

(2)　向量空間中所有向量均可表示成這些向量的**線性組合**，
　　　則向量 $\mathbf{v}_1, \mathbf{v}_2, \cdots, \mathbf{v}_n$ 稱為**基底**(Basis)。

　　舉例而言，就向量空間 R^3 而言，標準向量 **i** =<1, 0, 0>、**j** =<0, 1, 0>、**k** =<0, 0, 1>為**線性獨立**，而且向量空間中所有的向量均可表示成標準向量的**線性組合**，即：

$$\mathbf{a} = <a_1, a_2, a_3> = a_1\,\mathbf{i} + a_2\,\mathbf{j} + a_3\,\mathbf{k}$$

因此，向量 **i** =<1, 0, 0>、**j** =<0, 1, 0>、**k** =<0, 0, 1>為向量空間 R^3 的**基底**(Basis)。

標準向量並非向量空間 R^3 的唯一基底，向量空間通常可能會有許多基底，例如：上述範例中，向量<1, 1, 1>、<0, 1, 1>、<0, 0, 1>為線性獨立，且向量空間中的所有向量均可以這些向量的線性組合表示之，因此是向量空間 R^3 的另一個基底。

定義 10.13　正交基底

考慮向量空間 R^n 中之向量 $\mathbf{u}_1, \mathbf{u}_2, \cdots, \mathbf{u}_n$，若這些向量構成**基底**(Basis)且滿足下列條件：

$$\mathbf{u}_i \cdot \mathbf{u}_j = \begin{cases} \|\mathbf{u}_i\|^2 & if\ i = j \\ 0 & if\ i \neq j \end{cases}$$

即這些向量均互相**正交**，稱為**正交基底**(Orthogonal Basis)。

定義 10.14　正交規範基底

考慮向量空間 R^n 中之向量 $\mathbf{u}_1, \mathbf{u}_2, \cdots, \mathbf{u}_n$，若這些向量構成**基底**(Basis)且滿足下列條件：

$$\mathbf{u}_i \cdot \mathbf{u}_j = \begin{cases} 1 & if\ i = j \\ 0 & if\ i \neq j \end{cases}$$

即這些向量均為**單位向量**且互相**正交**，稱為**正交規範基底**(Orthonormal Basis)。

舉例而言，就向量空間 R^3 而言，標準向量：

$$\mathbf{i} = <1, 0, 0>、\mathbf{j} = <0, 1, 0>、\mathbf{k} = <0, 0, 1>$$

為向量空間 R^3 的**基底**(Basis)。由於標準向量均互相正交，因此標準向量為典型的**正交基底**(Orthogonal Basis)。進一步而言，由於標準向量 $\mathbf{i}$、$\mathbf{j}$、$\mathbf{k}$ 也均是單位向量，因此標準向量也稱為**正交規範基底**(Orthonormal Basis)[7]。

---

[7]　Orthogonal 與 Orthonormal 也可分別翻譯成**直交**與**正交**，相關書籍或網站的翻譯不盡相同。筆者在實際教學時，通常直接採用 Orthogonal 與 Orthonormal 原文，希望您也特別注意這兩個英文單字。

10.8 ▶ Gram-Schmidt 正交化法

　　標準向量雖然是典型的正交基底(或正交規範基底)，但並非是向量空間 R^3 唯一的正交基底(或正交規範基底)。若是已知某一組向量為線性獨立，則可找到另外一組向量，也構成**正交基底**(或**正交規範基底**)，這樣的過程稱為 **Gram-Schmidt 正交化法**(Gram-Schmidt Orthogonalization Process)。

定理 10.7　Gram-Schmidt 正交化法

若已知向量 $\mathbf{v}_1, \mathbf{v}_2, \cdots, \mathbf{v}_n \in R^n$ 為**基底**(Basis)，則可根據下列方法構成**正交基底** $\mathbf{u}_1, \mathbf{u}_2, \cdots, \mathbf{u}_n$：

$$\mathbf{u}_1 = \mathbf{v}_1$$

$$\mathbf{u}_2 = \mathbf{v}_2 - \text{proj}_{\mathbf{u}_1} \mathbf{v}_2 = \mathbf{v}_2 - \left(\frac{\mathbf{v}_2 \cdot \mathbf{u}_1}{\mathbf{u}_1 \cdot \mathbf{u}_1} \right) \mathbf{u}_1$$

$$\mathbf{u}_3 = \mathbf{v}_3 - \text{proj}_{\mathbf{u}_1} \mathbf{v}_3 - \text{proj}_{\mathbf{u}_2} \mathbf{v}_3 = \mathbf{v}_3 - \left(\frac{\mathbf{v}_3 \cdot \mathbf{u}_1}{\mathbf{u}_1 \cdot \mathbf{u}_1} \right) \mathbf{u}_1 - \left(\frac{\mathbf{v}_3 \cdot \mathbf{u}_2}{\mathbf{u}_2 \cdot \mathbf{u}_2} \right) \mathbf{u}_2$$

$$\cdots$$

$$\mathbf{u}_n = \mathbf{v}_n - \sum_{j=1}^{n-1} \text{proj}_{\mathbf{u}_j} \mathbf{v}_n$$

此外，可以進一步正規化成**正交規範基底** $\mathbf{w}_1, \mathbf{w}_2, \cdots, \mathbf{w}_n$：

$$\mathbf{w}_1 = \frac{1}{\| \mathbf{u}_1 \|} \mathbf{u}_1, \mathbf{w}_2 = \frac{1}{\| \mathbf{u}_2 \|} \mathbf{u}_2, \cdots, \mathbf{w}_n = \frac{1}{\| \mathbf{u}_n \|} \mathbf{u}_n$$

　　因此，**Gram-Schmidt 正交化法**主要是根據投影向量求對應的正交向量，如圖 10-17。因此，若向量 $\mathbf{v}_1$ 與 $\mathbf{v}_2$ 不互相正交，透過 **Gram-Schmidt 正交化法**可以求得向量 $\mathbf{u}_1$ 與 $\mathbf{u}_2$ 互為正交，因此可以構成正交基底。

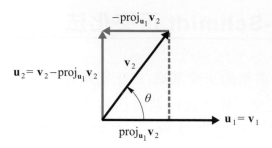

▲ 圖 10-17　Gram-Schmidt 正交化法示意圖

範 例

已知向量<1, −1>、<2, 1>為**線性獨立**，試使用 Gram-Schmidt 正交化法求**正交規範基底**(Orthonormal Basis)

解　設 $\mathbf{v}_1 = <1, -1>, \mathbf{v}_2 = <2, 1>$

根據 **Gram-Schmidt 正交化法**分別代入：

$\mathbf{u}_1 = \mathbf{v}_1 = <1, -1>$

$\mathbf{u}_2 = \mathbf{v}_2 - \left(\dfrac{\mathbf{v}_2 \cdot \mathbf{u}_1}{\mathbf{u}_1 \cdot \mathbf{u}_1}\right)\mathbf{u}_1 = <2, 1> -\dfrac{1}{2}<1, -1> = <\dfrac{3}{2}, \dfrac{3}{2}>$

因此，**正交基底**為：

$\mathbf{u}_1 = <1, -1>, \mathbf{u}_2 = <\dfrac{3}{2}, \dfrac{3}{2}>$

進一步**正規化**：

$\mathbf{w}_1 = <\dfrac{1}{\sqrt{2}}, -\dfrac{1}{\sqrt{2}}>, \mathbf{w}_2 = <\dfrac{1}{\sqrt{2}}, \dfrac{1}{\sqrt{2}}>$

即是**正交規範基底**(Orthonormal Basis)　　　　　■

您可以進一步檢查向量 $\{\mathbf{w}_1, \mathbf{w}_2\}$ 中的向量均爲單位向量且互相正交。在此，**Gram-Schmidt 正交化法**是以位置向量<1, −1>爲基準，在向量<2, 1>的方向另外建立一個新的直角座標系。

範例

已知向量$<1, 1, 1>$、$<0, 1, 1>$、$<0, 0, 1>$為**線性獨立**，試使用 Gram-Schmidt 正交化法求**正交規範基底**(Orthonormal Basis)

解　設 $\mathbf{v}_1 = \,<1, 1, 1>$，$\mathbf{v}_2 = \,<0, 1, 1>$，$\mathbf{v}_3 = \,<0, 0, 1>$

根據 **Gram-Schmidt 正交化法**分別代入：

$\mathbf{u}_1 = \mathbf{v}_1 = \,<1, 1, 1>$

$\mathbf{u}_2 = \mathbf{v}_2 - \left(\dfrac{\mathbf{v}_2 \cdot \mathbf{u}_1}{\mathbf{u}_1 \cdot \mathbf{u}_1}\right)\mathbf{u}_1 = \,<0, 1, 1> - \dfrac{2}{3}<1, 1, 1> = \,<-\dfrac{2}{3}, \dfrac{1}{3}, \dfrac{1}{3}>$

$\mathbf{u}_3 = \mathbf{v}_3 - \left(\dfrac{\mathbf{v}_3 \cdot \mathbf{u}_1}{\mathbf{u}_1 \cdot \mathbf{u}_1}\right)\mathbf{u}_1 - \left(\dfrac{\mathbf{v}_3 \cdot \mathbf{u}_2}{\mathbf{u}_2 \cdot \mathbf{u}_2}\right)\mathbf{u}_2$

$\quad = \,<0, 0, 1> - \dfrac{1}{3}<1, 1, 1> - \dfrac{1}{2}<-\dfrac{2}{3}, \dfrac{1}{3}, \dfrac{1}{3}>$

$\quad = \,<0, -\dfrac{1}{2}, \dfrac{1}{2}>$

因此，**正交基底**為：

$\mathbf{u}_1 = \,<1, 1, 1>$，$\mathbf{u}_2 = \,<-\dfrac{2}{3}, \dfrac{1}{3}, \dfrac{1}{3}>$，$\mathbf{u}_3 = \,<0, -\dfrac{1}{2}, \dfrac{1}{2}>$

進一步**正規化**：

$\mathbf{w}_1 = \,<\dfrac{1}{\sqrt{3}}, \dfrac{1}{\sqrt{3}}, \dfrac{1}{\sqrt{3}}>$，$\mathbf{w}_2 = \,<-\dfrac{2}{\sqrt{6}}, \dfrac{1}{\sqrt{6}}, \dfrac{1}{\sqrt{6}}>$，$\mathbf{w}_3 = \,<0, -\dfrac{1}{\sqrt{2}}, \dfrac{1}{\sqrt{2}}>$

即是**正交規範基底**(Orthonormal Basis)　∎

練習十

一、二維向量

1. 試解釋**純量**(Scalar)與**向量**(Vector)的異同。

2. 試定義**二維向量**(簡稱 **2-向量**)。

3. 給定直角座標系的點座標 $O(0, 0)$、$P_1(2, 3)$ 與 $P_2(1, 4)$，求向量 $\overrightarrow{OP_1}$、$\overrightarrow{OP_2}$、$\overrightarrow{P_1P_2}$ 與 $\overrightarrow{P_2P_1}$。

4. 若兩向量 **a** 與 **b** 如下圖，試就下列向量運算結果以幾何方式表示之：
   (a) $\mathbf{a} + \mathbf{b}$ (b) $\mathbf{a} - \mathbf{b}$ (c) $2\mathbf{a} + \mathbf{b}$ (d) $\mathbf{a} - 2\mathbf{b}$

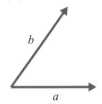

5. 給定兩向量 **a** =<1, 2>與 **b** =<−3, 1>，試於直角座標系中，繪製下列向量的**位置向量**(Position Vectors)：
   (a)向量 **a**　　(b)向量 **b**　　(c)向量 **a** + **b**　　(d)向量 $2\mathbf{a} - \mathbf{b}$

6. 給定下列向量，求 $\mathbf{a} + \mathbf{b}$、$\mathbf{a} - \mathbf{b}$、$2\mathbf{a} + \mathbf{b}$ 與 $\mathbf{a} - 2\mathbf{b}$：
   (a)　**a** =<1, 4>、**b** =<−2, 3>
   (b)　**a** =<3, −1>、**b** =<4, 1>
   (c)　**a** = 2 **i** + **j**、**b** = **i** − 3 **j**
   (d)　**a** = − **i** + 2 **j**、**b** = 2 **i** + 5 **j**

7. 給定下列向量，求：(1)向量 Norm；(2)與其平行的單位向量：
   (a)　**a** =<1, 4>
   (b)　**a** =<4, −3>
   (c)　**a** = **i** − **j**
   (d)　**a** = 2 **i** + **j**

二、三維向量

8. 試定義**三維向量**(簡稱 **3-向量**)。

9. 給定下列向量，求 $\mathbf{a} + \mathbf{b}$、$\mathbf{a} - \mathbf{b}$、$2\mathbf{a} + \mathbf{b}$ 與 $\mathbf{a} - 2\mathbf{b}$：

   (a)　$\mathbf{a} = <1, 0, 1>$、$\mathbf{b} = <3, -2, 1>$

   (b)　$\mathbf{a} = <2, -1, 0>$、$\mathbf{b} = <3, 0, 1>$

   (c)　$\mathbf{a} = 2\mathbf{i} + \mathbf{j} + \mathbf{k}$、$\mathbf{b} = \mathbf{i} - 3\mathbf{j} + 2\mathbf{k}$

   (d)　$\mathbf{a} = \mathbf{i} - 2\mathbf{j} + 3\mathbf{k}$、$\mathbf{b} = 2\mathbf{i} + \mathbf{j} + \mathbf{k}$

10. 給定下列向量，求(1)向量 Norm；(2)與其平行的單位向量：

    (a)　$\mathbf{a} = <1, 3, 2>$

    (b)　$\mathbf{a} = <4, 1, -3>$

    (c)　$\mathbf{a} = \mathbf{i} - \mathbf{j} + \mathbf{k}$

    (d)　$\mathbf{a} = 2\mathbf{i} + \mathbf{j} - \mathbf{k}$

三、點積

11. 給定下列向量，求向量的點積 $\mathbf{a} \cdot \mathbf{b}$ 與向量的夾角：

    (a)　$\mathbf{a} = <1, 2, 3>$、$\mathbf{b} = <1, 0, 1>$

    (b)　$\mathbf{a} = <2, -1, 3>$、$\mathbf{b} = <1, 2, 0>$

    (c)　$\mathbf{a} = <3, 0, 2>$、$\mathbf{b} = <0, -1, 1>$

    (d)　$\mathbf{a} = <4, -4, 2>$、$\mathbf{b} = <3, -1, 1>$

12. 給定下列向量，試判斷兩向量是否正交：

    (a)　$\mathbf{a} = <1, 1, 1>$、$\mathbf{b} = <0, -1, 1>$

    (b)　$\mathbf{a} = <2, -1, 3>$、$\mathbf{b} = <1, 2, 0>$

    (c)　$\mathbf{a} = <3, 0, 2>$、$\mathbf{b} = <0, -1, 1>$

    (d)　$\mathbf{a} = <3, -2, 0>$、$\mathbf{b} = <3, -1, 1>$

    (e)　$\mathbf{a} = <3, 2, 1>$、$\mathbf{b} = <3, -4, -1>$

13. 若某向量$<x, y, 1>$同時與向量$<1, 1, -3>$、$< 2, 1, -5>$正交，求該向量為何？

14. 給定下列向量，求向量 $\mathbf{a}$ 在向量 $\mathbf{b}$ 上的投影向量 $\text{proj}_\mathbf{b}\mathbf{a}$：

    (a)　$\mathbf{a} = <1, 4>$、$\mathbf{b} = <-2, 3>$

    (b)　$\mathbf{a} = <-5, 5>$、$\mathbf{b} = <-3, 4>$

    (c)　$\mathbf{a} = <-1, -2, 7>$、$\mathbf{b} = <6, -3, -2>$

15. 試證明 Cauchy-Schwarz 不等式：
    若向量 $\mathbf{a}$ 與 $\mathbf{b}$ 皆不是零向量，則：$|\mathbf{a} \cdot \mathbf{b}| \le \|\mathbf{a}\| \|\mathbf{b}\|$

四、叉積

16. 給定下列向量，求向量的叉積 $\mathbf{a} \times \mathbf{b}$：

    (a)　$\mathbf{a} = <1, 1, 0>$、$\mathbf{b} = <0, -1, 1>$

    (b)　$\mathbf{a} = <2, -1, 3>$、$\mathbf{b} = <1, 2, 0>$

    (c)　$\mathbf{a} = 2\mathbf{i} + \mathbf{j} + \mathbf{k}$、$\mathbf{b} = \mathbf{i} - 3\mathbf{j} + 2\mathbf{k}$

    (d)　$\mathbf{a} = \mathbf{i} - 2\mathbf{j} + 3\mathbf{k}$、$\mathbf{b} = 2\mathbf{i} + \mathbf{j} + \mathbf{k}$

17. 給定下列兩向量，求同時與兩向量正交的向量：

    (a)　$< 4, -1, 3>$、$< 2, 0, 1>$

    (b)　$2\mathbf{i} + \mathbf{j} + 3\mathbf{k}$、$-\mathbf{i} + 2\mathbf{j} + 4\mathbf{k}$

18. 若 $\mathbf{a}$、$\mathbf{b}$、$\mathbf{c}$ 均為向量，試判斷下列向量運算結果為純量或向量：

    (a) $\mathbf{a} \cdot \mathbf{b}$　(b) $\mathbf{a} \times \mathbf{b}$　(c) $\mathbf{a} \cdot (\mathbf{b} \times \mathbf{c})$　(d) $\mathbf{a} \times (\mathbf{b} \times \mathbf{c})$　(e) $(\mathbf{a} \times \mathbf{b}) \cdot (\mathbf{a} \times \mathbf{c})$

五、向量幾何

19. 若三維空間中某一直線通過下列座標點，試求**直線方程式**：

    (a)　$(1, 0, 2)$ 與 $(-1, 1, 0)$

    (b)　$(-2, 1, 1)$ 與 $(3, -1, 2)$

    (c)　$(1, 3, 0)$ 與 $(4, 1, -2)$

20. 若某平面包含下列三點，試求**平面方程式**：

    (a)　$(1, 1, 0)$、$(0, 1, 2)$、$(3, 0, 1)$

    (b)　$(1, 0, 1)$、$(3, 1, 2)$、$(2, -1, 2)$

    (c)　$(-1, 1, 3)$、$(1, 1, 0)$、$(1, 2, 4)$

21. 若某平行四邊形的兩邊分別為 $(1, 0, 1)$ 至 $(3, 2, 4)$、$(1, 0, 1)$ 至 $(2, 1, 5)$，試求**平行四邊形**的面積。

22. 若三角形的三個頂點分別為 $(1, 1, 1)$、$(2, 1, 3)$、$(4, 0, 4)$，求**三角形**面積。

23. 若平面六面體其中一個角落為原點 $(0, 0, 0)$，三個鄰近邊分別延伸至 $(2, 1, 2)$、$(-1, 1, 3)$ 與 $(4, 1, -2)$，試求**平行六面體**的體積。

24. 給定四個座標點 $(1, 2, 1)$、$(2, 0, 1)$、$(0, 4, 1)$ 與 $(3, -1, 0)$，試判斷是否為均落在同一個平面上(**共平面**)。

25. 考慮兩平面 $x + y - z = 0$、$4x - 2y - z = 0$，求相交線的直線方程式。

    【提示】首先求兩平面的法向量，同時與兩法向量垂直的向量即是與相交線平行的向量，根據直線上的一點(同時滿足兩平面方程式的任意點)，即可求得相交線的直線方程式。

26. 考慮兩直線之參數方程式：
$x = 2-t, y = 1+t, z = -2+t$
$x = 2-2s, y = 1+2s, z = 1-4s$
判斷兩直線是否**相交**，若相交則**交點**為何？

27. 考慮平面方程式與直線方程式如下：
$x+y-z = 8$；$x = 2+t, y = 3+t, z = 5t$
求平面與直線的**交點**。

六、向量空間

28. 試定義向量空間。

29. 給定下列向量，求 **a** + **b**、**a** − **b**、**a·b**：
    (a)　**a** =<1, 0, 0, 1>、**b** =<1, 2, 1, 0>
    (b)　**a** =<1, 1, 0, 1>、**b** =<2, −1, 1, 3>

七、向量空間的線性相依/獨立

30. 試定義向量空間的線性相依。

31. 試判斷下列向量為線性相依或線性獨立？
    (a)　< 1, 0, 1>、< 0, 2, 0>、< 2, 1, 2>
    (b)　< 1, 1, 0>、< 0, 2, 1>、< 2, 4, 1>
    (c)　< 1, 0, 0>、< 1, 1, 0>、< 1, 1, 1>
    (d)　< 1, 2, 1>、< −1, 1, 0>、< 1, −1, 2>

32. 試判斷下列向量為線性相依或線性獨立？
    (a)　< 0, 1, 1, 1>、< 2, 0, 1, −3>、< 2, 2, 3, 0>
    (b)　< 1, 1, −2, −2>、< 2, −3, 0, 2>、< −2, 0, 2, 2>、< 3, −3, −2, 2>

33. 試說明向量<1, 1, 1>、< 0, 1, 1>、< 0, 0, 1>為何可以構成向量空間 R^3 的基底。

八、Gram-Schmidt 正交化法

34. 試簡述 **Gram-Schmidt** 正交化法的目的與方法。

35. 已知<1, 1>、< −1, 3>為基底，試使用 **Gram-Schmidt** 正交化法求正交規範**基底**(Orthonormal Basis)。

36. 已知<1, 1, 1>、< 1, 2, 2>、< 1, 1, 0>為基底，試使用 **Gram-Schmidt** 正交化法求**正交規範基底**(Orthonormal Basis)。

37. 已知<1, 1, 1>、< 1, 2, 3>、< 2, 3, 1>為基底，試使用 **Gram-Schmidt** 正交化法求**正交規範基底**(Orthonormal Basis)。

11

向量分析

11.1 向量函數

11.2 向量函數與粒子運動

11.3 純量場與向量場

11.4 梯度與方向導函數

11.5 散度與旋度

11.6 線積分

11.7 保守向量場與路徑獨立

11.8 雙重積分

11.9 Green 定理

11.10 面積分

11.11 Stokes 定理

11.12 Gauss 散度定理

有了向量的基礎概念,同時結合微積分的數學知識,可以進一步分析向量函數,稱為**向量分析**(Vector Analysis)。向量分析由於牽涉微積分,因此也稱為**向量微積分**(Vector Calculus)。

觀念上,向量函數可以用來描述三維空間的粒子(例如:帶電粒子、流體粒子等),其在空間中的運動現象。向量分析則是用來分析粒子的運動特性,例如:**速度**(Velocity)、**加速度**(Acceleration)、**曲率**(Curvature)等。

此外,向量分析與**場**(Fields)具有密切的關係,可以用來分析粒子在場中所形成的物理現象,例如:**電磁場**(Electromagnetic Fields)、**流體流動**(Fluid Flow)、**重力場**(Gravitational Fields)等,因此也就成為**電磁學**(Electromagnetism)、**流體力學**(Fluid Dynamics)等課題的數學基礎,其科學或工程上的應用相當廣泛。

本章討論的主題包含:

- **向量函數**
- **向量函數與粒子運動**
- **純量場與向量場**
- **梯度與方向導函數**
- **散度與旋度**
- **線積分**
- **保守向量場與路徑獨立**
- **雙重積分**
- **Green 定理**
- **面積分**
- **Stokes 定理**
- **Gauss 散度定理**

11.1 ▶ 向量函數

本節介紹**向量函數**(Vector Functions)的基本概念,同時結合微積分的數學知識,分別介紹向量函數的**導函數**(微分)與**積分**。

11.1.1 基本概念

定義 11.1 向量函數

向量函數(Vector Function)可以定義為:

$$\mathbf{F}(t) = < x(t), y(t), z(t) >$$

或

$$\mathbf{F}(t) = x(t)\,\mathbf{i} + y(t)\,\mathbf{j} + z(t)\,\mathbf{k}$$

其中 $x(t), y(t), z(t)$ 均為 t 的函數,稱為**分量函數**(Component Functions)。

微積分中,我們討論的**函數**為 $f(x)$ 或 $f(t)$,是以**純量**為主;在此討論的**向量函數 $\mathbf{F}(t)$**,則是以**向量**為主,其中 t 為變數。由於僅牽涉單一變數 t,因此 $\mathbf{F}(t)$ 又稱為**單變數向量函數**(Vector Functions of One Variable)。

向量函數主要是定義於三維空間之直角座標系中,包含三個分量函數如下:

$$x = x(t), y = y(t), z = z(t)$$

即代表**位置向量**(Position Vector),會隨著 t 值的變化而變化。若分量函數均為連續函數,則形成一條平滑的曲線 C,如圖 11-1。

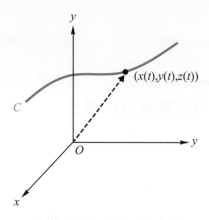

▲圖 11-1　向量函數圖

　　觀念上，向量函數可以視爲是一種數學工具，用來描述三維空間中某個**粒子**(Particle)，其在三維空間的(x, y, z)位置會隨著時間 t 而改變，且沿著平滑曲線 C 所形成的粒子運動現象。以下列舉幾個向量函數的例子：

　　若向量函數爲：

$$\mathbf{F}(t) = (1+3t)\,\mathbf{i} - t\,\mathbf{j} + (2+t)\,\mathbf{k}$$

則其分量函數分別爲：

$$x = 1+3t,\ y = -t,\ z = 2+t$$

即是直線的**參數方程式**(Parametric Equation)。假設 $t = 0$、1，則根據向量函數分別代入 t 值，可得列表如下：

t	(x, y, z)
0	(1, 0, 2)
1	(4, −1, 3)

　　因此曲線通過座標點爲$(1, 0, 2)$與$(4, -1, 3)$，如圖 11-2。換言之，可以想像粒子是沿著平滑曲線 C 呈直線運動[1]。

---

[1]　或許您已注意到，在此討論的直線方程式其實在前一章討論向量時已出現過。

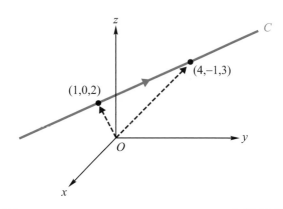

▲圖 11-2　$\mathbf{F}(t) = (1+3t)\,\mathbf{i} - t\,\mathbf{j} + (2+t)\,\mathbf{k}$ 向量函數圖

若向量函數為：

$$\mathbf{F}(t) = 2\cos(t)\,\mathbf{i} + 2\sin(t)\,\mathbf{j} + \mathbf{k}$$

則其分量函數分別為：

$$x = 2\cos(t),\ y = 2\sin(t),\ z = 1$$

假設 $t = 0 \sim 2\pi$，則根據向量函數分別代入 t 值，可得列表如下：

t	(x, y, z)	t	(x, y, z)
0	(2, 0, 1)	$3\pi / 2$	(0, −2, 1)
$\pi / 2$	(0, 2, 1)	2π	(2, 0, 1)
π	(−2, 0, 1)	…	…

若設法移除變數 t，則可推導而得 $x^2 + y^2 = 4$，即是半徑為 2 的圓方程式，因此可得向量函數圖，如圖 11-3。三維空間中，向量函數的曲線是落在 $z = 1$ 平面上的圓。因此，可以想像某個粒子沿著圓周形成週而復始的運動[2]。

---

[2]　因此，若調整向量函數(以原點為中心與半徑)，就可以用來描述月球繞地球轉的運動軌跡。雖然處於三維空間，但是行星的運動其實是一種平面運動；換言之，行星運動軌跡是落在同一個平面上，稱為**黃道面**。若您想預測日全蝕或月全蝕的地點與時間，那麼就請學好向量分析！

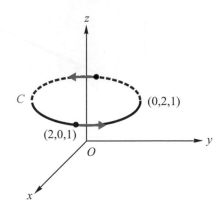

▲圖 **11-3**　$\mathbf{F}(t) = 2\cos(t)\,\mathbf{i} + 2\sin(t)\,\mathbf{j} + \mathbf{k}$ 向量函數圖

　　若向量函數為：

$$\mathbf{F}(t) = \cos(t)\,\mathbf{i} + \sin(t)\,\mathbf{j} + t\,\mathbf{k}$$

則其分量函數分別為：

$$x = \cos(t),\ y = \sin(t),\ z = t$$

假設 $t = 0 \sim 2\pi$，則根據向量函數分別代入 t 值，可得列表如下：

t	$(x,\ y,\ z)$	t	$(x,\ y,\ z)$
0	(1, 0, 0)	$3\pi/2$	$(0,\ -1,\ 3\pi/2)$
$\pi/2$	$(0,\ 1,\ \pi/2)$	2π	$(1,\ 0,\ 2\pi)$
π	$(-1,\ 0,\ \pi)$	...	...

　　若設法移除變數 t，則可推導而得 $x^2 + y^2 = 1$，即是半徑為 1 的圓方程式，因此可得向量函數圖，如圖 11-4。

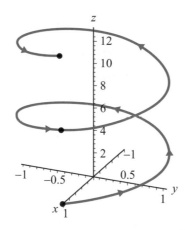

▲ 圖 **11-4** $\mathbf{F}(t) = \cos(t)\,\mathbf{i} + \sin(t)\,\mathbf{j} + t\,\mathbf{k}$ 向量函數圖

　　觀察圖 11-4，可以發現曲線是沿著半徑為 1 的圓柱體表面旋轉向上，稱為**螺旋**(Helix)。

　　上述之向量函數圖除了可以用人工的方式繪製而得，也可以使用電腦輔助軟體，如：Matlab、Maple 或 Mathematica 等作為繪圖工具[3]。

11.1.2　向量函數的導函數

定義 11.2　向量函數的導函數

向量函數的導函數(Derivative of Vector Function)可以定義為：

$$\mathbf{F}'(t) = \lim_{\Delta t \to 0} \frac{\mathbf{F}(t + \Delta t) - \mathbf{F}(t)}{\Delta t}$$

或

$$\mathbf{F}'(t) = \,< x'(t),\, y'(t),\, z'(t) >$$

其中 $x(t),\, y(t),\, z(t)$ 均為 t 函數且為**可微分**(Differentiable)。

---

[3]　您可以參考本書附錄之「簡易 Matlab 教學」，學習如何使用 Matlab 電腦輔助軟體以繪製向量函數圖。

回顧微積分,「取導函數的過程」稱爲**微分**(Differentiation);因此,「取向量函數的導函數的過程」稱爲**向量微分**(Vector Differentiation)。若與定義 1.6 函數的導函數相比較,**向量函數的導函數**也具有瞬間變化率($\Delta t \to 0$)的概念,只是此時是考慮三維空間的變化率[4]。

進一步而言,若分量函數 $x(t), y(t), z(t)$ 均爲**可微分**,則向量微分是分別對各個分量函數取微分,其結果仍爲向量函數。此外,向量函數的導函數 $\mathbf{F}'(t)$ 也代表曲線的**正切向量**(Tangent Vector),如圖 11-5。

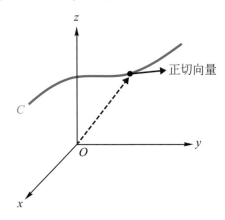

▲圖 **11-5** 向量函數的正切向量

範例

求下列向量函數的**導函數**:
(a) $\mathbf{F}(t) = (1+3t)\,\mathbf{i} - t\,\mathbf{j} + (2+t)\,\mathbf{k}$
(b) $\mathbf{F}(t) = 2\cos(t)\,\mathbf{i} + 2\sin(t)\,\mathbf{j} + \mathbf{k}$
(c) $\mathbf{F}(t) = \cos(t)\,\mathbf{i} + \sin(t)\,\mathbf{j} + t\,\mathbf{k}$

解 根據定義:
(a) $\mathbf{F}'(t) = 3\,\mathbf{i} - \mathbf{j} + \mathbf{k}$
(b) $\mathbf{F}'(t) = -2\sin(t)\,\mathbf{i} + 2\cos(t)\,\mathbf{j}$
(c) $\mathbf{F}'(t) = -\sin(t)\,\mathbf{i} + \cos(t)\,\mathbf{j} + \mathbf{k}$ ∎

---

[4] 回顧微積分,**微分**的意義其實就是:**變化率**(Rate of Changes)、**斜率**(Slope)或**速率**(Speed)。因此在向量分析中,向量函數的微分與**變化率**(Rate of Changes)、**正切向量**(Tangent Vector)、**速度**(Velocity)等相關聯。

觀察圖 11-2 ~ 11-4，可以注意到向量函數的**導函數**即代表**正切向量**(Tangent Vectors)。由於粒子是在三維空間中運動，因此向量函數的**導函數**也代表粒子在 (x, y, z) 位置的**速度**。

範例

給定向量函數 $\mathbf{F}(t) = \cos(t)\,\mathbf{i} + \sin(t)\,\mathbf{j} + t\,\mathbf{k}$，求 $t = 0$ 時的**正切向量**(Tangent Vector)

解 首先求向量函數的導函數：

$$\mathbf{F}'(t) = -\sin(t)\,\mathbf{i} + \cos(t)\,\mathbf{j} + \mathbf{k}$$

$t = 0$ 代入可得正切向量：

$$\mathbf{F}'(0) = -\sin(0)\,\mathbf{i} + \cos(0)\,\mathbf{j} + \mathbf{k} = \mathbf{j} + \mathbf{k}$$ ■

觀察圖 11-4 之**螺旋圖**，可以注意當 $t = 0$ 時，起點座標為$(1, 0, 0)$，其正切向量為 $\mathbf{j} + \mathbf{k}$ 或 $< 0, 1, 1 >$，因此剛開始時曲線是同時向正 y 與正 z 軸的方向變化。

11.1.3　向量函數的積分

定義 11.3　**向量函數的積分**

向量函數的積分(Integrals of Vector Function)可以定義為：

$$\int \mathbf{F}(t)\,dt = \left[\int x(t)dt\right]\mathbf{i} + \left[\int y(t)dt\right]\mathbf{j} + \left[\int z(t)dt\right]\mathbf{k}$$

其中 $x(t), y(t), z(t)$ 均為 t 的函數且為**可積分**。

因此，若分量函數 $x(t), y(t), z(t)$ 均為**可積分**，則向量函數的積分是分別對各個分量函數取積分，其結果仍為向量函數。

範例

給定向量函數 $\mathbf{F}(t) = \cos(t)\,\mathbf{i} + \sin(t)\,\mathbf{j} + t\,\mathbf{k}$，求向量函數的**積分**

解　根據定義：

$$\int \mathbf{F}(t)dt = \left[\int \cos(t)dt\right]\mathbf{i} + \left[\int \sin(t)dt\right]\mathbf{j} + \left[\int t\,dt\right]\mathbf{k}$$

$$= \left[\sin(t) + c_1\right]\mathbf{i} + \left[-\cos(t) + c_2\right]\mathbf{j} + \left[\frac{1}{2}t^2 + c_3\right]\mathbf{k} \qquad■$$

回顧微積分，積分包含**不定積分**(Indefinite Integrals)與**定積分**(Definite Integrals)兩種。因此，定義 11.3 為向量函數的**不定積分**，向量函數的**定積分**則可以定義為：

$$\int_a^b \mathbf{F}(t)dt = \left[\int_a^b x(t)dt\right]\mathbf{i} + \left[\int_a^b y(t)dt\right]\mathbf{j} + \left[\int_a^b z(t)dt\right]\mathbf{k}$$

其中參數 t 的上下限為 $[a, b]$。

定義 11.4　**空間曲線的弧長**

若向量函數 $\mathbf{F}(t) = <x(t), y(t), z(t)>$ 代表空間中的平滑曲線，則曲線的**弧長**(Arc Length)可以定義為：

$$s = \int_a^b \sqrt{\left[x'(t)\right]^2 + \left[y'(t)\right]^2 + \left[z'(t)\right]^2}\, dt = \int_a^b \|\mathbf{F}'(t)\|\, dt$$

其中參數 t 介於 a、b 之間。

範例

若向量函數 $\mathbf{F}(t) = 2\cos(t)\,\mathbf{i} + 2\sin(t)\,\mathbf{j} + \mathbf{k}$ 代表空間中的平滑曲線，求曲線在 $t = 0 \sim \pi$ 的**弧長**

解　向量函數的導函數為：

$$\mathbf{F}'(t) = -2\sin(t)\,\mathbf{i} + 2\cos(t)\,\mathbf{j}$$

根據定義，則曲線的弧長為：

$$\int_0^\pi \sqrt{\left[x'(t)\right]^2 + \left[y'(t)\right]^2 + \left[z'(t)\right]^2}\ dt$$
$$= \int_0^\pi \sqrt{\left[-2\sin(t)\right]^2 + \left[2\cos(t)\right]^2}\ dt$$
$$= \int_0^\pi 2dt = 2\pi \qquad\blacksquare$$

　　參考圖 11-3，當 $t = 0 \sim \pi$ 時，運動粒子是沿著圓周繞了半圈，因此**弧長**即是圓周長的一半。由於曲線是半徑爲 2 的圓，圓周長的一半即是 2π。

範例

　　若向量函數 $\mathbf{F}(t) = \cos(t)\,\mathbf{i} + \sin(t)\,\mathbf{j} + t\,\mathbf{k}$ 代表空間中的平滑曲線，求曲線在 $t = 0 \sim 2\pi$ 的**弧長**

解　　向量函數的導函數爲：

$$\mathbf{F}'(t) = -\sin(t)\,\mathbf{i} + \cos(t)\,\mathbf{j} + \mathbf{k}$$

　　根據定義，則曲線的弧長爲：

$$\int_0^{2\pi} \sqrt{\left[x'(t)\right]^2 + \left[y'(t)\right]^2 + \left[z'(t)\right]^2}$$
$$= \int_0^{2\pi} \sqrt{\left[-\sin(t)\right]^2 + \left[\cos(t)\right]^2 + \left[1\right]^2}$$
$$= \int_0^{2\pi} \sqrt{2}\ dt = 2\sqrt{2}\pi \qquad\blacksquare$$

　　參考圖 11-4 **螺旋圖**，當 $t = 0$、2π 時，運動粒子的位置分別爲$(1, 0, 0)$與$(1, 0, 2\pi)$。請注意其**歐幾里得距離**爲 2π，與粒子實際運動過程中所經過的**弧長**並不相同。

> **定義** 11.5 空間曲線的弧長函數
>
> 若 $t = a$ 為平滑曲線的起點，則曲線在參數 t 位置的**弧長**(Arc Length)可以定義為：
>
> $$s(t) = \int_a^t \| \mathbf{F}'(\tau) \| \, d\tau$$

因此，若對弧長 $s(t)$ 取微分，則：

$$\frac{ds}{dt} = \| \mathbf{F}'(t) \|$$

即是粒子運動的**速率**(Speed)，將於下一節介紹之。

11.2 ▶ 向量函數與粒子運動

　　向量函數可以用來表示三維空間中的平滑曲線 C。假設某**粒子**(Particle)是沿著這條曲線運動，我們希望可以分析粒子在曲線上運動時的特性，例如：**速度**(Velocity)、**加速度**(Acceleration)、**曲率**(Curvature)等。本節介紹如何根據向量函數推導這些運動特性。

11.2.1 速度、速率與加速度

> **定義** 11.6 速度與速率
>
> 若向量函數 $\mathbf{F}(t) = <x(t), y(t), z(t)>$ 表示粒子的位置向量，則粒子於時間 t 的**速度**(Velocity)可以定義為：
>
> $$\mathbf{v}(t) = \mathbf{F}'(t) = <x'(t), y'(t), z'(t)>$$
>
> 該粒子於時間 t 的**速率**(Speed)可以定義為：
>
> $$v(t) = \| \mathbf{v}(t) \| = \sqrt{[x'(t)]^2 + [y'(t)]^2 + [z'(t)]^2}$$

由於微分具有**速率/速度**的意義，而向量函數本身即具有方向性，因此**向量函數的導函數**就是**速度**(Velocity)。物理學中，**速率**(Speed)是速度 $\mathbf{v}(t)$的**大小**(Magnitude)或**範數**(Norm)，不具方向性。在此，您可以想像三維空間中的粒子，於時間 t 通過位置向量 $<x(t), y(t), z(t)>$時，其瞬間速度與速率可以利用上述定義計算而得。

定義 11.7　**加速度**

若向量函數 $\mathbf{F}(t) = <x(t), y(t), z(t)>$ 表示粒子的位置向量，則粒子於時間 t 的**加速度**(Acceleration)可以定義為：

$$\mathbf{a}(t) = \mathbf{v}'(t) = <x''(t), y''(t), z''(t)>$$

由於**加速度**即是速度的變化率，因此即是向量函數的**二階導函數**。

範例

若向量函數 $\mathbf{F}(t) = \cos(t)\,\mathbf{i} + \sin(t)\,\mathbf{j} + t\,\mathbf{k}$ 表示粒子的位置向量，求粒子於時間 t 的**速度**、**速率**與**加速度**

解　根據定義：

$$\mathbf{v}(t) = \mathbf{F}'(t) = -\sin(t)\,\mathbf{i} + \cos(t)\,\mathbf{j} + \mathbf{k}$$
$$\| \mathbf{v}(t) \| = \sqrt{(-\sin(t))^2 + (\cos(t))^2 + 1^2} = \sqrt{2}$$
$$\mathbf{a}(t) = \mathbf{v}'(t) = -\cos(t)\,\mathbf{i} - \sin(t)\,\mathbf{j}$$

11.2.2　曲率

在介紹曲率之前，首先介紹單位正切向量，主要是因為曲率是根據單位正切向量進一步推導而得。

定義 11.8 單位正切向量

向量函數 $\mathbf{F}(t)$ 的**單位正切向量**(Unit Tangent Vector)可以定義為:

$$\mathbf{T}(t) = \frac{\mathbf{F}'(t)}{\| \mathbf{F}'(t) \|}$$

　　向量函數的微分表示曲線的**正切向量**,可以進一步正規化成**單位正切向量**,其範數或長度為 1。

定義 11.9 曲率

設向量函數 $\mathbf{F}(t)$ 表示平滑曲線 C,則曲線的**曲率**(Curvature)可以定義為:

$$\kappa = \left\| \frac{d\mathbf{T}}{ds} \right\|$$

其中 $\mathbf{T}$ 為單位正切向量,s 為弧長。

　　定義 11.9 中,κ 為希臘字母,念成 *kappa*。由於單位正切向量通常是以 t 作為參數,並非是以 s 為參數,因此須進一步使用**鏈鎖規則**(Chain-Rule),可以表示成:

$$\frac{d\mathbf{T}}{dt} = \frac{d\mathbf{T}}{ds}\frac{ds}{dt} \quad 或 \quad \frac{d\mathbf{T}}{ds} = \frac{d\mathbf{T} / dt}{ds / dt}$$

因此,曲線的**曲率**也可以定義為:

$$\kappa = \frac{\| \mathbf{T}'(t) \|}{\| \mathbf{F}'(t) \|}$$

曲率通常不是使用定義 11.9 的公式計算,而是直接採用本公式。曲率的計算結果為**純量**,其物理意義可以解釋為粒子運動時**彎曲的程度**。

範 例

若向量函數 $\mathbf{F}(t) = (1+3t)\,\mathbf{i} - t\,\mathbf{j} + (2+t)\,\mathbf{k}$ 表示平滑曲線，求曲線的**曲率** (Curvature)

解　先求單位正切向量：

$\mathbf{F}'(t) = 3\,\mathbf{i} - \mathbf{j} + \mathbf{k}$

$\|\mathbf{F}'(t)\| = \sqrt{11}$

$\mathbf{T}(t) = \dfrac{\mathbf{F}'(t)}{\|\mathbf{F}'(t)\|} = \dfrac{3}{\sqrt{11}}\,\mathbf{i} - \dfrac{1}{\sqrt{11}}\,\mathbf{j} + \dfrac{1}{\sqrt{11}}\,\mathbf{k}$

單位正切向量的微分為：

$\mathbf{T}'(t) = \mathbf{0}$

$\|\mathbf{T}'(t)\| = 0$

因此曲線的曲率為：

$$\kappa = \frac{\|\mathbf{T}'(t)\|}{\|\mathbf{F}'(t)\|} = \frac{0}{\sqrt{11}} = 0$$　∎

參考圖 11-2，由於粒子是沿著直線運動，運動時並不會彎曲，與計算曲率為 0 的結果相符。

範 例

若向量函數 $\mathbf{F}(t) = 2\cos(t)\,\mathbf{i} + 2\sin(t)\,\mathbf{j} + \mathbf{k}$ 表示平滑曲線，求曲線的**曲率** (Curvature)

解　先求單位正切向量：

$\mathbf{F}'(t) = -2\sin(t)\,\mathbf{i} + 2\cos(t)\,\mathbf{j}$

$\|\mathbf{F}'(t)\| = 2$

$\mathbf{T}(t) = \dfrac{\mathbf{F}'(t)}{\|\mathbf{F}'(t)\|} = -\sin(t)\,\mathbf{i} + \cos(t)\,\mathbf{j}$

單位正切向量的微分為：

$\mathbf{T}'(t) = -\cos(t)\,\mathbf{i} - \sin(t)\,\mathbf{j}$

$\|\mathbf{T}'(t)\| = 1$

因此曲線的曲率為：

$$\kappa = \frac{\|\mathbf{T}'(t)\|}{\|\mathbf{F}'(t)\|} = \frac{1}{2}$$　∎

參考圖 11-3，粒子是在 z = 1 平面上，且沿著半徑為 2 的圓周運動，彎曲的程度在運動過程中維持不變，因此曲線的曲率為**常數**。一般而言，若粒子運動的半徑為 r，則曲率為 $1/r$，與半徑成反比[5]。

11.2.3　加速度分量

某粒子於三維空間沿著平滑曲線 C 運動，且曲線是以向量函數 $\mathbf{F}(t)$ 表示。假設粒子此時通過 P 點，如圖 11-6，其加速度可以分成兩個分量 a_T 與 a_N，分別與正切向量 $\mathbf{T}$ 與法向量 $\mathbf{N}$ 平行。

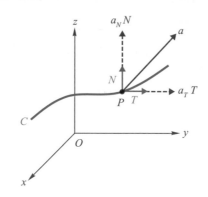

▲圖 11-6　加速度分量示意圖

定理 11.1　加速度分量

如圖 11-6，加速度可以分成兩個分量 a_T 與 a_N，分別與正切向量 $\mathbf{T}$ 與法向量 $\mathbf{N}$ 平行：

$$\mathbf{a}(t) = \frac{dv}{dt}\mathbf{T} + \kappa v^2 \mathbf{N}$$

或

$$\mathbf{a}(t) = a_T\mathbf{T} + a_N\mathbf{N}$$

其中 a_T 與 a_N 分別稱為**加速度**的**正切分量**(Tangential Component)與**法分量** (Normal Component)。

---

[5]　相信您看過 F1 賽車，跑道中都會有不同半徑的彎道，若彎道半徑大，則曲率較小，可以輕鬆過彎；反之，若彎道半徑小，則曲率較大，那麼過彎就沒那麼容易了。有經驗的賽車手在過彎時都會採取曲率較小的路徑，當然不會藐視**曲率**大的彎道！

證明　速度是定義為：

$$\mathbf{v}(t) = \mathbf{F}'(t)$$

且速率是定義為：

$$v(t) = \parallel \mathbf{v}(t) \parallel = \parallel \mathbf{F}'(t) \parallel$$

根據單位正切向量：

$$\mathbf{T}(t) = \frac{\mathbf{F}'(t)}{\parallel \mathbf{F}'(t) \parallel}$$

因此速度也可以表示成：

$$\mathbf{v}(t) = v(t) \cdot \mathbf{T}(t)$$

則粒子的加速度為：

$$\mathbf{a}(t) = \frac{dv}{dt}\mathbf{T} + v\frac{d\mathbf{T}}{dt}$$

由於 $\mathbf{T}(t)$ 為單位向量，即 $\mathbf{T} \cdot \mathbf{T} = 1$，取微分可得：$\mathbf{T} \cdot d\mathbf{T}/dt = 0$。因此，曲線 C 上的某一點 P，向量函數 $\mathbf{T}$ 與 $d\mathbf{T}/dt$ 為正交。若 $\parallel d\mathbf{T}/dt \parallel \neq 0$，則下列向量函數：

$$\mathbf{N} = \frac{d\mathbf{T}/dt}{\parallel d\mathbf{T}/dt \parallel}$$

是與曲線 C 在 P 點垂直的單位向量，稱為**主要法向量**(Principal Normal)。

根據曲率公式：

$$\kappa = \frac{\parallel \mathbf{T}'(t) \parallel}{\parallel \mathbf{F}'(t) \parallel}$$

與主要法向量公式可得：

$$\frac{d\mathbf{T}}{dt} = \kappa v \mathbf{N}$$

因此，粒子的加速度為：

$$\mathbf{a}(t) = \frac{dv}{dt}\mathbf{T} + \kappa v^2 \mathbf{N}$$

或表示成：

$$\mathbf{a}(t) = a_T \mathbf{T} + a_N \mathbf{N}$$

其中，a_T 與 a_N 分別為加速度的正切分量與法分量，公式如下：

$$a_T = \frac{dv}{dt}, a_N = \kappa v^2$$ ■

範例

若向量函數 $\mathbf{F}(t) = 2\cos(t)\,\mathbf{i} + 2\sin(t)\,\mathbf{j} + \mathbf{k}$ 表示平滑曲線，某粒子沿著曲線運動，求該粒子**加速度的正切分量與法分量**

解　首先求**速度**：

$$\mathbf{v}(t) = \mathbf{F}'(t) = -2\sin(t)\,\mathbf{i} + 2\cos(t)\,\mathbf{j}$$

則速率為：

$$v(t) = \|\mathbf{v}(t)\| = \|\mathbf{F}'(t)\| = 2$$

因此加速度的**正切分量**為：

$$a_T = \frac{dv}{dt} = 0$$

根據前述範例，已求得曲率為 $\kappa = 1/2$。

因此加速度的**法分量**為：

$$a_N = \kappa v^2 = 2$$

加速度也可以表示成：

$$\mathbf{a}(t) = a_T \mathbf{T} + a_N \mathbf{N} = 0\,\mathbf{T} + 2\,\mathbf{N}$$ ■

　　如下圖，由於粒子是沿著圓周運動，其正切向量 $\mathbf{T}$ 方向的運動為等速，因此加速度的正切分量為 $a_T = 0$；主要法向量 $\mathbf{N}$ 方向的運動則與曲率成正比，求得的法分量為 $a_N = 2$。

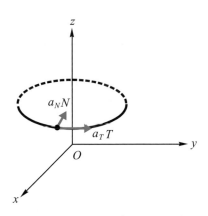

▲圖 11-7　加速度分量圖

　　根據公式，在求**法分量** a_N 時，須先計算曲率。但是曲率有時候並不容易求得，則可改用下列公式：

$$\| \mathbf{a} \|^2 = \mathbf{a} \cdot \mathbf{a} = (a_T \mathbf{T} + a_N \mathbf{N}) \cdot (a_T \mathbf{T} + a_N \mathbf{N})$$
$$= a_T^2 \, \mathbf{T} \cdot \mathbf{T} + 2 a_T a_N \mathbf{T} \cdot \mathbf{N} + a_N^2 \, \mathbf{N} \cdot \mathbf{N}$$
$$= a_T^2 + a_N^2$$

　　以前述範例而言，**速度**為：

$$\mathbf{v}(t) = \mathbf{F}'(t) = -2\sin(t)\,\mathbf{i} + 2\cos(t)\,\mathbf{j}$$

則**加速度**為：

$$\mathbf{a}(t) = \mathbf{v}'(t) = -2\cos(t)\,\mathbf{i} - 2\sin(t)\,\mathbf{j}$$

因此，可求得：

$$\| \mathbf{a} \|^2 = \mathbf{a} \cdot \mathbf{a} = [-2\cos(t)]^2 + [-2\sin(t)]^2 = 4$$

而加速度的**正切分量**為：

$$a_T = \frac{dv}{dt} = 0$$

因此加速度的**法分量**可以根據上述公式求得：

$$a_N = \sqrt{\| \mathbf{a} \|^2 - a_T^2} = 2$$

其結果相同。在此，我們雖然沒有計算曲率，仍可求得加速度的**法分量**。

11.3 ▶ 純量場與向量場

向量分析與**場**(Fields)具有密切的關聯性。物理量通常分成純量與向量，因此場也分成**純量場**(Scalar Fields)與**向量場**(Vector Fields)兩種。

11.3.1 純量場

定義 11.10 二維空間的純量場

　　二維空間的純量場(Scalar Field in 2-Space)可以定義為：

$$f(x, y)$$

其中 x, y 為自變數，代表二維空間座標。

　　二維空間的純量場其實就是**雙變數函數**(Functions of Two Variables)，本書於第一章微積分綜覽便已初步介紹。由於 (x, y) 位置的函數值為純量(例如：溫度、能量等)，因此稱為**純量場**(Scalar Field)。典型的純量場包含：**溫度場**(Temperature Field)、**電位場**(Electric Potential Field)等。

　　二維空間的純量場 $f(x, y)$ 在某些討論議題(例如：電磁學的電位場等)中，為了避免混淆，也常以 $\varphi(x, y)$ 表示之，稱為**位能函數**(Potential Functions)。

　　舉例而言，若**二維空間的純量場**為：

$$f(x, y) = 1 - x^2 - y^2$$

則函數值隨著位置 (x, y) 而有所不同，例如：$f(0,0) = 1, f(1, 0) = 0, f(1, 1) = -1, \cdots$ 等。**二維空間的純量場**通常是以**立體圖**、**等高線圖**或**能量分布圖**表示之，如圖 11-8。由圖上可以觀察到，純量場 $f(x, y) = 1 - x^2 - y^2$ 在接近原點的能量較高，遠離原點的能量則較低[6]。

---

[6]　您在吃鐵板燒時，由於鐵板的溫度為純量，且溫度是與鐵板的位置相關，因此是典型的**純量場**(Scalar Field)，科學中也可稱為**溫度場**(Temperature Field)。有了純量場的概念，相信您就可以知道鐵板哪些地方可以碰，那些地方最好不要碰！

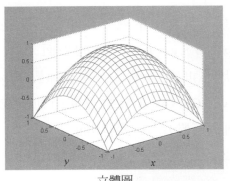

立體圖

等高線圖

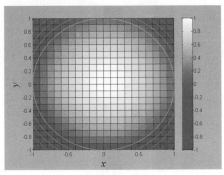

能量分布圖

▲圖 11-8　二維空間的純量場 $f(x,y)=1-x^2-y^2$ 圖

定義 11.11　三維空間的純量場

三維空間的純量場(Scalar Field in 3-Space)可以定義為：

$$f(x,y,z)$$

其中 x, y, z 為自變數，代表三維空間座標。

　　延伸二維空間的概念，**三維空間的純量場**其實就是**三變數函數**(Functions of Three Variables)，其中 x、y 與 z 分別為自變數。一般而言，您可以想像三維空間的純量場是在三維**體積**(Volume)中的能量分布。

　　舉例而言，若三維空間的**純量場**為：

$$f(x,y,z)=1-x^2-y^2-z^2$$

則純量場如圖 11-9。在此，我們無法觀察純量場的全貌，僅能觀察某些特定的**切片**(Slices)，本例中的三個切片分別為 $x = 0$、$y = 0$、$z = 0$ 的平面。

由圖上大致可以觀察到，接近原點(球心)的能量較高，遠離原點(球心)則能量較低。相對於二維空間中的**等高線**(Level Curves)，三維空間中則形成**等高面**(Level Surfaces)。就本例而言，等高面則是原點為中心的球面。

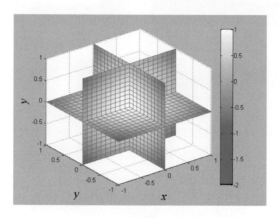

▲圖 **11-9**　三維空間的純量場 $f(x, y, z) = 1 - x^2 - y^2 - z^2$ 圖

11.3.2　向量場

定義 11.12　二維空間的向量場

二維空間的向量場(Vector Field in 2-Space)可以定義為：

$$\mathbf{F}(x, y) = <f(x, y), g(x, y)>$$

或

$$\mathbf{F}(x, y) = f(x, y)\,\mathbf{i} + g(x, y)\,\mathbf{j}$$

其中 $f(x, y)$ 與 $g(x, y)$ 均為 x、y 的函數，稱為**分量函數**(Component Functions)。

相對於純量場而言，向量場是在 (x, y) 位置定義一個**向量**，向量的分量均為 x、y 的函數值。典型的向量包含：重力、磁力、流力等；物理學中，速度具有方向性，因此向量場也通稱為**力場**(Force Field)或**速度場**(Velocity Field)。在科

學或工程應用中，向量場可以用來描述許多物理現象，例如：**電磁場**(Electromagnetic Fields)、**流體流動**(Fluid Flow)等。

舉例而言，若**二維空間的向量場**為：

$$\mathbf{F}(x, y) = x\,\mathbf{i} + y\,\mathbf{j}$$

則可以根據(x, y)的位置決定其向量。若在直角座標系中選取幾個典型的座標值，分別代入向量場，則可以列表如下：

(x, y)	$\mathbf{F}(x, y)$	(x, y)	$\mathbf{F}(x, y)$
$(0, 0)$	$\mathbf{0}$	$(-1, -1)$	$-\mathbf{i} - \mathbf{j}$
$(1, 1)$	$\mathbf{i} + \mathbf{j}$	$(1, -1)$	$\mathbf{i} - \mathbf{j}$
$(-1, 1)$	$-\mathbf{i} + \mathbf{j}$	...	...

因此，只要有系統的在直角座標系中根據所在位置繪製向量，即可得向量場，如圖 11-10，其中 x 與 y 均介於$-2 \sim 2$ 之間[7]。由圖上可以觀察，離原點愈遠，則向量的大小愈大，方向則呈放射狀。

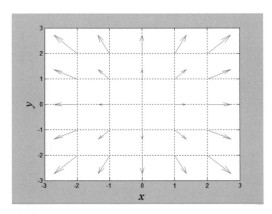

▲ **圖 11-10**　　$\mathbf{F}(x, y) = x\,\mathbf{i} + y\,\mathbf{j}$ 向量場圖

---

[7]　您可能會覺得此處介紹的向量場，與一階微分方程式 $dy\,/\,dx = f(x, y)$ 的方向場非常相似。事實上，方向場的箭頭方向僅限於由左而右(切線斜率)，但向量場的箭頭方向則不受限制。

以下列舉幾個典型的向量場圖，如圖 11-11。為了便於觀察向量場的運動現象，向量大小均正規化為相同大小，在此僅考慮方向。

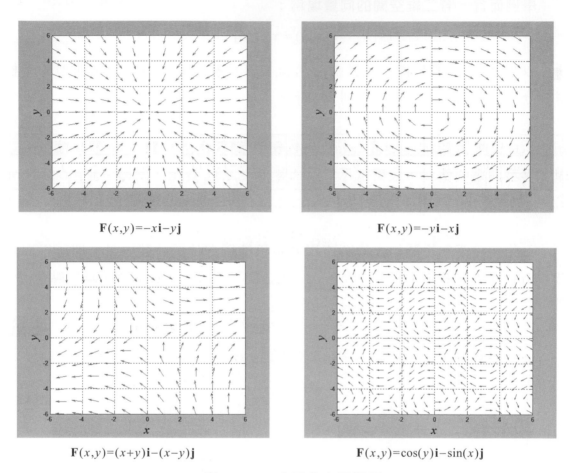

$$\mathbf{F}(x,y)=-x\mathbf{i}-y\mathbf{j} \qquad\qquad \mathbf{F}(x,y)=-y\mathbf{i}-x\mathbf{j}$$

$$\mathbf{F}(x,y)=(x+y)\mathbf{i}-(x-y)\mathbf{j} \qquad\qquad \mathbf{F}(x,y)=\cos(y)\mathbf{i}-\sin(x)\mathbf{j}$$

▲圖 11-11　典型的向量場圖

定義 11.13　三維空間的向量場

三維空間的向量場(Vector Field in 3-Space)可以定義為：

$$\mathbf{F}(x,y,z)=< f(x,y,z), g(x,y,z), h(x,y,z) >$$

或

$$\mathbf{F}(x,y,z)= f(x,y,z)\,\mathbf{i}+g(x,y,z)\,\mathbf{j}+h(x,y,z)\,\mathbf{k}$$

其中 $f(x,y,z)$、$g(x,y,z)$、$h(x,y,z)$ 均為 x、y、z 的函數，稱為**分量函數**(Component Functions)。

　　觀念上，三維空間的向量場其實與二維空間的向量場相似，只是此時形成的向量為三維向量，落在三維直角座標系中。

　　舉例而言，若**三維空間的向量場**為：

$$\mathbf{F}(x, y, z) = y\,\mathbf{i} - x\,\mathbf{j} + z\,\mathbf{k}$$

則可得向量場圖，如圖 11-12。圖中 x、y、z 均介於 $-2 \sim 2$ 之間，為了方便觀察，所有的向量也是都正規化成相同大小[8]。

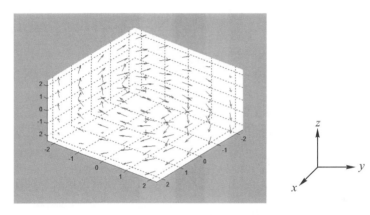

▲ **圖 11-12**　$\mathbf{F}(x, y, z) = y\,\mathbf{i} - x\,\mathbf{j} + z\,\mathbf{k}$ 向量場圖

定義 11.14　**向量場的流線**

　　設 $\mathbf{F}$ 為向量場，於三維空間的所有點 (x, y, z) 均有定義，若每個點均僅有一條曲線通過，且與曲線正切，則曲線的集合稱為**流線**(Streamlines)。

　　流線(Streamlines)可以用來描述向量場的特性，典型的例子如圖 11-13，因此於電磁學與流體力學中相當常見。

---

[8]　本範例的三維空間向量場就像您家裡的洗衣機，水流方向是呈順時針方向，形成週而復始的旋轉運動。

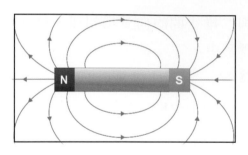 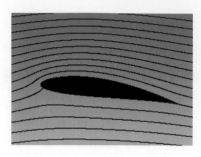

▲圖 **11-13** 典型的流線

設向量場為 $\mathbf{F} = f\,\mathbf{i} + g\,\mathbf{j} + h\,\mathbf{k}$，假設**流線**的曲線可以用參數方程式表示成：

$$\mathbf{r}(t) = <x(t), y(t), z(t)>$$

則曲線的正切向量為：

$$\mathbf{r}'(t) = <x'(t), y'(t), z'(t)>$$

向量場在(x, y, z)的方向與正切向量的方向平行，因此：

$$<x'(t), y'(t), z'(t)> = k<f, g, h>$$

其中 k 為實數。因此，

$$\frac{dx}{dt} = kf, \frac{dy}{dt} = kg, \frac{dz}{dt} = kh$$

若 f、g、h 不為 0，則**流線**的曲線可以表示成微分方程式系統：

$$\frac{dx}{f} = \frac{dy}{g} = \frac{dz}{h}$$

範例

若向量場為 $\mathbf{F}(x, y) = y\,\mathbf{i} - x\,\mathbf{j}$，求向量場通過$(1, 0)$的流線(Streamlines)方程式

解 根據公式：

$$\frac{dx}{f} = \frac{dy}{g} \implies \frac{dx}{y} = \frac{dy}{-x} \implies -xdx = ydy$$

$$\implies -\int xdx = \int ydy \implies -\frac{1}{2}x^2 = \frac{1}{2}y^2 + c_1$$

$$\implies x^2 + y^2 = c$$

通過$(1, 0)$，則可得 $x^2 + y^2 = 1$ ∎

如下圖，向量場為 $\mathbf{F}(x, y) = y\,\mathbf{i} - x\,\mathbf{j}$，呈順時針旋轉，通過 $(1,\ 0)$ 的**流線**即是沿著正切方向且半徑為 1 的圓[9]。

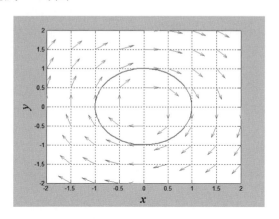

▲圖 11-14　向量場與流線圖

11.4 ▶ 梯度與方向導函數

定義 11.15　純量場的梯度

純量場的梯度(Gradient of a Scalar Field)可以定義為：

$$\nabla f(x, y, z) = \frac{\partial f}{\partial x}\,\mathbf{i} + \frac{\partial f}{\partial y}\,\mathbf{j} + \frac{\partial f}{\partial z}\,\mathbf{k}$$

其中，

$$\nabla = \frac{\partial}{\partial x}\,\mathbf{i} + \frac{\partial}{\partial y}\,\mathbf{j} + \frac{\partial}{\partial z}\,\mathbf{k}$$

稱為**向量微分算子**(Vector Differential Operator)，念成 del。

　　微積分中，若函數牽涉多個自變數，則產生**偏微分**，使用的符號為 ∂。微分具有變化率的意義，因此**偏微分** $\partial f / \partial x$、$\partial f / \partial y$、$\partial f / \partial z$ 即是函數在 x、y、z 方向的變化率。注意**純量場**的**梯度**為**向量場**。

---

[9]　因此求向量場的流線，牽涉解微分方程式的技巧，希望您已相當熟悉，本範例為**分離變數法**。觀念上，向量場的**流線**其實與微分方程式的**積分曲線**非常相似。

範例

給定純量場 $f(x, y) = 1 - x^2 - y^2$

(a) 求**梯度** $\nabla f(x, y)$

(b) 求純量場在 $(0, 1)$ 與 $(1, -1)$ 的梯度

解　(a) $\nabla f(x, y) = \dfrac{\partial f}{\partial x}\mathbf{i} + \dfrac{\partial f}{\partial y}\mathbf{j} = -2x\,\mathbf{i} - 2y\,\mathbf{j}$

(b) $\nabla f(0, 1) = -2\,\mathbf{j}$

$\nabla f(1, -1) = -2\,\mathbf{i} + 2\,\mathbf{j}$ ■

$\partial f / \partial x$、$\partial f / \partial y$ 分別代表函數在 x、y 方向的變化率，因此梯度 $\nabla f(x, y)$ 代表函數變化率所形成的向量。觀念上，梯度即代表函數在 $(x,\ y)$ 位置時的**陡升** (Steepest Ascent) 的方向 [10]。

以純量場 $f(x, y) = 1 - x^2 - y^2$ 為例，如圖 11-15，則可以發現 $\nabla f(0, 1) = -2\,\mathbf{j}$、 $\nabla f(1, -1) = -2\,\mathbf{i} + 2\,\mathbf{j}$ 均為**陡升**的方向，即溫度增加最劇烈的方向。

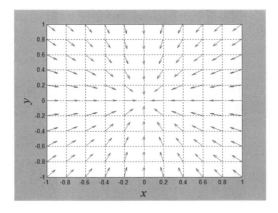 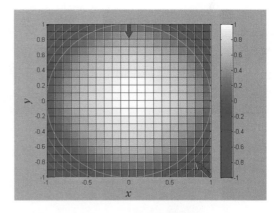

▲ 圖 **11-15**　純量場 $f(x, y) = 1 - x^2 - y^2$ 在 $(0, 1)$ 與 $(1, -1)$ 的**梯度圖**

[10]　相對而言，$-\nabla f(x, y)$ 為**陡降**方向。**梯度下降法** (Gradient Descent) 即是使用**迭代** (Iteration) 的方式，從某一個初始點出發，每次迭代時均往陡降方向前進，因此可以用來求函數的最小值。**梯度下降法**在函數的**最佳化** (Optimization) 問題中是相當重要的方法。

範例

給定純量場 $f(x, y, z) = 1 - x^2 - y^2 - z^2$

(a) 求**梯度** $\nabla f(x, y, z)$

(b) 求純量場在(1, 0, 0)與(1, 1, −1)的梯度

解　(a) $\nabla f(x, y, z) = \dfrac{\partial f}{\partial x}\mathbf{i} + \dfrac{\partial f}{\partial y}\mathbf{j} + \dfrac{\partial f}{\partial z}\mathbf{k} = -2x\,\mathbf{i} - 2y\,\mathbf{j} - 2z\,\mathbf{k}$

　　(b) $\nabla f(1, 0, 0) = -2\,\mathbf{i}$

　　　　$\nabla f(1, 1, -1) = -2\,\mathbf{i} - 2\,\mathbf{j} + 2\,\mathbf{k}$　　　　　　　　　■

　　三維空間中，純量場的梯度也是函數**陡升**(Steepest Ascent)的方向，也可以說是等高面的法向量[11]。

定義 11.16　**純量場的方向導函數**

純量場於單位向量 $\mathbf{u}$ 的**方向導函數**(Directional Derivative)可以定義為：

$$D_u f(x, y) = \lim_{h \to 0}\frac{f(x + h\cos\theta,\ y + h\sin\theta) - f(x, y)}{h}$$

其中，單位向量 $\mathbf{u} = \cos\theta\,\mathbf{i} + \sin\theta\,\mathbf{j}$。

　　分析純量場時，偏微分 $\partial f / \partial x$、$\partial f / \partial y$ 可以用來求 x、y 方向的變化率。但是，有時候我們可能會對某些特定方向的變化率感興趣，因此定義較為廣義的偏微分，即稱為純量場的**方向導函數**(Directional Derivatives)。

---

[11]　若沿著三維空間純量場的梯度方向前進，則比較像是**地心歷險記**。照道理說，應該是會愈來愈熱，至於會不會遇到奇怪的生物就很難說了！

定理 11.2　純量場的方向導函數

純量場於單位向量 **u** 的**方向導函數**(Directional Derivative)為：

$$D_u f(x, y) = \nabla f(x, y) \cdot \mathbf{u}$$

通常，我們在計算純量場的方向導函數時，不使用定義 11.16，而是直接使用定理 11.2 的公式計算之。注意純量場的**方向導函數**為**純量**。

範例

給定純量場 $f(x, y) = 1 - x^2 - y^2$，若位置為$(1 / 2, 1 / 2)$，求函數在$< 1, 0 >$、$< 1, 1 >$、$< -1, -1 >$的**方向導函數**

解　$\nabla f(x, y) = \dfrac{\partial f}{\partial x} \mathbf{i} + \dfrac{\partial f}{\partial y} \mathbf{j} = -2x\,\mathbf{i} - 2y\,\mathbf{j}$

$\nabla f(\dfrac{1}{2}, \dfrac{1}{2}) = -\mathbf{i} - \mathbf{j}$

(i)　$< 1, 0 >$ 方向 $\Rightarrow$ $\mathbf{u} = <1, 0>$

$$D_u f(\dfrac{1}{2}, \dfrac{1}{2}) = \nabla f(\dfrac{1}{2}, \dfrac{1}{2}) \cdot \mathbf{u} = -1$$

(ii)　$< 1, 1 >$ 方向 $\Rightarrow$ $\mathbf{u} = \dfrac{1}{\sqrt{2}} <1, 1>$

$$D_u f(\dfrac{1}{2}, \dfrac{1}{2}) = \nabla f(\dfrac{1}{2}, \dfrac{1}{2}) \cdot \mathbf{u} = -\sqrt{2}$$

(iii)　$< -1, -1 >$ 方向 $\Rightarrow$ $\mathbf{u} = \dfrac{1}{\sqrt{2}} <-1, -1>$

$$D_u f(\dfrac{1}{2}, \dfrac{1}{2}) = \nabla f(\dfrac{1}{2}, \dfrac{1}{2}) \cdot \mathbf{u} = \sqrt{2}$$ ∎

如圖 11-16，可以發現根據定理，我們可以分別求純量場在不同方向上的導函數。以本例而言，方向導函數均為純量，在$< -1, -1 >$為最大值 $\sqrt{2}$。

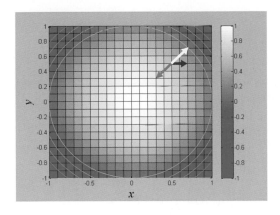

▲圖 11-16　純量場 $f(x, y) = 1 - x^2 - y^2$，位置為 $(1/2, 1/2)$，其在 $<1, 0>$、$<1, 1>$、$<-1, -1>$ 的方向導函數

11.5 ▶ 散度與旋度

定義 11.17　向量場的散度

向量場 $\mathbf{F} = f\,\mathbf{i} + g\,\mathbf{j} + h\,\mathbf{k}$ 的散度(Divergence)可以定義為：

$$\nabla \cdot \mathbf{F} = \frac{\partial f}{\partial x} + \frac{\partial f}{\partial y} + \frac{\partial f}{\partial z}$$

其中，∇ 為向量微分算子(Vector Differential Operator)。

　　向量場 $\mathbf{F}$ 的散度(Divergence)也可以表示成 div $\mathbf{F}$，即 div $\mathbf{F} = \nabla \cdot \mathbf{F}$。根據定義，散度即是根據向量微分算子與向量場求點積，因此結果為純量場。

　　顧名思義，散度可以說是發散的程度。散度的物理意義其實是指向量場中單位體積(Unit Volume)所流出的通量(Flux)。因此，若 $\nabla \cdot \mathbf{F} > 0$，稱為源(Source)；若 $\nabla \cdot \mathbf{F} < 0$，則稱為匯(Sink)。

範 例

給定向量場 (a) $\mathbf{F}(x, y) = x\,\mathbf{i} + y\,\mathbf{j}$ 、(b) $\mathbf{F}(x, y) = -x\,\mathbf{i} - y\,\mathbf{j}$

求向量場的**散度**

解　(a)　$\mathbf{F}(x, y) = x\,\mathbf{i} + y\,\mathbf{j}$

$$\nabla \cdot \mathbf{F} = \frac{\partial f}{\partial x} + \frac{\partial f}{\partial y} = \frac{\partial}{\partial x}(x) + \frac{\partial}{\partial y}(y) = 2$$

　　(b)　$\mathbf{F}(x, y) = -x\,\mathbf{i} - y\,\mathbf{j}$

$$\nabla \cdot \mathbf{F} = \frac{\partial f}{\partial x} + \frac{\partial f}{\partial y} = \frac{\partial}{\partial x}(-x) + \frac{\partial}{\partial y}(-y) = -2$$　■

本範例中的向量場如圖 11-17。向量場 $\mathbf{F}(x, y) = x\,\mathbf{i} + y\,\mathbf{j}$ 的散度為 $2 > 0$，因此為 Source；向量場 $\mathbf{F}(x, y) = -x\,\mathbf{i} - y\,\mathbf{j}$ 的散度為 $-2 < 0$，因此為 Sink。

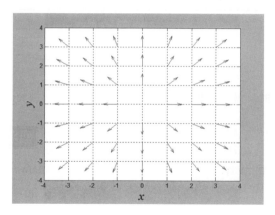 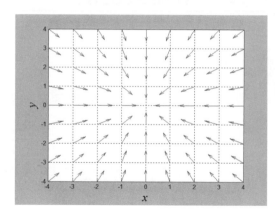

▲圖 **11-17**　向量場的散度

範 例

給定向量場 $\mathbf{F}(x, y, z) = y\,\mathbf{i} - x\,\mathbf{j} + z\,\mathbf{k}$

求向量場的**散度**

解　根據定義：

$$\nabla \cdot \mathbf{F} = \frac{\partial f}{\partial x} + \frac{\partial f}{\partial y} + \frac{\partial f}{\partial z} = \frac{\partial}{\partial x}(y) + \frac{\partial}{\partial y}(-x) + \frac{\partial}{\partial z}(z) = 1$$　■

定義 11.18　向量場的旋度

向量場 $\mathbf{F} = f\,\mathbf{i} + g\,\mathbf{j} + h\,\mathbf{k}$ 的**旋度**(Curl)可以定義為：

$$\nabla \times \mathbf{F} = \begin{vmatrix} \mathbf{i} & \mathbf{j} & \mathbf{k} \\ \dfrac{\partial}{\partial x} & \dfrac{\partial}{\partial y} & \dfrac{\partial}{\partial z} \\ f & g & h \end{vmatrix}$$

其中，∇ 為**向量微分算子**(Vector Differential Operator)。

向量場 $\mathbf{F}$ 的**旋度**(Curl)也可以表示成 curl $\mathbf{F}$，即 curl $\mathbf{F} = \nabla \times \mathbf{F}$。根據定義，**旋度**即是根據向量微分算子與向量場求**叉積**，因此結果仍為**向量**。顧名思義，**旋度**可以說是**旋轉的程度**。

範例

給定向量場 $\mathbf{F}(x, y) = y\,\mathbf{i} - x\,\mathbf{j}$、求向量場的**旋度**

解　根據定義：

$$\nabla \times \mathbf{F} = \begin{vmatrix} \mathbf{i} & \mathbf{j} & \mathbf{k} \\ \dfrac{\partial}{\partial x} & \dfrac{\partial}{\partial y} & \dfrac{\partial}{\partial z} \\ f & g & h \end{vmatrix} = \begin{vmatrix} \mathbf{i} & \mathbf{j} & \mathbf{k} \\ \dfrac{\partial}{\partial x} & \dfrac{\partial}{\partial y} & \dfrac{\partial}{\partial z} \\ y & -x & 0 \end{vmatrix}$$

$$= \begin{vmatrix} \dfrac{\partial}{\partial y} & \dfrac{\partial}{\partial z} \\ -x & 0 \end{vmatrix}\mathbf{i} - \begin{vmatrix} \dfrac{\partial}{\partial x} & \dfrac{\partial}{\partial z} \\ y & 0 \end{vmatrix}\mathbf{j} + \begin{vmatrix} \dfrac{\partial}{\partial x} & \dfrac{\partial}{\partial y} \\ y & -x \end{vmatrix}\mathbf{k} = -2\,\mathbf{k}$$

向量場如圖 11-18。觀念上，旋度較容易以流體解釋，可以想像是將一個螺旋槳放在水流中，則旋度即是使螺旋槳旋轉的程度。根據計算結果，會使得螺旋槳朝負 z 軸方向前進。

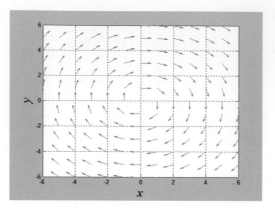

▲圖 11-18　向量場與旋度

運算	表示法	運算結果		
梯度	∇f	純量場	$\rightarrow$	向量場
散度	$\nabla \cdot \mathbf{F}$	向量場	$\rightarrow$	純量場
旋度	$\nabla \times \mathbf{F}$	向量場	$\rightarrow$	向量場

11.6 ▶ 線積分

　　顧名思義，**線積分**(Line Integrals)是沿著某一曲線對函數積分[12]。在此，函數可以是純量場，也可以是向量場。就物理意義而言，線積分是用來測量粒子在場中沿著某曲線運動所產生的整體效果。本節先介紹曲線的種類；接著則根據純量場與向量場，分別介紹線積分。

---

[12] **線積分**並不是用來求曲線的**弧長**(Arc Length)，觀念上容易混淆，請您特別注意！

11.6.1　曲線的種類

若曲線 C 可以表示成參數方程式如下：

$$x = f(t), y = g(t), z = h(t), a \leq t \leq b$$

則曲線的種類包含下列幾種(如圖 11-19)：

(1) 平滑曲線(Smooth Curve)：函數 f', g', h' 於區間 $[a, b]$ 為連續函數且不同時為 0；

(2) 分段平滑曲線(Piecewise Smooth Curve)：包含幾個有限個數的平滑曲線，並互相連結；

(3) 封閉曲線(Closed Curve)：曲線的起點與終點相同；

(4) 簡單封閉曲線(Simple Closed Curve)：曲線的起點與終點相同且不交叉。

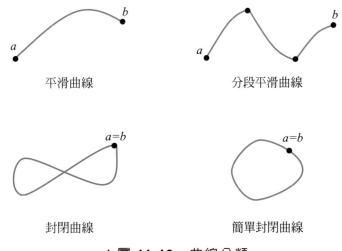

平滑曲線　　　　　　　　分段平滑曲線

封閉曲線　　　　　　　　簡單封閉曲線

▲圖 11-19　曲線分類

以簡單封閉曲線而言，若粒子是逆時針方向運動，則稱為**正方向**(Positively Oriented)；若是順時針方向，則稱為**負方向**(Negatively Oriented)，如圖 11-20，

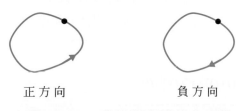

正方向　　　　　　　負方向

▲圖 11-20　圖封閉曲線的方向性

11.6.2 純量場的線積分

定義 11.19 純量場的線積分

給定純量場 $f(x,y,z)$，若曲線 C 為平滑曲線，其參數方程式為

$$\mathbf{r}(t) = x(t)\,\mathbf{i} + y(t)\,\mathbf{j} + z(t)\,\mathbf{k}, a \le t \le b$$

則純量場的**線積分**(Line Integrals)，可以定義為：

$$\int_C f(x,y,z)\,ds = \int_a^b f(\mathbf{r}(t))\,\| \mathbf{r}'(t) \|\,dt$$

上述定義之曲線 C 落在三維空間中，其意義不易解釋。在此先假設曲線 C 為落在 xy 平面上的平滑曲線，其參數方程式為 $\mathbf{r}(t) = x(t)\,\mathbf{i} + y(t)\,\mathbf{j}, a \le t \le b$，如圖 11-21。若現有一純量場 $f(x,y)$，其在三維空間中形成一個平滑曲面，則可以將 xy 平面上曲線 C 投射到曲面上，形成一條新的曲線，純量場的**線積分**即是曲線下的面積。

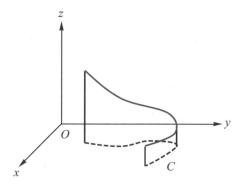

▲圖 11-21 純量場的線積分

範例

給定純量場 $f(x,y) = xy$，若曲線的參數方程式為
$\mathbf{r}(t) = \cos(t)\,\mathbf{i} + \sin(t)\,\mathbf{j}, 0 \le t \le \pi/2$，求純量場的**線積分**

解 根據定義：

$$\int_C f(x,y)\,ds = \int_0^{\pi/2} f(\mathbf{r}(t))\,\| \mathbf{r}'(t) \|\,dt$$
$$= \int_0^{\pi/2} \cos(t)\sin(t)\sqrt{(-\sin(t))^2 + (\cos(t))^2}\,dt$$

$$= \int_0^{\pi/2} \cos(t)\sin(t)\, dt$$

$$= \left[\frac{1}{2}\sin(2t)\right]_0^{\pi/2} = 0$$

　　純量場的線積分如圖 11-22，曲線為沿著 1／4 圓周呈逆時針方向運動，若將曲線投射至 $f(x,y)=xy$，則形成右圖的曲線，求面積分時是對變數 t 積分，結果即是純量場的線積分。

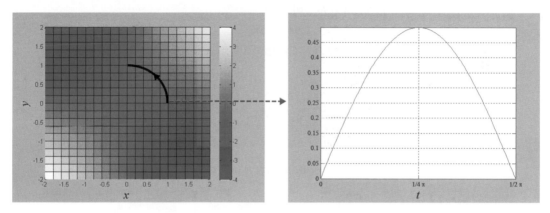

▲圖 11-22　純量場 $f(x,y)=xy$ 的線積分

11.6.3　向量場的線積分

定義 11.20　向量場的線積分

給定三維空間的向量場：

$$\mathbf{F}(x,y,z) = f(x,y,z)\,\mathbf{i} + g(x,y,z)\,\mathbf{j} + h(x,y,z)\,\mathbf{k}$$

若曲線 C 為區間 $[a,b]$ 的平滑曲線，其參數方程式為：

$$\mathbf{r}(t) - x(t)\,\mathbf{i} + y(t)\,\mathbf{j} + z(t)\,\mathbf{k}, a \le t \le b$$

則向量場於曲線上的**線積分**(Line Integral)可以定義為：

$$\int_C f(x,y,z)dx + g(x,y,z)dy + h(x,y,z)dz$$

$$= \int_a^b \left[f(x(t),y(t),z(t))\frac{dx}{dt} + g(x(t),y(t),z(t))\frac{dy}{dt} + h(x(t),y(t),z(t))\frac{dz}{dt} \right] dt$$

　　為了求線積分，主要是將曲線的參數方程式分別代入向量場的分量函數，因此可以化簡成僅對單一變數 t 的積分，積分區間則是變數 t 的區間，即介於 a 與 b 之間。

範例

若曲線 C 的參數方程式為 $x = \cos(t),\, y(t) = \sin(t),\, 0 \le t \le \pi$

求**線積分** $\int_C y\,dx - x\,dy$

解　根據線積分定義　$\int_C f\,dx + g\,dy$　可知：

$$f(x,y) = y,\, g(x,y) = -x$$

已知曲線 C 的參數方程式：

$$x = \cos(t),\, y(t) = \sin(t)$$

取微分可得：

$$dx = -\sin(t)dt,\, dy = \cos(t)dt$$

則線積分為：

$$\int_C y\,dx - x\,dy = \int_0^\pi \left[\sin(t)(-\sin(t)) - \cos(t)(\cos(t)) \right] dt$$
$$= -\int_0^\pi dt = -\pi \qquad \blacksquare$$

範例

若曲線 C 的參數方程式為 $x = t^2,\, y(t) = 1 - t,\, z(t) = t,\, 0 \le t \le 1$

求**線積分** $\int_C x\,dx - y\,dy + z\,dz$

解　根據線積分定義　$\int_C f\,dx + g\,dy + h\,dz$　可知：

$$f(x,y,z) = x,\, g(x,y,z) = -y,\, h(x,y,z) = z$$

已知曲線 C 的參數方程式：

$$x = t^2,\, y(t) = 1 - t,\, z(t) = t$$

取微分可得：

$$dx = 2t\,dt,\, dy = -dt,\, dz = dt$$

則線積分為：

$$\int_C xdx - ydy + zdz = \int_0^1 \left[t^2(2t) - (1-t)(-1) + t(1) \right] dt$$

$$= \int_0^1 \left[2t^3 + 1 \right] dt = \frac{3}{2}$$ ∎

線積分有時候也可以以向量的運算方式來表示。由於向量場定義為：

$$\mathbf{F}(x, y, z) = f(x, y, z)\,\mathbf{i} + g(x, y, z)\,\mathbf{j} + h(x, y, z)\,\mathbf{k}$$

曲線 C 的參數方程式為：

$$\mathbf{r}(t) = x(t)\,\mathbf{i} + y(t)\,\mathbf{j} + z(t)\,\mathbf{k}$$

取微分可得：

$$d\mathbf{r}(t) = dx\,\mathbf{i} + dy\,\mathbf{j} + dz\,\mathbf{k}$$

若取向量點積，則：

$$\mathbf{F} \cdot d\mathbf{r} = f(x, y, z)dx + g(x, y, z)dy + h(x, y, z)dz$$

根據**線積分**定義，即可得：

$$\int_C f(x, y, z)dx + g(x, y, z)dy + h(x, y, z)dz = \int_C \mathbf{F} \cdot d\mathbf{r}$$

為線積分的向量表示法。

考慮向量場 $\mathbf{F}$ 中，某粒子是沿著曲線 C 運動，其參數方程式為 $\mathbf{r}(t)$，則線積分 $\int_C \mathbf{F} \cdot d\mathbf{r}$ 即是粒子從 a 點至 b 點所作的**功**(Work)。

範例

給定向量場 $\mathbf{F}(x, y) = y\,\mathbf{i} - x\,\mathbf{j}$，某粒子沿著曲線 C 運動，其

參數方程式為 $\mathbf{r}(t) = \cos(t)\,\mathbf{i} + \sin(t)\,\mathbf{j},\ 0 \leq t \leq \pi$

求粒子所作的**功**(Work)

解　向量場為 $\mathbf{F}(x, y) = y\,\mathbf{i} - x\,\mathbf{j}$

已知曲線 C 為：

$$\mathbf{r}(t) = \cos(t)\,\mathbf{i} + \sin(t)\,\mathbf{j}$$

取微分可得：

$$d\mathbf{r} = -\sin(t)dt\,\mathbf{i} + \cos(t)dt\,\mathbf{j}$$

則線積分為：

$$\int_C y\,dx - x\,dy = \int_C \mathbf{F} \cdot d\mathbf{r}$$
$$= \int_0^\pi \left[\sin(t)(-\sin(t)) - \cos(t)(\cos(t)) \right] dt$$
$$= -\int_0^\pi dt = -\pi$$

　　在此是採用向量運算的方法，結果與前例相同。如圖 11-23，向量場是呈順時針方向旋轉，而粒子沿著半圓呈逆時針運動，因此所作的**功**為**負值**。

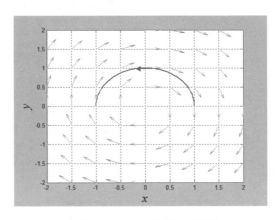

▲圖 **11-23**　線積分與功

11.7 ▶ 保守向量場與路徑獨立

定義 11.21　保守向量場

　　若向量場 $\mathbf{F}(x, y, z) = f(x, y, z)\,\mathbf{i} + g(x, y, z)\,\mathbf{j} + h(x, y, z)\,\mathbf{k}$ 為某純量場 $\varphi(x, y, z)$ 的梯度，即 $\mathbf{F} = \nabla\varphi$，則向量場稱為**保守向量場**(Conservative Vector Field)。

　　換言之，若向量場為保守向量場，則可求得對應的純量場 $\varphi(x, y, z)$。以下分別介紹二維向量場與三維空間向量場是否為保守場的檢驗法。

定理 11.3　保守向量場檢驗法

二維空間向量場 $\mathbf{F}(x, y) = f(x, y)\,\mathbf{i} + g(x, y)\,\mathbf{j}$ 為**保守向量場**若且唯若

$$\frac{\partial g}{\partial x} = \frac{\partial f}{\partial y}$$

範 例

判斷下列向量場是否為**保守向量場**：
(a) $\mathbf{F}(x, y) = x\,\mathbf{i} + y\,\mathbf{j}$　　(b) $\mathbf{F}(x, y) = y\,\mathbf{i} - x\,\mathbf{j}$

解　根據定理：

(a)　$\dfrac{\partial g}{\partial x} = \dfrac{\partial}{\partial x}(y) = 0$，$\dfrac{\partial f}{\partial y} = \dfrac{\partial}{\partial y}(x) = 0$　$\Rightarrow$　$\dfrac{\partial g}{\partial x} = \dfrac{\partial f}{\partial y}$

　　　　$\therefore$　$\mathbf{F}(x, y) = x\,\mathbf{i} + y\,\mathbf{j}$　是保守向量場

(b)　$\dfrac{\partial g}{\partial x} = \dfrac{\partial}{\partial x}(-x) = -1$，$\dfrac{\partial f}{\partial y} = \dfrac{\partial}{\partial y}(y) = 1$　$\Rightarrow$　$\dfrac{\partial g}{\partial x} \neq \dfrac{\partial f}{\partial y}$

　　　　$\therefore$　$\mathbf{F}(x, y) = y\,\mathbf{i} - x\,\mathbf{j}$　不是保守向量場　　■

定理 11.4　保守向量場檢驗法

三維空間向量場 $\mathbf{F}(x, y, z) = f(x, y, z)\,\mathbf{i} + g(x, y, z)\,\mathbf{j} + h(x, y, z)\,\mathbf{k}$ 為**保守向量場**若且唯若：

$$\nabla \times \mathbf{F} = \begin{vmatrix} \mathbf{i} & \mathbf{j} & \mathbf{k} \\ \dfrac{\partial}{\partial x} & \dfrac{\partial}{\partial y} & \dfrac{\partial}{\partial z} \\ f & g & h \end{vmatrix} = \mathbf{0}$$

　　因此，向量場的旋度為零向量時，則向量場為保守場。

範 例

判斷下列向量場是否為**保守向量場**：

$$\mathbf{F}(x, y) = x\,\mathbf{i} + y\,\mathbf{j} + z\,\mathbf{k}$$

解 　根據定理：

$$\nabla \times \mathbf{F} = \begin{vmatrix} \mathbf{i} & \mathbf{j} & \mathbf{k} \\ \dfrac{\partial}{\partial x} & \dfrac{\partial}{\partial y} & \dfrac{\partial}{\partial z} \\ x & y & z \end{vmatrix}$$

$$= \begin{vmatrix} \dfrac{\partial}{\partial y} & \dfrac{\partial}{\partial z} \\ y & z \end{vmatrix}\mathbf{i} - \begin{vmatrix} \dfrac{\partial}{\partial x} & \dfrac{\partial}{\partial z} \\ x & z \end{vmatrix}\mathbf{j} + \begin{vmatrix} \dfrac{\partial}{\partial x} & \dfrac{\partial}{\partial y} \\ x & y \end{vmatrix}\mathbf{k} = \mathbf{0}$$

$$\therefore \qquad \mathbf{F}(x, y) = x\,\mathbf{i} + y\,\mathbf{j} + z\,\mathbf{k} \text{ 是保守向量場} \qquad\blacksquare$$

定理 **11.5　路徑獨立定理**

若向量場 $\mathbf{F}(x, y) = f(x, y)\,\mathbf{i} + g(x, y)\,\mathbf{j}$ 為**保守向量場**，曲線 C 的參數方程式為 $\mathbf{r}(t)$，$a \le t \le b$。假設 P_0 為起點、P_1 為終點，則：

$$\int_C \mathbf{F} \cdot d\mathbf{r} = \varphi(P_1) - \varphi(P_0)$$

其中 $\varphi(x, y)$ 為對應的純量場（$\mathbf{F} = \nabla\varphi$）[13]。

　　如圖 11-24，假設向量場 $\mathbf{F}(x, y) = f(x, y)\,\mathbf{i} + g(x, y)\,\mathbf{j}$ 為**保守向量場**，粒子於向量場中沿著曲線 C 運動，P_0 為起點、P_1 為終點，則**線積分**即是其間的**位能差**，且與路徑無關。因此，無論粒子是採取哪個路徑，只要起點與終點相同，則線積分的結果相同。須注意向量場若不為保守場，則不滿足位能差的性質。

---

[13]　回顧微積分，本定理其實與萊布尼茲**基本定理**(Fundamental Theorem)Part II，即 $\int_a^b f(x)dx = F(b) - F(a)$ 的型態相似。因此，也常稱為**向量微積分**的**基本定理**。

　　此外，若向量場為**保守向量場**且曲線為**封閉曲線**，起點與終點相同，則線積分為 $\oint_C \mathbf{F} \cdot d\mathbf{r} = 0$，與經過路徑無關。

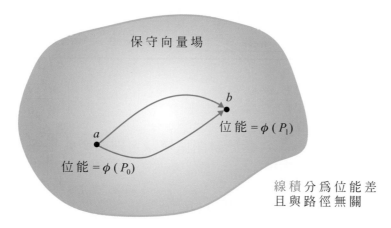

▲ **圖 11-24**　路徑獨立定理示意圖

範 例

給定向量場 $\mathbf{F}(x, y) = \sin(y)\,\mathbf{i} + x\cos(y)\,\mathbf{j}$，試回答下列問題：

(a) 判斷向量場是否為**保守向量場**？

(b) 求**位能函數** $\varphi(x, y)$

(c) 若粒子於曲線 C 上運動，起點為 $(1, 0)$、終點為 $(2, \pi/2)$，

求**線積分** $\displaystyle\int_C \mathbf{F} \cdot d\mathbf{r}$

解　(a)　$\dfrac{\partial g}{\partial x} = \dfrac{\partial}{\partial x}(x\cos(y)) = \cos(y)$，$\dfrac{\partial f}{\partial y} = \dfrac{\partial}{\partial y}(\sin(y)) = \cos(y)$

$\Rightarrow \dfrac{\partial g}{\partial x} = \dfrac{\partial f}{\partial y}$

$\therefore \mathbf{F}(x, y) = \sin(y)\,\mathbf{i} + x\cos(y)\,\mathbf{j}$ 是**保守向量場**

(b)　$\dfrac{\partial \varphi}{\partial x} = \sin(y) \Rightarrow \varphi(x, y) = x\sin(y) + g(y)$

$\dfrac{\partial \varphi}{\partial y} = x\cos(y) \Rightarrow \varphi(x, y) = x\sin(y) + h(x)$

$\therefore$ 位能函數為 $\varphi(x, y) = x\sin(y) + c$

(c) 根據定理

$$\int_C \mathbf{F} \cdot d\mathbf{r} = \varphi(P_1) - \varphi(P_0) = \varphi(2, \pi/2) - \varphi(1, 0) = 2$$

■

11.8 ▶ 雙重積分

定義 11.22 雙重積分

若函數 f 為雙變數函數且定義於封閉區域 R，則函數的**雙重積分**(Double Integral)可以定義為：

$$\iint_R f(x, y)\, dA$$

雙重積分是對雙變數函數 $f(x, y)$ 求積分，為廣義的定積分。雙重積分可以用來求曲面下柱體的**體積**(Volume)，如圖 11-25[14]。在此，我們是假設函數 $f(x, y)$ 為連續函數，形成一個平滑曲面，且其在 xy 平面上對應的區域 R 為封閉區域。

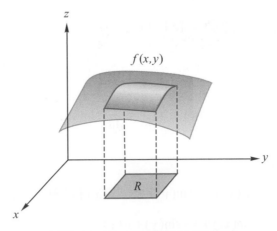

▲圖 11-25 雙重積分示意圖

---

[14] 回顧微積分，定積分 $\int_a^b f(x)dx$ 可以用來求曲線下的面積。雙重積分為廣義的定積分，自然是用來求曲面下柱體的體積。

多重積分(Multiple Integrals)是雙重積分的延伸，在觀念上非常相似，例如：三重積分(Triple Integrals)是對函數 $f(x,y,z)$ 求積分，可以定義為：

$$\iiint\limits_{D} f(x,y,z)\, dV$$

其中 D 為三維空間的封閉區域。

Fubini 定理(Fubini's Theorem)是由義大利數學家 Guido Fubini 所提出，是與雙重積分相關的重要定理。在此先討論較為簡單的情況，亦即封閉區域 R 為矩形區域，其範圍為 $a \le x \le b, c \le y \le d$。Fubini 定理主要是利用逐次積分的方式求雙重積分。

定理 11.6　Fubini 定理

設函數 $f(x,y)$ 於封閉區域 R：$a \le x \le b, c \le y \le d$ 內為連續函數，則：

$$\iint\limits_{R} f(x,y)\, dA = \int_c^d \int_a^b f(x,y)\, dxdy = \int_a^b \int_c^d f(x,y)\, dydx$$

範例

設區域 R 為矩形封閉區域 $0 \le x \le 1, 0 \le y \le 2$，求雙重積分：

$$\iint\limits_{R} (x+y)\, dA$$

解　雙重積分可分成下列兩種方式積分：

先對 x 積分

$$\iint\limits_{R} (x+y)\, dA = \int_0^2 \int_0^1 (x+y)\, dx\, dy$$

$$= \int_0^2 \left[\frac{1}{2}x^2 + xy\right]_0^1 dy = \int_0^2 \left(\frac{1}{2}+y\right) dy$$

$$= \left[\frac{1}{2}y + \frac{1}{2}y^2\right]_0^2 = 3$$

先對 y 積分

$$\iint\limits_{R}(x+y)\,dA=\int_0^1\int_0^2(x+y)\,dy\,dx$$

$$=\int_0^1\left[xy+\frac{1}{2}y^2\right]_0^2 dx=\int_0^1(2x+2)\,dx$$

$$=\left[x^2+2x\right]_0^1=3 \qquad\blacksquare$$

上述範例中，求得的雙重積分表示平面 $z=x+y$ 與矩形封閉區域 R 所構成的柱體體積，其值為 3。可以發現即使交換積分的次序，雙重積分的結果相同。

封閉區域 R 並不一定受限於矩形區域，也可能是較為複雜的情況。此時，則須使用下列適用性較強的 Fubini 定理，主要是跟據封閉區域 R 的型態決定積分的順序，以便求雙重積分。

定理 11.7 Fubini 定理(廣義)

設函數 $f(x,y)$ 於封閉區域 R 中為連續函數(如圖 11-26)，則：

型態 I $\qquad \iint\limits_{R}f(x,y)\,dA=\int_a^b\int_{g_1(x)}^{g_2(x)}f(x,y)\,dy\,dx$

型態 II $\qquad \iint\limits_{R}f(x,y)\,dA=\int_a^b\int_{h_1(y)}^{h_2(y)}f(x,y)\,dx\,dy$

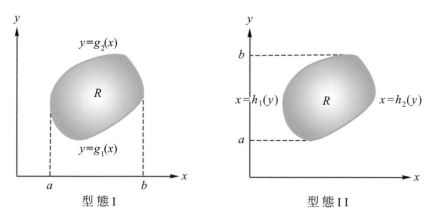

型態 I   型態 II

▲圖 11-26 封閉區域 R

範 例

若區域 R 為 $y = x^2$、$y = 0$ 與 $x = 1$ 所圍成的封閉區域，求雙重積分

$$\iint\limits_R xy\, dA$$

解 雙重積分可分成兩種型態：

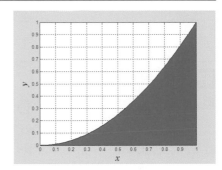

型態 I

$$\int_0^1 \int_0^{x^2} xy\, dy\, dx = \int_0^1 \left[\frac{1}{2} xy^2 \right]_0^{x^2} dx$$

$$= \frac{1}{2} \int_0^1 x^5 dx = \frac{1}{2} \cdot \left[\frac{1}{6} x^6 \right]_0^1 = \frac{1}{12}$$

型態 II

$$\int_0^1 \int_{\sqrt{y}}^1 xy\, dx\, dy = \int_0^1 \left[\frac{1}{2} x^2 y \right]_{\sqrt{y}}^1 dy$$

$$= \frac{1}{2} \int_0^1 (y - y^2) dy = \frac{1}{2} \cdot \left[\frac{1}{2} y^2 - \frac{1}{3} y^3 \right]_0^1 = \frac{1}{12}$$ ∎

雖然積分時自變數 x、y 的先後次序不同，但**雙重積分** $\iint\limits_R xy\, dA$ 代表封閉區域 R 在函數 $f(x, y)$ 曲面下的體積，結果當然相同。

求雙重積分時，有些封閉區域 R 的 x、y 座標的表示法並不能直接求解。相對而言，若改用 r、θ 極座標的表示法，則可能會變得比較方便。如圖 11-27，封閉區域 R 是 $r = g_1(\theta) \sim g_2(\theta)$、$\theta = \theta_1 \sim \theta_2$ 所圍成；在這樣的情況下，雙重積分可以使用極座標的方式求解，公式如下：

$$\iint\limits_R f(x, y)\, dA = \int_{\theta_1}^{\theta_2} \int_{g_1(\theta)}^{g_2(\theta)} f(r\cos\theta, r\sin\theta)\, r\, dr\, d\theta$$

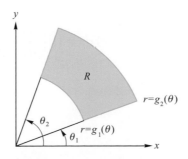

▲圖 **11-27** 封閉區域 R

範例

若區域 R 為 $r = 1$、$r = 2$、$x = 0$、$y = 0$
所圍成的扇形封閉區域(如圖)，求
雙重積分：

$$\iint_R (x^2 + y^2)\, dA$$

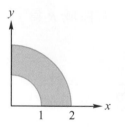

解　採用極座標表示法：

$$\iint_R (x^2 + y^2)\, dA = \int_0^{\pi/2} \int_1^2 \left((r\cos\theta)^2 + (r\sin\theta)^2 \right) r\, dr\, d\theta$$

$$= \int_0^{\pi/2} \int_1^2 r^3\, dr\, d\theta = \int_0^{\pi/2} \left[\frac{1}{4} r^4 \right]_1^2 d\theta$$

$$= \frac{15}{4} \int_0^{\pi/2} d\theta = \frac{15}{8}\pi$$

11.9 ▶ Green 定理

Green 定理(Green's Theorem)是由 George Green 所提出，其主要的貢獻為**位能定理**(Potential Theory)，包含：**位能函數**(Potential Functions)、**電位能**(Electric Potentials)等。Green 定理主要應用於二維空間中，廣義的定理稱為 **Stokes 定理** (Stokes' Theorem)。

定理 11.8　Green 定理

設 C 為平面上正方向之簡單封閉曲線，且 D 為曲線 C 圍成的封閉區域。
設 f、g、$\partial f / \partial y$、$\partial g / \partial x$ 於區域 D 均為連續，則：

$$\oint_C f(x, y)\, dx + g(x, y)\, dy = \iint_D \left(\frac{\partial g}{\partial x} - \frac{\partial f}{\partial y} \right) dA$$

　　Green 定理描述曲線 C 的**線積分**與區域 D 的**雙重積分**之間的關係，其中 D 是以 C 為邊界所圍成的封閉區域，如圖 11-28。積分符號 $\oint_C$ 是指線積分所牽涉的曲線 C 為**簡單封閉**(Simple Closed)，且為**正方向**(Positively Oriented)的平滑曲線。

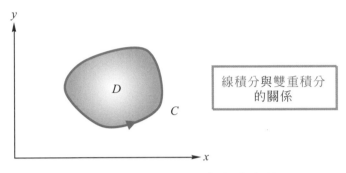

▲圖 **11-28**　Green 定理示意圖

範例

若曲線 C 的參數方程式為　$x = \cos(t),\, y(t) = \sin(t),\, 0 \le t \le 2\pi$ ，

試使用 **Green** 定理求線積分　$\oint_C y\,dx - x\,dy$

解　觀察曲線 C 的參數方程式，可知曲線 C 為半徑為 1 的圓。

使用 Green 定理：

$$\oint_C f(x,y)dx + g(x,y)dy = \iint_D \left(\frac{\partial g}{\partial x} - \frac{\partial f}{\partial y} \right) dA$$

因此

$$\oint_C y\,dx - x\,dy = \iint_D \left(\frac{\partial}{\partial x}(-x) - \frac{\partial}{\partial y}(y) \right) dA = \iint_D (-2)\, dA = -2 \times (\text{圓面積}) = -2\pi \qquad ■$$

　　雖然本範例也可以使用前述方法求線積分，但是 Green 定理是較為簡潔的方法。原則上，若曲線為**簡單封閉曲線**，且圍成的區域 D 為簡單的幾何區域，則應使用 Green 定理求線積分。此外，也適合用來求粒子在向量場中沿著封閉曲線運動所作的功 $\int_C \mathbf{F} \cdot d\mathbf{r}$。

11.10 ▶ 面積分

如圖 11-29，若函數 $f(x,y,z)=0$ 定義於三維空間，S 為該函數在某範圍內包含的曲面。在此，假設曲面為一平滑曲面(即 ∇f 為連續函數)。曲面 S 在 xy 平面的投影(陰影)形成一個封閉區域 R。

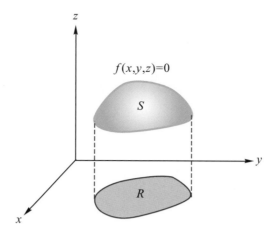

▲圖 11-29　曲面 S 與封閉區域 R

在討論線積分時，所牽涉的曲線具有方向性(正方向與負方向)；同理，在討論面積分時，所牽涉的曲面也具有方向性。如圖 11-30，曲面可以分成**方向向上**(Upward Orientation)與**方向向下**(Downward Orientation)兩種。若曲面為球體或圓柱體等，則是分成**方向向外**或**方向向內**兩種曲面。

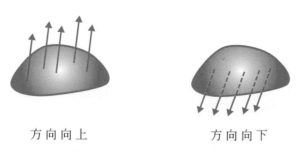

方向向上　　　　　方向向下

▲圖 11-30　曲面 S 的方向性

若平滑曲面的函數可以表示成 $f(x,y,z)=0$，則曲面的單位法向量為：

$$\mathbf{n} = \frac{\nabla f}{\parallel \nabla f \parallel}$$

其中，∇f 為函數 f 的梯度。

　　假設三維空間的函數定義為雙變數函數 $z = g(x, y)$，其在 xy 平面的投影形成封閉區域 R，則**曲面面積**(Surface Area)可以利用下列定義計算之。

定義 11.23　**曲面面積**

設函數 $z = g(x, y)$ 於封閉區域 R 內為平滑曲面 S(一階偏微分 $\partial g / \partial x, \partial g / \partial y$ 均為連續函數)，則**曲面面積**(Surface Area)為：

$$\iint\limits_R \sqrt{1 + \left(\frac{\partial g}{\partial x}\right)^2 + \left(\frac{\partial g}{\partial y}\right)^2}\, dA$$

　　換言之，三維空間中的**曲面面積**可以根據投影的封閉區域 R 取其**雙重積分**計算而得。封閉區域可能是簡單的矩形區域，也可能是型態 I 或 II 等較為複雜的區域。

範例

　　若 S 為 $z = x^2 + y^2$ 於 $0 \le z \le 4$ 形成的拋物面，求**曲面面積**

解　根據定義：

$g(x, y) = x^2 + y^2$

$\dfrac{\partial g}{\partial x} = 2x, \dfrac{\partial g}{\partial x} = 2y$

$\displaystyle\iint\limits_R \sqrt{1 + \left(\frac{\partial g}{\partial x}\right)^2 + \left(\frac{\partial g}{\partial y}\right)^2}\, dA$

$\displaystyle = \iint\limits_R \sqrt{1 + 4x^2 + 4y^2}\, dA \quad (R:\ x^2 + y^2 \le 4 \ \text{半徑為 2 的圓})$

$\displaystyle = \int_0^{2\pi} \int_0^2 \sqrt{1 + 4r^2}\, r\,dr\,d\theta$

$\displaystyle = \int_0^{2\pi} \left[\frac{1}{12}\left(1 + 4r^2\right)^{3/2}\right]_0^2 d\theta = \int_0^{2\pi} \frac{1}{12}\left(17^{3/2} - 1\right) d\theta$

$\displaystyle = \frac{\pi}{6}\left(17\sqrt{17} - 1\right)$　∎

範例

若 S 爲 $x^2 + y^2 + z^2 = 1$ 在 xy 平面上的半球曲面($z \geq 0$)，求**曲面面積**

解 根據定義：

$$g(x,y) = \sqrt{1 - x^2 - y^2}$$

$$\frac{\partial g}{\partial x} = \frac{-x}{\sqrt{1 - x^2 - y^2}}, \frac{\partial g}{\partial y} = \frac{-y}{\sqrt{1 - x^2 - y^2}}$$

$$\iint_R \sqrt{1 + \left(\frac{\partial g}{\partial x}\right)^2 + \left(\frac{\partial g}{\partial y}\right)^2}\, dA$$

$$= \iint_R \sqrt{1 + \frac{x^2}{1 - x^2 - y^2} + \frac{y^2}{1 - x^2 - y^2}}\, dA$$

$$= \iint_R \frac{1}{\sqrt{1 - x^2 - y^2}}\, dA \quad (R: \ x^2 + y^2 \leq 1 \ \text{半徑爲 1 的圓})$$

$$= \int_0^{2\pi} \int_0^1 \frac{1}{\sqrt{1 - r^2}}\, r\, dr\, d\theta$$

$$= \int_0^{2\pi} \left[-\sqrt{1 - r^2}\right]_0^1 d\theta$$

$$= 2\pi$$

■

回顧幾何學，半徑爲 r 的球面表面積爲 $A = 4\pi r^2$，以上範例爲半徑爲 1 的半球之球面面積，因此面積爲 2π，其結果相符。

定義 11.24 面積分

設函數 $f(x,y,z)$ 定義三維空間且包含曲面 S，則函數 f 對 S 的**面積分**
(Surface Integral)可以定義爲：

$$\iint_S f(x,y,z)\, dS$$

首先假設三維空間的函數可以定義為 $z = g(x, y)$，則**面積分**為：

$$\iint\limits_S f(x,y,z)\,dS = \iint\limits_R f(x,y,g(x,y))\sqrt{1+\left(\frac{\partial g}{\partial x}\right)^2+\left(\frac{\partial g}{\partial y}\right)^2}\;dA$$

在此，須特別注意的是，左式與右式雖然都包含兩個積分，但左式稱為面積分，右式則是標準的雙重積分(於 11.8 節已先介紹過)。

曲面 S 當然也可能投影在 xz 或 yz 平面形成封閉區域，則面積分分別為：

$$\iint\limits_S f(x,y,z)\,dS = \iint\limits_R f(x,g(x,z),z)\sqrt{1+\left(\frac{\partial g}{\partial x}\right)^2+\left(\frac{\partial g}{\partial z}\right)^2}\;dA$$

或

$$\iint\limits_S f(x,y,z)\,dS = \iint\limits_R f(g(y,z),y,z)\sqrt{1+\left(\frac{\partial g}{\partial y}\right)^2+\left(\frac{\partial g}{\partial z}\right)^2}\;dA$$

範例

若 S 為 $x+y+z=1$ 落在第一卦限($x, y, z \geq 0$)形成的平面，求**面積分**：

$$\iint\limits_S xy\,dS$$

解 如圖為 $x+y+z=1$ 落在第一卦限($x, y, z \geq 0$)形成的平面：

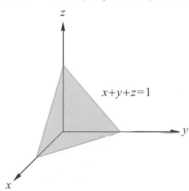

因此，平面也可以表示成 $z = g(x,y) = 1-x-y$。

面積分為：

$$\iint\limits_S xy \, dS = \iint\limits_R xy\sqrt{1+(-1)^2+(-1)^2} \ dA = \sqrt{3}\int_0^1\int_0^{1-y} xy \, dx \, dy$$

$$= \sqrt{3}\int_0^1\left[\frac{1}{2}x^2 y\right]_0^{1-y} dy = \sqrt{3}\int_0^1\left[\frac{1}{2}(1-y)^2 y\right] dy$$

$$= \sqrt{3}\int_0^1(\frac{1}{2}y - y^2 + \frac{1}{2}y^3) \, dy$$

$$= \sqrt{3}\left[\frac{1}{4}y^2 - \frac{1}{3}y^3 + \frac{1}{8}y^4\right]_0^1 = \frac{\sqrt{3}}{24}$$ ∎

定義 **11.25** **通量**

給定向量場 $\mathbf{F}(x, y, z) = f(x, y, z)\,\mathbf{i} + g(x, y, z)\,\mathbf{j} + h(x, y, z)\,\mathbf{k}$，若 S 為一平滑曲面，則通過曲面的**通量**(Flux)可以定義為：

$$flux = \iint\limits_S (\mathbf{F}\cdot\mathbf{n}) \, dS$$

其中 $\mathbf{n}$ 是與 S 垂直的單位法向量。

顧名思義，**通量**(Flux)即是通過量的意思，是物理學的概念，其結果為純量，如圖 11-31。電磁學中，通量是指通過曲面 S 的電場強度；流體力學中，通量則是指在單位時間內通過曲面 S 的總體積。

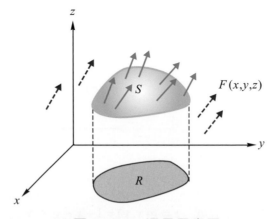

▲圖 **11-31** 通量示意圖

範例

給定向量場 $\mathbf{F}(x, y, z) = x\,\mathbf{i} + y\,\mathbf{j}$，若 S 爲平面 $x + y + z = 1$ 在第一卦限 $(x, y, z \geq 0)$ 形成的曲面，求**通量**(Flux)：

$$\iint_S (\mathbf{F} \cdot \mathbf{n})\, dS$$

解 先求 S 的單位法向量：

$$\mathbf{n} = \frac{1}{\sqrt{3}}(\mathbf{i} + \mathbf{j} + \mathbf{k})$$

則 $\mathbf{F} \cdot \mathbf{n} = \frac{1}{\sqrt{3}}(x + y)$

則**通量**爲：

$$flux = \iint_S (\mathbf{F} \cdot \mathbf{n})\, dS = \frac{1}{\sqrt{3}} \iint_S (x + y)\, dS$$

曲面 S 的函數表示爲 $z = 1 - x - y$，且 R 爲 S 在 xy 半面上投影的封閉區域，則：

$$flux = \frac{1}{\sqrt{3}} \iint_S (x + y)\, dS = \frac{1}{\sqrt{3}} \iint_R (x + y)\sqrt{1 + (-1)^2 + (-1)^2}\, dA$$

$$= \int_0^1 \int_0^{1-y} (x + y)\, dx\, dy$$

$$= \int_0^1 \left[\frac{1}{2}x^2 + xy \right]_0^{1-y} dy$$

$$= \int_0^1 \left(\frac{1}{2}(1-y)^2 + (1-y)y \right) dy$$

$$= \int_0^1 \left(\frac{1}{2} - \frac{1}{2}y^2 \right) dy = \frac{1}{3}$$ ∎

11.11 Stokes 定理

Stokes 定理(Stokes' Theorem)是由 Sir George Gabriel Stokes 所提出，主要的應用爲**電磁學**(Electromagnetism)、**流體力學**(Fluid Dynamics)等。Stokes 定理是廣義的 Green 定理，延伸應用於三維空間的向量場。

定理 11.9 Stokes 定理

設 S 為分段、具方向性之平滑曲面，且由分段平滑之簡單封閉曲線 C 所圍成。設 $\mathbf{F}(x, y, z) = f(x, y, z)\,\mathbf{i} + g(x, y, z)\,\mathbf{j} + h(x, y, z)\,\mathbf{k}$ 為向量場，其中函數 f、g、h 均為連續，若曲線 C 為正方向，則：

$$\oint_C \mathbf{F} \cdot d\mathbf{r} = \iint_S (\text{curl } \mathbf{F}) \cdot \mathbf{n}\, dS$$

其中 $\mathbf{n}$ 是與 S 垂直的單位法向量。

考慮二維空間的向量場 $\mathbf{F}(x, y) = f(x, y)\,\mathbf{i} + g(x, y)\,\mathbf{j}$，若取向量場的旋度，則：

$$\text{curl } \mathbf{F} = \nabla \times \mathbf{F} = \begin{vmatrix} \mathbf{i} & \mathbf{j} & \mathbf{k} \\ \dfrac{\partial}{\partial x} & \dfrac{\partial}{\partial y} & \dfrac{\partial}{\partial z} \\ f & g & 0 \end{vmatrix} = \left(\dfrac{\partial g}{\partial x} - \dfrac{\partial f}{\partial y} \right) \mathbf{k}$$

因此，Green's 定理也可以表示成向量運算型態：

$$\oint_C \mathbf{F} \cdot d\mathbf{r} = \iint_S (\text{curl } \mathbf{F}) \cdot \mathbf{k}\, dS$$

範 例

給定向量場 $\mathbf{F}(x, y, z) = y\,\mathbf{i} - x\,\mathbf{j} + z\,\mathbf{k}$，設曲線 C 的參數方程式為 $\mathbf{r}(t) = \cos(t)\,\mathbf{i} + \sin(t)\,\mathbf{j} + \mathbf{k}, 0 \le t \le 2\pi$，$S$ 為其圍成的曲面，試驗證 Stokes 定理：

$$\oint_C \mathbf{F} \cdot d\mathbf{r} = \iint_S (\text{curl } \mathbf{F}) \cdot \mathbf{n}\, dS$$

解 $\oint_C \mathbf{F} \cdot d\mathbf{r} \Rightarrow$

$\mathbf{F}(x, y, z) = y\,\mathbf{i} - x\,\mathbf{j} + z\,\mathbf{k}$

$\mathbf{r}(t) = \cos(t)\,\mathbf{i} + \sin(t)\,\mathbf{j} + \mathbf{k}$

$d\mathbf{r} = -\sin(t)dt\,\mathbf{i} + \cos(t)dt\,\mathbf{j} + 0\,\mathbf{k}$

$\oint_C \mathbf{F} \cdot d\mathbf{r} = \int_0^{2\pi} \left[\sin(t)\,(-\sin(t)\,dt) - \cos(t)\,(\cos(t)\,dt) \right] = -\int_0^{2\pi} dt = -2\pi$

$$\iint\limits_{S}(\text{curl } \mathbf{F})\cdot \mathbf{n}\, dS \quad \Rightarrow$$

$$\text{curl } \mathbf{F} = \nabla \times \mathbf{F} = \begin{vmatrix} \mathbf{i} & \mathbf{j} & \mathbf{k} \\ \dfrac{\partial}{\partial x} & \dfrac{\partial}{\partial y} & \dfrac{\partial}{\partial z} \\ y & -x & z \end{vmatrix} = -2\,\mathbf{k}$$

曲線 C 所圍成的曲面 S 即是落在平面 $z = 1$ 且半徑為 1 的圓

單位法向量為 $\mathbf{n} = \mathbf{k}$

$$\iint\limits_{S}(\text{curl } \mathbf{F})\cdot \mathbf{n}\, dS = \iint\limits_{S}(-2\mathbf{k})\cdot \mathbf{k}\, dS = -\iint\limits_{S} 2\, dS = -2 \cdot (\text{圓面積}) = -2\pi$$

$$\therefore \quad \oint_{C} \mathbf{F}\cdot d\mathbf{r} = \iint\limits_{S}(\text{curl } \mathbf{F})\cdot \mathbf{n}\, dS \qquad\qquad 得證 ■$$

11.12 ▶ Gauss 散度定理

Gauss 散度定理(Gauss Divergence Theorem)又簡稱**發散定理**(Divergence Theorem)，主要用來描述通過曲面的通量與其在曲面內向量場的關係。

定理 11.10　Gauss 散度定理

設 D 為三維空間中的封閉區域，且由分段平滑、方向向外之曲面 S 所圍成。設 $\mathbf{F}(x,y,z) = f(x,y,z)\,\mathbf{i} + g(x,y,z)\,\mathbf{j} + h(x,y,z)\,\mathbf{k}$ 為向量場，其中函數 f、g、h 均為連續，則：

$$\iint\limits_{S} \mathbf{F}\cdot \mathbf{n}\, dS = \iiint\limits_{D} \text{div } \mathbf{F}\, dV$$

　　觀念上，假設現有三維空間的向量場，空間中有一個封閉區域 D，其邊界是由平滑曲面 S 所圍成，且 $\mathbf{n}$ 為曲面 S 方向向外的單位法向量，如圖 11-32。**Gauss 散度定理**可以敘述為：

　　向量場 F 在曲面 S 的通量 ＝ 向量場 F 的散度對區域 D 的三重積分

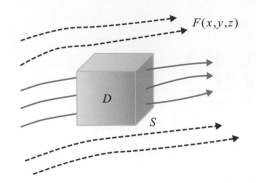

▲圖 **11-32**　Gauss 散度定理示意圖

範例

給定向量場 $\mathbf{F}(x,y,z) = x\,\mathbf{i} + y\,\mathbf{j} + z\,\mathbf{k}$，設 D 為封閉區域，是以半球面 $x^2 + y^2 + z^2 = 1, z \geq 0$ 與平面 $z = 0$ 所圍成，試驗證 Gauss 散度定理：

$$\iint_S \mathbf{F} \cdot \mathbf{n} \, dS = \iiint_D \operatorname{div} \mathbf{F} \, dV$$

解　$\displaystyle\iint_S \mathbf{F} \cdot \mathbf{n} \, dS$　$\Rightarrow$　分成兩部分

(i) 半球面：$f(x,y,z) = x^2 + y^2 + z^2 - 1$

$$\mathbf{n} = \frac{\nabla f}{\| \nabla f \|} = \frac{1}{\sqrt{x^2 + y^2 + z^2}}(x\,\mathbf{i} + y\,\mathbf{j} + z\,\mathbf{k})$$

$$\mathbf{F} \cdot \mathbf{n} = \sqrt{x^2 + y^2 + z^2} = 1$$

半球面可以表示為　$z = \sqrt{1 - x^2 - y^2}$

$$\iint_{S_1} \mathbf{F} \cdot \mathbf{n} \, dS = \iint_R \sqrt{1 + \left(\frac{-x}{\sqrt{1 - x^2 - y^2}}\right)^2 + \left(\frac{-y}{\sqrt{1 - x^2 - y^2}}\right)^2} \, dA$$

$$= \int_0^{2\pi} \int_0^1 \frac{1}{\sqrt{1 - r^2}} \, r dr d\theta = \int_0^{2\pi} \left[-\sqrt{1 - r^2} \right]_0^1 d\theta = 2\pi$$

(ii) 平面：

$$\mathbf{n} = -\mathbf{k}$$

$$\mathbf{F} \cdot \mathbf{n} = -z = 0 \quad (\because z = 0)$$

$$\iint_{S_2} \mathbf{F} \cdot \mathbf{n} \, dS = 0$$

綜合 (i) 與 (ii)：　$\displaystyle\iint_S \mathbf{F} \cdot \mathbf{n} \, dS = \iint_{S_1} \mathbf{F} \cdot \mathbf{n} \, dS + \iint_{S_2} \mathbf{F} \cdot \mathbf{n} \, dS = 2\pi$

$$\iiint_D \text{div } \mathbf{F} \, dV \quad \Rightarrow$$

$$\text{div } \mathbf{F} = 3$$

$$\iiint_D \text{div } \mathbf{F} \, dV = 3 \iiint_D dV = 3 \cdot (\text{半球體積}) = 2\pi$$

$$\therefore \quad \iint_S \mathbf{F} \cdot \mathbf{n} \, dS = \iiint_D \text{div } \mathbf{F} \, dV \qquad\qquad 得證 ■$$

　　一般而言，若已知 D 為封閉區域，求通量時可以適時利用 **Gauss 散度定理**。換言之，通常不是使用面積分，而是使用散度的三重積分求通量，過程會較為簡潔。

┤範│例├

　　給定向量場　$\mathbf{F}(x, y, z) = xy \, \mathbf{i} + yz \, \mathbf{j} + xz \, \mathbf{k}$，設 D 為單位立方體，兩個角落分別為 $(0, 0, 0)$ 與 $(1, 1, 1)$，試利用 **Gauss 散度定理**求**通量**(Flux)：

$$\iint_S \mathbf{F} \cdot \mathbf{n} \, dS = \iiint_D \text{div } \mathbf{F} \, dV$$

解　在此我們不使用面積分，而是採用下列方法：

$$\text{div } \mathbf{F} = \frac{\partial}{\partial x}(xy) + \frac{\partial}{\partial y}(yz) + \frac{\partial}{\partial z}(xz) = x + y + z$$

$$\iiint_D \text{div } \mathbf{F} \, dV = \int_0^1 \int_0^1 \int_0^1 (x + y + z) \, dx \, dy \, dz$$

$$= \int_0^1 \int_0^1 \left[\frac{1}{2} x^2 + xy + xz \right]_0^1 dy \, dz$$

$$= \int_0^1 \int_0^1 (\frac{1}{2} + y + z) \, dy \, dz$$

$$= \int_0^1 \left[\frac{1}{2} y + \frac{1}{2} y^2 + yz \right]_0^1 dz$$

$$= \int_0^1 (1 + z) \, dz = \left[z + \frac{1}{2} z^2 \right]_0^1$$

$$= \frac{3}{2} \qquad\qquad\qquad ■$$

練習十一

一、向量函數

1. 試定義**向量函數**。

2. 試使用人工的方式繪製下列向量函數：

    (a) $\mathbf{F}(t) = (2-t)\,\mathbf{i} + t\,\mathbf{j} + (1+t)\,\mathbf{k}$

    (b) $\mathbf{F}(t) = \cos(t)\,\mathbf{i} + \sin(t)\,\mathbf{j} + 2\,\mathbf{k}$

    (c) $\mathbf{F}(t) = 2\cos(t)\,\mathbf{i} + \sin(t)\,\mathbf{j} + \mathbf{k}$

    (d) $\mathbf{F}(t) = 2\cos(t)\,\mathbf{i} + 2\sin(t)\,\mathbf{j} + t\,\mathbf{k}$

3. 試使用電腦輔助軟體繪製下列向量函數：

    (a) $\mathbf{F}(t) = t^2\,\mathbf{i} + t\,\mathbf{j} + (1-t)\,\mathbf{k}$

    (b) $\mathbf{F}(t) = \cos(t)\,\mathbf{i} + \sin(t)\,\mathbf{j} + t\,\mathbf{k}$

    (c) $\mathbf{F}(t) = t\cos(t)\,\mathbf{i} + t\sin(t)\,\mathbf{j} + t\,\mathbf{k}$

    (d) $\mathbf{F}(t) = 4\,\mathbf{i} + t\,\mathbf{j} + \sin(t)\,\mathbf{k}$

4. 若某三維空間的向量函數為通過(1, −1, 1)與(3, 4, −2)的直線，求該向量函數。

5. 若某三維空間的向量函數為圓柱體 $x^2 + y^2 = 4$ 與平面 $x + z = 1$ 交集所產生的曲線，求該向量函數。

6. 若某三維空間的向量函數為**拋物面**(Paraboloid) $z = 9 - x^2 - y^2$ 與平面 $y = 2x$ 交集所產生的曲線，求該向量函數。

7. 試設計一向量函數，使粒子沿著曲線運動(如圖)，可以用來模擬**龍捲風**[15]。

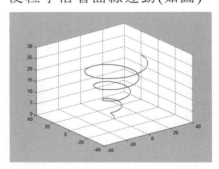

---

[15] 您或許看過一部好萊塢電影「**龍捲風**」(Twister)，電影中有個經典的橋段，有一隻牛被龍捲風捲起在空中旋轉。當然，若要決定這隻牛的飛行路徑藉以完成這個特效，您必須學好**向量分析**！

8. 求下列向量函數的**導函數**(或**微分**)：
  (a) $\mathbf{F}(t) = t\,\mathbf{i} + (1-2t)\,\mathbf{j} + (4+3t)\,\mathbf{k}$
  (b) $\mathbf{F}(t) = t^2\,\mathbf{i} + (1-t)\,\mathbf{j} + 2t\,\mathbf{k}$
  (c) $\mathbf{F}(t) = \cos(t)\,\mathbf{i} + \sin(t)\,\mathbf{j} + 2\,\mathbf{k}$
  (d) $\mathbf{F}(t) = t\cos(t)\,\mathbf{i} + t\sin(t)\,\mathbf{j} + t\,\mathbf{k}$

9. 給定下列向量函數，求其在 t 值的**正切向量**(Tangent Vector)：
  (a) $\mathbf{F}(t) = t^2\,\mathbf{i} - t\,\mathbf{j} + (1-3t)\,\mathbf{k},\ t=1$
  (b) $\mathbf{F}(t) = 4\cos(t)\,\mathbf{i} + \sin(t)\,\mathbf{j} + \mathbf{k},\ t=\pi$
  (c) $\mathbf{F}(t) = \cos(t)\,\mathbf{i} + \sin(t)\,\mathbf{j} + t\,\mathbf{k},\ t=\pi$
  (d) $\mathbf{F}(t) = 2\cos(t)\,\mathbf{i} + 2\sin(t)\,\mathbf{j} + t^2\,\mathbf{k},\ t=\pi/2$

10. 求下列向量函數的**積分**：
  (a) $\mathbf{F}(t) = t\,\mathbf{i} - \mathbf{j} + 3t^2\,\mathbf{k}$
  (b) $\mathbf{F}(t) = \cos(t)\,\mathbf{i} + \sin(t)\,\mathbf{j} + 2\,\mathbf{k}$
  (c) $\mathbf{F}(t) = e^t\,\mathbf{i} + \cos(2t)\,\mathbf{j} + te^{-t}\,\mathbf{k}$

11. 給定下列向量函數與 t 的範圍，求曲線的**弧長**：
  (a) $\mathbf{F}(t) = (1+3t)\,\mathbf{i} + (2-4t)\,\mathbf{j} + 5\,\mathbf{k},\ t=0\sim 1$
  (b) $\mathbf{F}(t) = \cos(t)\,\mathbf{i} + \sin(t)\,\mathbf{j} + \mathbf{k},\ t=0\sim 2\pi$
  (c) $\mathbf{F}(t) = 4\cos(t)\,\mathbf{i} + 4\sin(t)\,\mathbf{j} + t\,\mathbf{k},\ t=0\sim\pi$
  (d) $\mathbf{F}(t) = \cos(2t)\,\mathbf{i} + t\,\mathbf{j} + \sin(2t)\,\mathbf{k},\ t=0\sim\pi$

二、向量函數與粒子運動

12. 給定下列向量函數，表示粒子的位置向量，求粒子於時間 t 的**速度**、**速率**與**加速度**：
  (a) $\mathbf{F}(t) = (1+3t)\,\mathbf{i} + (2-4t)\,\mathbf{j} + \mathbf{k}$
  (b) $\mathbf{F}(t) = \cos(t)\,\mathbf{i} + \sin(t)\,\mathbf{j} + \mathbf{k}$
  (c) $\mathbf{F}(t) = \cos(2t)\,\mathbf{i} + t\,\mathbf{j} + \sin(2t)\,\mathbf{k}$

13. 給定下列向量函數，分別表示平滑曲線，求曲線的**曲率**：
  (a) $\mathbf{F}(t) = (1+3t)\,\mathbf{i} + (2-4t)\,\mathbf{j} + \mathbf{k}$
  (b) $\mathbf{F}(t) = \cos(t)\,\mathbf{i} + \sin(t)\,\mathbf{j} + \mathbf{k}$
  (c) $\mathbf{F}(t) = 4\cos(t)\,\mathbf{i} + \mathbf{j} + 4\sin(t)\,\mathbf{k}$
  (d) $\mathbf{F}(t) = 2\cos(t)\,\mathbf{i} + 2\sin(t)\,\mathbf{j} + 3t\,\mathbf{k}$

14. 給定下列向量函數，分別表示平滑曲線，某粒子沿著曲線運動，求該粒子加速度的**正切分量**與**法分量**：

    (a) $\mathbf{F}(t) = \cos(t)\,\mathbf{i} + \sin(t)\,\mathbf{j} + \mathbf{k}$

    (b) $\mathbf{F}(t) = 4\cos(t)\,\mathbf{i} + 4\sin(t)\,\mathbf{j} + 2\,\mathbf{k}$

    (c) $\mathbf{F}(t) = t^2\,\mathbf{i} + (t^2 - 1)\,\mathbf{j} + 2t^2\,\mathbf{k}$

    (d) $\mathbf{F}(t) = \mathbf{i} + t\,\mathbf{j} + t^2\,\mathbf{k}$

三、純量場與向量場

15. 試使用電腦輔助軟體繪製**純量場** $f(x, y) = 1 - x^2 - y^2$，其中 $-1 \leq x \cdot y \leq 1$，並與圖 11-8 比較。

16. 參考圖 11-8，試使用電腦輔助軟體繪製下列**純量場**：

    (a) $f(x, y) = xy$，$-1 \leq x \cdot y \leq 1$

    (b) $f(x, y) = \sin(xy)$，$-\pi \leq x \cdot y \leq \pi$

    (c) $f(x, y) = \sin(x^2 + y^2)$，$-\pi \leq x \cdot y \leq \pi$

    (d) $f(x, y) = \dfrac{10\cos(x^2 + y^2)}{\sqrt{1 + x^2 + y^2}}$，$-\pi \leq x \cdot y \leq \pi$

17. 試使用電腦輔助軟體繪製下列**向量場**，並與圖 11-11 比較：

    (a) $\mathbf{F}(x, y) = -x\,\mathbf{i} - y\,\mathbf{j}$

    (b) $\mathbf{F}(x, y) = y\,\mathbf{i} - x\,\mathbf{j}$

    (c) $\mathbf{F}(x, y) = (x + y)\,\mathbf{i} + (x - y)\,\mathbf{j}$

    (d) $\mathbf{F}(x, y) = \cos(y)\,\mathbf{i} + \sin(x)\,\mathbf{j}$

18. 試使用電腦輔助軟體繪製**向量場** $\mathbf{F}(x, y, z) = y\,\mathbf{i} - x\,\mathbf{j} + z\,\mathbf{k}$，並與圖 11-12 比較。

19. 若向量場為 $\mathbf{F}(x, y) = -y\,\mathbf{i} + x\,\mathbf{j}$，求向量場通過(2, 0)的**流線**方程式。

20. 若向量場為 $\mathbf{F}(x, y) = -x\,\mathbf{i} - y\,\mathbf{j}$，求向量場通過(1, 2)的**流線**方程式。

四、梯度與方向導函數

21. 給定下列純量場，求**梯度**：

    (a) $f(x, y) = xy^2$

    (b) $f(x, y) = \sin(xy)$

    (c) $f(x, y) = x^2 + xy - y^2$

    (d) $f(x, y, z) = xy + xz$

    (e) $f(x, y, z) = x^2 y + z^2$

22. 給定下列純量場，求給定位置的**梯度**：

    (a) $f(x, y) = xy$; $(1, 1)$

    (b) $f(x, y) = x \sin(y)$; $(1, \pi)$

    (c) $f(x, y) = x^2 - y^2$; $(1, 1)$

    (d) $f(x, y, z) = xy + xz$; $(1, 1, -1)$

    (e) $f(x, y, z) = x^2 y + z^2$; $(1, 1, 1)$

23. 給定下列純量場，求給定位置於向量的**方向導函數**：

    (a) $f(x, y) = xy$; $(1, 1); <1, -1>$

    (b) $f(x, y) = x \sin(y)$; $(1, \pi); <1, 1>$

    (c) $f(x, y, z) = 2x^2 + y^2 + 3z^2$; $(1, 1, 1); <1, 1, 1>$

    (d) $f(x, y, z) = x^2 + 3y^2 + z$; $(-2, 2, 1); <2, 0, -3>$

    (e) $f(x, y, z) = x^2 y - xe^z$; $(2, -1, 0); <2, -4, 1>$

五、散度與旋度

24. 給定下列向量場，求向量場的**散度** $\nabla \cdot \mathbf{F}$：

    (a) $\mathbf{F}(x, y) = x^2 \mathbf{i} + y^2 \mathbf{j}$

    (b) $\mathbf{F}(x, y) = xy \mathbf{i} + \sin(y) \mathbf{j}$

    (c) $\mathbf{F}(x, y, z) = yz \mathbf{i} + xz \mathbf{j} + xy \mathbf{k}$

    (d) $\mathbf{F}(x, y, z) = x^2 \mathbf{i} + \cos(y) \mathbf{j} + xyz \mathbf{k}$

    (e) $\mathbf{F}(x, y, z) = xe^y \mathbf{i} + y \mathbf{j} + xz^2 \mathbf{k}$

25. 給定下列向量場，求向量場的**旋度** $\nabla \times \mathbf{F}$：

    (a) $\mathbf{F}(x, y) = -y \mathbf{i} + x \mathbf{j}$

    (b) $\mathbf{F}(x, y) = \cos(y) \mathbf{i} - \sin(x) \mathbf{j}$

    (c) $\mathbf{F}(x, y, z) = x \mathbf{i} + y \mathbf{j} + z \mathbf{k}$

    (d) $\mathbf{F}(x, y, z) = xz \mathbf{i} + yz \mathbf{j} + xy \mathbf{j}$

    (e) $\mathbf{F}(x, y, z) = (x + y) \mathbf{i} + (y + z) \mathbf{j} + (x + z) \mathbf{j}$

六、線積分

26. 若純量場 $f(x, y) = x^2 y$，曲線 C 的參數方程式為：

    $\mathbf{r}(t) = 2\cos(t)\,\mathbf{i} + 2\sin(t)\,\mathbf{j}, 0 \leq t \leq \pi/2$

    求純量場的**線積分** $\int_C f(x, y)\,ds$。

27. 若純量場 $f(x, y) = 3x^2 + 3y^2$，曲線 C 的參數方程式為：

    $\mathbf{r}(t) = \cos(t)\,\mathbf{i} + \sin(t)\,\mathbf{j}, 0 \leq t \leq \pi/2$

    求純量場的**線積分** $\int_C f(x, y)\,ds$。

28. 若曲線 C 的參數方程式為：

    $x = 1 - t, y(t) = t, 0 \leq t \leq 1$

    求**線積分** $\int_C y\,dx - x\,dy$。

29. 若曲線 C 的參數方程式為：

    $x = \cos(t), y(t) = \sin(t), 0 \leq t \leq \pi/2$

    求**線積分** $\int_C x\,dx - y\,dy$。

30. 若曲線 C 的參數方程式為：

    $x = t, y(t) = 1 - t, z(t) = 1 + t, 0 \leq t \leq 1$

    求**線積分** $\int_C x\,dx + y\,dy + z\,dz$。

31. 給定向量場 $\mathbf{F}(x, y) = y^2\,\mathbf{i} - x^2\,\mathbf{j}$，某粒子沿著曲線 C 運動，其參數方程式為：

    $x = t, y(t) = 2t, 0 \leq t \leq 1$

    求粒子所作的**功** $\int_C \mathbf{F} \cdot d\mathbf{r}$。

32. 給定向量場 $\mathbf{F}(x, y) = 4xy\,\mathbf{i} - 8y\,\mathbf{j} + 2\,\mathbf{k}$，某粒子沿著曲線 C 運動，其參數方程式為：

    $x = 2\cos(t), y(t) = \sin(t), -\dfrac{\pi}{2} \leq t \leq \dfrac{\pi}{2}$

    求粒子所作的**功** $\int_C \mathbf{F} \cdot d\mathbf{r}$。

七、保守向量場與路徑獨立

33. 給定下列二維空間的向量場，判斷是否爲**保守向量場**：

(a) $\mathbf{F}(x, y) = x\,\mathbf{i} - y\,\mathbf{j}$

(b) $\mathbf{F}(x, y) = (x + y)\,\mathbf{i} + (x - y)\,\mathbf{j}$

(c) $\mathbf{F}(x, y) = \cos(y)\,\mathbf{i} - \sin(x)\,\mathbf{j}$

(d) $\mathbf{F}(x, y) = xy^2\,\mathbf{i} + x^2 y\,\mathbf{j}$

(e) $\mathbf{F}(x, y) = y\cos(xy)\,\mathbf{i} + x\cos(xy)\,\mathbf{j}$

34. 給定下列三維空間的向量場，判斷是否爲**保守向量場**：

(a) $\mathbf{F}(x, y, z) = x\,\mathbf{i} + y\,\mathbf{j} + z\,\mathbf{k}$

(b) $\mathbf{F}(x, y, z) = xz\,\mathbf{i} + yz\,\mathbf{j} + xy\,\mathbf{k}$

(c) $\mathbf{F}(x, y, z) = (x + y)\,\mathbf{i} + (y + z)\,\mathbf{j} + (x + z)\,\mathbf{k}$

(d) $\mathbf{F}(x, y, z) = 2xy\,\mathbf{i} + x^2\,\mathbf{j} + 2z\,\mathbf{k}$

(e) $\mathbf{F}(x, y, z) = (2xy + z^2)\,\mathbf{i} + (2yz + x^2)\,\mathbf{j} + (2xz + y^2)\,\mathbf{k}$

35. 給定向量場 $\mathbf{F}(x, y) = e^x\cos(y)\,\mathbf{i} - e^x\sin(y)\,\mathbf{j}$，試回答下列問題：

(a) 判斷向量場是否爲**保守向量場**

(b) 求位能函數 $\varphi(x, y)$

(c) 若粒子於某曲線 C 上運動，起點爲$(0, 0)$、終點爲$(2, \pi)$，求**線積分**
$$\int_C \mathbf{F} \cdot d\mathbf{r}$$

36. 給定向量場 $\mathbf{F}(x, y, z) = (2xy + z^3)\,\mathbf{i} + x^2\,\mathbf{j} + 3xz^2\,\mathbf{k}$，試回答下列問題：

(a) 判斷向量場是否爲**保守向量場**

(b) 求位能函數 $\varphi(x, y)$

(c) 若粒子於某曲線 C 上運動，起點爲$(0, 0, 0)$、終點爲$(1, 1, 1)$，求**線積分**
$$\int_C \mathbf{F} \cdot d\mathbf{r}$$

八、雙重積分

37. 求下列**雙重積分**：

(a) $\displaystyle\iint_R xy\,dA$；區間 R 是 $x = 1$, $y = 0$, $y = x$ 所圍成的三角形

(b)　$\displaystyle\iint_R xy^2 dA$；區間 R 是 $x=0, y=0, x+y=2$ 所圍成的三角形

(c)　$\displaystyle\iint_R 2xy\, dA$；區間 R 是 $x=0, y=x^3, y=8$ 所圍成的區域

(d)　$\displaystyle\iint_R (x+y)\, dA$；區間 R 是 $y=x^2, y=x^3$ 所圍成的區域

38. 設封閉區間 R 為半徑為 1 的半圓如圖，求**雙重積分**：$\displaystyle\iint_R xy^2 dA$

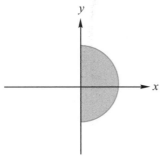

39. 設封閉區間 R 為 $x=0, y=x, x^2+y^2=4$ 所圍成的區域，求**雙重積分**：

$$\iint_R \frac{1}{1+x^2+y^2}\, dA$$

九、Green 定理

40. 若曲線 C 的參數方程式為 $x=2\cos(t), y=2\sin(t), 0\le t\le 2\pi$，試使用 **Green** 定理求**線積分**：

$$\oint_C (x+y)dx-(x-y)dy$$

41. 設曲線 C 圍成一個封閉區域，區域的四個頂點分別為 $(0, 2),(2, 0),(-2, 0),$ $(0, -2)$，試使用 **Green** 定理求**線積分**：

$$\oint_C ydx+2xdy$$

42. 設曲線 C 圍成一個封閉區域，區域落在第一象限，且是 $y=x^2$ 與 $y=x$ 所圍成，試使用 **Green** 定理求**線積分**：

$$\oint_C 2ydx+4xdy$$

十、面積分

43. 若 S 為平面 $2x+3y+z=6$，且落在第一卦限內($x,y,z \geq 0$)，求其**面積**。

44. 若 S 為 $z=x^2+y^2$ 於 $0 \leq z \leq 1$ 形成的拋物面，求**曲面面積**。

45. 若 S 為 $x^2+y^2+z^2=9$ 在 xy 平面上的半球曲面($z \geq 0$)，求**曲面面積**。

46. 若 S 為函數 $x^2+y^2+z^2=9$ 在 xy 平面上的半球曲面($z \geq 0$)，且落在圓柱體 $x^2+y^2=1$ 內，求**曲面面積**。

47. 給定下列函數 $f(x,y,z)$ 與曲面 S，求**面積分**：

$$\iint_S f(x,y,z)\,dS$$

   (a) $f(x,y,z)=x$；S 為 $x+y+z=1$ 落在第一卦限($x,y,z \geq 0$)形成的平面

   (b) $f(x,y,z)=x$；S 為 $z=2-x^2$ 落在第一卦限($x,y,z \geq 0$)且 $y \leq 4$ 所形成的曲面

   (c) $f(x,y,z)=z$；S 為 $x+y+z=2$ 落在矩形區域 $0 \leq x \leq 1$, $0 \leq y \leq 1$ 上方的平面

   (d) $f(x,y,z)=z$；S 為 $z=\sqrt{x^2+y^2}$ 的角錐，且落在平面 $z=1$、$z=3$ 之間的曲面

   (e) $f(x,y,z)=xyz$；S 為 $z=x+y$ 落在矩形區域 $0 \leq x \leq 1$, $0 \leq y \leq 1$ 上方的平面

48. 給定下列向量場 $\mathbf{F}(x,y,z)$ 與曲面 S，求**通量**(Flux)：

$$\iint_S (\mathbf{F} \cdot \mathbf{n})\,dS$$

   (a) $\mathbf{F}(x,y,z)=x\,\mathbf{i}+y\,\mathbf{j}-z\,\mathbf{k}$；$S$ 為 $x+2y+z=8$ 落在第一卦限($x,y,z \geq 0$)形成的平面

   (b) $\mathbf{F}(x,y,z)=z\,\mathbf{k}$；$S$ 為 $3x+2y+z=6$ 落在第一卦限($x,y,z \geq 0$)形成的平面

十一、Stokes 定理

49. 給定向量場 $\mathbf{F}(x,y,z)=2y\,\mathbf{i}-2x\,\mathbf{j}+\mathbf{k}$，設曲線 C 的參數方程式為 $\mathbf{r}(t)=\cos(t)\,\mathbf{i}+\sin(t)\,\mathbf{j}+\mathbf{k}$, $0 \leq t \leq 2\pi$，S 為其圍成的曲面，試驗證 **Stokes 定理**：

$$\oint_C \mathbf{F} \cdot d\mathbf{r} = \iint_S (\text{curl } \mathbf{F}) \cdot \mathbf{n}\,dS$$

50. 給定向量場 $\mathbf{F}(x, y, z) = z\,\mathbf{i} + x\,\mathbf{j} + y\,\mathbf{k}$，設曲線 C 為沿著頂點 $(1, 0, 0)$、$(0, 1, 0)$、$(0, 0, 1)$ 的三角形，試驗證 Stokes 定理：

$$\oint_C \mathbf{F} \cdot d\mathbf{r} = \iint_S (\mathrm{curl}\ \mathbf{F}) \cdot \mathbf{n}\, dS$$

十二、Gauss 散度定理

51. 給定向量場 $\mathbf{F}(x, y, z) = xy\,\mathbf{i} + yz\,\mathbf{j} + xz\,\mathbf{k}$，設 D 為單位立方體，兩個角落分別為 $(0, 0, 0)$ 與 $(1, 1, 1)$，試驗證 Gauss 散度定理：

$$\iint_S \mathbf{F} \cdot \mathbf{n}\, dS = \iiint_D \mathrm{div}\ \mathbf{F}\, dV$$

52. 給定向量場 $\mathbf{F}(x, y, z) = x\,\mathbf{i} + y\,\mathbf{j} + z\,\mathbf{k}$，設 D 為單位球體 $x^2 + y^2 + z^2 = 1$，試驗證 Gauss 散度定理：

$$\iint_S \mathbf{F} \cdot \mathbf{n}\, dS = \iiint_D \mathrm{div}\ \mathbf{F}\, dV$$

53. 給定下列向量場 $\mathbf{F}(x, y, z)$ 與三維空間的封閉區域 D，試利用 Gauss 散度定理求通量(Flux)：

$$\iint_S \mathbf{F} \cdot \mathbf{n}\, dS = \iiint_D \mathrm{div}\ \mathbf{F}\, dV$$

(a) $\mathbf{F}(x, y, z) = x\,\mathbf{i} + y\,\mathbf{j} + z\,\mathbf{k}$; D 為單位立方體，兩個角落分別為 $(0, 0, 0)$ 與 $(1, 1, 1)$

(b) $\mathbf{F}(x, y, z) = x^2\,\mathbf{i} + y^2\,\mathbf{j} + z^2\,\mathbf{k}$; D 為單位立方體，兩個角落分別為 $(0, 0, 0)$ 與 $(1, 1, 1)$

(c) $\mathbf{F}(x, y, z) = x\,\mathbf{i} + y\,\mathbf{j} + z\,\mathbf{k}$; D 為圓柱體 $x^2 + y^2 \leq 1, 0 \leq z \leq 1$

(d) $\mathbf{F}(x, y, z) = x^3\,\mathbf{i} + y^3\,\mathbf{j} + z\,\mathbf{k}$; D 為圓柱體 $x^2 + y^2 \leq 1, 0 \leq z \leq 1$

12 傅利葉級數與轉換

12.1 　基本概念

12.2 　傅立葉級數

12.3 　傅立葉餘弦與正弦級數

12.4 　複數傅立葉級數

12.5 　傅立葉積分

12.6 　傅立葉轉換

12.7 　離散傅立葉轉換

傳立葉(Joseph Fourier)是法國數學與物理學家(1768-1830)，主要的研究為熱傳導與振動理論。傳立葉最重要的貢獻便是提出**傳立葉級數**(Fourier Series)，雖然當時發表的論文並未受到巴黎科學學院所接受。但是，傳立葉所提出的理論，卻相當具有革命性，因而引起後代數學家的重視，進而發展**傳立葉轉換**(Fourier Transforms)，同時也是以其命名[1]。

傳立葉級數與轉換通稱為**傳立葉分析**(Fourier Analysis)，由於與各種波(例如：電磁波、聲波等)的**頻率分析**(Frequency Analysis)具有相當密切的關係，因此已被廣泛應用於現代科學與工程應用，例如：**訊號處理**(Signal Processing)、**通訊**(Communication)、**資料壓縮**(Data Compression)、**醫學影像**(Medical Imaging)等。

本章討論的主題包含：

- **基本概念**
- **傳立葉級數**
- **傳立葉餘弦與正弦級數**
- **複數傳立葉級數**
- **傳立葉積分**
- **傳立葉轉換**
- **離散傳立葉轉換**

---

[1] 因此，您的突發奇想或許暫時不被時代所接受，但是只要秉持您的想法進行深入研究，相信是很有可能會改變未來的！

12.1 ▶ 基本概念

本節先介紹**波**(Waves)的基本概念。物理學中,波是一種能量傳遞的振盪現象。最典型的波是**電磁波**(Electromagnetic Waves),可以在真空中傳遞;其他的波如:**聲波**(Sound Waves)、**機械波**(Mechanical Waves)等則須仰賴介質方能傳遞。

電磁波除了**可見光**(Visible Light)之外,也包含**無線電波**(Radio Waves)、**微波**(Microwaves)、**紅外線**(Infrared)、**X-射線**(X-Ray)等。現代人類生活空間中,其實到處都有電磁波的存在,稱得上是現代科技與文明不可或缺的重要角色[2]。

科學或工程問題中,常須應用這些電磁波或聲波。因此,科學家與工程師為了分析這些波的特性,例如:頻率、振幅等,便經常牽涉**頻率分析**(Frequency Analysis)。**傅立葉級數**與**轉換**是相當重要的數學工具,同時也是頻率分析的理論基礎。

本節先介紹**傅立葉級數**與**轉換**相關的基本數學知識,包含:正弦函數集合、偶函數與奇函數、複數等課題。

---

[2] 若是沒有應用這些看不見的電磁波,可能就沒有現代科技與人類文明。比較直接的說法是,您不會有收音機可以聽、不會有電視可以看、不會有手機可以通話、不會有微波爐可以加熱、醫院看病不會照 X 光等。筆者覺得最後一項可能比較慘,若是您有頭痛的問題,即使再好的醫生還是像華陀給曹操醫病一樣,會說直接把你的頭剖開來看看!

12.1.1 正弦函數集合

相信您已熟悉**正弦函數**(Sine Functions)、**餘弦函數**(Cosine Functions)等三角函數,由於具有振盪的特性,因此是用來描述**波**的理想數學工具。正弦函數可以定義為:

$$f(x) = \sin(x)$$

其中 x 為自變數(討論波時也常使用時間 t)且**週期**(Period)為 $T=2\pi$。正弦或餘弦函數都是典型的**週期性函數**(Periodic Functions),滿足下列條件:

$$f(x) = f(x+T)$$

若是在正弦函數中 x 前面乘上一個正整數,則形成下列的正弦函數集合:

$$\sin(x), \sin(2x), \sin(3x), \sin(4x), \cdots$$

如圖 12-1,其中 $x=0 \sim 2\pi$。

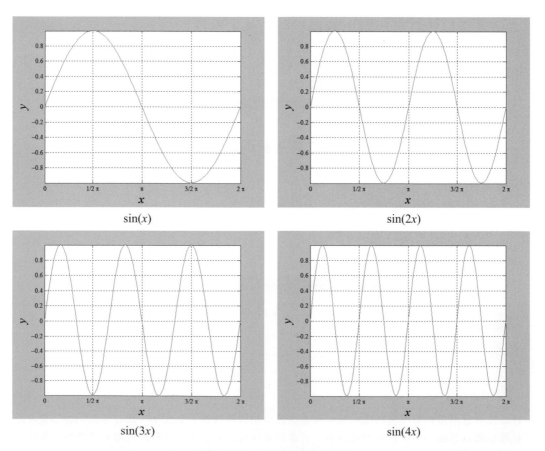

$\sin(x)$

$\sin(2x)$

$\sin(3x)$

$\sin(4x)$

▲ 圖 **12-1** 正弦函數集合

由圖上可以觀察到，正弦函數中 x 的係數愈大，則波的**頻率**(Frequency)愈高，**週期**(Period)愈短，即 $f = 1/T$ 的反比關係。**頻率** f 的單位為**赫茲**(Hz)或**週期/秒**(Cycles/Second)，週期 T 的單位為**秒**(Second)。

相對而言，若是在正弦函數前面乘上常係數，則形成另一組正弦函數集合，分別為

$$\sin(x), 2\sin(x), 3\sin(x), 4\sin(x), \cdots$$

如圖 12-2，其中 $x = 0 \sim 2\pi$。

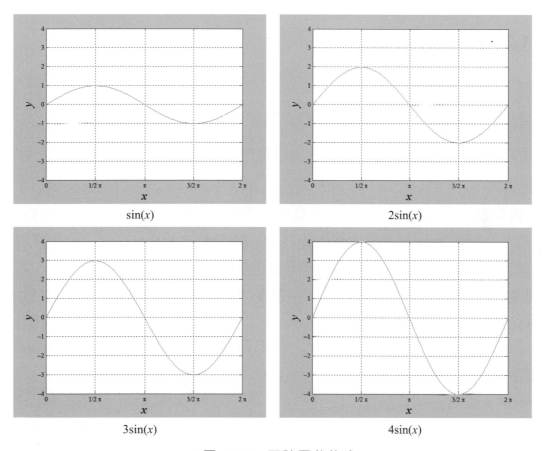

▲**圖 12-2**　正弦函數集合

由圖上可以觀察到，若正弦函數所乘上的常係數愈大，則振盪的幅度愈大，即**振幅**(Amplitude)愈大。

綜合上述，因此在討論訊號處理與頻率分析時，正弦函數(訊號)經常定義為：

$$y(x) = A\sin(2\pi fx)$$

使得 x 介於 0~1 時剛好代表 1 個週期，其中 f 為**頻率**(Frequency)、A 則為**振幅**(Amplitude)[3]。此外，也經常定義：

$$\omega = 2\pi f = \frac{2\pi}{T}$$

稱為**角頻率**(Angular Frequency)，其中 T 為**週期**(Period)。

12.1.2　偶函數與奇函數

> **定義** 12.1　偶函數與奇函數
>
> 若函數 $f(x)$ 滿足 $f(-x) = f(x)$，則函數稱為**偶函數**(Even Functions)；
>
> 若函數 $f(x)$ 滿足 $f(-x) = -f(x)$，則函數稱為**奇函數**(Odd Functions)。

　　偶函數與**奇函數**的名稱，應該是源自多項式的**冪次方**(Power)。舉例而言，
　　函數 $f(x) = x^2$ 為**偶函數**，由於 $f(-x) = (-x)^2 = x^2 = f(x)$
　　函數 $f(x) = x^3$ 為**奇函數**，由於 $f(-x) = (-x)^3 = -x^3 = -f(x)$

如圖 12-3。換言之，若函數是對 y 軸對稱，則為偶函數；若是對原點對稱，則為奇函數。

　　因此，函數集合 $f(x) = x^2, x^4, x^6, \cdots$ 為**偶函數**；函數集合 $f(x) = x, x^3, x^5, \cdots$ 則為**奇函數**。

---

[3] 以聲波為例，相信您已知道**低頻**與**高頻**聲波的不同，人類的聽力範圍大約是 20~20kHz。此外，蝙蝠雖然視力較人類差，但聽力範圍可能高達 200kHz；婦產科醫生使用的超音波掃描則超過 1MHz。**振幅**則是與音量有關，常以**分貝**(Decibel 或 dB)為單位。若您是音響玩家，必定熟悉**頻率響應**(Frequency Response)與**功率**(Power)等專業術語，是用來決定音響等級的重要依據。另舉例而言，男生的聲音頻率較低，女生則相對較高；Apple iPhone 的 Siri 語音辨識技術，自然也與頻率分析相關聯。

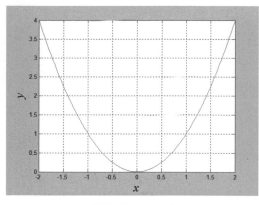 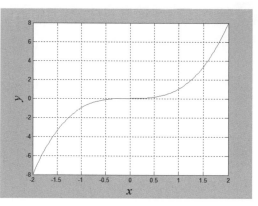

偶函數 $f(x)=x^2$　　　　　　　奇函數 $f(x)=x^3$

▲圖 12-3　典型的偶函數與奇函數

以三角函數而言，

函數 $f(x)=\cos(x)$ 為 **偶函數**，由於 $f(-x)=\cos(-x)=\cos(x)=f(x)$

函數 $f(x)=\sin(x)$ 為 **奇函數**，由於 $f(-x)=\sin(-x)=-\sin(x)=-f(x)$

當然，有許多函數，如：$f(x)=e^x$ 等，既不是偶函數，也不是奇函數。

以下列舉偶函數與奇函數的運算性質：

········ **偶函數與奇函數的運算性質** ··

- 偶函數±偶函數＝偶函數
- 奇函數±奇函數＝奇函數
- 偶函數×偶函數＝偶函數
- 奇函數×奇函數＝偶函數
- 偶函數×奇函數＝奇函數

··

舉例而言，

$x^2 \cdot x^4 = x^6$　　　　偶函數×偶函數＝偶函數

$x \cdot x^3 = x^4$　　　　　奇函數×奇函數＝偶函數

$x \cdot \cos x = x\cos x$　　　奇函數×偶函數＝奇函數

定理 12.1　偶函數與奇函數的積分

若函數 $f(x)$ 為**偶函數**，則 $\int_{-L}^{L} f(x)dx = 2\int_{0}^{L} f(x)dx$

若函數 $f(x)$ 為**奇函數**，則 $\int_{-L}^{L} f(x)dx = 0$

舉例而言，

函數 $f(x) = x^2$ 為**偶函數**，則 $\int_{-1}^{1} x^2 = 2\int_{0}^{1} x^2 dx$

函數 $f(x) = x\cos x$ 為**奇函數**，則 $\int_{-\pi}^{\pi} x\cos x \, dx = 0$

因此，偶函數與奇函數在積分時，若積分區間為 1 個週期 $T=2L$，則可採用定理 12.1，推導時較為便利。

12.1.3　複數

複數(Complex Numbers)是實數的延伸，可以表示成：

$$z = a + bi$$

其中 a 與 b 均為實數，i 為虛數單位($i^2 = -1$)。a 稱為**實部**(Real Part)、b 稱為**虛部**(Imaginary Part)。

複數經常用**複數平面**(Complex Plane)表示，如圖 12-4，其中橫軸 Re 代表實部、縱軸 Im 代表虛部[4]。

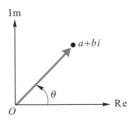

▲圖 12-4　複數之複數平面表示法

---

[4]　在許多數學或工程的書籍中，虛數單位 i 也經常用 j 表示。在工程數學中，複數使得數學工具更為豐富多元，也是獨立的課題，稱為**複變分析**(Complex Analysis)，應用相當廣泛。您不也遊走在真實的世界與虛擬的網路世界嗎？有了這兩個世界，使得我們的生活更加豐富多元。當然，若您的相位角 θ 太接近 90 度，稱不上是理想的人生吧！

複數的**共軛複數**(Complex Conjugate)可以表示成：

$$\overline{z} = a - bi$$

此外，複數也經常用極座標型態表示成：

$$z = |z|(\cos\theta + i\sin\theta)$$

其中 $|z| = |a + bi| = \sqrt{a^2 + b^2}$ 為複數的**大小**(Magnitude)，$\theta = \tan^{-1}(b/a)$ 為夾角，稱為**幅角**(Argument)或**相位角**(Phase Angle)。

根據歐拉公式：

$$e^{i\theta} = \cos\theta + i\sin\theta$$

因此，複數也可以表示成：

$$z = |z|\,e^{i\theta}$$

稱為複數的極座標表示法。

範例

給定複數 $3 + 4i$，求**共軛複數**、**大小**與**相位角**

解　共軛複數 $\overline{z} = 3 - 4i$

大小 $|z| = \sqrt{3^2 + 4^2} = 5$

相位角 $\theta = \tan^{-1}(4/3) \approx 53.13°$ ∎

以下列舉複數的基本運算：

.... **複數的基本運算** ....

設 $a + bi$、$c + di$ 為複數，則：

- **加(減)法**　$(a + bi) \pm (c + di) = (a + c) \pm (b + d)i$
- **乘法**　$(a + bi) \cdot (c + di) = (ac - bd) + (ad + bc)i$
- **除法**　$\dfrac{a + bi}{c + di} = \dfrac{(a + bi) \cdot (c - di)}{(c + di) \cdot (c - di)} = \dfrac{(ac + bd) + (bc - ad)i}{c^2 + d^2}$

範例

給定複數 $4 + i$ 與 $2 + 3i$，求兩複數的**和**與**積**

解　$(4 + i)+(2 + 3i) = 6 + 4i$

$(4 + i)\cdot(2 + 3i) = (4\cdot2 - 1\cdot3)+(4\cdot3 + 1\cdot2)i = 5 + 14i$　∎

範例

求複數 $\dfrac{2 + 3i}{1 + 2i}$

解　根據運算公式：

$$\frac{2+3i}{1+2i} = \frac{(2+3i)\cdot(1-2i)}{(1+2i)\cdot(1-2i)} = \frac{8}{5} - \frac{1}{5}i$$　∎

12.2 ▶ 傅立葉級數

　　傅立葉級數(Fourier Series)是由法國數學與物理學家 Joseph Fouier 所提出，主要是源自傅立葉的熱傳導與振動研究。傅立葉考慮的問題概略描述如下：

　　現有一細長的鐵棒，長度為 π，其密度為常數且均勻分布，如圖 12-5。假設 $u(x, t)$ 為鐵棒在位置 $x(0 \le x \le \pi)$ 與時間 t 的溫度，則可以下列偏微分方程式模型化：

$$\frac{\partial u}{\partial t} = k\frac{\partial^2 u}{\partial x^2}$$

其中，k 為常數，與鐵棒或其他材質相關，稱為**熱方程式**(Heat Equations)。

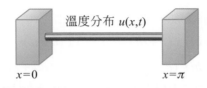

▲圖 **12-5**　傅立葉考慮的熱傳導問題

若鐵棒的左右兩端的溫度維持為 0，即：

$$u(x, t) = u(\pi, t) = 0, t \geq 0$$

則鐵棒上在時間 $t=0$ 的溫度分佈可以表示成：

$$u(x, 0) = x(\pi - x)$$

為典型的多項式。傅立葉在偏微分方程式的求解過程中，主要是希望將多項式表示成正弦函數的級數，但是有限的級數並無法滿足這個要求。此時，傅立葉想到一個革命性的思維，即是**無窮級數**的概念，因而提出所謂的**傅立葉級數**。

當時由於沒有現代電腦強大的計算能力輔助，因此巴黎科學學院未能進一步驗證傅立葉的理論，使得傅立葉的投稿論文並未被接受。但是，傅立葉的理論引起後代數學家的重視，進而衍生的**傅立葉轉換**(Fourier Transforms)，也因其而命名。目前，傅立葉級數與轉換的應用不再侷限於熱傳導問題或偏微分方程式求解，已被廣泛應用於許多現代科學與工程領域(如：訊號處理、通訊、資料壓縮等)。

傅立葉的基本理論為：任意週期性函數，均可表示成不同頻率、不同振幅的正弦函數或餘弦函數，所加總而得的無窮級數。這個無窮級數即稱為**傅立葉級數**(Fourier Series)。

傅立葉級數

任意週期性函數，均可表示成不同頻率、不同振幅的正弦函數或餘弦函數，所加總而得的無窮級數

定義 12.2　傅立葉級數

若函數 $f(x)$ 於區間 $-L \leq x \leq L$ 有定義，則**傅立葉級數**(Fourier Series)可以定義為：

$$f(x) = \frac{1}{2}a_0 + \sum_{n=1}^{\infty}\left[a_n\cos\frac{n\pi x}{L} + b_n\sin\frac{n\pi x}{L}\right]$$

其中，

$$a_0 = \frac{1}{L}\int_{-L}^{L}f(x)dx$$

$$a_n = \frac{1}{L}\int_{-L}^{L}f(x)\cos\frac{n\pi x}{L}\,dx$$

$$b_n = \frac{1}{L}\int_{-L}^{L}f(x)\sin\frac{n\pi x}{L}\,dx$$

函數 $f(x)$ 為週期性函數，滿足 $f(x) = f(x+T)$，在此假設週期 $T=2L$。定義中係數 a_0、a_n 與 b_n 稱為函數 $f(x)$ 的**傅立葉係數**(Fourier Coefficients)。此外，可以注意到級數的上限為 ∞。傅立葉級數牽涉無窮級數，因此具有收斂性的問題；換言之，無窮級數必須收斂方能表示成函數 $f(x)$。

範例

設函數(如圖)為：

$$f(x) = \begin{cases} -1 & if -\pi < x < 0 \\ 1 & if\ 0 \leq x < \pi \end{cases}$$

求函數的**傅立葉級數**

解　根據定義：

$$a_0 = \frac{1}{L}\int_{-L}^{L}f(x)dx = \frac{1}{\pi}\int_{-\pi}^{\pi}f(x)dx$$

$$= \frac{1}{\pi}\left[\int_{-\pi}^{0}(-1)\,dx + \int_{0}^{\pi}(1)\,dx\right] = 0$$

$$a_n = \frac{1}{L}\int_{-L}^{L} f(x)\cos\frac{n\pi x}{L}\, dx = \frac{1}{\pi}\int_{-\pi}^{\pi} f(x)\cos(nx)\, dx$$

$$= \frac{1}{\pi}\left[\int_{-\pi}^{0}(-1)\cos(nx)\, dx + \int_{0}^{\pi}(1)\cos(nx)\, dx\right] = 0$$

$$b_n = \frac{1}{L}\int_{-L}^{L} f(x)\sin\frac{n\pi x}{L}\, dx = \frac{1}{\pi}\int_{-\pi}^{\pi} f(x)\sin(nx)\, dx$$

$$= \frac{1}{\pi}\left[\int_{-\pi}^{0}(-1)\sin(nx)\, dx + \int_{0}^{\pi}(1)\sin(nx)\, dx\right]$$

$$= \frac{1}{\pi}\left[\frac{2-2\cos(n\pi)}{n}\right] = \frac{2}{\pi}\left[\frac{1-(-1)^n}{n}\right]$$

因此，函數的傅立葉級數為：

$$f(x) = \frac{1}{2}a_0 + \sum_{n=1}^{\infty}\left[a_n\cos\frac{n\pi x}{L} + b_n\sin\frac{n\pi x}{L}\right] = \frac{2}{\pi}\sum_{n=1}^{\infty}\left[\frac{1-(-1)^n}{n}\right]\sin(nx)$$ ∎

若將上述的傅立葉級數展開，可得：

$$f(x) = \frac{2}{\pi}\sum_{n=1}^{\infty}\left[\frac{1-(-1)^n}{n}\right]\sin(nx) = \frac{4}{\pi}\sin(x) + \frac{4}{3\pi}\sin(3x) + \frac{4}{5\pi}\sin(5x) + \cdots$$

因此，僅 n 為奇數時為非零項；可以發現用來加總的正弦波，其頻率愈來愈大，而振幅則愈來愈小。

函數的傅立葉級數的**部分總和**(Partial Sums)，如圖 12-6，其中(a)僅包含第一項 $\frac{4}{\pi}\sin(x)$；(b)則包含前兩項 $\frac{4}{\pi}\sin(x) + \frac{4}{3\pi}\sin(3x)$；以此類推。因此，若取的項數愈多，則愈近似原來的函數。

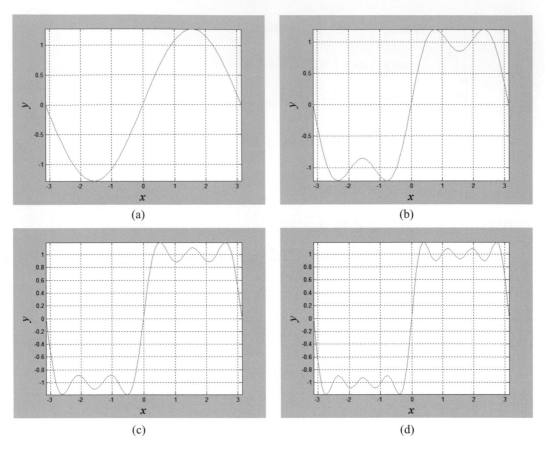

▲圖 12-6　函數 $f(x) = \begin{cases} -1 & if -\pi < x < 0 \\ 1 & if \ 0 \leq x < \pi \end{cases}$ 的**傅立葉級數**部分總和圖

　　由於傅立葉提出的級數牽涉∞項，當時的巴黎科學學院無法驗證其理論，因此傅立葉的發表論文並未被接受。但是，隨著時代的演進與電腦快速的運算能力，現在已能充分驗證傅立葉的理論。

　　若將上述範例取至前 20 項非零項，則結果如圖 12-7。可以發現傅立葉級數已相當接近原來的函數。然而，雖然取的項數相當多，但在函數不連續處，仍有明顯的**波峰**(Spikes)產生，其誤差較大，這個現象稱為 **Gibbs 現象**(Gibbs Phenomenon)。

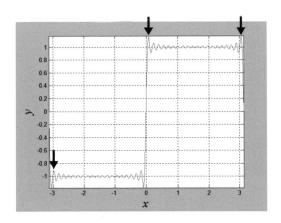

▲圖 **12-7** Gibbs 現象

定理 12.2 Dirichlet 定理

設函數 $f(x)$ 為**分段連續**(Piecewise Continuous)，週期為 $T=2L$，且 $\int_0^{2L} |f(x)| dx$ 存在，則函數的傅立葉級數存在。當 x 為連續點時，傅立葉級數收斂至 $f(x)$；當 x 為不連續點時，傅立葉級數收斂至：

$$\frac{f(x+) + f(x-)}{2}$$

Dirichlet 定理主要是描述傅立葉級數的收斂性。可以發現在不連續點時，級數收斂至左極限與右極限的平均。

範例

設函數(如圖)為：

$$f(x) = \begin{cases} -1 & if -\pi < x < 0 \\ 1 & if \ 0 \leq x < \pi \end{cases}$$

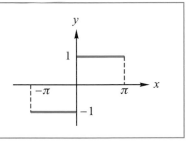

決定函數傅立葉級數的收斂性

解 根據前述範例，傅立葉級數存在：

$$f(x) = \frac{2}{\pi} \sum_{n=1}^{\infty} \left[\frac{1-(-1)^n}{n} \right] \sin(nx)$$

當 $x = 0$ 時為不連續點，且：

$$f(0+) = 1 \text{、} \quad f(0-) = -1$$

則：

$$\frac{f(x+) + f(x-)}{2} = \frac{1 + (-1)}{2} = 0$$

因此，根據 **Dirichlet 定理**，傅立葉級數是收斂至：

$$f(x) = \begin{cases} -1 & if -\pi < x < 0 \\ 0 & if\ x = 0 \\ 1 & if\ 0 < x < \pi \end{cases}$$ ■

12.3 ▶ 傅立葉餘弦與正弦級數

定義 12.3.1　傅立葉餘弦級數

若函數 $f(x)$ 於區間 $-L \le x \le L$ 有定義，則函數的**傅立葉餘弦級數**(Fourier Cosine Series)可以定義為：

$$f(x) = \frac{1}{2}a_0 + \sum_{n=1}^{\infty} a_n \cos \frac{n\pi x}{L}$$

其中，

$$a_0 = \frac{2}{L} \int_0^L f(x)dx$$

$$a_n = \frac{2}{L} \int_0^L f(x) \cos \frac{n\pi x}{L} dx$$

定義 12.3.2　**傅立葉正弦級數**

若函數 $f(x)$ 於區間 $-L \leq x \leq L$ 有定義，則函數的**傅立葉正弦級數**(Fourier Sine Series)可以定義為：

$$f(x) = \sum_{n=1}^{\infty} b_n \sin\frac{n\pi x}{L}$$

其中，

$$b_n = \frac{2}{L}\int_0^L f(x)\sin\frac{n\pi x}{L}\,dx$$

● 若函數為**偶函數**，則

$$a_0 = \frac{1}{L}\int_{-L}^{L} f(x)dx = \frac{2}{L}\int_0^L f(x)dx$$

$$a_n = \frac{1}{L}\int_{-L}^{L} f(x)\cos\frac{n\pi x}{L}\,dx = \frac{2}{L}\int_0^L f(x)\cos\frac{n\pi x}{L}\,dx$$

偶函數

$$b_n = \frac{1}{L}\int_{-L}^{L} f(x)\sin\frac{n\pi x}{L}\,dx = 0$$

奇函數

● 若函數為**奇函數**，則

$$a_0 = \frac{1}{L}\int_{-L}^{L} f(x)dx = 0$$

$$a_n = \frac{1}{L}\int_{-L}^{L} f(x)\cos\frac{n\pi x}{L}\,dx = 0$$

奇函數

$$b_n = \frac{1}{L}\int_{-L}^{L} f(x)\sin\frac{n\pi x}{L}\,dx = \frac{2}{L}\int_0^L f(x)\sin\frac{n\pi x}{L}\,dx$$

偶函數

因此上述結果可以歸納而得：

● 若函數為**偶函數**，則其傅立葉級數即是**傅立葉餘弦級數**

● 若函數為**奇函數**，則其傅立葉級數即是**傅立葉正弦級數**

範例

設函數(如圖)為：

$$f(x) = x, -\pi < x < \pi$$

求函數的**傅立葉級數**

解　函數 $f(x) = x$ 為**奇函數**

函數的**傅立葉級數**即是**傅立葉正弦級數**

$a_0 = 0$ 、 $a_n = 0$

$$b_n = \frac{2}{L}\int_0^L f(x)\sin\frac{n\pi x}{L}\,dx = \frac{2}{\pi}\int_0^\pi x\sin(nx)\,dx$$

$$= \frac{2}{\pi}\left[-\frac{x}{n}\cos(nx) + \frac{1}{n^2}\sin(nx)\right]_0^\pi = -\frac{2}{n}\cos(n\pi) = \frac{2(-1)^{n+1}}{n}$$

因此，函數的**傅立葉級數**為：

$$f(x) = \sum_{n=1}^{\infty} b_n \sin\frac{n\pi x}{L} = \sum_{n=1}^{\infty}\left[\frac{2(-1)^{n+1}}{n}\right]\sin(nx)$$　　■

注意 $\cos(n\pi) = (-1)^n$，即 n 為偶數時，其值為 1；n 為奇數時，其值為-1。

截至目前為止，我們所討論的函數主要是以原點為中心的週期性函數，其中 $-L < x < L$。但是在許多情況下，我們感興趣的函數 $f(x)$ 僅定義於區間 $0 < x < L$。為了求這些函數的傅立葉級數，可以使用下列方法另外定義一個函數 $F(x)$，再求函數 $F(x)$ 的傅立葉級數以表示之。

● **偶函數映射** – 即是將原來的函數對 y 軸映射至 $-L < x < 0$的範圍

● **奇函數映射** – 即是將原來的函數對原點映射至 $-L < x < 0$的範圍

若函數為偶函數，則其傅立葉級數即是傅立葉餘弦級數；若函數為奇函數，則其傅立葉級數即是傅立葉正弦級數。因此，實際上並不需要映射，只須在求係數時對半週期積分即可，稱為**半幅展開**(Half-Range Expansion)。

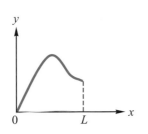

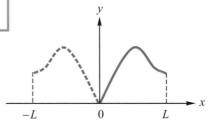

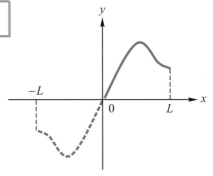

▲圖 **12-9**　半幅展開示意圖

範例

設函數為 $f(x) = x, 0 < x < \pi$，求函數的半幅傅立葉餘弦級數與半幅傅立葉正弦級數

解　半幅傅立葉餘弦級數：

$$a_0 = \frac{2}{L}\int_0^L f(x)dx = \frac{2}{\pi}\int_0^\pi xdx = \frac{2}{\pi}\left[\frac{1}{2}x^2\right]_0^\pi = \pi$$

$$a_n = \frac{2}{L}\int_0^L f(x)\cos\frac{n\pi x}{L}dx = \frac{2}{\pi}\int_0^\pi x\cos(nx)dx$$

$$= \frac{2}{\pi}\left[\frac{x}{n}\sin(nx) + \frac{1}{n^2}\cos(nx)\right]_0^\pi$$

$$= \frac{2}{\pi}\left[\frac{1}{n^2}\cos(n\pi) - \frac{1}{n^2}\right] = \frac{2}{n^2\pi}\left[(-1)^n - 1\right]$$

$$\therefore f(x) = \frac{\pi}{2} + \sum_{n=1}^\infty \frac{2}{n^2\pi}\left[(-1)^n - 1\right]\cos(nx)$$

半幅傅立葉正弦級數：

$$b_n = \frac{2}{L}\int_0^L f(x)\sin\frac{n\pi x}{L}\,dx = \frac{2}{\pi}\int_0^\pi x\sin(nx)\,dx = \frac{2}{\pi}\left[-\frac{x}{n}\cos(nx)+\frac{1}{n^2}\sin(nx)\right]_0^\pi$$

$$= -\frac{2}{n}\cos(n\pi) = \frac{2(-1)^{n+1}}{n}$$

$$\therefore f(x) = \sum_{n=1}^{\infty}\left[\frac{2(-1)^{n+1}}{n}\right]\sin(nx)$$　∎

12.4 ▶ 複數傅立葉級數

定義 12.4　複數傅立葉級數

若函數 f 為週期性函數，於區間 $(-L, L)$ 有定義，則函數的**複數傅立葉級數**(Complex Fourier Series)可以定義為：

$$f(x) = \sum_{n=-\infty}^{\infty} c_n e^{in\pi x/L}$$

其中，

$$c_n = \frac{1}{2L}\int_{-L}^{L} f(x)\,e^{-in\pi x/L}\,dx,\ n = 0, \pm 1, \pm 2, \cdots$$

　　任意週期性函數均可表示成正弦函數(或餘弦函數)的無窮級數，例如：$\sin(nx), n = 0, 1, 2, \cdots$ 或 $\cos(nx), n = 0, 1, 2, \cdots$ 等。這些函數均為實數函數，在偏微分方程式求解的過程中尤其重要。然而，在某些特定的應用中，例如：電機 / 電子工程中的訊號處理應用等，則是希望將函數表示成複數的型態，即：$e^{inx}, n = 0, 1, 2, \cdots$，因而產生**複數傅立葉級數**(Complex Fourier Series)。

　　以下推導複數傅立葉級數，考慮歐拉公式：

$$e^{ix} = \cos x + i\sin x,\ e^{-ix} = \cos x - i\sin x$$

因此可得：

$$\cos x = \frac{e^{ix}+e^{-ix}}{2},\ \sin x = \frac{e^{ix}-e^{-ix}}{2i}$$

分別代入傅立葉級數的定義：

$$f(x) = \frac{1}{2}a_0 + \sum_{n=1}^{\infty}\left[a_n \cos\frac{n\pi x}{L} + b_n \sin\frac{n\pi x}{L} \right]$$

則：

$$f(x) = \frac{1}{2}a_0 + \sum_{n=1}^{\infty}\left[a_n \frac{e^{in\pi x/L} + e^{-in\pi x/L}}{2}x + b_n \frac{e^{in\pi x/L} - e^{-in\pi x/L}}{2i} \right]$$

$$= \frac{1}{2}a_0 + \sum_{n=1}^{\infty}\left[\frac{1}{2}(a_n - b_n i)\, e^{in\pi x/L} + \frac{1}{2}(a_n + b_n i)\, e^{-in\pi x/L} \right]$$

$$= c_0 + \sum_{n=1}^{\infty} c_n e^{in\pi x/L} + \sum_{n=1}^{\infty} \overline{c_n} e^{-in\pi x/L}$$

其中，

$$c_0 = \frac{1}{2}a_0,\ c_n = \frac{1}{2}(a_n - b_n i),\ \overline{c_n} = \frac{1}{2}(a_n + b_n i)$$

根據傅立葉級數定義，可得：

$$c_0 = \frac{1}{2}a_0 = \frac{1}{2L}\int_{-L}^{L} f(x)dx$$

$$c_n = \frac{1}{2}(a_n - b_n i) = \frac{1}{2}\left[\frac{1}{L}\int_{-L}^{L} f(x)\cos\frac{n\pi x}{L}\, dx - \frac{1}{L}\int_{-L}^{L} f(x)\sin\frac{n\pi x}{L}\, dx \cdot i \right]$$

$$= \frac{1}{2L}\int_{-L}^{L} f(x)\left[\cos\frac{n\pi x}{L} - \sin\frac{n\pi x}{L}\cdot i \right]dx$$

$$= \frac{1}{2L}\int_{-L}^{L} f(x)\, e^{-in\pi x/L}dx,\ n = 1, 2, 3, \cdots$$

$$\overline{c_n} = \frac{1}{2}(a_n + b_n i) = \frac{1}{2}\left[\frac{1}{L}\int_{-L}^{L} f(x)\cos\frac{n\pi x}{L}\, dx + \frac{1}{L}\int_{-L}^{L} f(x)\sin\frac{n\pi x}{L}\, dx \cdot i \right]$$

$$= \frac{1}{2L}\int_{-L}^{L} f(x)\left[\cos\frac{n\pi x}{L} + \sin\frac{n\pi x}{L}\cdot i \right]dx$$

$$= \frac{1}{2L}\int_{-L}^{L} f(x)\, e^{in\pi x/L}dx,\ n = 1, 2, 3, \cdots$$

由於 n 均為正整數，若代入 n 為負整數可得 $\overline{c_n}$，因此可以將上述三個結果合併成通式：

$$c_n = \frac{1}{2L}\int_{-L}^{L} f(x)\, e^{-in\pi x/L}\, dx,\ n = 0, \pm 1, \pm 2, \cdots$$

即是**複數傅立葉級數**的係數。

範 例

設函數(如圖)為：

$$f(x) = \begin{cases} -1 & if\ -\pi < x < 0 \\ 1 & if\ 0 \le x < \pi \end{cases}$$

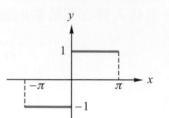

求函數的**複數傅立葉級數**

解 根據定義：

$$c_n = \frac{1}{2L} \int_{-L}^{L} f(x)\, e^{-in\pi x/L}\, dx$$

$$= \frac{1}{2\pi} \int_{-\pi}^{\pi} f(x)\, e^{-inx}\, dx \qquad L=\pi\ 代入$$

$$= \frac{1}{2\pi} \left[\int_{-\pi}^{0} (-1)\, e^{-inx}\, dx + \int_{0}^{\pi} (1)\, e^{-inx}\, dx \right]$$

$$= \frac{1}{2\pi} \left[-\left[\frac{1}{-in} e^{-inx} \right]_{-\pi}^{0} + \left[\frac{1}{-in} e^{-inx} \right]_{0}^{\pi} \right]$$

$$= \frac{i}{2\pi n} \left[-(1 - e^{in\pi}) + e^{-in\pi} - 1 \right]$$

$$= \frac{i}{2\pi n} \left[e^{in\pi} + e^{-in\pi} - 2 \right] = \frac{i}{\pi n} \left[\frac{e^{in\pi} + e^{-in\pi}}{2} - 1 \right]$$

$$= \frac{i}{\pi n} \left[\cos(n\pi) - 1 \right] = \frac{i}{\pi n} \left[(-1)^n - 1 \right]$$

因此，函數的**複數傅立葉級數**為：

$$f(x) = \sum_{n=-\infty}^{\infty} c_n e^{inx} = \sum_{n=-\infty}^{\infty} \frac{i}{\pi n} \left[(-1)^n - 1 \right] e^{inx} \qquad\blacksquare$$

本範例之角頻率 $\omega = 2\pi/T = 1$，$c_0 = \frac{1}{2\pi} \int_{-\pi}^{\pi} f(x)dx = 0$ 且 $c_n = \frac{i}{\pi n} \left[(-1)^n - 1 \right]$，若

分別代入 n 值，則可得：

$$c_1 = \frac{i}{\pi} \left[(-1)^1 - 1 \right] = -\frac{2}{\pi} i, \quad c_2 = \frac{i}{\pi(2)} \left[(-1)^2 - 1 \right] = 0$$

$$c_3 = \frac{i}{\pi(3)} \left[(-1)^3 - 1 \right] = -\frac{2}{3\pi} i, \quad c_4 = \frac{i}{\pi(4)} \left[(-1)^4 - 1 \right] = 0, \cdots$$

與

$$c_{-1} = \frac{i}{\pi(-1)}\Big[(-1)^{-1}-1\Big] = \frac{2}{\pi}i, \quad c_{-2} = \frac{i}{\pi(-2)}\Big[(-1)^{-2}-1\Big] = 0$$

$$c_{-3} = \frac{i}{\pi(-3)}\Big[(-1)^{-3}-1\Big] = \frac{2}{3\pi}i, \quad c_{-4} = \frac{i}{\pi(-4)}\Big[(-1)^{-4}-1\Big] = 0, \cdots$$

　　若進一步求這些係數的大小(絕對值)，可得圖 12-8，稱為函數的**振幅頻譜**(Amplitude Spectrum)或**頻譜**(Frequency Spectrum)。頻譜可以用來觀察時間域的訊號，其在頻率域中不同頻率所對應的振幅，因此在分析訊號時是相當重要的數學工具。

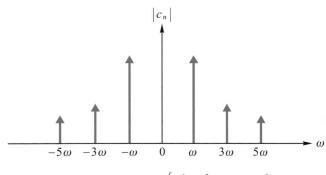

▲圖 **12-8**　函數 $f(x) = \begin{cases} -1 & if -\pi < x < 0 \\ 1 & if\ 0 \le x < \pi \end{cases}$ 的頻譜

12.5 ▶ 傅立葉積分

　　傅立葉級數主要是針對區間$(-L, L)$的週期性函數；在此，我們則是希望進一步針對區間$(-\infty, \infty)$的非週期性函數求其傅立葉表示法，稱為**傅立葉積分**(Fourier Integrals)。

定義 12.5 傅立葉積分

函數 f 的**傅立葉積分**(Fourier Integral)可以定義爲：

$$f(x) = \int_0^\infty \left[A(\omega)\cos(\omega x) + B(\omega)\sin(\omega x) \right] d\omega$$

其中：

$$A(\omega) = \frac{1}{\pi} \int_{-\infty}^\infty f(\xi)\cos(\omega \xi)\, d\xi$$

與

$$B(\omega) = \frac{1}{\pi} \int_{-\infty}^\infty f(\xi)\sin(\omega \xi)\, d\xi$$

範例

設函數(如圖)爲：

$$f(x) = \begin{cases} 1 & if\ -1 < x < 1 \\ 0 & otherwise \end{cases}$$

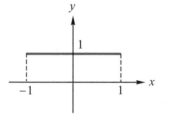

決定函數的**傅立葉積分**

解 根據定義：

$$A(\omega) = \frac{1}{\pi} \int_{-\infty}^\infty f(\xi)\cos(\omega \xi)\, d\xi = \frac{1}{\pi} \int_{-1}^1 \cos(\omega \xi)\, d\xi = \frac{2\sin(\omega)}{\pi\omega}$$

$$B(\omega) = \frac{1}{\pi} \int_{-\infty}^\infty f(\xi)\sin(\omega \xi)\, d\xi = \frac{1}{\pi} \int_{-1}^1 \sin(\omega \xi)\, d\xi = 0$$

因此，函數 f 的**傅立葉積分**爲：

$$\int_0^\infty \left[A(\omega)\cos(\omega x) + B(\omega)\sin(\omega x) \right] d\omega = \int_0^\infty \frac{2\sin(\omega)}{\pi\omega}\cos(\omega x)\, d\omega$$

定義 12.6.1 傅立葉餘弦積分

函數 f 的**傅立葉餘弦積分**(Fourier Cosine Integral)可以定義爲：

$$f(x) = \int_0^\infty A(\omega)\cos(\omega x)\,d\omega$$

其中：

$$A(\omega) = \frac{2}{\pi}\int_0^\infty f(\xi)\cos(\omega\xi)\,d\xi$$

定義 12.6.2 傅立葉正弦積分

函數 f 的**傅立葉正弦積分**(Fourier Sine Integral)可以定義爲：

$$f(x) = \int_0^\infty B(\omega)\sin(\omega x)\,d\omega$$

其中：

$$B(\omega) = \frac{2}{\pi}\int_0^\infty f(\xi)\sin(\omega\xi)\,d\xi$$

範 例

設函數爲 $f(x) = e^{-x},\ x > 0$

求函數的傅立葉餘弦積分與傅立葉正弦積分

解 根據定義：

(a) **傅立葉餘弦積分**

$$A(\omega) = \frac{2}{\pi}\int_0^\infty f(\xi)\cos(\omega\xi)\,d\xi = \frac{2}{\pi}\int_0^\infty e^{-\xi}\cos(\omega\xi)\,d\xi = \frac{2}{\pi}\frac{1}{1+\omega^2}$$

$$\int_0^\infty A(\omega)\cos(\omega x)\,d\omega = \frac{2}{\pi}\int_0^\infty \frac{1}{1+\omega^2}\cos(\omega x)\,d\omega$$

(b) **傅立葉正弦積分**

$$B(\omega) = \frac{2}{\pi}\int_0^\infty f(\xi)\sin(\omega\xi)\,d\xi = \frac{2}{\pi}\int_0^\infty e^{-\xi}\sin(\omega\xi)\,d\xi = \frac{2}{\pi}\frac{\omega}{1+\omega^2}$$

$$\int_0^\infty B(\omega)\sin(\omega x)\,d\omega = \frac{2}{\pi}\int_0^\infty \frac{\omega}{1+\omega^2}\sin(\omega x)\,d\omega$$

根據**傅立葉積分**定義：

$$f(x) = \int_0^\infty \big[A(\omega)\cos(\omega x) + B(\omega)\sin(\omega x) \big]\, d\omega$$

其中：

$$A(\omega) = \frac{1}{\pi}\int_{-\infty}^\infty f(\xi)\cos(\omega\xi)\, d\xi$$

與

$$B(\omega) = \frac{1}{\pi}\int_{-\infty}^\infty f(\xi)\sin(\omega\xi)\, d\xi$$

因此函數 $f(x)$ 可表示成：

$$\begin{aligned}
f(x) &= \frac{1}{\pi}\int_0^\infty \left\{ \left[\int_{-\infty}^\infty f(\xi)\cos(\omega\xi)\, d\xi\right]\cos(\omega x) + \left[\int_{-\infty}^\infty f(\xi)\sin(\omega\xi)\, d\xi\right]\sin(\omega x)\right\} d\omega \\
&= \frac{1}{\pi}\int_0^\infty \int_{-\infty}^\infty f(\xi)\big[\cos(\omega\xi)\cos(\omega x) + \sin(\omega\xi)\sin(\omega x)\big]\, d\xi d\omega \\
&= \frac{1}{\pi}\int_0^\infty \int_{-\infty}^\infty f(\xi)\cos\big[\omega(\xi - x)\big]\, d\xi d\omega &&\text{利用 } \cos(A-B) \text{ 公式} \\
&= \frac{1}{2\pi}\int_0^\infty \int_{-\infty}^\infty f(\xi)\big[e^{i\omega(\xi-x)} + e^{-i\omega(\xi-x)}\big]\, d\xi d\omega &&\text{由於 } \cos x = \frac{e^{ix}+e^{-ix}}{2} \\
&= \frac{1}{2\pi}\int_{-\infty}^\infty \left[\int_{-\infty}^\infty f(\xi)\, e^{-i\omega\xi}\, d\xi\right] e^{i\omega x}\, d\omega &&\text{合併 } \omega \text{ 與 } -\omega \text{ 積分範圍}
\end{aligned}$$

可以發現函數 $f(x)$ 經過兩次積分後可以還原成原來的函數，因此具有**可逆性** (Reversible)；在此推導的式子即是**傅立葉轉換**與**反轉換**，於下一節討論之。

12.6 ▶ 傅立葉轉換

傅立葉所提出的傅立葉級數，受到後代數學家的重視，因而發展成**傅立葉轉換**(Fourier Transforms)。傅立葉級數僅適用於週期性函數；傅立葉轉換則進一步適用於不具週期性的函數，即 $-\infty < t < \infty$。觀念上，傅立葉級數是將函數以不同頻率、不同振幅的正弦或餘弦函數表示；傅立葉轉換則是根據連續的時間函數，藉由轉換以分析其在頻率域的特性，如：**頻譜**(Frequency Spectrum)等。

傅立葉轉換與拉普拉斯轉換均是屬於**積分轉換**(Integral Transforms)，亦即轉換時牽涉積分。傅立葉轉換與反轉換的定義如下：

定義 12.7 **傅立葉轉換**

假設 $\int_{-\infty}^{\infty} |f(t)| dt$ 收斂，則函數 f 的**傅立葉轉換**(Fourier Transform)可以定義為[5]：

$$F(\omega) = \mathscr{F}\{f(t)\} = \int_{-\infty}^{\infty} f(t) e^{-i\omega t} dt$$

其**反轉換**(Inverse Transform)為：

$$f(t) = \mathscr{F}^{-1}\{F(\omega)\} = \frac{1}{2\pi} \int_{-\infty}^{\infty} F(\omega) e^{i\omega t} d\omega$$

　　傅立葉轉換可以將時間域的函數 $f(t)$ 轉換成頻率域的函數 $F(\omega)$；同時，也可以透過**傅立葉反轉換**將 $F(\omega)$ 還原成 $f(t)$。在此，我們以英文字母小寫 f 代表轉換前的 t 函數，大寫 F 代表轉換後的 ω 函數。

　　傅立葉轉換可以表示成：$\mathscr{F}\{f(t)\} = F(\omega)$、$\mathscr{F}\{g(t)\} = G(\omega)$、…等；其反轉換則可表示成：$\mathscr{F}^{-1}\{F(\omega)\} = f(t)$、$\mathscr{F}^{-1}\{G(\omega)\} = g(t)$、…等。傅立葉轉換最重要的特性即具有**可逆性**(Reversible)。

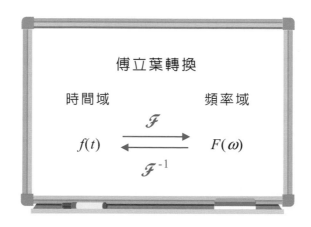

---

[5]　有些書籍在討論傅立葉轉換時，是使用下列定義：

$$\hat{f}(\omega) = \frac{1}{\sqrt{2\pi}} \int_{-\infty}^{\infty} f(x) e^{-i\omega x} dx \ 、 \ f(x) = \frac{1}{\sqrt{2\pi}} \int_{-\infty}^{\infty} \hat{f}(\omega) e^{i\omega x} d\omega$$

基本上，雖然使用不同的前導係數、自變數或是頻率域函數，但是經過傅立葉傳換與反轉換後仍可還原成原始的函數。在此我們改用時間 t 作為自變數，$f(t)$ 代表連續性的時間函數。

範 例

設函數為 $f(t) = e^{-a|t|}$，其中 a 為常數，求函數的傅立葉轉換

解 根據定義：

$$\mathscr{F}\{f(t)\} = \int_{-\infty}^{\infty} f(t)e^{-i\omega t}dt$$

$$= \int_{-\infty}^{0} e^{at} \cdot e^{-i\omega t}dt + \int_{0}^{\infty} e^{-at} \cdot e^{-i\omega t}dt$$

$$= \int_{-\infty}^{0} e^{(a-i\omega)t}dt + \int_{0}^{\infty} e^{-(a+i\omega)t}dt$$

$$= \left[\frac{1}{a-i\omega}e^{(a-i\omega)t}\right]_{-\infty}^{0} + \left[\frac{-1}{a+i\omega}e^{-(a+i\omega)t}\right]_{0}^{\infty}$$

$$= \left(\frac{1}{a-i\omega} + \frac{1}{a+i\omega}\right) = \frac{2a}{a^2+\omega^2}$$

$$\therefore \quad F(\omega) = \frac{2a}{a^2+\omega^2}$$

範 例

設函數為**脈衝函數**(如圖)：

$$f(t) = \begin{cases} A & if \ -\dfrac{W}{2} \le t \le \dfrac{W}{2} \\ 0 & otherwise \end{cases}$$

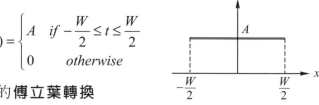

其中 A、W 為常數，求函數的**傅立葉轉換**

解 根據定義：

$$\mathscr{F}\{f(t)\} = \int_{-\infty}^{\infty} f(t)e^{-i\omega t}dt$$

$$= \int_{-W/2}^{W/2} Ae^{-i\omega t}dt = A\int_{-W/2}^{W/2} e^{-i\omega t}dt$$

$$= A\left[-\frac{1}{i\omega}e^{-i\omega t}\right]_{-W/2}^{W/2}$$

$$= A\left[-\frac{1}{i\omega}e^{-\frac{i\omega W}{2}} + \frac{1}{i\omega}e^{\frac{i\omega W}{2}}\right]$$

$$= \frac{A}{i\omega}\left[e^{\frac{i\omega W}{2}} - e^{-\frac{i\omega W}{2}}\right]$$

$$= \frac{A}{i\omega}\left[\cos(\frac{\omega W}{2}) + i\sin(\frac{\omega W}{2}) - \cos(\frac{\omega W}{2}) + i\sin(\frac{\omega W}{2})\right]$$

$$= \frac{A}{\omega}\left[2\sin(\frac{\omega W}{2})\right] = AW\frac{\sin(\omega W / 2)}{\omega W / 2}$$

$$= AW \operatorname{sinc}(\omega W / 2)$$

$$\therefore \quad F(\omega) = AW \operatorname{sinc}(\omega W / 2) \qquad\blacksquare$$

在此我們使用歐拉公式 $e^{ix} = \cos x + i\sin x$ 且 $\operatorname{sinc}(x) = \sin(x)/x$。當 $\omega = 0$ 時，必須使用 **L'Hôpital 定理**，推導如下：

$$F(\omega = 0) = \lim_{\omega \to 0} AW \operatorname{sinc}(\omega W / 2) = AW \lim_{\omega \to 0} \frac{\sin(\omega W / 2)}{\omega W / 2}$$

$$= AW \lim_{\omega \to 0} \frac{W / 2 \cdot \cos(\omega W / 2)}{W / 2} = AW$$

$F(\omega = 0)$ 或 $F(0)$ 稱為頻譜的**直流分量**(dc Component)，與脈衝函數的**面積**成正比。脈衝函數的傅立葉轉換如圖 12-9。

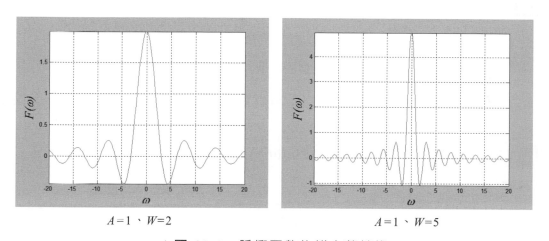

$A = 1$、$W = 2$　　　　　　　　$A = 1$、$W = 5$

▲圖 **12-9**　脈衝函數的傅立葉轉換

傅立葉轉換與拉普拉斯轉換，同樣是屬於**積分轉換**(Integral Transforms)。在此介紹傅立葉轉換相關定理，與拉普拉斯轉換相關定理也非常相似。

定理 12.3 線性運算

若 $\mathcal{F}\{f(t)\} = F(\omega)$、$\mathcal{F}\{g(t)\} = G(\omega)$，且 a、b 為任意常數，則：

$$\mathcal{F}\{af(t) + bg(t)\} = aF(\omega) + bG(\omega)$$

證明

$$\mathcal{F}\{af(t) + bg(t)\} = \int_{-\infty}^{\infty} \left[af(t) + bg(t)\right] e^{-i\omega t} dt$$

$$= a\int_{-\infty}^{\infty} f(t) e^{-i\omega t} dt + b\int_{-\infty}^{\infty} g(t) e^{-i\omega t} dt$$

$$= aF(\omega) + bG(\omega)$$

得證 ∎

定理 12.4 時間平移(Time Shifting)

若 $\mathcal{F}\{f(t)\} = F(\omega)$ 且 t_0 為實數，則：

$$\mathcal{F}\{f(t - t_0)\} = e^{-i\omega t_0} F(\omega)$$

證明

$$\mathcal{F}\{f(t - t_0)\} = \int_{-\infty}^{\infty} f(t - t_0) e^{-i\omega t} dt$$

$$= e^{-i\omega t_0} \int_{-\infty}^{\infty} f(t - t_0) e^{-i\omega(t - t_0)} dt$$

設 $\hat{t} = t - t_0$，則 $d\hat{t} = dt$，可得：

$$\mathcal{F}\{f(t - t_0)\} = e^{-i\omega t_0} \int_{-\infty}^{\infty} f(\hat{t}) e^{-i\omega \hat{t}} d\hat{t} = e^{-i\omega t_0} F(\omega)$$

得證 ∎

定理 12.5 頻率平移(Frequency Shifting)

若 $\mathcal{F}\{f(t)\} = F(\omega)$ 且 ω_0 為實數，則：

$$\mathcal{F}\{e^{i\omega_0 t} f(t)\} = F(\omega - \omega_0)$$

證明

$$\mathcal{F}\{e^{i\omega_0 t} f(t)\} = \int_{-\infty}^{\infty} e^{i\omega_0 t} f(t) e^{-i\omega t} dt$$

$$= \int_{-\infty}^{\infty} f(t) e^{-i(\omega - \omega_0) t} dt = F(\omega - \omega_0)$$

得證 ∎

定理 12.6　縮放(Scaling)

若 $\mathcal{F}\{f(t)\} = F(\omega)$ 且 a 為非零實數，則：

$$\mathcal{F}\{f(at)\} = \frac{1}{a} F(\omega / a)$$

證明　$\mathcal{F}\{f(at)\} = \displaystyle\int_{-\infty}^{\infty} f(at)\, e^{-i\omega t}\, dt$

設 $\hat{t} = at$，則 $d\hat{t} = a\,dt$，可得：

$\mathcal{F}\{f(at)\} = \dfrac{1}{a}\displaystyle\int_{-\infty}^{\infty} f(\hat{t})\, e^{-i(\omega/a)\hat{t}}\, d\hat{t} = \dfrac{1}{a} F(\omega / a)$ 　　　　　得證∎

定理 12.7　調變(Modulation)

若 $\mathcal{F}\{f(t)\} = F(\omega)$ 且 ω_0 為實數，則：

$$\mathcal{F}\{f(t)\cos(\omega_0 t)\} = \frac{1}{2}\left[F(\omega+\omega_0) + F(\omega-\omega_0)\right]$$

$$\mathcal{F}\{f(t)\sin(\omega_0 t)\} = \frac{i}{2}\left[F(\omega+\omega_0) - F(\omega-\omega_0)\right]$$

證明　$\mathcal{F}\{f(t)\cos(\omega_0 t)\} = \displaystyle\int_{-\infty}^{\infty} f(t)\cos(\omega_0 t)\, e^{-i\omega t}\, dt$

由於 $\cos(\omega_0 t) = \dfrac{e^{i\omega_0 t} + e^{-i\omega_0 t}}{2}$，原式 $\Rightarrow$

$\mathcal{F}\{f(t)\cos(\omega_0 t)\} = \dfrac{1}{2}\left[\displaystyle\int_{-\infty}^{\infty} f(t)\, e^{-i(\omega+\omega_0)t}\, dt + \int_{-\infty}^{\infty} f(t)\, e^{-i(\omega-\omega_0)t}\, dt\right]$

$\qquad\qquad\qquad = \dfrac{1}{2}\left[F(\omega+\omega_0) + F(\omega-\omega_0)\right]$ 　　　　　得證∎

在此僅證明第一個部分，第二個部分則非常相似。**調變**(Modulation)可以說是**通訊**領域中相當重要的技術之一，如圖 12-10。一般的原始訊號是**頻寬有限**(Band-limited)的訊號，其頻率範圍稱為**基頻**(Baseband)；而 $\cos(\omega_0 t)$ 或 $\sin(\omega_0 t)$ 則稱為**載波**(Carrier Waves)，頻率為 ω_0，通常是遠高於原始訊號的頻率。基頻與載波便形成所謂的**寬頻**(Broadband)，可以運用電磁波遠距傳遞訊號。相對而言，**解調變**(Demodulation)技術即是將接收到的訊號還原成原始的訊號。

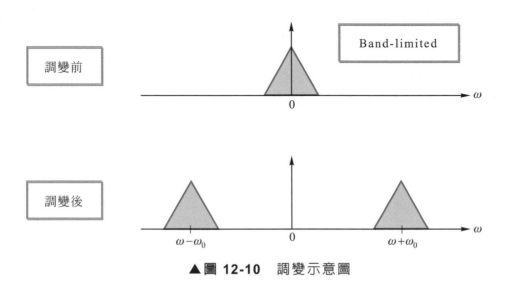

▲ 圖 **12-10**　調變示意圖

以下介紹**摺積**(Convolution)與傅立葉轉換之間的關係，摺積的定義如下：

定義 12.8 **摺積**

假設函數 $f(t)$ 與 $g(t)$ 均為時間 t 的函數，則 f 與 g 的**摺積**(Convolution)可以定義為：

$$(f * g)(t) = \int_{-\infty}^{\infty} f(\tau)g(t-\tau)d\tau$$

摺積的積分式也可以寫成：

$$(f * g)(t) = \int_{-\infty}^{\infty} f(\tau)g(t-\tau)d\tau = \int_{-\infty}^{\infty} f(t-\tau)g(\tau)d\tau$$

亦即：

$$f * g = g * f$$

因此，摺積符合交換率[6]。

　　若與第七章拉普拉斯轉換中介紹的摺積相比較，您可能會注意到傅立葉轉換之摺積定義略有不同，即時間 t 的範圍為 $(-\infty, \infty)$，並不局限於 $t \geq 0$。

定理 12.8　摺積定理

假設函數 $f(t)$ 與 $g(t)$ 均為時間 t 的函數，則：

$$\mathcal{F}\{f * g\} = \mathcal{F}\{f(t)\} \cdot \mathcal{F}\{g(t)\} = F(\omega) \cdot G(\omega)$$

稱為**摺積定理**(Convolution Theorem)。

證明　根據定義：

$$\mathcal{F}\{f * g\} = \int_{-\infty}^{\infty}\left[\int_{-\infty}^{\infty} f(\tau)g(t-\tau)d\tau\right]e^{-i\omega t}dt$$

$$= \int_{-\infty}^{\infty} f(\tau)\left[\int_{-\infty}^{\infty} g(t-\tau)\,e^{-i\omega t}dt\right]d\tau$$

設 $\hat{t} = t - \tau$，則 $d\hat{t} = dt$，可得：

$$\int_{-\infty}^{\infty} f(\tau)\left[\int_{-\infty}^{\infty} g(\hat{t})\,e^{-i\omega(\hat{t}+\tau)}dt\right]d\tau$$

$$= \int_{-\infty}^{\infty} f(\tau)\,e^{-i\omega\tau}\left[\int_{-\infty}^{\infty} g(\hat{t})\,e^{-i\omega\hat{t}}dt\right]d\tau$$

$$= G(\omega)\int_{-\infty}^{\infty} f(\tau)\,e^{-i\omega\tau}d\tau = F(\omega) \cdot G(\omega) \qquad 得證 ■$$

---

[6]　定義中之摺積 $(f*g)(t)$ 也可以表示成 $f(t)*g(t)$。在訊號處理或通訊領域中，$f(t)$ 代表輸入訊號、$g(t)$ 代表**濾波器**(Filters)；$f*g$ 即是訊號濾波後的輸出結果。因此，**摺積**與**濾波**的概念其實息息相關。

範例

設函數為 $f(t) = e^{-|t|}$、$g(t) = e^{-2|t|}$，求 $\mathcal{F}\{f * g\}$

解 根據前述範例：

$$F(\omega) = \frac{2a}{a^2 + \omega^2}$$

因此，

$$\mathcal{F}\{f(t)\} = F(\omega) = \frac{2}{1 + \omega^2} \quad \text{、} \quad \mathcal{F}\{g(t)\} = G(\omega) = \frac{4}{4 + \omega^2}$$

根據摺積定理：

$$\mathcal{F}\{f * g\} = F(\omega) \cdot G(\omega) = \frac{8}{(1 + \omega^2)(4 + \omega^2)}$$ ∎

在此討論傅立葉轉換與 **Dirac Delta 函數**(Dirac Delta Function)的關係。首先定義**單位脈衝函數**(Unit Pulse Function)如下：

$$\delta_a(t) = \frac{1}{2a}\big[\mathcal{U}(t + a) - \mathcal{U}(t - a)\big]$$

如圖 12-11。

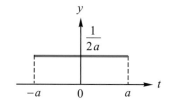

▲圖 **12-11** 單位脈衝函數圖

Dirac Delta 函數(Dirac Delta Function)是定義為：

$$\delta(t) = \lim_{a \to 0} \delta_a(t)$$

因此是在非常短的時間內所產生無限大的脈衝，可以表示如圖 12-12。

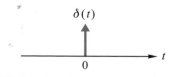

▲圖 **12-12** Dirac Delta 函數圖

定理 12.9　Dirac Delta 函數之轉換

設 $\delta(t)$ 為 Dirac Delta 函數，則 $\mathscr{F}\{\delta(t)\}=1$

證明　首先求**單位脈衝函數**的傅立葉轉換：

$$\mathscr{F}\{\delta_a(t)\}=\int_{-\infty}^{\infty}\delta_a(t)\,e^{-i\omega t}dt$$

$$=\int_{-a}^{a}(\frac{1}{2a})\,e^{-i\omega t}dt=\frac{1}{2a}\int_{-a}^{a}e^{-i\omega t}dt$$

$$=\frac{1}{2a}\left[-\frac{1}{i\omega}e^{-i\omega t}\right]_{-a}^{a}=\frac{1}{2a}\left[\frac{1}{i\omega}(e^{i\omega a}-e^{-i\omega a})\right]$$

$$=\frac{\sin(\omega a)}{\omega a}=\mathrm{sinc}(\omega a)$$

因此，**Dirac Delta 函數**的**傅立葉轉換**為：

$$\mathscr{F}\{\delta(t)\}=\lim_{a\to 0}\left[\mathrm{sinc}(\omega a)\right]=\lim_{a\to 0}\frac{\sin(\omega a)}{\omega a}=1 \qquad\qquad 得證∎$$

定理 12.10　Dirac Delta 函數之轉換

設 $\delta(t)$ 為 Dirac Delta 函數，且 t_0 為實數，則 $\mathscr{F}\{\delta(t-t_0)\}=e^{-i\omega t_0}$

證明　本定理可使用定理 12.4 與 12.9 證明之。

定理 12.11　函數取樣

若函數 $f(t)$ 為時間 t 的函數，$\delta(t)$ 為 Dirac Delta 函數，且 t_0 為實數，則：

$$\int_{-\infty}^{\infty}f(t)\delta(t-t_0)dt=f(t_0)$$

12.7 ▶ 離散傅立葉轉換

隨著數位時代的來臨，現代訊號處理技術早已不再侷限於類比的**連續訊號**(Continuous Signals)，而是以數位化的方式進行，亦即處理的訊號是以**離散訊號**(Discrete Signals)為主。**離散傅立葉轉換**(Discrete Fourier Transform, DFT)便成為數位訊號處理一個相當重要的數學工具。

定義 12.9　**離散傅立葉轉換**

給定一序列包含 N 個複數 $x[n], n=0,1,\cdots,N-1$，則其**離散傅立葉轉換**(Discrete Fourier Transform)可以定義為：

$$X[k]=\sum_{n=0}^{N-1}x[n]\,e^{-i2\pi kn/N}, 0\le k\le N-1$$

其反轉換為：

$$x[n]=\sum_{k=0}^{N-1}X[k]\,e^{i2\pi kn/N}, 0\le n\le N-1$$

在定義離散傅立葉轉換時，也經常定義：$\omega_N=e^{-2\pi i/N}$。因此，離散傅立葉轉換也可以定義為：

$$X[k]=\sum_{n=0}^{N-1}x[n]\,\omega_N^{kn}, 0\le k\le N-1$$

其反轉換為：

$$x[n]=\sum_{k=0}^{N-1}X[k]\,\omega_N^{-kn}, 0\le n\le N-1$$

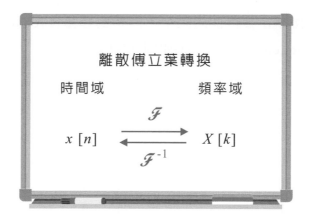

範 例

給定序列 $[2, 4, 1, 1]$，求**離散傅立葉轉換**

解　根據定義：

$$X[k] = \sum_{n=0}^{N-1} x[n]\, e^{-i2\pi kn/N}$$

已知 $N=4$，則 $k=0, 1, 2, 3$ 分別代入：

$$X[0] = \sum_{n=0}^{N-1} x[n]\, e^{-i2\pi(0)n/N} = \sum_{n=0}^{3} x[n] = 2+4+1+1 = 8$$

$$X[1] = \sum_{n=0}^{N-1} x[n]\, e^{-i2\pi(1)n/N} = \sum_{n=0}^{3} x[n]\, e^{-i\pi n/2}$$

$$= 2 \cdot e^{0} + 4 \cdot e^{-i\pi/2} + 1 \cdot e^{-i\pi} + 1 \cdot e^{-i3\pi/2} = 1 - 3i$$

$$X[2] = \sum_{n=0}^{N-1} x[n]\, e^{-i2\pi(2)n/N} = \sum_{n=0}^{3} x[n]\, e^{-i\pi n}$$

$$= 2 \cdot e^{0} + 4 \cdot e^{-i\pi} + 1 \cdot e^{-i2\pi} + 1 \cdot e^{-i3\pi} = -2$$

$$X[3] = \sum_{n=0}^{N-1} x[n]\, e^{-i2\pi(3)n/N} = \sum_{n=0}^{3} x[n]\, e^{-i3\pi n/2}$$

$$= 2 \cdot e^{0} + 4 \cdot e^{-i3\pi/2} + 1 \cdot e^{-i3\pi} + 1 \cdot e^{-i9\pi/2} = 1 + 3i$$

因此**離散傅立葉轉換**為：

$$[8,\ 1-3i,\ -2,\ 1+3i]$$

　　若進一步求離散傅立葉轉換的大小,即稱為**頻譜**(Frequency Spectrum)。原始序列與其**頻譜**(Frequency Spectrum)如圖 12-13。

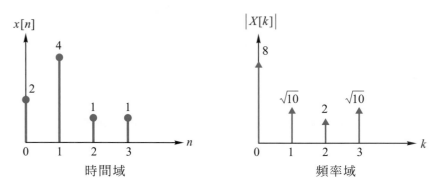

▲圖 **12-13** 　離散訊號與離散傅立葉轉換(頻譜)圖

　　上述範例中,序列僅包含四個離散點,其值均為實數,轉換後的結果亦維持四個離散點,但其值為複數,因此包含**大小**(Magnitude)與**相位角**(Phase)。由於序列包含四個離散點($N=4$),因此也稱為 **4-點離散傅立葉轉換**(4-Point DFT)。

　　若進一步進行反轉換:

$$x[n] = \sum_{k=0}^{N-1} X[k]\, e^{i2\pi kn/N}$$

則可將複數序列[8, 1−3i, −2, 1+3i]還原成[2, 4, 1, 1][7]。因此,離散傅立葉轉換也符合**可逆性**(Reversible)。

　　理論上,離散傅立葉轉換與反轉換在數位訊號的頻率分析中,是相當重要的數學工具。但是,在實際的訊號處理與通訊應用中,N 通常都相當大,其運算量也相對龐大。舉例說明,若 $N=1024$,則離散傅立葉轉換率涉 1024×1024 加法與乘法(演算法中稱為暴力法,即直接運算的時間複雜度為 $O(N^2)$)。因此,當 N 很大時,上述的運算量即使有電腦快速運算能力的協助,也無法在很短的時間內完成。

---

[7]　在此邀請讀者自行證明之。筆者認為工數教授若是出的考題,要求同學人工推導 4-點離散傅立葉轉換或反轉換,仍是合理的;當然,若超過 8-點,沒有電腦輔助就不太合理了!

　　快速傳立葉轉換(Fast Fourier Transforms, FFT)即是用來計算離散傳立葉轉換的快速演算法，可以大幅降低牽涉的運算量(演算法中稱為 Divide-and-Conquer 法，其運算的時間複雜度為 $O(N \lg N)$)。目前最常用的**快速傳立葉轉換**演算法是由 J.W. Cooley 與 J.W. Tukey 於 1965 年所提出。有了快速傳立葉轉換，使得傳立葉轉換的科學與工程應用更為實際。許多電腦輔助軟體都提供快速傳立葉轉換的運算工具，建議您應該進一步學習其使用方法。

練習十二

一、基本概念

1. 試解釋何謂**波**(Waves)，並列舉波的種類。

2. 試說明**電磁波**與現代科技的關係。

3. 試使用人工的方式繪製下列函數：

    (a)　$f(x) = \sin(2x),\ x = 0 \sim 2\pi$

    (b)　$f(x) = 5\sin(4x),\ x = 0 \sim 2\pi$

    (c)　$f(x) = 10\cos(2x),\ x = 0 \sim 2\pi$

    (d)　$f(x) = 2\cos(4x),\ x = 0 \sim 2\pi$

4. 試判斷下列函數為**偶函數**或**奇函數**：

    (a)　$f(x) = x^2 + x^4$

    (b)　$f(x) = \dfrac{1}{2}x$

    (c)　$f(x) = |x|$

    (d)　$f(x) = x\sin(x)$

    (e)　$f(x) = x^2\cos(x)$

    (f)　$f(x) = x^3\cos(2x)$

    (g)　$f(x) = \sin x + \cos x$

5. 求下列複數的**共軛複數**、**大小**與**相位角**：

    (a)　$1 + 2i$

    (b)　$1 - \sqrt{3}i$

    (c)　$-1 - i$

    (d)　$-4 + 3i$

6. 給定複數 $3 + 2i$ 與 $4 + i$，求兩複數的**和**與**積**。

7. 試化簡複數 $\dfrac{3 + 4i}{1 + i}$

二、傅立葉級數

8. 試簡述何謂傅立葉級數。

9.　求下列週期性函數的**傅立葉級數**：

(a)　$f(x) = \begin{cases} -4 & if -\pi < x < 0 \\ 4 & if\ 0 \leq x < \pi \end{cases}, \ f(x+2\pi) = f(x)$

(b)　$f(x) = |x|, -\pi < x < \pi, f(x+2\pi) = f(x)$

(c)　$f(x) = x+1, -1 < x < 1, \ f(x+2) = f(x)$

(d)　$f(x) = \dfrac{x^2}{4}, -\pi < x < \pi, \ f(x+2\pi) = f(x)$

(e)　$f(x) = \begin{cases} 0 & if -\pi < x < 0 \\ \pi - x & if\ 0 \leq x < \pi \end{cases}, \ f(x+2\pi) = f(x)$

10.　設週期性函數爲：

$$f(x) = x, \ -\pi < x < \pi, f(x+2\pi) = f(x)$$

試回答下列問題：

(a)　求函數的**傅立葉級數**；

(b)　使用電腦輔助軟體繪製**傅立葉級數**的部分總和圖(參考圖 12-6，包含 1 ~ 4 非零項)；

(c)　試概略說明函數與其傅立葉級數部分總和的關係；

(d)　試根據繪圖說明 Gibbs 現象；

(e)　試根據傅立葉級數求下列無窮級數：

$$1 - \frac{1}{3} + \frac{1}{5} - \frac{1}{7} + \cdots$$

11.　設函數爲：

$$f(x) = \begin{cases} -4 & if -\pi < x < 0 \\ 4 & if\ 0 \leq x < \pi \end{cases}, \ f(x+2\pi) = f(x)$$

試使用 **Dirichlet 定理**決定傅立葉級數的**收斂性**。

12.　設函數爲：

$$f(x) = \begin{cases} 0 & if -\pi < x < 0 \\ \pi - x & if\ 0 \leq x < \pi \end{cases}, \ f(x+2\pi) = f(x)$$

試使用 **Dirichlet 定理**決定傅立葉級數的**收斂性**。

三、傅立葉餘弦與正弦級數

13. 設週期性函數為：

    $f(x) = x^2, \ -\pi \le x \le \pi, \ f(x+2\pi) = f(x)$

    (a)　函數的**週期**為何？

    (b)　試判斷函數為**偶函數**或**奇函數**；

    (c)　求函數的**傅立葉級數**；

    (d)　試問傅立葉級數是與**傅立葉餘弦級數**或**傅立葉正弦級數**相同？

14. 設函數為：

    $$f(x) = \begin{cases} -1 & if -\pi < x < 0 \\ 1 & if \ 0 \le x < \pi \end{cases}$$

    (a)　求函數的**傅立葉餘弦級數**；

    (b)　求函數的**傅立葉正弦級數**。

15. 求下列函數的**半幅傅立葉餘弦級數**與**半幅傅立葉正弦級數**：

    (a)　$f(x) = \begin{cases} 1 & if \ 0 < x < \dfrac{1}{2} \\ 0 & if \ \dfrac{1}{2} \le x \le 1 \end{cases}$

    (b)　$f(x) = \cos x, 0 < x < \pi/2$

    (c)　$f(x) = \begin{cases} x & if \ 0 < x < 1 \\ 1 & if \ 1 \le x \le 2 \end{cases}$

    (d)　$f(x) = x^2, 0 < x < \pi$

四、複數傅立葉級數

16. 求下列函數的**複數傅立葉級數**：

    (a)　$f(x) = e^{-x}, \ -\pi \le x \le \pi$

    (b)　$f(x) = \begin{cases} -1 & if -2 < x < 0 \\ 1 & if \ 0 < x < 2 \end{cases}$

    (c)　$f(x) = x, -\pi < x < \pi$

17. 設週期性函數為：

$$f(x) = \begin{cases} 0 & -\dfrac{1}{2} < x < -\dfrac{1}{4} \\ 1 & -\dfrac{1}{4} < x < \dfrac{1}{4} \\ 0 & \dfrac{1}{4} < x < \dfrac{1}{2} \end{cases}$$

其中 $f(x+1) = f(x)$，試回答下列問題：

(a) 求函數的**複數傅立葉級數**；

(b) 根據以上結果繪製**頻譜**$(-5\omega \sim 5\omega)$。

五、傅立葉積分

18. 求下列函數的**傅立葉積分**：

(a) $f(x) = \begin{cases} 1 & if\ 0 < x < 1 \\ 0 & otherwise \end{cases}$

(b) $f(x) = \begin{cases} 0 & if\ x < 0 \\ 1 & if\ 0 < x < 2 \\ 0 & if\ x > 2 \end{cases}$

(c) $f(x) = \begin{cases} 0 & if\ x < 0 \\ x & if\ 0 < x < 1 \\ 0 & if\ x > 1 \end{cases}$

六、傅立葉轉換

19. 求下列函數的**傅立葉轉換**：

(a) $f(t) = e^{-|t|}$

(b) $f(t) = \begin{cases} 1 & if\ -1 \le t \le 1 \\ 0 & otherwise \end{cases}$

(c) $f(t) = \begin{cases} -1 & if\ -1 < t < 0 \\ 1 & if\ 0 < t < 1 \\ 0 & otherwise \end{cases}$

七、離散傅立葉轉換

20. 求下列序列的離散傅立葉轉換：

    (a) [2, 2, 0, 0]

    (b) [0, 1, 2, 3]

    (c) [5, 3, 1, 1]

21. 給定下列序列，試使用電腦輔助軟體求快速傅立葉轉換，並繪製頻譜：

    (a) [1, 2, 3, 4, 1, 2, 3, 4]

    (b) [1, 1, 0, 0, 1, 1, 0, 0]

    (c) [1, 0, 1, 0, 1, 0, 1, 0]

A

附錄

I   歷史上重要的科學家(數學家)

II   積分表

III   基本單位與換算表

IV   拉普拉斯轉換表

V   傅立葉轉換表

VI   簡易 Matlab 教學

VII   練習題參考解答

附錄 I ▶ 歷史上重要的科學家(數學家)

　　現代科學(Modern Science)在人類文明的發展中，毫無疑問扮演舉足輕重的角色。身為科學家或工程師的您，應該對現代科學的起源有概略的認識，以下列舉歷史上幾位重要的科學家(數學家)，大致是按照時間的先後次序安排，同時簡略說明相關事實與重要理論。

	**伽利略** Galileo Galilei 1564 – 1642 被譽為「現代科學之父」 支持哥白尼太陽中心論 首先使用數學公式描述自由落體運動： $$S = \frac{1}{2} gt^2$$
	**牛頓** Issac Newton 1642 – 1727 牛頓三大運動定律 微積分發明人 色彩理論 牛頓冷卻定律
	**萊布尼茲** Gottfried Leibniz 1646 – 1716 微積分發明人 萊布尼茲表示法 微積分基本定理

歐拉　Leonhard Euler

1707 – 1783

函數表示法 $f(x)$

圖形理論

彈性體的力矩定律

傅立葉　Joseph Fouier

1768 – 1830

熱傳導與振動理論

傅立葉級數/傅立葉轉換(頻率分析)

溫室效應發現者

高斯　Carl F. Gauss

1777 – 1855

被譽爲「數學王子」

高斯常態分佈曲線

二次互反律(數論發展基礎)

柯西　Augustin-Louis Cauchy

1789 – 1857

無窮小微積分

Cauchy-Schwarz 不等式

發現與證明許多微分方程式

史托克　Sir George Stokes

1819 – 1903

流體力學

Stokes 定理

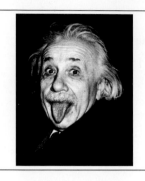

愛因斯坦 Albert Einstein
1879 – 1955

相對論 $E = mc^2$
光電效應
愛因斯坦公式(黑洞理論)

以上介紹的科學家(數學家)，筆者暱稱為微積分與工程數學的**臉書** (Facebook)。期望身為科學家或工程師的您，可以把他們加為好友，進一步認識他們與其所提出的理論。

愛因斯坦當然也有正襟危坐、表情嚴肅的相片，但是筆者比較喜歡這張相片，可以發現科學家其實也有俏皮的一面。非常聰明的人似乎喜歡吐舌頭，籃球大帝 Michael Jordan 帶球上籃時也喜歡吐舌頭！

附錄 II ▶ 積分表

基本型態

(1) $\int x^n dx = \dfrac{1}{n+1} x^{n+1} + c$

(2) $\int \dfrac{1}{x} dx = \ln|x| + c$

(3) $\int \dfrac{1}{ax+b} dx = \dfrac{1}{a} \ln|ax+b| + c$

(4) $\int \dfrac{1}{(x+a)^2} dx = -\dfrac{1}{x+a} + c$

(5) $\int \dfrac{1}{x^2+1} dx = \tan^{-1} x + c$

(6) $\int \dfrac{1}{x^2+a^2} dx = \dfrac{1}{a} \tan^{-1}(\dfrac{x}{a}) + c$

(7) $\int \dfrac{x^2}{x^2+a^2} dx = x - a \tan^{-1}(\dfrac{x}{a}) + c$

(8) $\int \dfrac{1}{(x+a)(x+b)} dx = \dfrac{1}{b-a} \Big[\ln|x+a| - \ln|x+b| \Big] + c$

根號

(9) $\int \sqrt{x-a}\, dx = \dfrac{2}{3}(x-a)^{3/2} + c$

(10) $\int \dfrac{1}{\sqrt{x \pm a}} dx = 2\sqrt{x \pm a} + c$

(11) $\int \dfrac{1}{\sqrt{a-x}} dx = 2\sqrt{a-c} + c$

(12) $\int \sqrt{ax+b}\, dx = \left(\dfrac{2b}{3a} + \dfrac{2x}{c} \right) \sqrt{b+ax} + c$

(13) $\int \dfrac{1}{\sqrt{a^2-x^2}} dx = \sin^{-1}\left(\dfrac{x}{a} \right) + c$

(14) $\int \dfrac{1}{\sqrt{x^2 \pm a^2}} dx = \ln\left(x + \sqrt{x^2 \pm a^2} \right) + c$

對數

(15) $\int \ln x\, dx = x \ln x - x + c$

(16) $\int \dfrac{\ln(ax)}{x} dx = \dfrac{1}{2} (\ln(ax))^2 + c$

(17) $\int \ln(ax+b)\, dx = \dfrac{ax+b}{a} \ln(ax+b) - x + c$

(18) $\int \ln(ax^2 + bx + c)dx$

$$= \frac{1}{a}\sqrt{4ac - b^2} \tan^{-1}\left(\frac{2ax + b}{\sqrt{4ac - b^2}}\right) - 2x + \left(\frac{b}{2a} + x\right)\ln(ax^2 + bx + c) + c$$

指數

(19) $\int e^x dx = e^x + c$

(20) $\int e^{ax} dx = \frac{1}{a}e^{ax} + c$

(21) $\int xe^x dx = xe^x - e^x + c$

(22) $\int xe^{ax} dx = \frac{1}{a}xe^{ax} - \frac{1}{a^2}e^{ax} + c$

(23) $\int x^2 e^x dx = x^2 e^x - 2xe^x + 2e^x + c$

(24) $\int x^2 e^{ax} dx = \frac{1}{a}x^2 e^{ax} - \frac{2}{a^2}xe^{ax} + \frac{2}{a^3}e^{ax} + c$

三角函數

(25) $\int \sin x dx = -\cos x + c$

(26) $\int \sin^2 x dx = \frac{x}{2} - \frac{1}{4}\sin 2x + c$

(27) $\int \sin^3 x dx = -\frac{3}{4}\cos x + \frac{1}{12}\cos 3x + c$

(28) $\int \cos x dx = \sin x + c$

(29) $\int \cos^2 x dx = \frac{x}{2} + \frac{1}{4}\sin 2x + c$

(30) $\int \cos^3 x dx = \frac{3}{4}\sin x + \frac{1}{12}\sin 3x + c$

(31) $\int \sin x \cos x dx = -\frac{1}{2}\cos^2 x + c$

(32) $\int \sin^2 x \cos x dx = \frac{1}{4}\sin x - \frac{1}{12}\sin 3x + c$

(33) $\int \sin x \cos^2 x dx = -\frac{1}{4}\cos x - \frac{1}{12}\cos 3x + c$

(34) $\int \sin^2 x \cos^2 x dx = \frac{x}{8} - \frac{1}{32}\sin 4x + c$

(35) $\int \tan x dx = -\ln|\cos x| + c$

(36) $\int \tan^2 x dx = -x + \tan x + c$

(37) $\int \tan^3 x dx = \ln|\cos x| + \frac{1}{2}\sec^2 x + c$

(38) $\int \cot x\,dx = \ln|\sin x| + c$

(39) $\int \cot^2 x\,dx = -x - \cot x + c$

(40) $\int \sec x\,dx = \ln|\sec x + \tan x| + c$

(41) $\int \sec^2 x\,dx = \tan x + c$

(42) $\int \sec^3 x\,dx = \frac{1}{2}\sec x \tan x + \frac{1}{2}\ln|\sec x \tan x| + c$

(43) $\int \sec x \tan x\,dx = \sec x + c$

(44) $\int \sec^2 x \tan x\,dx = \frac{1}{2}\sec^2 x + c$

(45) $\int \csc x\,dx = \ln|\csc x - \cot x| + c$

(46) $\int \csc^2 x\,dx = -\cot x + c$

(47) $\int \csc^3 x\,dx = -\frac{1}{2}\cot x \csc x + \frac{1}{2}\ln|\csc x - \cot x| + c$

(48) $\int \sec x \csc x\,dx = \ln|\tan x| + c$

三角函數與多項式

(49) $\int x \sin x\,dx = -x \cos x + \sin x + c$

(50) $\int x \sin ax\,dx = -\frac{1}{a}x \cos ax + \frac{1}{a^2}\sin ax + c$

(51) $\int x \cos x\,dx = x \sin x + \cos x + c$

(52) $\int x \cos ax\,dx = \frac{1}{a}x \sin ax + \frac{1}{a^2}\cos ax + c$

三角函數與指數

(53) $\int e^x \sin x\,dx = \frac{1}{2}e^x(\sin x - \cos x) + c$

(54) $\int e^{bx} \sin ax\,dx = \frac{1}{b^2 + a^2}e^{bx}(b \sin ax - a \cos ax) + c$

(55) $\int e^x \cos x\,dx = \frac{1}{2}e^x(\sin x + \cos x) + c$

(56) $\int e^{bx} \cos ax\,dx = \frac{1}{b^2 + a^2}e^{bx}(a \sin ax + b \cos ax) + c$

三角函數、多項式與指數

(57) $\int xe^x \sin x\,dx = \frac{1}{2}e^x(\cos x - x \cos x + x \sin x) + c$

(58) $\int xe^x \cos x\,dx = \frac{1}{2}e^x(-\sin x + x \cos x + x \sin x) + c$

雙曲線函數
(59)　$\int \sinh x\,dx = \cosh x + c$
(60)　$\int \cosh x\,dx = \sinh x + c$
(61)　$\int \tanh x\,dx = \ln\lvert\cosh x\rvert + c$
(62)　$\int \coth x\,dx = \ln\lvert\sinh x\rvert + c$
(63)　$\int \sec hx\,dx = 2\tan^{-1}(e^x) + c$
(64)　$\int \csc hx\,dx = \ln\left\lvert\tanh(\dfrac{x}{2})\right\rvert + c$

附錄 III ▶ 基本單位與換算表

　　國際單位制(符號為 SI，是來自法語：Système International d'Unités)主要是源自公制或米制，是目前世界上最普遍採用的標準度量衡單位系統；英制單位制則是源自英國的度量衡單位系統，目前仍被英、美等國家廣泛採用。由於本書在討論微分方程式的應用時牽涉這兩種單位制，在此將其基本單位表列如下：

▼基本單位表

物理量	國際單位制	英制單位制
質量	公斤(kg)	Slug
重量	牛頓(N)	磅(pound 或 lb)
長度	公尺(m)	英呎(feet 或 ft)
時間	秒(sec)	秒(sec)
重力加速度	$9.8 \text{ m} / \text{sec}^2$	$32 \text{ ft} / \text{sec}^2$
體積	公升(L)	加侖(gallon 或 gal)

國際單位制

1 m = 100 cm(公分)

1 kg = 1000 g(公克)

$1 \text{ L} = 1{,}000 \text{ mL}(毫升) = 1{,}000 \text{ cm}^3(立方公分)$

英制單位制

1 ft = 12 inch(英吋)

換算公式

1 kg = 2.205 lb　或　1 lb = 0.454 kg

1 m = 3.281 ft　或　1 ft = 0.305 m

1 cm = 0.394 inch　或　1 inch = 2.54 cm

1 L = 0.264 gal　或　1 gal = 3.785 L

1 m/sec = 3.6 km/hour　或　1 km/hour = 0.2778 m/sec

附錄 IV ▶ 拉普拉斯轉換

▼拉普拉斯轉換表

$f(t)$	$F(s)$	$f(t)$	$F(s)$
1	$\dfrac{1}{s}$	$\sinh kt$	$\dfrac{k}{s^2 - k^2}$
t	$\dfrac{1}{s^2}$	$\cosh kt$	$\dfrac{s}{s^2 - k^2}$
t^n	$\dfrac{n!}{s^{n+1}}$	$t \sin kt$	$\dfrac{2ks}{(s^2 + k^2)^2}$
e^{at}	$\dfrac{1}{s-a}$	$t \cos kt$	$\dfrac{s^2 - k^2}{(s^2 + k^2)^2}$
te^{at}	$\dfrac{1}{(s-a)^2}$	$e^{at} \sin kt$	$\dfrac{k}{(s-a)^2 + k^2}$
$t^n e^{at}$	$\dfrac{n!}{(s-a)^{n+1}}$	$e^{at} \cos kt$	$\dfrac{s-a}{(s-a)^2 + k^2}$
$\sin kt$	$\dfrac{k}{s^2 + k^2}$	$\delta(t)$	1
$\cos kt$	$\dfrac{s}{s^2 + k^2}$	$\delta(t - t_0)$	e^{-st_0}

▼拉普拉斯轉換相關定理

t-domain	s-domain
$af(t) + bg(t)$	$aF(s) + bG(s)$
$f'(t)$	$sF(s) - f(0)$
$f''(t)$	$s^2 F(s) - sf(0) - f'(0)$
$f^{(n)}(t)$	$s^n F(s) - s^{n-1} f(0) - \cdots - f^{(n-1)}(0)$
$\displaystyle\int_0^t f(\tau) d\tau$	$\dfrac{1}{s} F(s)$
$e^{at} f(t)$	$F(s-a)$
$f(t-a)\mathcal{U}(t-a)$	$e^{-as} F(s)$
$f * g = \displaystyle\int_0^t f(\tau) g(t-\tau) d\tau$	$F(s) \cdot G(s)$
$f(t) = f(t+T)$	$\dfrac{1}{1 - e^{-sT}} \displaystyle\int_0^T e^{-st} f(t) dt$

附錄 V ▶ 傅立葉轉換

$$F(\omega) = \int_{-\infty}^{\infty} f(t)e^{-i\omega t}dt$$

$$f(t) = \frac{1}{2\pi}\int_{-\infty}^{\infty} F(\omega)e^{i\omega t}d\omega$$

▼傅立葉轉換表

$f(t)$	$F(\omega)$
$e^{-a|t|}$	$\dfrac{2a}{a^2+\omega^2}$
$\mathcal{U}(t)\,e^{-at}$	$\dfrac{1}{a+i\omega}$
$\mathcal{U}(t)\,te^{-at}$	$\dfrac{1}{(a+i\omega)^2}$
$\begin{cases} A & if -\dfrac{W}{2} \le t \le \dfrac{W}{2} \\ 0 & otherwise \end{cases}$	$AW\,\text{sinc}(\omega W/2)$
$\dfrac{1}{2a}\left[\mathcal{U}(t-a)-\mathcal{U}(t+a)\right]$	$\text{sinc}(a\omega)$
$\cos(\omega_0 t)$	$\pi\left[\delta(\omega-\omega_0)+\delta(\omega+\omega_0)\right]$
$\sin(\omega_0 t)$	$-i\pi\left[\delta(\omega-\omega_0)-\delta(\omega+\omega_0)\right]$
$\delta(t)$	1
$\delta(t-t_0)$	$e^{-i\omega t_0}$
$e^{-t^2/2\sigma^2}$	$\sqrt{2\pi\sigma^2}\;e^{-\sigma^2\omega^2/2}$

【註】高斯函數的傅立葉轉換仍為高斯函數。

▼傅立葉轉換相關定理

t-domain	ω-domain
$af(t)+bg(t)$	$aF(\omega)+bG(\omega)$
$f(t-t_0)$	$e^{-i\omega t_0}F(\omega)$
$e^{i\omega_0 t}f(t)$	$F(\omega-\omega_0)$
$f(at)$	$\dfrac{1}{a}F(\omega/a)$
$f(t)\cos(\omega_0 t)$	$\dfrac{1}{2}\left[F(\omega+\omega_0)+F(\omega-\omega_0)\right]$
$f(t)\sin(\omega_0 t)$	$\dfrac{i}{2}\left[F(\omega+\omega_0)-F(\omega-\omega_0)\right]$
$f*g = \int_{-\infty}^{\infty} f(\tau)g(t-\tau)d\tau$	$F(\omega)\cdot G(\omega)$

附錄 VI ▶ 簡易 Matlab 教學

　　目前市面上的電腦輔助軟體,例如:Matlab、Maple 或 Mathematica 等,都相當適合用來作為作為輔助學習微積分與工程數學的工具。Matlab 是**矩陣實驗室**(Matrix Laboratory)的縮寫,是由美國 The MathWorks 公司出品的商業數學軟體。目前 Matlab 軟體的功能相當多元,尤其適合科學與工程上的各種應用;限於篇幅,本書無法詳盡介紹,建議您可以參考市面上 Matlab 的相關書籍。

　　本附錄的目的是針對本書介紹的內容說明 Matlab 的應用。Matlab 提供的**符號工具箱**(Symbolic Toolbox)與繪圖等功能是相當便利的電腦輔助工具,可以協助我們解決許多微積分與工程數學的相關問題。建議您在實際推導問題的解答後,再操作 Matlab 軟體以檢驗答案是否相符,或是進一步運用 Matlab 提供的繪圖功能。

　　本附錄討論的主題包含:

- 微積分
- 函數繪圖
- 方向場
- 微分方程式求解
- 拉普拉斯轉換
- 微分方程式系統
- 微分方程式的級數解
- 向量與向量空間
- 向量分析
- 傅立葉級數與轉換

A. 微積分

微分(Differentiation)與積分(Integration)可使用 Matlab 提供的符號工具箱。在使用符號工具箱時，通常須先使用 syms 指令建立符號物件，微分與積分指令分別為 diff 與 int。請參考範例如下：

範 例

求 (a) $\dfrac{d}{dx}(x^2+\sin x)$　(b) $\dfrac{d}{dx}(e^{x^2+1})$　(c) $\dfrac{d}{dx}\ln(\cos(x))$

【Matlab】

```
>> syms x
>> diff( x ^ 2 + sin( x ))
>> diff( exp( x ^ 2 + 1))
>> diff( log( cos( x )))
```

範 例

求 (a) $\dfrac{d^2}{dx^2}\sin x$　(b) $\dfrac{d^3}{dx^3}(4x^3+6x+1)$

【Matlab】

```
>> syms x
>> diff( sin( x ), 2 )
>> diff( 4 * x ^ 3 + 6 * x + 1, 3 )
```

範 例

求 (a) $\int \sin x\,dx$　(b) $\int e^x\cos x\,dx$　(c) $\int \dfrac{x}{\sqrt{x^2+1}}dx$

【Matlab】

```
>> syms x
>> int( sin( x ))
>> int( exp( x )* cos( x ))
>> int( x / sqrt( x ^ 2 + 1 ))
```

┌─ 範┃例 ───┐

求定積分 (a) $\int_0^1 x^2 dx$ (b) $\int_0^\pi \sin x dx$ (c) $\int_0^1 x \ln(1+x) dx$

└──┘

【Matlab】

```
>> syms x
>> int( x ^ 2, 0, 1 )
>> int( sin( x ), 0, pi )
>> int( x * log( 1 + x ), 0, 1 )
```

B. 函數繪圖

函數是定義為 $y = f(x)$，因此若微分方程式的解為**顯解**，就可以使用 Matlab 進行函數繪圖。函數繪圖可以使用 ezplot 或 plot 指令，建議您應該熟悉這兩種方法。請參考範例如下：

┌─ 範┃例 ───┐

函數繪圖 $y = x^2 - 2x + 1,\ x \in [-5, 5]$

└──┘

【Matlab】

```
>> ezplot( ' x ^ 2 – 2 * x + 1 ',[ -5, 5 ] )
>> xlabel( ' x ' );
>> ylabel( ' y ' );
>> grid;
```

【Matlab】

```
>> x = linspace( -5, 5 );
>> y = x .^ 2 – 2 * x + 1;
>> plot( x, y );
>> xlabel( ' x ' );
>> ylabel( ' y ' );
>> title( ' y = x ^ 2 – 2 x + 1 ' );
>> grid;
```

由於 Matlab 是將 x 與 y 視為矩陣，請特別注意運算 .^ (須多加一點)

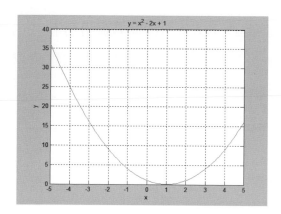

範 例

函數繪圖 $y_1 = \sin x$ 與 $y_2 = 2\cos x$ ， $x \in [0, 2\pi]$

【Matlab】

```
>> x = linspace( 0, 2 * pi );
>> y1 = sin( x );
>> y2 = 2 * cos( x );
>> plot( x, y1, ' - ', x, y2, ' -- ' );
>> xlabel( ' x ' );
>> title( ' y1 = sin( x )& y2 = 2 cos( x )' )
>> legend( ' y1 ', ' y2 ' )
>> axis tight
>> grid;
```

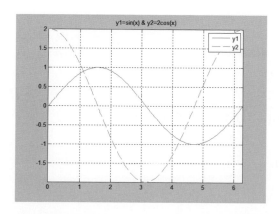

雙變數函數是定義為 $z = f(x, y)$，因此若微分方程式的解為**隱解**，也可以使用 Matlab 進行函數繪圖。雙變數函數可以使用立體圖或是等高線圖的方式呈現。請參考範例如下：

範例

函數繪圖 $z = f(x, y) = e^{-\frac{x^2+y^2}{2}}$ ， $x, y \in [-3, 3]$

【Matlab】

```
>> [x, y] = meshgrid( -3:0.1:3, -3:0.1:3 );   以 0.1 遞增，較為細緻
>> z=exp( -( x .^ 2 + y.^2 )/ 2 );
>> mesh( x, y, z );
>> xlabel( ' x ' );
>> ylabel( ' y ' );
>> title( ' exp( -( x ^ 2 + y ^ 2 )/ 2 )' );
>> axis tight;
```

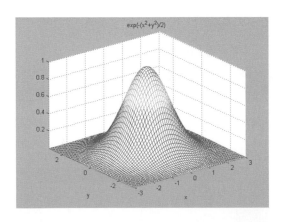

【Matlab】

```
>> [x, y] = meshgrid( -3:0.1:3, -3:0.1:3 );
>> z=exp( -( x .^ 2 + y .^ 2 )/ 2 );
>> contour( x, y, z );
>> xlabel( ' x ' );
>> ylabel( ' y ' );
>> title( ' exp( -( x ^ 2 + y ^ 2 )/ 2 )' );
>> grid;
```

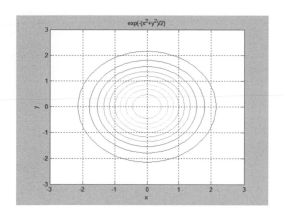

範例

函數繪圖 $f(x, y) = c$ 或 $x^2 + y^2 = c$，$x, y \in [-5, 5]$

【Matlab】

```
>> [x, y] = meshgrid( -5:0.1:5, -5:0.1:5 );
>> z = x .^ 2 + y .^ 2;
>> contour( x, y, z,[ 1, 4, 9, 16, 25 ] );     可選取 c 值
>> xlabel( ' x ' );
>> ylabel( ' y ' );
>> title( ' x ^ 2 + y ^ 2 = c ' );
>> grid;
```

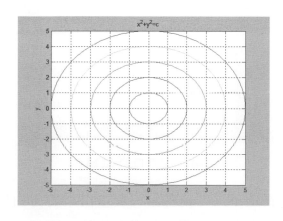

C. 方向場

若一階微分方程式表示成：

$$\frac{dy}{dx} = f(x, y)$$

則可以利用 Matlab 軟體繪製其方向場。

範 例

繪製方向場 $\dfrac{dy}{dx} = xy$ ， $x, y \in [-5, 5]$

【Matlab】

```
>> [x, y] = meshgrid( -5 : 0.5 : 5, -5 : 0.5 : 5 );
>> dy = x .* y;
>> dx = ones( size( dy ));
>> quiver( x, y, dx, dy );
>> xlabel( 'x' );
>> ylabel( 'y' );
>> title( ' Direction Field for dy/dx = xy ' );
```

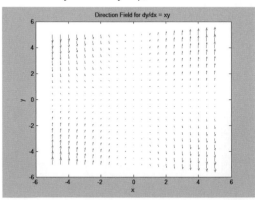

(第一次方向場試繪)

由於每個線段的長短不一，使得第一次畫出來的方向場無法產生令人滿意的結果。為了解決這個問題，我們先將所有的線段正規化成單位長度，即更改為：

```
>> L = sqrt( 1 + dy .^ 2 );
```

```
>> quiver( x, y, dx ./ L, dy ./ L );
```

可得下列結果：

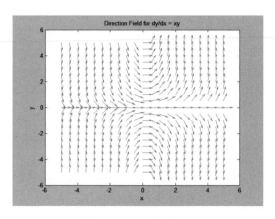

(第二次方向場試繪)

由於圖中仍有線段重疊且仍有許多空白，最後再更改為：

```
>> quiver( x, y, dx ./ L, dy ./ L, 0.5 );
>> axis tight
```

可得比較令人滿意的方向場如下：

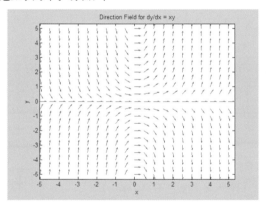

$$\frac{dy}{dx} = xy \text{ 方向場}$$

D. 微分方程式求解

　　Matlab 針對微分方程式求解所提供的指令為 dsolve，可以用來求常微分方程式的通解，也可以用來求初始值問題的特解。Matlab 預設的自變數是 t，也可以更改為 x。若 Matlab 回傳的解不夠簡潔，可使用 simplify 指令進一步化簡。

範例

解 (a) $\dfrac{dy}{dx} = y$　　(b) $\dfrac{dy}{dx} + y = 5$

【**Matlab**】

```
>> syms x y
>> dsolve( ' Dy = y ', ' x ' )
>> dsolve( ' Dy + y = 5 ', ' x ' )
```

若是微分方程式的解為隱解，則回傳的答案就可能無法如您所願。

範例

解初始值問題 $\dfrac{dy}{dx} + y = x,\ y(0) = 1$

【**Matlab**】

```
>> syms x y
>> dsolve( ' Dy + y = x ', ' y( 0 )= 1 ', ' x ' )
```

範例

解齊次方程式 (a) $y'' + 3y' + 2y = 0$　　(b) $y'' + 4y = 0$

【**Matlab**】

```
>> syms x y
>> dsolve( ' D2y – 3 * Dy + 2 * y = 0 ', ' x ' )
>> dsolve( ' D2y + 4 * y = 0 ', ' x ' )
```

範例

解齊次方程式 $y''' + 2y'' + 2y' + 4y = 0$

【**Matlab**】

```
>> syms x y
>> dsolve( ' D3y + 2 * D2y + 2 * Dy + 4 * y = 0 ', ' x ' )
```

範例

解初始值問題 $y'' + 4y = 0, y(0) = 1, y'(0) = 2$

【**Matlab**】

```
>> syms x y
>> dsolve( ' D2y + 4 * y = 0 ', ' y( 0 )= 1 ', ' Dy( 0 )= 2   ', ' x ' )
```

範例

解非齊次方程式 $y'' + y = \sin x + e^{-x}$

【**Matlab**】

```
>> syms x y
>> dsolve( ' D2y + y = sin( x )+ exp( -x )', ' x ' )
>> simplify( ans )
```

範例

解柯西－歐拉方程式 $x^2 y'' - xy' + y = 0$

【**Matlab**】

```
>> syms x y
>> dsolve( ' x^2 * D2y – x * y + y = 0 ', ' x ' )
```

E. 拉普拉斯轉換

範例

求拉普拉斯轉換 (a) $\mathcal{L}\{t^5\}$ (b) $\mathcal{L}\{t^3 e^{2t}\}$ (c) $\mathcal{L}\{t \sin(2t)\}$

【**Matlab**】

```
>> syms t s
>> laplace( t ^ 5 )
>> laplace( t ^ 3 * exp( 2 * t ))
>> laplace( t * sin( 2 * t ))
```

範例

求 (a) $\mathcal{L}\{e^{2t}+4\cos 3t\}$　　(b) $\mathcal{L}\{3t^2e^t+t\sin 2t\}$

【Matlab】

```
>> syms t s
>> laplace( exp( 2 * t )+ 4 * cos( 3 * t ))
>> laplace( 3 * t ^ 2 * exp( t )+ t * sin( 2 * t ))
```

範例

求反拉普拉斯轉換(a) $\mathcal{L}^{-1}\{\dfrac{5}{s-1}\}$　 (b) $\mathcal{L}^{-1}\{\dfrac{1}{s^2+4}\}$

【Matlab】

```
>> syms t s
>> ilaplace( 5 /( s − 1 ))
>> ilaplace( 1 /( s ^ 2 + 4 ))
```

範例

求 $\mathcal{L}^{-1}\{\dfrac{1}{(s-1)(s-2)(s+4)}\}$

【Matlab】

```
>> syms t s
>> ilaplace( 1 /(( s − 1 )*( s − 2 )*( s + 4 )))
```

範例

繪製 $f(t)=\sin(t-\pi)\,\mathcal{U}(t-\pi)$

【Matlab】

```
>> ezplot( ' sin( t − pi )* Heaviside( t − pi )',[ 0, 4 * pi ] );
>> xlabel( ' t ' );
>> ylabel( ' f( t )' )
>> grid;
```

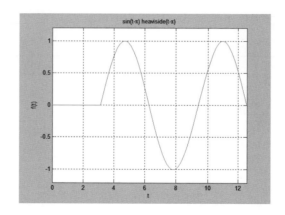

【範例】

求拉普拉斯轉換(a) $\mathcal{L}\{t\,\mathcal{U}(t-1)\}$　　(b) $\mathcal{L}\{\cos(t-\pi)\,\mathcal{U}(t-\pi)\}$

【Matlab】

```
>> syms t s
>> laplace( t * heaviside( t – 1 ))
>> laplace( cos( t – pi )* heaviside( t – pi ))
```

【範例】

求反拉普拉斯轉換(a) $\mathcal{L}^{-1}\{\dfrac{1}{s-1}e^{-2s}\}$　　(b) $\mathcal{L}^{-1}\{\dfrac{s}{s^2+4}e^{-\pi s}\}$

【Matlab】

```
>> syms t s
>> ilaplace( 1 /( s – 1 )* exp( -2 * s ))
>> ilaplace( s /( s ^ 2 + 4 )* exp( -pi * s ))
```

【範例】

求反拉普拉斯轉換(a) $\mathcal{L}\{\delta(t)\}$　　(b) $\mathcal{L}\{\delta(t-\pi)\}$

【Matlab】

```
>> syms t s
>> laplace( dirac( t ))
>> laplace( dirac( t - pi ))
```

F. 微分方程式系統

┌─範│例├──────────────────────────────────┐

解微分方程式系統：$\dfrac{dx}{dt} = y, \ \dfrac{dy}{dt} = x$

【Matlab】

```
>> syms t x y
>> S = dsolve( ' Dx = y ', ' Dy = x ' )
>>[ S.x, S.y ]
```

┌─範│例├──────────────────────────────────┐

解微分方程式系統：$\dfrac{dx}{dt} = y, \ \dfrac{dy}{dt} = x, x(0) = 1, y(0) = 2$

【Matlab】

```
>> syms t x y
>> S = dsolve( ' Dx = y ', ' Dy = x ', ' x( 0 )= 1 ', ' y( 0 )= 2 ' )
>>[ S.x, S.y ]
```

G. 微分方程式的級數解

┌─範│例├──────────────────────────────────┐

求下列函數的泰勒級數 (a) e^x　(b) $\sin x$

【Matlab】

```
>> syms x
>> taylor( exp( x ))
>> taylor( sin( x ))
```

┌─範│例├──────────────────────────────────┐

繪製第一類 Bessel 函數

【Matlab】

```
>> x = linspace( 0,10 );
```

```
>> j0 = besselj( 0, x );
>> j1 = besselj( 1, x );
>> j2 = besselj( 2, x );
>> j3 = besselj( 3, x );
>> plot( x, j0, x, j1, x, j2, x, j3 );
>> grid;
```

範 例

繪製第二類 Bessel 函數

【Matlab】

```
>> x = linspace( 0,10 );
>> j0 = bessely( 0, x );
>> j1 = bessely( 1, x );
>> j2 = bessely( 2, x );
>> j3 = bessely( 3, x );
>> plot( x, j0, x, j1, x, j2, x, j3 );
>> grid;
```

H.　向量與向量空間

範 例

若 $\mathbf{a} = <2, 1>$、$\mathbf{b} = <-1, 3>$，求 $\mathbf{a} + \mathbf{b}$、$\mathbf{a} - \mathbf{b}$ 與 $2\mathbf{a} + \mathbf{b}$

【Matlab】

```
>> a =[ 2, 1 ];
>> b =[ -1, 3 ];
>> a + b
>> a – b
>> 2 * a + b
```

範 例

若向量 $\mathbf{a} = \;<2, 1>$，求：

(a)向量 Norm $\|\mathbf{a}\|$　(b)與 $\mathbf{a}$ 平行之單位向量

【Matlab】

```
>> a =[ 2, 1 ];
>> norm( a )
>> u = a ./ norm( a )
```

範 例

若 $\mathbf{a} = \;<2, 1, 3>$、$\mathbf{b} = \;<1, -1, 4>$，求 $\mathbf{a} + \mathbf{b}$、$\mathbf{a} - \mathbf{b}$ 與 $2\mathbf{a} + \mathbf{b}$

【Matlab】

```
>> a =[ 2, 1, 3 ];
>> b =[ 1, -1, 4 ];
>> a + b
>> a − b
>> 2 * a + b
```

範 例

若向量 $\mathbf{a} = \;<2, 3, -1>$，求：

(a)向量 Norm $\|\mathbf{a}\|$　(b)與 $\mathbf{a}$ 平行之單位向量

【Matlab】

```
>> a =[ 2, 3, -1 ];
>> norm( a )
>> u = a ./ norm( a )
```

【範例】

給定兩向量 $\mathbf{a} = <1, 3, 2>$、$\mathbf{b} = <3, -1, 2>$，求向量的**點積**

【Matlab】

```
>> a =[ 1, 3, 2 ];
>> b =[ 3, -1, 2 ];
>> dot( a, b )
```

【範例】

若向量 $\mathbf{a} = <2, -1, 3>$、$\mathbf{b} = <1, 3, 2>$，試求向量 $\mathbf{a}$ 在向量 $\mathbf{b}$ 上的投影向量

$$\text{proj}_{\mathbf{b}}\mathbf{a} = \left(\frac{\mathbf{a} \cdot \mathbf{b}}{\mathbf{b} \cdot \mathbf{b}} \right) \mathbf{b}$$

【Matlab】

```
>> a =[ 2, -1, 3 ];
>> b =[ 1, 3, 2 ];
>> proj = dot( a, b )/ dot( b, b)* b
```

【範例】

給定兩向量 $\mathbf{a} = <1, 3, 2>$、$\mathbf{b} = <3, -1, 2>$，求向量的**叉積**

【Matlab】

```
>> a =[ 1, 3, 2 ];
>> b =[ 3, -1, 2 ];
>> cross( a, b )
```

I. 向量分析

【範例】

試繪製向量函數 $\mathbf{F}(t) = \cos(t)\,\mathbf{i} + \sin(t)\,\mathbf{j} + t\,\mathbf{k}$

【Matlab】

```
>> t = linspace( 0, 4 * pi );
>> x = cos( t );
>> y = sin( t );
>> z = t;
>> plot3( x, y, z );
```

【範例】

試繪製純量場 $f(x,y) = 1 - x^2 - y^2$

【Matlab】

```
>>[ x, y ] = meshgrid( -2 : 0.1 : 2, -2 : 0.1 : 2 );
>> z = 1 − x .* x − y .* y;
>> surface( x, y, z );
>> xlabel( 'x' );
>> ylabel( 'y' );
>> grid;
>> colorbar;
```

【範例】

試繪製向量場 $\mathbf{F}(x,y) = -x\,\mathbf{i} - y\,\mathbf{j}$

【Matlab】

```
>>[ x, y ] = meshgrid( -6 : 6, -6 : 6 );
>> u = −x;
>> v = −y;
>> L = sqrt( u .* u + v .* v );
>> quiver( x, y, u ./ L, v ./ L, 0.5 );
>> axis([ -6, 6, -6, 6 ] );
```

```
>> xlabel( 'x' );
>> ylabel( 'y' );
>> grid;
```

範例

試繪製向量場 $\mathbf{F}(x, y, z) = y\,\mathbf{i} - x\,\mathbf{j} + z\,\mathbf{k}$

【Matlab】

```
>>[ x, y, z ] = meshgrid( -2 : 2, -2 : 2, -2 : 2 );
>> u = y;
>> v = −x;
>> w = z;
>> L = sqrt( u .* u + v .* v + z .* z );
>> quiver3( x, y, z, u ./ L, v ./ L, w ./ L, 0.5 );
>> xlabel( 'x' );
>> ylabel( 'y' );
```

範例

設區域 R 為矩形封閉區域 $0 \le x \le 1, 0 \le y \le 2$，求**雙重積分**：

$$\iint\limits_{R} (x + y)\, dA$$

【Matlab】

```
>> syms x y
>> int( int( x + y, x, 0, 1 ), y, 0, 2 )
```
或
```
>> int( int( x + y, y, 0, 2 ), x, 0, 1 )
```

┌─範│例├─

若區域 R 為 $y = x^2$、$y = 0$ 與 $x = 1$ 所圍成的封閉區域，求雙重積分

$$\iint\limits_R xy\, dA$$

【Matlab】

```
>> syms x y
>> int( int( x * y, y, 0, x^2 ), x, 0, 1 )
或
>> int( int( x * y, x, sqrt( y ), 1 ), y, 0, 1 )
```

J. 傅立葉級數與轉換

┌─範│例├─

設函數(如圖)為：

$$f(x) = \begin{cases} -1 & if\ -\pi < x < 0 \\ 1 & if\ 0 \le x < \pi \end{cases}$$

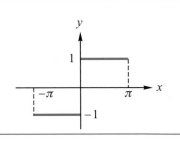

試繪製**傅立葉級數**的部分總和

傅立葉級數為：

$$f(x) = \frac{2}{\pi}\sum_{n=1}^{\infty}\left[\frac{1-(-1)^n}{n}\right]\sin(nx)$$

$$= \frac{4}{\pi}\sin(x) + \frac{4}{3\pi}\sin(3x) + \frac{4}{5\pi}\sin(5x) + \cdots$$

【Matlab】

取 40 項(參考圖 12-7)

```
>> x = linspace( -pi, pi );
>> N = 39;
>> y = 0;
>> for n = 1:2:N,
>> y = y + 4 /( n * pi )* sin( n * x );
>> end;
>> plot( x, y );
>> xlabel( 'x' );
```

```
>> ylabel( 'y' );
>> axis tight;
>> grid;
```

　　Matlab 並未提供離散傅立葉轉換，而是直接提供**快速傅立葉轉換**(Fast Fourier Transforms, FFT)的運算工具。因此在求序列的離散傅立葉轉換時，可直接採用，其結果相同。

╔═ 範│例 ══╗
　給定序列[2, 4, 1, 1]，求**離散傅立葉轉換**
╚═══╝

【**Matlab**】

```
>> a =[ 2, 4, 1, 1 ];
>> fft( a )
```
也可以透過**離散傅立葉反轉換**驗證解答
```
>> ifft( ans)
```

╔═ 範│例 ══╗
　給定序列[1, 2, 3, 4, 1, 2, 3, 4]，求**離散傅立葉轉換**
╚═══╝

【**Matlab**】

```
>> a =[ 1, 2, 3, 4, 1, 2, 3, 4 ];
>> fft( a )
```
也可以透過**離散傅立葉反轉換**驗證解答
```
>> ifft( ans)
```

練習題參考解答

練習一

一、函數

1. 見本書內容

2. 見本書內容

3. 約 10.1 秒

4. 彈簧 A 為 326.67 牛頓/米；彈簧 B 為 98 牛頓/米。振盪頻率與彈簧係數成正比，因此彈簧 A 的振盪頻率較高。

5. (a) 多項式函數   (b) 指數函數
   (c) 三角函數   (d) 對數函數
   (e) 有理式函數   (f) 有理式函數

6. (a) $f^{-1}(x) = \dfrac{1}{2}(x-5)$ (b) $f^{-1}(x) = \ln(x+1)$

   (c) $f^{-1}(x) = e^{2x}$ (d) $f^{-1}(x) = \dfrac{1}{4}\sin^{-1} x$

   (e) $f^{-1}(x) = 10x^{-1}$

7. (a) e^x (b) $\sqrt{x}$
   (c) $10x^4$ (d) $-\ln|x-1|$
   (e) $\csc x$ (f) $\sec x + \sin x$
   (g) $-\sin x$

二、導數或微分

8. 見本書內容

9. 見本書內容

10. 約 99 m/sec(約 356.4 km/sec)；其實比被 F1 賽車撞到還慘！

11. (a) 1   (b) -1
    (c) 1   (d) 1

12. (a) $1 + \sec^2 x$ (b) $2xe^{-x} - x^2 e^{-x}$
    (c) $\cot(x)$ (d) $10 \cdot (\sin 5x - 1) \cdot \cos 5x$
    (e) $e^x \sin x + e^x \cos x$ (f) $\dfrac{x}{\sqrt{x^2+4}}$

13. 略

三、積分

14. 見本書內容

15. (a) $\dfrac{1}{4}x^4 + c$　　　　　　　　　　(b) $-\cos x + c$

　　(c) $-x^2\cos x + 2x\sin x + 2\cos x + c$　　(d) $-x^2 e^{-x} - 2x e^{-x} - 2e^{-x} + c$

　　(e) $\dfrac{1}{3}\ln|x-2| - \dfrac{1}{3}\ln|x+1| + c$　　(f) $\sqrt{x^2 + 4} + c$

　　(g) $\dfrac{1}{2}e^{-x}(\sin x - \cos x) + c$　　　(h) $\tan x - x + c$

　　(i) $-\sin x + c$

四、微積分相關定理

16. 見本書內容

17. (a) $x^2 e^x$　　(b) $x\sin x$

18. (a) $3/2$

　　(b) $1/10$

　　(c) 0

五、多變數函數

19. (a) $e^x \sin y$　　(b) $e^x \cos y$　　(c) $e^x \sin y$　　(d) $-e^x \sin y$　　(e) $e^x \cos y$

20. (a) $y - \sin x$　　(b) $x + 2y$　　(c) $-\cos x$　　(d) 2　　(e) 1

六、最佳化問題

21. 見本書內容

22. 當 $x = 3$ 時，局部最大值為 11

23. 當 $x = 2$ 時，局部最小值為 $-19/3$；當 $x = -2$ 時，局部最大值為 $13/3$

24. 當 $x = 50$、$y = 50$ 時乘積最大。

25. 半徑 $r = 80$ cm、高 $h = 40$ cm；最大體積為 $\dfrac{256000}{3}\pi$ cm^3

26. 當 $x = \dfrac{200}{\pi}$ m、$y = 0$ m 時總面積最大；最大面積為 $\dfrac{40000}{\pi}$ m^2

27. 約 99.5 m

28. $(x, y) = (0, 0)$，局部最小值為 0

29. $(x, y) = (-2, -2)$，局部最大值為 8

30. 當 $x = 40$、$y = 40$、$z = 40$ 時乘積最大

31. 分別**設微分為 0** 可求得：

$$\begin{bmatrix} \sum_{i=1}^{n} x_i^2 & \sum_{i=1}^{n} x_i \\ \sum_{i=1}^{n} x_i & \sum_{i=1}^{n} 1 \end{bmatrix} \begin{bmatrix} a \\ b \end{bmatrix} = \begin{bmatrix} \sum_{i=1}^{n} x_i y_i \\ \sum_{i=1}^{n} y_i \end{bmatrix}$$

資料點 $(2, 1)$、$(3, 2)$、$(4, 3)$、$(5, 2)$ 代入解 a、b
即可得直線方程式 $y = 0.4x + 0.6$

練習二

一、基本概念

1. 見本書內容

2. (a) $\dfrac{dy}{dx} = 2y$ (b) $\dfrac{dy}{dx} - y = 1$

   (c) $\dfrac{dy}{dx} + y^2 = 0$ 或 $x\dfrac{dy}{dx} + y = 0$ (d) $\dfrac{dy}{dx} = \dfrac{y}{x} + 1$

3. 見下表：

微分方程式	自變數	應變數	ODE / PDE	階數	線性？
$\dfrac{dy}{dx} + xy = \sin x$	x	y	ODE	1	線性
$\dfrac{dy}{dx} = \cos(x + y)$	x	y	ODE	1	非線性
$(x^2 + y^2)dx + (x^2 - xy)dy = 0$	x	y	ODE	1	非線性
$y' + e^x y = xy^2$	x	y	ODE	1	非線性
$(1 - x)y'' - 4xy' + 5y = e^x$	x	y	ODE	2	線性
$x\dfrac{d^3 y}{dx^3} + \left(\dfrac{dy}{dx}\right)^4 + y = 0$	x	y	ODE	3	非線性
$y^{(4)} + 2y'' + y = xe^x$	x	y	ODE	4	線性
$\dfrac{dP}{dt} = P(1 - P)$	t	P	ODE	1	非線性
$\dfrac{dx}{dt} + \dfrac{dy}{dt} = x + 2y$	t	x, y	ODE	1	
$\dfrac{\partial u}{\partial t} = k\dfrac{\partial^2 u}{\partial x^2}$	t, x	u	PDE	2	

二、常微分方程式的解

4.　略　　　　　　　　　　　　5.　略

三、積分曲線

6.　見本書內容　　　　　　　　7.　略

8.　略　　　　　　　　　　　　9.　略

10.　略

四、初始值問題

11.　$y = e^{-x}$　　　　　　　　　12.　$x^2 + y^2 = 25$

13.　$y = e^{-x} + 2e^x$　　　　　　14.　$y = -3e^x + 2e^{3x}$

15.　$y = e^x(\cos 2x - \dfrac{1}{2}\sin 2x)$　　16.　$y = x\cos(\ln x) - x\sin(\ln x)$

17.　(a)　R 為任意實數平面；解存在且唯一

　　(b)　R 為 $x > 0$ 之任意實數平面；解存在且唯一

　　(c)　R 為 $y > 0$ 之任意實數平面；不保證解存在且唯一

　　(d)　R 為 $x > y$ 之任意實數平面；不保證解存在且唯一

　　(e)　R 為任意實數平面；解存在且唯一

18.　(a)　解存在且唯一

　　(b)　解存在且唯一

　　(c)　不保證解存在且唯一

　　(d)　解存在且唯一

　　(e)　不保證解存在且唯一

五、邊界值問題

19.　見本書內容

20.　$y = xe^{5x-5}$　唯一解

21.　(a)　$y = \cos 2x + \sin 2x$　唯一解

　　(b)　$y = \cos 2x + c\sin 2x$　多解

　　(c)　無解

22.　$y = 2x^{-1} + x^3$　唯一解

練習三

一、方向場

1. 略

2. 略

3. (C)

4. 略

二、分離變數法

5. (a) 可分離

(b) 不可分離

(c) 可分離

(d) 可分離

(e) 不可分離

(f) 可分離

(g) 可分離

6. $y = \dfrac{1}{3}x^3 + x^2 + c$

7. $y = \dfrac{1 + ce^{2x}}{1 - ce^{2x}}$

8. $y = c|x+1|$

9. $y = -\ln(-e^x - c)$

10. $y = \tan(x + \dfrac{1}{2}x^2 + c)$

11. $y = -2 + c\sin^2 x$

12. $y = -\dfrac{1}{(x^2 - 1)}$

13. $y = e^{\frac{1}{2}(x-1)^2}$

14. $y = \sin(\dfrac{1}{2}x^2)$

15. $y = -\dfrac{1}{x\sin x + \cos x}$

三、線性微分方程式

16. $y = xe^x + ce^x$

17. $y = \dfrac{1}{2}x - \dfrac{1}{4} + ce^{-2x}$

18. $y = \dfrac{x\sin x + \cos x + c}{x}$

19. $y = 2x^3 \ln|x| + cx^3$

20. $y = x\sin x + c\sin x$

21. $y = x - 1 + 2e^{-x}$

22. $y = \dfrac{1}{x+1}$

23. $y = \dfrac{1}{x}(e^x - e)$

24. $y = \sin x + \cos x$

四、正合微分方程式

25. $x^2 y + y = c$

26. $xy^2 + 4xy = c$

27. $x^2 + xe^y = c$

28. $e^{xy} - 4y^3 = c$

29. $\dfrac{1}{2}x^2 - xy^3 - y^2\cos x = c$

30. $x^2 y - y = 1$

31. $-\cos^2 x + y^2 - x^2 y^2 = 3$

32. $e^x \sin y - x^2 + y = -1$

33. $\sin(xy) + x^2 + y^2 = 1$

五、非正合微分方程式

34. $x^2 y = c$

35. $xe^y - \dfrac{1}{2}e^{2y} = c$

36. $x^3 y + \dfrac{1}{2}x^2 y^2 = c$

37. $xy^2 - \dfrac{1}{4}y^4 = c$

38. $e^x \sin^2 y + y\cos y - \sin y = c$

六、齊次微分方程式

39. $y = x\ln|x| + cx$

40. $\left(\dfrac{y}{x}\right)^3 = \ln x^3 + c$

41. $x + y\ln|x| = cy$

42. $\dfrac{y}{x} + \sqrt{1 + \dfrac{y^2}{x^2}} = cx$ 　或　 $y + \sqrt{x^2 + y^2} = cx^2$

43. $\sin\dfrac{y}{x} = ce^x$

七、伯努利微分方程式

44. $y = \left(1 + ce^x\right)^{-1}$

45. $y = \left(1 + cx^{-3}\right)^{1/3}$

46. $y = \sqrt{\dfrac{1}{2}x^2 + cx^{-2}}$

47. $y = \left(\dfrac{1}{2} + cx^{-2}\right)^{-1}$

48. $y = \dfrac{1}{\sqrt{cx^2 - 6x^3}}$

八、代換法

49. $y = -x - 1 + \tan(x + c)$

50. $2\sqrt{y - x + 3} = x + c$

51. $2y - 2x + \sin 2(x + y) = c$

52. $\dfrac{1}{2}\ln\left|(x - y + 2)^2 - 1\right| = x + c$

九、正交軌跡

53.　(a)　$\dfrac{1}{2}x^2 + y^2 = c$　　　　　　(b)　$y = \sqrt{2x+c}$

　　　(c)　$x^2 + \dfrac{1}{2}y^2 = c$

練習四

一、人口動態學

1.　見本書內容　　　　　　　　2.　約 4.755 小時；約 6 小時

3.　250　　　　　　　　　　　　4.　約 11.12 年

5.　$P(t) = \dfrac{aP_0}{bP_0 + (a - bP_0)e^{-at}}$

二、放射性衰變

6.　見本書內容　　　　　　　　7.　約 50,208 年

8.　約 15,601 年　　　　　　　　9.　約為西元 1314 年

三、牛頓冷卻/加熱定律

10.　見本書內容　　　　　　　　11.　約 161 秒

12.　約 36.7°F　　　　　　　　　13.　約 2.28 小時

四、混合問題

14.　(a)　$\dfrac{dA}{dt} + \dfrac{1}{50}A = 4,\ A(0) = 50$　　　(b)　$A(t) = 200 - 150e^{-\frac{1}{50}t}$

　　　(c)　200(lb)　　　　　　　　(d)　略

五、串聯電路

15.　(a)　$\dfrac{di}{dt} + 10i = 12,\ i(0) = 0$

　　　(b)　$i(t) = \dfrac{6}{5} - \dfrac{6}{5}e^{-10t}$

　　　(c)　1.2 安培

　　　(d)　略

　　　(e)　電路於 1 秒內趨近穩態電流 1.2 安培(可依歐姆定律計算而得)

16. (a) $\dfrac{dq}{dt} + 10q = 2, q(0) = 0$

(b) $q(t) = \dfrac{1}{5} - \dfrac{1}{5}e^{-10t}$

(c) $i(t) = 2e^{-10t}$

(d) 0 安培

(e) 略

(f) 電容充電過程(電容於 1 秒內趨近飽和電量 0.1 庫倫,電流則從 2 安培遞減為 0)

六、自由落體運動與空氣阻力

17. $m\dfrac{dv}{dt} = mg - kv$

18. 見本書內容

19. (a) $v(t) = \dfrac{mg}{k} + \left(v_0 - \dfrac{mg}{k}\right)e^{-(k/m)\,t}$

(b) $\dfrac{mg}{k}$

練習五

一、基本概念

1. (a)齊次 (b)齊次 (c)非齊次 (d)非齊次 (e)齊次

2. (a) 線性相依 $c_1 = 1/2, c_2 = 4, c_3 = -1$ (非唯一解)

(b) 線性獨立

(c) 線性相依 $c_1 = 1, c_2 = 1, c_3 = -2$ (非唯一解)

(d) 線性相依 $c_1 = 1, c_2 = -5, c_3 = -5$ (非唯一解)

(e) 線性獨立

(f) 線性相依 $c_1 = 1, c_2 = -1, c_3 = -1, c_4 = 1$ (非唯一解)

(g) 線性相依 $c_1 = 3, c_2 = 2, c_3 = -1, c_4 = 0$ (非唯一解)

3. (a) $\begin{vmatrix} x & 4x \\ 1 & 4 \end{vmatrix} = 0$ 線性相依 $\Rightarrow$ 不構成基底

(b) $\begin{vmatrix} e^x & e^{2x} \\ e^x & 2e^{2x} \end{vmatrix} = e^{3x} \neq 0$ 線性獨立 $\Rightarrow$ 構成基底

(c)　$\begin{vmatrix} e^x & xe^x \\ e^x & e^x + xe^x \end{vmatrix} = e^{2x} \neq 0$　線性獨立　$\Rightarrow$　構成基底

(d)　$\begin{vmatrix} \cos x & \sin x \\ -\sin x & \cos x \end{vmatrix} = 1 \neq 0$　線性獨立　$\Rightarrow$　構成基底

(e)　$\begin{vmatrix} x & x\ln x \\ 1 & \ln x + 1 \end{vmatrix} = x \neq 0$　線性獨立　$\Rightarrow$　構成基底

(f)　$\begin{vmatrix} e^x \cos x & e^x \sin x \\ e^x \cos x - e^x \sin x & e^x \sin x + e^x \cos x \end{vmatrix} = e^{2x} \neq 0$　線性獨立　$\Rightarrow$　構成基底

二、降階法

4.　見本書內容

5.　(a)　$y_2 = e^x$ 　　　　　　　　　　(b)　$y_2 = e^{-2x}$

　　(c)　$y_2 = xe^x$ 　　　　　　　　　(d)　$y_2 = \sin x$

　　(e)　$y_2 = x\ln x$

三、常係數齊次線性方程式

6.　(a)　$y = c_1 e^x + c_2 e^{-2x}$ 　　　　　　(b)　$y = c_1 + c_2 e^{-x}$

　　(c)　$y = c_1 e^x + c_2 xe^x$ 　　　　　　(d)　$y = c_1 \cos 4x + c_2 \sin 4x$

　　(e)　$y = e^{-x}(c_1 \cos 4x + c_2 \sin 4x)$ 　　(f)　$y = e^{2x}(c_1 \cos x + c_2 \sin x)$

7.　(a)　$y = -e^x + 2e^{2x}$ 　　　　　　(b)　$y = 1 + e^{4x}$

　　(c)　$y = e^{-2x} + 4xe^{-2x}$ 　　　　　(d)　$y = \cos 2x + \sin 2x$

　　(e)　$y = e^x \cos 3x - \dfrac{1}{3} e^x \sin 3x$

8.　(a)　$y = c_1 e^x + c_2 xe^x + c_3 x^2 e^x$ 　　　(b)　$y = c_1 e^{-x} + c_2 e^{2x} + c_3 xe^{2x}$

　　(c)　$y = c_1 e^{3x} + c_2 \cos 2x + c_3 \sin 2x$ 　　(d)　$y = c_1 e^{-x} + e^x(c_2 \cos 4x + c_3 \sin 4x)$

四、未定係數法

9.　(a)　$y = c_1 e^{-x} + c_2 e^x - x + 1$

　　(b)　$y = c_1 e^{2x} + c_2 xe^{2x} + 5x + 5$

　　(c)　$y = e^x(c_1 \cos 2x + c_2 \sin 2x) + \dfrac{1}{4} e^x$

　　(d)　$y = c_1 + c_2 e^x + \dfrac{1}{10} \cos 2x - \dfrac{1}{5} \sin 2x$

　　(e)　$y = c_1 e^{-x} + c_2 e^x - xe^{-x}$

(f)　$y = c_1 e^x + c_2 e^{2x} + x e^{2x}$

(g)　$y = c_1 \cos x + c_2 \sin x + x e^x - e^x$

(h)　$y = c_1 \cos 3x + c_2 \sin 3x + \dfrac{1}{8} x \cos x + \dfrac{1}{32} \sin x$

10.　(a)　$y = c_1 e^x + c_2 e^{-x} - 1 + \dfrac{1}{2} x e^x$

(b)　$y = c_1 + c_2 e^x - x + x e^x$

(c)　$y = c_1 e^x + c_2 x e^x + x + 2 + \dfrac{1}{2} x^2 e^x$

(d)　$y = c_1 e^x + c_2 e^{2x} + \dfrac{1}{2} x + \dfrac{3}{4} - x e^x$

(e)　$y = c_1 \cos x + c_2 \sin x + \dfrac{1}{2} e^x - \dfrac{1}{2} x \cos x$

五、參數變換法

11.　(a)　$y = c_1 \cos x + c_2 \sin x + (\sin x - \ln|\sec x + \tan x|)\cos x - \cos x \sin x$

(b)　$y = c_1 \cos x + c_2 \sin x + x \cos x - \ln|\cos x|\sin x$

(c)　$y = c_1 \cos 3x + c_2 \sin 3x - \dfrac{1}{12} x \cos 3x + \dfrac{1}{36} \ln|\sin 3x| \cdot \sin 3x$

(d)　$y = c_1 e^{-x} + c_2 e^{-2x} + (1 + e^{-x}) e^{-x} \ln|1 + e^x|$

12.　使用(a)未定係數法或(b)參數變換法求得的通解均為：

$y = c_1 \cos x + c_2 \sin x + \dfrac{1}{2} e^x$，注意參數變換法求得的特解須進一步化簡。

六、柯西－歐拉方程式

13.　(a)　$y = c_1 + c_2 x^3$

(b)　$y = c_1 x + c_2 x^5$

(c)　$y = c_1 x^2 + c_2 x^2 \ln x$

(d)　$y = x \left[c_1 \cos(\ln x) + c_2 \sin(\ln x) \right]$

(e)　$y = x^{-1} \left[c_1 \cos(4 \ln x) + c_2 \sin(4 \ln x) \right]$

14.　(a)　$y = 1 + x^4$

(b)　$y = -x + 3x^2$

(c)　$y = 2x + x \ln x$

(d)　$y = \cos(\ln x) + \sin(\ln x)$

(e)　$y = x \cos(\ln x) - x \sin(\ln x)$

15. (a) $y = c_1 + c_2 x^{-1} + \dfrac{1}{6} x^2$

    (b) $y = c_1 + c_2 x^2 - x \ln x$

    (c) $y = c_1 x + c_2 x^2 + x^2 \ln x$

練習六

一、彈簧質量系統

1. (a) 9.8 N

   (b) 4 N/m

   (c) $y'' + 4y = 0, y(0) = 0.5, y'(0) = 0$

   (d) $y(t) = 0.5 \cos 2t$

   (e) 週期為 π 秒、頻率為 $1/\pi$ Hz、振幅為 0.5 m

   (f) $y(\pi/2) = -0.5$，即是平衡點上方 0.5 m 處。

2. $y(t) = -2 \sin 4t$

3. $y(t) = 0.2 \cos 8t + 0.5 \sin 8t$；週期為 $\pi/4$ 秒、頻率為 $4/\pi$ Hz、振幅為 0.54 m

4. (a) $y'' + 2y' + 5y = 0, y(0) = 1, y'(0) = 0$

   (b) 欠阻尼運動

   (c) $y = e^{-t}(\cos 2t + \dfrac{1}{2} \sin 2t)$

5. 見本書內容

二、LRC 串聯電路

6. (a) 電路為欠阻尼

   (b) $q(t) = e^{-5t}(20 \cos 10t + 10 \sin 10t)$ (庫倫)

   (c) $i(t) = -250 e^{-5t} \sin 10t$ (安培)

   (d) 穩態電量與電流均為 0

   (e) 略

   (f) 電容放電過程(由於欠阻尼，發生振盪後趨於穩態)

7. (a) 電路為臨界阻尼

   (b) $q(t) = -0.8 e^{-5t} - 4t e^{-5t} + 0.8$ (庫倫)

   (c) $i(t) = 20t e^{-5t}$ (安培)

   (d) 穩態電量為 0.8 庫倫、穩態電流為 0 安培

   (e) 略

   (f) 電容充電過程

練習七

一、拉普拉斯轉換

1. (a) $\dfrac{1}{s-2}$　　　　　　　(b) $\dfrac{6}{s^4}$

   (c) $\dfrac{1}{(s+1)^2}$　　　　　(d) $\dfrac{2}{s^2+4}$

   (e) $\dfrac{s}{s^2+4}$　　　　　　(f) $\dfrac{s^2-1}{(s^2+1)^2}$

   (g) $\dfrac{3}{(s+1)^2+9}$

2. (a) $\dfrac{1}{s}-\dfrac{1}{s}e^{-s}$　　　　(b) $\dfrac{2}{s}e^{-s}$

   (c) $\dfrac{1}{s}e^{-s}+\dfrac{1}{s^2}e^{-s}$　　(d) $\dfrac{1+e^{-\pi s}}{s^2+1}$

3. (a) $\dfrac{1}{s}+\dfrac{2}{s^2}$　　　　　(b) $\dfrac{1}{s}-\dfrac{2}{s^2}+\dfrac{2}{s^3}$

   (c) $\dfrac{3}{s+1}+\dfrac{3}{s^2+9}$　　(d) $\dfrac{s+1}{s^2+1}$

   (e) $\dfrac{1}{(s-1)^2}+\dfrac{8s}{(s^2+16)^2}$

二、反拉普拉斯轉換

4. (a) $2e^{-2t}$　　　　　　　(b) $\dfrac{1}{6}t^3$

   (c) $3\cos t$　　　　　　　(d) $\sqrt{2}\sin\sqrt{2}t$

   (e) $\dfrac{1}{4}t\sin 2t$

5. (a) $1+t+\dfrac{1}{2}t^2$　　　　(b) $\cos 2t+\dfrac{1}{2}\sin 2t$

   (c) $-e^t+e^{2t}$　　　　　(d) $e^{-t}-e^{-2t}$

   (e) e^t+2te^t　　　　　　(f) $-\dfrac{1}{4}e^{-t}+\dfrac{1}{5}e^{-2t}+\dfrac{1}{20}e^{3t}$

   (g) $\dfrac{1}{2}e^t-\dfrac{1}{2}\cos t-\dfrac{1}{2}\sin t$

三、微分與積分的拉普拉斯轉換

6. 見本書內容

7. (a) $\dfrac{1}{s(s-1)}$　　　　　　(b) $\dfrac{2}{s(s^2+4)}$

   (c) $\dfrac{1}{s(s+2)^2}$　　　　　(d) $\dfrac{s^2-1}{s(s^2+1)^2}$

   (e) $\dfrac{1}{s[(s-1)^2+1]}$

四、使用拉普拉斯轉換解初始值問題

8. (a) $y=\dfrac{2}{3}e^{-2t}+\dfrac{1}{3}e^{t}$　　　　(b) $y=-e^{-t}+\cos 2t+2\sin 2t$

   (c) $y=\cos t+\sin t$　　　　　(d) $y=\dfrac{5}{4}+\dfrac{1}{2}t-\dfrac{1}{4}e^{2t}$

五、平移定理

9. (a) $\dfrac{24}{(s-2)^5}$　　　　　　(b) $\dfrac{2}{(s-1)^2+4}$

   (c) $\dfrac{1}{(s+1)^2-1}$　　　　　(d) $\dfrac{1}{6}t^3e^{t}$

   (e) $e^{-t}\cos 3t-\dfrac{1}{3}e^{-t}\sin 3t$　　(f) $\dfrac{1}{2}e^{-3t}\sin 2t$

10. (a) $5\mathcal{U}(t-1)$　　　　　　(b) $2\mathcal{U}(t)-2\mathcal{U}(t-1)$

    (c) $\sin t\cdot\big[\mathcal{U}(t)-\mathcal{U}(t-\pi)\big]$　　(d) $t\cdot\big[\mathcal{U}(t-2)-\mathcal{U}(t-5)\big]$

11. 略

12. (a) $\dfrac{1}{s^2}e^{-s}$　　　　　　(b) $\dfrac{1}{s+1}e^{-2s}$

    (c) $\dfrac{1}{s^2+1}e^{-\pi s}$　　　　(d) $\dfrac{1}{s}e^{-s}+\dfrac{2}{s^2}e^{-s}+\dfrac{2}{s^3}e^{-s}$

    (e) $\dfrac{2}{s^2+4}e^{-\pi s}$

13. (a) $e^{t-2}\,\mathcal{U}(t-2)$

    (b) $(t-4)\,\mathcal{U}(t-4)$

    (c) $(t-1)e^{2(t-1)}\,\mathcal{U}(t-1)$

    (d) $\cos(2(t-\pi))\,\mathcal{U}(t-\pi)$　或　$\cos 2t\,\mathcal{U}(t-\pi)$

    (e) $\dfrac{1}{2}\sin(2(t-2\pi))\,\mathcal{U}(t-2\pi)$　或　$\dfrac{1}{2}\sin 2t\,\mathcal{U}(t-2\pi)$

14. (a) $y = \mathcal{U}(t-1) - e^{-(t-1)}\mathcal{U}(t-1)$ (b) $y = e^{-t} + \mathcal{U}(t-1) - e^{-(t-1)}\mathcal{U}(t-1)$

   (c) $y = \mathcal{U}(t-\pi) - \cos 2t\, \mathcal{U}(t-\pi)$

六、摺積

15. (a) $\dfrac{1}{s^3}$ (b) $\dfrac{4}{s^3(s^2+4)}$

   (c) $\dfrac{s^2-1}{(s+1)(s^2+1)^2}$ (d) $\dfrac{1}{s^2(s+1)}$

   (e) $\dfrac{s}{(s+1)(s^2+1)}$ (f) $\dfrac{2}{s^2(s^2+4)}$

16. (a) $f(t) = \sin t$ (b) $f(t) = 1+t$

   (c) $f(t) = e^t - e^{-t}$ (d) $f(t) = e^{-t} + \cos t - \sin t$

七、週期性函數之轉換

17. (a) $\dfrac{1-e^{-s}}{s(1+e^{-s})}$ (b) $\dfrac{1-e^{-s}-se^{-s}}{s^2(1-e^{-s})}$

   (c) $\dfrac{1}{(s^2+1)(1-e^{-\pi s})}$ (d) $\dfrac{1+e^{-\pi s}}{(s^2+1)(1-e^{-\pi s})}$

八、Dirac Delta 函數

18. (a) $\sin(t-\pi)\,\mathcal{U}(t-\pi)$ (b) $\sin t + \sin(t-\pi)\,\mathcal{U}(t-\pi)$

   (c) $\cos t + \sin(t-\pi)\,\mathcal{U}(t-\pi)$

   (d) $\dfrac{1}{2}\sin(2(t-\pi))\,\mathcal{U}(t-\pi)$ 或 $\dfrac{1}{2}\sin(2t)\,\mathcal{U}(t-\pi)$

   (e) $(t-\pi)\,e^{2(t-\pi)}\mathcal{U}(t-\pi)$

練習八

一、系統消去法

1. (a) $\begin{cases} x = c_1 e^{-3t} + c_2 e^{2t} \\ y = -c_1 e^{-3t} + \dfrac{2}{3}c_2 e^{2t} \end{cases}$ (b) $\begin{cases} x = e^t(\, c_1 \cos t + c_2 \sin t) \\ y = e^t(-c_2 \cos t + c_1 \sin t) \end{cases}$

   (c) $\begin{cases} x = c_1 \cos t + c_2 \sin t + t + 1 \\ y = -c_2 \cos t + c_1 \sin t + t - 1 \end{cases}$

二、拉普拉絲轉換法

2. (a) $\begin{cases} x = e^{-3t} + e^{2t} \\ y = -e^{-3t} + \dfrac{2}{3}e^{2t} \end{cases}$ (b) $\begin{cases} x = e^t \cos x - e^t \sin x \\ y = e^t \cos x + e^t \sin x \end{cases}$

     (c) $\begin{cases} x = -2\sin t + t + 1 \\ y = 2\cos t + t - 1 \end{cases}$

三、矩陣求解法

3. (a) $\mathbf{X} = c_1 \begin{bmatrix} 1 \\ -1 \end{bmatrix} e^{-3t} + c_2 \begin{bmatrix} 3 \\ 2 \end{bmatrix} e^{2t}$

     (b) $\mathbf{X} = c_1 \begin{bmatrix} -2 \\ 1 \end{bmatrix} e^{-6t} + c_2 \begin{bmatrix} 1 \\ 2 \end{bmatrix} e^{-t}$

     (c) $\mathbf{X} = c_1 \begin{bmatrix} 0 \\ 2 \\ 1 \end{bmatrix} e^t + c_2 \begin{bmatrix} 1 \\ 2 \\ 0 \end{bmatrix} e^{2t} + c_3 \begin{bmatrix} 1 \\ 1 \\ -1 \end{bmatrix} e^{3t}$

     (d) $\mathbf{X} = c_1 \begin{bmatrix} 1 \\ 0 \\ 2 \end{bmatrix} e^{-t} + c_2 \begin{bmatrix} 1 \\ 0 \\ 0 \end{bmatrix} e^t + c_3 \begin{bmatrix} 2 \\ 3 \\ 1 \end{bmatrix} e^{2t}$

4. (a) $\mathbf{X} = c_1 \begin{bmatrix} 1 \\ 0 \end{bmatrix} e^t + c_2 \left(\begin{bmatrix} 1 \\ 0 \end{bmatrix} te^t + \begin{bmatrix} 0 \\ 1 \end{bmatrix} e^t \right)$

     (b) $\mathbf{X} = c_1 \begin{bmatrix} 1 \\ 3 \end{bmatrix} + c_2 \left(\begin{bmatrix} 1 \\ 3 \end{bmatrix} t + \begin{bmatrix} 1/4 \\ -1/4 \end{bmatrix} \right)$

     (c) $\mathbf{X} = c_1 \begin{bmatrix} -2 \\ 1 \\ 0 \end{bmatrix} e^{-3t} + c_2 \begin{bmatrix} 3 \\ 0 \\ 1 \end{bmatrix} e^{-3t} + c_3 \begin{bmatrix} -1 \\ -2 \\ 1 \end{bmatrix} e^{5t}$

     (d) $\mathbf{X} = c_1 \begin{bmatrix} 1 \\ 3 \\ 0 \end{bmatrix} e^{-t} + c_2 \left(\begin{bmatrix} 1 \\ 3 \\ 0 \end{bmatrix} te^t + \begin{bmatrix} 1 \\ 1 \\ 1 \end{bmatrix} e^t \right)$

5. (a) $\mathbf{X} = c_1 \left(\begin{bmatrix} 1 \\ 0 \end{bmatrix} \cos t - \begin{bmatrix} 0 \\ -1 \end{bmatrix} \sin t \right) e^{-t} + c_2 \left(\begin{bmatrix} 0 \\ -1 \end{bmatrix} \cos t + \begin{bmatrix} 1 \\ 0 \end{bmatrix} \sin t \right) e^{-t}$

     (b) $\mathbf{X} = c_1 \left(\begin{bmatrix} 2 \\ 5 \end{bmatrix} \cos t - \begin{bmatrix} 1 \\ 0 \end{bmatrix} \sin t \right) e^{4t} + c_2 \left(\begin{bmatrix} 1 \\ 0 \end{bmatrix} \cos t + \begin{bmatrix} 2 \\ 5 \end{bmatrix} \sin t \right) e^{4t}$

     (c) $\mathbf{X} = c_1 \left(\begin{bmatrix} -3 \\ 1 \end{bmatrix} \cos 3t - \begin{bmatrix} -3 \\ 0 \end{bmatrix} \sin 3t \right) + c_2 \left(\begin{bmatrix} -3 \\ 0 \end{bmatrix} \cos 3t + \begin{bmatrix} -3 \\ 1 \end{bmatrix} \sin 3t \right)$

(d)　$\mathbf{X} = c_1\left(\begin{bmatrix}1\\0\end{bmatrix}\cos 2t - \begin{bmatrix}0\\2\end{bmatrix}\sin 2t\right)e^{3t} + c_2\left(\begin{bmatrix}0\\2\end{bmatrix}\cos 2t + \begin{bmatrix}1\\0\end{bmatrix}\sin 2t\right)e^{3t}$

6.　(a)　$\mathbf{X} = c_1\begin{bmatrix}1\\0\end{bmatrix}e^t + c_2\begin{bmatrix}1\\1\end{bmatrix}e^{2t} + \begin{bmatrix}-\dfrac{1}{2}t + \dfrac{5}{4}\\[2mm] -\dfrac{1}{2}t - \dfrac{3}{4}\end{bmatrix}$

(b)　$\mathbf{X} = c_1\begin{bmatrix}1\\-1\end{bmatrix}e^t + c_2\begin{bmatrix}1\\1\end{bmatrix}e^{3t} + \begin{bmatrix}-\dfrac{1}{8}e^{-t}\\[2mm] -\dfrac{5}{8}e^{-t}\end{bmatrix}$

(c)　$\mathbf{X} = c_1\begin{bmatrix}1\\-1\end{bmatrix}e^{-t} + c_2\begin{bmatrix}1\\1\end{bmatrix}e^t + \begin{bmatrix}-\dfrac{1}{2}\cos t + \dfrac{1}{2}\sin t\\[2mm] \dfrac{1}{2}\cos t - \dfrac{1}{2}\sin t\end{bmatrix}$

(d)　$\mathbf{X} = c_1\left(\begin{bmatrix}1\\0\end{bmatrix}te^t + \begin{bmatrix}1\\1\end{bmatrix}e^t\right) + \begin{bmatrix}-2\\1\end{bmatrix}$

四、微分方程式系統之數學模型

7.　$\begin{cases}\dfrac{dx_1}{dt} = -\dfrac{1}{20}x_1 + \dfrac{1}{50}x_2\\[3mm] \dfrac{dx_2}{dt} = \dfrac{1}{20}x_1 - \dfrac{1}{20}x_2\end{cases}$,　$x_1(0) = 50, x_2(0) = 0$

8.　$\begin{cases}\dfrac{dx_1}{dt} = -\dfrac{1}{25}x_1 + \dfrac{1}{50}x_2\\[3mm] \dfrac{dx_2}{dt} = \dfrac{1}{25}x_1 - \dfrac{7}{100}x_2 + \dfrac{3}{100}x_3\\[3mm] \dfrac{dx_3}{dt} = \dfrac{1}{20}x_2 - \dfrac{1}{20}x_3\end{cases}$,　$x_1(0) = 40, x_2(0) = 0, x_3(0) = 0$

9.　(a)　$\begin{cases}\dfrac{d^2x_1}{dt^2} = -11x_1 + 3x_2\\[3mm] \dfrac{dx_2}{dt} = 3x_1 - 3x_2\end{cases}$,　$x_1(0) = 0, x_1'(0) = 1, x_2(0) = 0, x_2'(0) = -1$

(b)　$\begin{cases}x_1(t) = -\dfrac{\sqrt{2}}{10}\sin\sqrt{2}t + \dfrac{\sqrt{3}}{5}\sin 2\sqrt{3}t\\[3mm] x_2(t) = -\dfrac{3\sqrt{2}}{10}\sin\sqrt{2}t - \dfrac{\sqrt{3}}{15}\sin 2\sqrt{3}t\end{cases}$

(c)　略

10. (a) $\begin{cases} \dfrac{d^2 x_1}{dt^2} = -10x_1 + 4x_2 \\ \dfrac{dx_2}{dt} = 4x_1 - 4x_2 \end{cases}$, $x_1(0)=0, x_1'(0)=1, x_2(0)=0, x_2'(0)=-1$

(b) $\begin{cases} x_1(t) = -\dfrac{\sqrt{2}}{10}\sin\sqrt{2}t + \dfrac{\sqrt{3}}{5}\sin 2\sqrt{3}t \\ x_2(t) = -\dfrac{\sqrt{2}}{5}\sin\sqrt{2}t - \dfrac{\sqrt{3}}{10}\sin 2\sqrt{3}t \end{cases}$

(c) 略

11. (a) $\begin{cases} \dfrac{di_1}{dt} + 4i_1 - 4i_2 = 2 \\ -4i_1 + \dfrac{di_2}{dt} + 10i_2 = 0 \end{cases}$, $i_1(0)=0, i_2(0)=0$

(b) $\begin{cases} i_1(t) = \dfrac{6}{5} - \dfrac{4}{5}e^{-2t} - \dfrac{1}{30}e^{-12t} \\ i_2(t) = \dfrac{1}{3} - \dfrac{2}{5}e^{-2t} + \dfrac{1}{15}e^{-12t} \end{cases}$

(c) 穩態電流分別是 6 / 5 與 1 / 3 安培

(d) 略

12. (a) 略

(b) $\begin{cases} i_1(t) = 1 - e^{-2t}\cos 6t + \dfrac{4}{3}e^{-2t}\sin 6t \\ i_2(t) = \dfrac{5}{3}e^{-2t}\sin 6t \end{cases}$

(c) 穩態電流分別是 1 與 0 安培

(d) 略

13. (a) $\begin{cases} i_1(t) = 2 - 2e^{-10t}\cos 10t \\ i_2(t) = 2e^{-10t}\sin 10t \end{cases}$

(b) 穩態電流分別是 2 與 0 安培

(c) 略

練習九

一、基本概念

1. 見本書內容

2. 見本書內容

3. (a) $e^{-x} = \sum_{n=0}^{\infty} \frac{(-1)^n}{n!} x^n$ (b) $\cos x = \sum_{n=0}^{\infty} \frac{(-1)^n}{(2n)!} x^{2n}$

     (c) $\ln(1+x) = \sum_{n=1}^{\infty} \frac{(-1)^{n+1}}{n} x^n$ (d) $\tan^{-1} x = \sum_{n=1}^{\infty} \frac{(-1)^{n+1}}{2n+1} x^{2n+1}$

4. 略

5. (a) 收斂區間 $-2 < x < 2$，收斂半徑 $R = 2$

     (b) 收斂區間 $-2 < x < 4$，收斂半徑 $R = 3$

     (c) 收斂區間 $-1 < x < 5$，收斂半徑 $R = 3$

     (d) 收斂區間 $2 - \sqrt{2} < x < 2 + \sqrt{2}$，收斂半徑 $R = \sqrt{2}$

6. (a) $\sum_{n=2}^{\infty} \frac{1}{(n-2)!} x^n$ (b) $\sum_{n=2}^{\infty} \frac{n-1}{2^{n-1}} x^n$

     (c) $\sum_{n=0}^{\infty} (n+1) a_{n+1} x^n$ (d) $\sum_{n=0}^{\infty} \frac{(n+3)!}{3^{n+3}} a_{n+2} x^n$

二、初始值問題的級數解

7. (a) $y = 1 + 2x - \frac{1}{6} x^3 - \frac{1}{6} x^4 + \cdots$ (b) $y = 1 + 3x + \frac{3}{2} x^2 + \frac{2}{3} x^3 + \cdots$

     (c) $y = -3 + x + 4x^2 + \frac{7}{6} x^3 + \cdots$

三、使用遞迴式求級數解

8. (a) 遞迴關係為：$a_n = -\frac{1}{n} a_{n-1}, n = 1, 2, 3, \cdots$

     (b) 級數解為：$y = a_0 \sum_{n=0}^{\infty} \frac{(-1)^n}{n!} x^n$

9. (a) 遞迴關係為：$a_0 = 0, a_n = \frac{2}{n} a_{n-2}, n = 2, 3, 4, \cdots$

     (b) 級數解為：$y = a_0 \sum_{n=0}^{\infty} \frac{1}{n!} x^{2n}$

10. (a) $x = 0$ 為正常點

     (b) 遞迴關係為：$a_{n+2} = \frac{n-1}{(n+1)(n+2)} a_n, n = 1, 2, 3, \cdots$

     (c) 級數解為：$y = a_1 x + a_0 \sum_{n=0}^{\infty} \frac{-(2n-2)!}{(2n)! \, 2^{n-1} (n-1)!} x^{2n}$

11. $y = a_0 \sum_{n=0}^{\infty} \frac{(-1)^n}{(2n)!} x^{2n} + a_1 \sum_{n=0}^{\infty} \frac{(-1)^n}{(2n+1)!} x^{2n+1}$

三、Frobenius 法

12. (a) $x = 0$ 為規則奇異點

    (b) $x = 1$ 為規則奇異點；$x = -1$ 為規則奇異點

    (c) $x = 2$ 為不規則奇異點

    (d) $x = 0$ 為規則奇異點；$x = 1$ 為不規則奇異點

13. (a) $y_1 = \sum_{n=0}^{\infty} \frac{(-1)^n}{n!} x^{n+\frac{1}{2}}$

    $y_2 = \sum_{n=0}^{\infty} \frac{(-1)^n n! \, 2^{2n}}{(2n)!} x^n$

    $y = c_1 y_1 + c_2 y_2$

    (b) $y_1 = x - \frac{6}{5}x^2 + \frac{6}{7}x^3 - \frac{4}{9}x^4 + \cdots$

    $y_2 = x^{-1/2}$

    $y = c_1 y_1 + c_2 y_2$

    (c) $y_1 = x^{\frac{3}{4}}$

    $y_2 = x^{\frac{1}{4}}$

    $y = c_1 y_1 + c_2 y_2$

    (d) $y_1 = 1 - x$

    $y_2 = y_1 \ln x + 3x - \frac{1}{4}x^2 - \frac{1}{36}x^3 + \cdots$

    $y = c_1 y_1 + c_2 y_2$

    (e) $y_1 = x^2 - \frac{1}{2}x^3 + \frac{3}{20}x^4 - \frac{2}{90}x^5 + \cdots$

    $y_2 = x^{-1} - \frac{1}{2}$

    $y = c_1 y_1 + c_2 y_2$

    (f) $y_1 = x^2 + \frac{1}{3!}x^4 + \frac{1}{5!}x^6 + \cdots$

    $y_2 = x - x^2 + \frac{1}{2!}x^3 - \frac{1}{3!}x^4 + \cdots$

    $y = c_1 y_1 + c_2 y_2$

四、特殊函數

14. (a) $y = c_1 J_{1/3}(x) + c_2 J_{-1/3}(x)$

    (b) $y = c_1 J_0(x) + c_2 Y_0(x)$

    (c) $y = c_1 J_3(x) + c_2 Y_3(x)$

練習十

一、二維向量

1. 見本書內容
2. 見本書內容
3. $\overrightarrow{OP_1}=<2,3>$、 $\overrightarrow{OP_2}=<1,4>$、 $\overrightarrow{P_1P_2}=<-1,1>$ 與 $\overrightarrow{P_2P_1}=<1,-1>$
4. 略
5. 略
6. (a) $\mathbf{a}+\mathbf{b}=<-1,7>$、$\mathbf{a}-\mathbf{b}=<3,1>$
   $2\mathbf{a}+\mathbf{b}=<0,11>$、$\mathbf{a}-2\mathbf{b}=<5,-2>$
   (b) $\mathbf{a}+\mathbf{b}=<7,0>$、$\mathbf{a}-\mathbf{b}=<-1,-2>$
   $2\mathbf{a}+\mathbf{b}=<10,-1>$、$\mathbf{a}-2\mathbf{b}=<-5,-3>$
   (c) $\mathbf{a}+\mathbf{b}=3\mathbf{i}-2\mathbf{j}$、$\mathbf{a}-\mathbf{b}=\mathbf{i}+4\mathbf{j}$
   $2\mathbf{a}+\mathbf{b}=5\mathbf{i}-\mathbf{j}$、$\mathbf{a}-2\mathbf{b}=7\mathbf{j}$
   (d) $\mathbf{a}+\mathbf{b}=\mathbf{i}+7\mathbf{j}$、$\mathbf{a}-\mathbf{b}=-3\mathbf{i}-3\mathbf{j}$
   $2\mathbf{a}+\mathbf{b}=9\mathbf{j}$、$\mathbf{a}-2\mathbf{b}=-5\mathbf{i}-8\mathbf{j}$
7. (a) $\|\mathbf{a}\|=\sqrt{17}$, $\mathbf{u}=<\frac{1}{\sqrt{17}},\frac{4}{\sqrt{17}}>$
   (b) $\|\mathbf{a}\|=5$, $\mathbf{u}=<\frac{4}{5},\frac{-3}{5}>$
   (c) $\|\mathbf{a}\|=\sqrt{2}$, $\mathbf{u}=\frac{1}{\sqrt{2}}\mathbf{i}-\frac{1}{\sqrt{2}}\mathbf{j}$
   (d) $\|\mathbf{a}\|=\sqrt{5}$, $\mathbf{u}=\frac{2}{\sqrt{5}}\mathbf{i}+\frac{1}{\sqrt{5}}\mathbf{j}$

二、三維向量

8. 見本書內容
9. (a) $\mathbf{a}+\mathbf{b}=<4,-2,2>$、$\mathbf{a}-\mathbf{b}=<-2,2,0>$
   $2\mathbf{a}+\mathbf{b}=<5,-2,0>$、$\mathbf{a}-2\mathbf{b}=<-5,4,-1>$
   (b) $\mathbf{a}+\mathbf{b}=<5,-1,1>$、$\mathbf{a}-\mathbf{b}=<-1,-1,-1>$
   $2\mathbf{a}+\mathbf{b}=<7,-2,1>$、$\mathbf{a}-2\mathbf{b}=<-4,-1,-2>$
   (c) $\mathbf{a}+\mathbf{b}=3\mathbf{i}-2\mathbf{j}+3\mathbf{k}$、$\mathbf{a}-\mathbf{b}=\mathbf{i}+4\mathbf{j}-\mathbf{k}$
   $2\mathbf{a}+\mathbf{b}=5\mathbf{i}-\mathbf{j}+4\mathbf{k}$、$\mathbf{a}-2\mathbf{b}=7\mathbf{j}-3\mathbf{k}$
   (d) $\mathbf{a}+\mathbf{b}=3\mathbf{i}-\mathbf{j}+4\mathbf{k}$、$\mathbf{a}-\mathbf{b}=-\mathbf{i}-3\mathbf{j}+2\mathbf{k}$
   $2\mathbf{a}+\mathbf{b}=4\mathbf{i}-3\mathbf{j}+7\mathbf{k}$、$\mathbf{a}-2\mathbf{b}=-3\mathbf{i}-4\mathbf{j}+\mathbf{k}$

10. (a) $\|\mathbf{a}\| = \sqrt{14}$, $\mathbf{u} = <\dfrac{1}{\sqrt{14}}, \dfrac{3}{\sqrt{14}}, \dfrac{2}{\sqrt{14}}>$

    (b) $\|\mathbf{a}\| = \sqrt{26}$, $\mathbf{u} = <\dfrac{4}{\sqrt{26}}, \dfrac{1}{\sqrt{26}}, \dfrac{-3}{\sqrt{26}}>$

    (c) $\|\mathbf{a}\| = \sqrt{3}$, $\mathbf{u} = \dfrac{1}{\sqrt{3}}\mathbf{i} - \dfrac{1}{\sqrt{3}}\mathbf{j} + \dfrac{1}{\sqrt{3}}\mathbf{k}$

    (d) $\|\mathbf{a}\| = \sqrt{6}$, $\mathbf{u} = \dfrac{2}{\sqrt{6}}\mathbf{i} + \dfrac{1}{\sqrt{6}}\mathbf{j} - \dfrac{1}{\sqrt{6}}\mathbf{k}$

三、點積

11. (a) $\mathbf{a} \cdot \mathbf{b} = 4$, $\theta = \cos^{-1}(\dfrac{4}{\sqrt{28}}) \approx 0.713$ radians

    (b) $\mathbf{a} \cdot \mathbf{b} = 0$, $\theta = \dfrac{\pi}{2}$ radians

    (c) $\mathbf{a} \cdot \mathbf{b} = 2$, $\theta = \cos^{-1}(\dfrac{2}{\sqrt{26}}) \approx 1.168$ radians

    (d) $\mathbf{a} \cdot \mathbf{b} = 18$, $\theta = \cos^{-1}(\dfrac{18}{\sqrt{396}}) \approx 0.441$ radians

12. (a)正交　(b)正交　(c)非正交　(d)非正交　(e)正交

13. $< 2, 1, 1 >$ 即 $x = 2, y = 1$

14. (a) $\text{proj}_{\mathbf{b}}\mathbf{a} = -\dfrac{20}{13}\mathbf{i} + \dfrac{30}{13}\mathbf{j}$

    (b) $\text{proj}_{\mathbf{b}}\mathbf{a} = -\dfrac{21}{5}\mathbf{i} + \dfrac{28}{5}\mathbf{j}$

    (c) $\text{proj}_{\mathbf{b}}\mathbf{a} = -\dfrac{12}{7}\mathbf{i} + \dfrac{6}{7}\mathbf{j} + \dfrac{4}{7}\mathbf{k}$

15. 見本書內容

四、叉積

16. (a) $\mathbf{a} \times \mathbf{b} = \mathbf{i} - \mathbf{j} - \mathbf{k}$ (b) $\mathbf{a} \times \mathbf{b} = -6\mathbf{i} + 3\mathbf{j} + 5\mathbf{k}$

    (c) $\mathbf{a} \times \mathbf{b} = 5\mathbf{i} - 3\mathbf{j} - 7\mathbf{k}$ (d) $\mathbf{a} \times \mathbf{b} = -5\mathbf{i} + 5\mathbf{j} + 5\mathbf{k}$

17. (a) $< -1, 2, 2 >$ (b) $-2\mathbf{i} - 11\mathbf{j} + 5\mathbf{k}$

18. (a)純量　(b)向量　(c)純量　(d)向量　(e)純量

五、向量幾何

19. (a) $x = 1 - 2t, y = t, z = 2 - 2t$ (b) $x = -2 + 5t, y = 1 - 2t, z = 1 + t$

    (c) $x = 1 + 3t, y = 3 - 2t, z = -2t$

20. (a) $2x + 5y + z = 7$　　(b) $2x - y - 3z = -1$
　　(c) $3x - 8y + 2z = -5$

21. $\sqrt{50}$ (平方單位)　　22. $\dfrac{\sqrt{14}}{2}$ (平方單位)

23. 10(立方單位)　　24. 共平面

25. $x = 1 - 3t,\ y = 1 - 3t,\ z = 2 - 6t$　　26. 相交，交點為$(1,\ 2,\ -1)$

27. $(1,\ 2,\ -5)$

六、向量空間

28. 見本書內容

29. (a) $\mathbf{a} + \mathbf{b} = <2,\ 2,\ 1,\ 1>$、$\mathbf{a} - \mathbf{b} = <0,\ -2,\ -1,\ 1>$、$\mathbf{a}\cdot\mathbf{b} = 1$
　　(b) $\mathbf{a} + \mathbf{b} = <3,\ 0,\ 1,\ 4>$、$\mathbf{a} - \mathbf{b} = <-1,\ 2,\ -1,\ -2>$、$\mathbf{a}\cdot\mathbf{b} = 4$

七、向量空間的線性相依 / 獨立

30. 見本書內容

31. (a)線性相依　(b)線性相依　(c)線性獨立　(d)線性獨立

32. (a)線性獨立　(b)線性獨立

33. 略

八、Gram-Schmidt 正交化法

34. 見本書內容

35. $\mathbf{w}_1 = <\dfrac{1}{\sqrt{2}}, \dfrac{1}{\sqrt{2}}>,\ \mathbf{w}_2 = <-\dfrac{1}{\sqrt{2}}, \dfrac{1}{\sqrt{2}}>$

36. $\mathbf{w}_1 = <\dfrac{1}{\sqrt{3}}, \dfrac{1}{\sqrt{3}}, \dfrac{1}{\sqrt{3}}>,\ \mathbf{w}_2 = <-\dfrac{2}{\sqrt{6}}, \dfrac{1}{\sqrt{6}}, \dfrac{1}{\sqrt{6}}>,\ \mathbf{w}_3 = <0, \dfrac{1}{\sqrt{2}}, -\dfrac{1}{\sqrt{2}}>$

37. $\mathbf{w}_1 = <\dfrac{1}{\sqrt{3}}, \dfrac{1}{\sqrt{3}}, \dfrac{1}{\sqrt{3}}>,\ \mathbf{w}_2 = <-\dfrac{1}{\sqrt{2}}, 0, \dfrac{1}{\sqrt{2}}>,\ \mathbf{w}_3 = <-\dfrac{1}{\sqrt{6}}, \dfrac{2}{\sqrt{6}}, -\dfrac{1}{\sqrt{6}}>$

練習十一

一、向量函數

1. 見本書內容

2. 略

3.　略

4.　$\mathbf{F}(t) = (1+2t)\,\mathbf{i} + (-1+5t)\,\mathbf{j} + (1-3t)\,\mathbf{k}$

5.　$\mathbf{F}(t) = 2\cos(t)\,\mathbf{i} + 2\sin(t)\,\mathbf{j} + (1-2\cos(t))\,\mathbf{k}$

6.　$\mathbf{F}(t) = t\,\mathbf{i} + 2t\,\mathbf{j} + (9-5t^2)\,\mathbf{k}$

7.　$\mathbf{F}(t) = t\cos(t)\,\mathbf{i} + t\sin(t)\,\mathbf{j} + t\,\mathbf{k}$（非唯一解）

8.　(a)　$\mathbf{F}'(t) = \mathbf{i} - 2\mathbf{j} + 3\mathbf{k}$

　　(b)　$\mathbf{F}'(t) = 2t\,\mathbf{i} - \mathbf{j} + 2\mathbf{k}$

　　(c)　$\mathbf{F}'(t) = -\sin(t)\,\mathbf{i} + \cos(t)\,\mathbf{j}$

　　(d)　$\mathbf{F}'(t) = (\cos(t) - t\sin(t))\,\mathbf{i} + (\sin(t) + t\cos(t))\,\mathbf{j} + \mathbf{k}$

9.　(a)　$\mathbf{F}'(1) = 2\mathbf{i} - \mathbf{j} - 3\mathbf{k}$

　　(b)　$\mathbf{F}'(\pi) = -\mathbf{j}$

　　(c)　$\mathbf{F}'(\pi) = -\mathbf{j} + \mathbf{k}$

　　(d)　$\mathbf{F}'(\pi/2) = -2\mathbf{i} + \pi\mathbf{k}$

10.　(a)　$\displaystyle\int \mathbf{F}(t)\,dt = \left[\frac{1}{2}t^2 + c_1\right]\mathbf{i} + \left[-t + c_2\right]\mathbf{j} + \left[t^3 + c_3\right]\mathbf{k}$

　　(b)　$\displaystyle\int \mathbf{F}(t)\,dt = \left[\sin(t) + c_1\right]\mathbf{i} + \left[-\cos(t) + c_2\right]\mathbf{j} + \left[2t + c_3\right]\mathbf{k}$

　　(c)　$\displaystyle\int \mathbf{F}(t)\,dt = \left[e^t + c_1\right]\mathbf{i} + \left[\frac{1}{2}\sin(2t) + c_2\right]\mathbf{j} + \left[te^{-t} - e^{-t} + c_3\right]\mathbf{k}$

11.　(a)　5　　　　　　　　　　　　　　(b)　2π

　　(c)　$\sqrt{17}\pi$　　　　　　　　　　(d)　$\sqrt{5}\pi$

二、向量函數與粒子運動

12.　(a)　$\mathbf{v}(t) = 3\mathbf{i} - 4\mathbf{j},\ \|\mathbf{v}(t)\| = 5,\ \mathbf{a}(t) = \mathbf{0}$

　　(b)　$\mathbf{v}(t) = -\sin(t)\,\mathbf{i} + \cos(t)\,\mathbf{j},\ \|\mathbf{v}(t)\| = 1,\ \mathbf{a}(t) = -\cos(t)\,\mathbf{i} - \sin(t)\,\mathbf{j}$

　　(c)　$\mathbf{v}(t) = -2\sin(2t)\,\mathbf{i} + \mathbf{j} + 2\cos(2t)\,\mathbf{k},\ \|\mathbf{v}(t)\| = \sqrt{5}$

　　　　$\mathbf{a}(t) = -4\cos(2t)\,\mathbf{i} - 4\sin(2t)\,\mathbf{k}$

13.　(a)　0　　　　　　　　　　　　　　(b)　1

　　(c)　$1/4$　　　　　　　　　　　　(d)　$2/13$

14.　(a)　0, 1　　　　　　　　　　　　(b)　0, 4

　　(c)　$2\sqrt{6}$, 0　　　　　　　　　(d)　$4t/\sqrt{1+4t^2}$, $2/\sqrt{1+4t^2}$

三、純量場與向量場

15.　略　　　　　　　　　　　　　16.　略

17. 略　　　　　　　　　　　　　　　18. 略

19. $x^2 + y^2 = 4$　　　　　　　　　　20. $y = 2x$

四、梯度與方向導函數

21. (a) $\nabla f(x, y) = y^2\,\mathbf{i} + 2xy\,\mathbf{j}$　　(b) $\nabla f(x, y) = y\cos(xy)\,\mathbf{i} + x\cos(xy)\,\mathbf{j}$

    (c) $\nabla f(x, y) = (2x + y)\,\mathbf{i} + (x - 2y)\,\mathbf{j}$　　(d) $\nabla f(x, y, z) = (y + z)\,\mathbf{i} + x\,\mathbf{j} + x\,\mathbf{k}$

    (e) $\nabla f(x, y, z) = 2xy\,\mathbf{i} + x^2\,\mathbf{j} + 2z\,\mathbf{k}$

22. (a) $\nabla f(1, 1) = \mathbf{i} + \mathbf{j}$　　(b) $\nabla f(1, \pi) = -\mathbf{j}$

    (c) $\nabla f(1, 1) = 2\,\mathbf{i} - 2\,\mathbf{j}$　　(d) $\nabla f(1, 1, -1) = \mathbf{j} + \mathbf{k}$

    (e) $\nabla f(1, 1, 1) = 2\,\mathbf{i} + \mathbf{j} + 2\,\mathbf{k}$

23. (a) 0　　(b) $-1/\sqrt{2}$

    (c) $4/\sqrt{3}$　　(d) $-11/\sqrt{13}$

    (e) $-28/\sqrt{21}$

五、散度與旋度

24. (a) $\nabla \cdot \mathbf{F} = 2x + 2y$　　(b) $\nabla \cdot \mathbf{F} = y + \cos(y)$

    (c) $\nabla \cdot \mathbf{F} = 0$　　(d) $\nabla \cdot \mathbf{F} = 2x - \sin(y) + xy$

    (e) $\nabla \cdot \mathbf{F} = e^y + 1 + 2xz$

25. (a) $\nabla \times \mathbf{F} = 2\,\mathbf{k}$　　(b) $\nabla \times \mathbf{F} = (\cos(x) + \sin(y))\,\mathbf{k}$

    (c) $\nabla \times \mathbf{F} = \mathbf{0}$　　(d) $\nabla \times \mathbf{F} = (x - y)\,\mathbf{i} + (x - y)\,\mathbf{j}$

    (e) $\nabla \times \mathbf{F} = -\mathbf{i} - \mathbf{j} - \mathbf{k}$

六、線積分

26. $\int_C f(x, y)\,ds = \dfrac{16}{3}$　　　27. $\int_C f(x, y)\,ds = \dfrac{3}{2}\pi$

28. -1　　　　　　　　　　　　　29. -1

30. $3/2$　　　　　　　　　　　　31. $2/3$

32. $-32/3$

七、保守向量場與路徑獨立

33. (a)是　(b)是　(c)否　(d)是　(e)是

34. (a)是　(b)否　(c)否　(d)是　(e)是

35. (a) 是

    (b) $\varphi(x, y) = e^x \cos(y) + c$

    (c) $-e^2 - 1$

36. (a) 是

　　(b) $\varphi(x, y) = x^2 y + xz^3 + c$

　　(c) 2

八、雙重積分

37. (a) 1 / 8　　　　　　　　(b) 8 / 15

　　(c) 96　　　　　　　　　(d) 11 / 140

38. 2 / 15　　　　　　　　39. $\dfrac{\pi}{8}\ln 5$

九、Green 定理

40. -8π　　　　　　　　41. 8

42. 1 / 3

十、面積分

43. $3\sqrt{14}$　　　　　　　44. $\dfrac{\pi}{6}(5\sqrt{5} - 1)$

45. 18π　　　　　　　　46. $6\pi(3 - \sqrt{8})$

47. (a) $\sqrt{3}/8$　　　　　　(b) 26 / 3

　　(c) $\sqrt{3}$　　　　　　　(d) $\dfrac{52\sqrt{2}}{3}\pi$

　　(e) $\sqrt{3}/3$

48. (a) 128 / 3　　　　　　　(b) 6

　　(c) 0　　　　　　　　　(d) 16π

　　(e) $9\pi / 4$

十一、Stokes 定理

49. $\displaystyle\oint_C \mathbf{F} \cdot d\mathbf{r} = -4\pi$ 且 $\displaystyle\iint_S (\mathrm{curl}\ \mathbf{F}) \cdot \mathbf{n}\, dS = -4\pi$，得證(詳細過程從略)

50. $\displaystyle\oint_C \mathbf{F} \cdot d\mathbf{r} = \frac{3}{2}$ 且 $\displaystyle\iint_S (\mathrm{curl}\ \mathbf{F}) \cdot \mathbf{n}\, dS = \frac{3}{2}$，得證(詳細過程從略)

十二、Gauss 散度定理

51. $\displaystyle\iint_S \mathbf{F} \cdot \mathbf{n}\, dS = \frac{3}{2}$ 且 $\displaystyle\iiint_D \mathrm{div}\ \mathbf{F}\, dV = \frac{3}{2}$，得證(詳細過程從略)

52. $\displaystyle\iint\limits_{S} \mathbf{F} \cdot \mathbf{n}\, dS = 32\pi$ 且 $\displaystyle\iiint\limits_{D} \operatorname{div} \mathbf{F}\, dV = 32\pi$ ，得證(詳細過程從略)

53. (a)　3 　　　　　　　　　　　(b)　3

　　(c)　3π 　　　　　　　　　　(d)　$5\pi/2$

練習十二

一、基本概念

1. 見本書內容
2. 見本書內容
3. 略
4. (a)偶函數　(b)奇函數　(c)偶函數　(d)偶函數　(e)偶函數
　　(f)奇函數　(g)非奇非偶
5. (a)　$1-2i, \sqrt{5}, 63.4°$
　　(b)　$1+\sqrt{3}i, 2, -60°$
　　(c)　$-1+i, \sqrt{2}, -135°$
　　(d)　$-4-3i, 5, 143.1°$
6. 和為 $7+3i$、積為 $10+11i$
7. $\dfrac{7}{2}+\dfrac{1}{2}i$

二、傅立葉級數

8. 見本書內容
9. (a)　$f(x) = \dfrac{8}{\pi}\sum_{n=1}^{\infty}\left[\dfrac{1-(-1)^n}{n}\right]\sin(nx)$

　　(b)　$f(x) = \dfrac{\pi}{2}+\dfrac{2}{\pi}\sum_{n=1}^{\infty}\left[\dfrac{-1+(-1)^n}{n^2}\right]\cos(nx)$

　　(c)　$f(x) = 1+\sum_{n=1}^{\infty}\left[\dfrac{2(-1)^{n+1}}{n\pi}\right]\sin(n\pi x)$

　　(d)　$f(x) = \dfrac{\pi^2}{12}+\sum_{n=1}^{\infty}\dfrac{(-1)^n}{n^2}\cos(nx)$

　　(e)　$f(x) = \dfrac{\pi}{4}+\sum_{n=1}^{\infty}\left[\dfrac{1-(-1)^n}{n^2\pi}\cos(nx)+\dfrac{1}{n}\sin(nx)\right]$

10. (a) $f(x) = \sum_{n=1}^{\infty} \left[\dfrac{2(-1)^{n+1}}{n} \right] \sin(nx)$

    (b) 略

    (c) 略

    (d) 略

    (e) 取 $x = \dfrac{\pi}{2}$ 代入可得 $1 - \dfrac{1}{3} + \dfrac{1}{5} - \dfrac{1}{7} + \cdots = \dfrac{\pi}{4}$

11. 函數的傅立葉級數是收斂至：

    $f(x) = \begin{cases} -4 & if\ -\pi < x < 0 \\ 0 & if\ x = 0 \\ 4 & if\ 0 < x < \pi \end{cases}$

12. 函數的傅立葉級數是收斂至：

    $f(x) = \begin{cases} 0 & if\ -\pi < x < 0 \\ \dfrac{\pi}{2} & if\ x = 0 \\ \pi - x & if\ 0 < x < \pi \end{cases}$

三、傅立葉餘弦與正弦級數

13. (a) $T = 2\pi$

    (b) 偶函數

    (c) $f(x) = \dfrac{\pi^2}{3} + \sum_{n=1}^{\infty} \left[\dfrac{4(-1)^n}{n^2} \right] \cos(nx)$

    (d) 傅立葉餘弦級數

14. (a) 0

    (b) $\dfrac{2}{\pi} \sum_{n=1}^{\infty} \left[\dfrac{1-(-1)^n}{n} \right] \sin(nx)$

15. (a) $f(x) = \dfrac{1}{2} + \sum_{n=1}^{\infty} \left[\dfrac{2}{n\pi} \sin(\dfrac{n\pi}{2}) \right] \cos(n\pi x)$

    $f(x) = \sum_{n=1}^{\infty} \left[\dfrac{2}{n\pi} [1 - \cos(\dfrac{n\pi}{2})] \right] \sin(n\pi x)$

    (b) $f(x) = \dfrac{2}{\pi} + \dfrac{4}{\pi} \sum_{n=1}^{\infty} \left[\dfrac{(-1)^n}{1-4n^2} \right] \cos(2nx)$

    $f(x) = \dfrac{8}{\pi} \sum_{n=1}^{\infty} \left[\dfrac{n}{4n^2-1} \right] \sin(2nx)$

(c) $f(x) = \dfrac{3}{4} + \dfrac{4}{\pi^2} \displaystyle\sum_{n=1}^{\infty} \left[\dfrac{1}{n^2} \left[\cos(\dfrac{n\pi}{2}) - 1 \right] \right] \cos(\dfrac{n\pi x}{2})$

$f(x) = \displaystyle\sum_{n=1}^{\infty} \left[\dfrac{4}{n^2\pi^2} \sin(\dfrac{n\pi}{2}) - \dfrac{2}{n\pi}(-1)^n \right] \sin(\dfrac{n\pi x}{2})$

(d) $f(x) = \dfrac{\pi^2}{3} + \displaystyle\sum_{n=1}^{\infty} \dfrac{4(-1)^n}{n^2} \cos(nx)$

$f(x) = \displaystyle\sum_{n=1}^{\infty} \left[\dfrac{2\pi(-1)^{n+1}}{n} + \dfrac{4}{n^3\pi^2} \left[(-1)^n - 1 \right] \right] \sin(nx)$

四、複數傅立葉級數

16. (a) $f(x) = \displaystyle\sum_{n=-\infty}^{\infty} \left[\dfrac{(-1)^{n+1}(e^{\pi} - e^{-\pi})}{2\pi(in+1)\pi} \right] e^{inx}$

(b) $f(x) = \displaystyle\sum_{\substack{n=-\infty \\ n \neq 0}}^{\infty} \left[\dfrac{1-(-1)^n}{in\pi} \right] e^{in\pi x/2}$

(c) $f(x) = \displaystyle\sum_{\substack{n=-\infty \\ n \neq 0}}^{\infty} \left[\dfrac{i}{n}(-1)^n \right] e^{inx}$

17. (a) $f(x) = \displaystyle\sum_{n=-\infty}^{\infty} \left[\dfrac{1}{n\pi} \sin\dfrac{n\pi}{2} \right] e^{i2n\pi x}$

(b) 略

五、傅立葉積分

18. (a) $\dfrac{1}{\pi} \displaystyle\int_0^{\infty} \dfrac{\sin(\omega)}{\omega} \cos(\omega x) + \left[\dfrac{1-\cos(\omega)}{\omega} \right] \sin(\omega x)\, d\omega$

(b) $\dfrac{1}{\pi} \displaystyle\int_0^{\infty} \dfrac{\sin(2\omega)}{\omega} \cos(\omega x) + \left[\dfrac{1-\cos(2\omega)}{\omega} \right] \sin(\omega x)\, d\omega$

(c) $\dfrac{1}{\pi} \displaystyle\int_0^{\infty} \left[\dfrac{\sin(\omega)}{\omega} + \dfrac{\cos(\omega)}{\omega^2} - \dfrac{1}{\omega^2} \right] \cos(\omega x) + \left[\dfrac{-\cos(\omega)}{\omega} + \dfrac{\sin(\omega)}{\omega^2} \right] \sin(\omega x)\, d\omega$

六、傅立葉轉換

19. (a) $F(\omega) = \dfrac{2}{1+\omega^2}$

(b) $F(\omega) = 2\dfrac{\sin(\omega)}{\omega} = 2\,\text{sinc}(\omega)$

(c) $F(\omega) = \dfrac{1}{i\omega} \left[2 - 2\cos\omega \right]$

20. (a) [4, 2 − 2*i*, 0, 2 + 2*i*]

    (b) [6, −2 + 2*i*, −2, −2 − 2*i*]

    (c) [10, 4 − 2*i*, 2, 4 + 2*i*]

21. 略

（請由此線剪下）

歡迎加入 全華會員

● 會員獨享

會員享購書折扣、紅利積點、生日禮金、不定期優惠活動…等。

● 如何加入會員

掃 QRcode 或填妥讀者回函卡直接投郵（免貼郵票），或寄回（02) 2262-0900，將由專人協助登入會員資料，待收到 E-MAIL 通知後即可成為會員。

如何購買 全華書籍

1. 網路購書

全華網路書店「http://www.opentech.com.tw」，加入會員購書更便利，並享有紅利積點回饋等各式優惠。

2. 實體門市

歡迎至全華門市（新北市土城區忠義路 21 號）或各大書局選購。

3. 來電訂購

(1) 訂購專線：(02) 2262-5666 轉 321-324
(2) 傳真專線：(02) 6637-3696
(3) 郵局劃撥（帳號：0100836-1 戶名：全華圖書股份有限公司）
※ 購書未滿 990 元者，酌收運費 80 元。

OpenTech.com.tw 全華網路書店

全華網路書店 www.opentech.com.tw
E-mail: service@chwa.com.tw

※ 本會員制如有變更則以最新修訂制度為準，造成不便請見諒。

讀者回函卡

（請由此線剪下）

掃 QRcode 線上填寫 ▶▶

姓名： 生日：西元 年 月 日 性別：□男 □女

電話：( ) 手機：

e-mail：(必填)

註：數字零，請用 Φ 表示，數字 1 與英文 L 請另註明並書寫端正，謝謝。

通訊處：□□□□□

學歷：□高中・職 □專科 □大學 □碩士 □博士

職業：□工程師 □教師 □學生 □軍・公 □其他

學校／公司： 科系／部門：

・需求書類：

□ A. 電子 □ B. 電機 □ C. 資訊 □ D. 機械 □ E. 汽車 □ F. 工管 □ G. 土木 □ H. 化工 □ I. 設計

□ J. 商管 □ K. 日文 □ L. 美容 □ M. 休閒 □ N. 餐飲 □ O. 其他

・本次購買圖書為： 書號：

・您對本書的評價：

封面設計：□非常滿意 □滿意 □尚可 □需改善，請說明

內容表達：□非常滿意 □滿意 □尚可 □需改善，請說明

版面編排：□非常滿意 □滿意 □尚可 □需改善，請說明

印刷品質：□非常滿意 □滿意 □尚可 □需改善，請說明

書籍定價：□非常滿意 □滿意 □尚可 □需改善，請說明

整體評價：請說明

・您在何處購買本書？

□書局 □網路書店 □書展 □團購 □其他

・您購買本書的原因？（可複選）

□個人需要 □公司採購 □親友推薦 □老師指定用書 □其他

・您希望全華以何種方式提供出版訊息及特惠活動？

□電子報 □ DM □廣告 (媒體名稱)

・您是否上過全華網路書店？ (www.opentech.com.tw)

□是 □否 您的建議

・您希望全華出版哪方面書籍？

・您希望全華加強哪些服務？

感謝您提供寶貴意見，全華將秉持服務的熱忱，出版更多好書，以饗讀者。

填寫日期： / /

2020.09 修訂

親愛的讀者：

感謝您對全華圖書的支持與愛護，雖然我們很慎重的處理每一本書，但恐仍有疏漏之處，若您發現本書有任何錯誤，請填寫於勘誤表內寄回，我們將於再版時修正，您的批評與指教是我們進步的原動力，謝謝！

全華圖書 敬上

勘 誤 表

書 號		書 名		作 者
頁 數	行 數	錯誤或不當之詞句		建議修改之詞句

我有話要說： (其它之批評與建議，如封面、編排、內容、印刷品質等・・・)